핵심 상시검정대비
2020년 전면 개정된 새 출제경향에 따른

지게차운전기능사

김 성 식 著

미전사이언스

머 리 말

지게차는 주로 제조업에서 중량물을 운반하는데 널리 사용되고 있으며 중량물 취급 사업장에서는 꼭 필요한 기계·기구이나, 사업주 및 근로자의 지게차 위험성에 대한 인식 및 관련규정에 대한 이해 부족 등으로 산업 재해 발생 빈도가 높아 사망 재해 등을 줄이기 위한 대책을 강구할 필요가 있기 때문에 2020년 1월 1일부터는 지게차 안전관리 및 작업방법 등을 NCS에 접목시켜 문제를 출제한다. 이에 따라 이 책은 한국산업인력공단의 새로운 출제 기준에 맞추어 요점정리와 출제예상문제를 구성하여 다음과 같이 집필하였다.

01. 안전관리 : 안전보호구 착용 및 안전장치 확인, 위험요소 확인, 안전운반 작업, 장비 안전관리
02. 작업 전 관리 : 외관점검, 누유·누수 확인, 계기판 점검, 마스트·체인 점검, 엔진시동 상태 점검
03. 화물 적재 및 하역 : 화물의 무게중심 확인, 화물 하역작업
04. 화물 운반작업 : 전·후진 주행, 화물 운반작업
05. 운전시야 확보 : 운전시야 확보, 장비 및 주변상태 확인
06. 작업 후 점검 : 안전주차, 연료상태 점검, 외관점검, 작업 및 관리일지 작성
07. 도로주행 : 교통법규 준수, 안전운전 준수, 건설기계 관리법
08. 응급대처 : 고장 시 응급처치, 교통사고 시 대처
09. 장비구조 : 엔진구조 익히기, 전기장치 익히기, 전·후진 주행장치 익히기, 유압장치 익히기, 작업장치 익히기
00. 출제예상 문제

끝으로 이 책의 출판에 도움을 아끼지 않으신 도서출판 **미전사이언스** 편집부 여러분께 지면을 빌어 깊은 감사를 드립니다.

저 자

지게차운전기능사 출제기준

상시검정 2020.01.01부터

▼ 출제 수 : 60

주요항목	세부항목	세세항목
안전관리	안전보호구 착용 및 안전장치 확인	•안전보호구 •안전장치
	위험요소 확인	•안전표지 •안전수칙 •위험요소
	안전운반 작업	•장비사용설명서 •안전운반 •작업안전 및 기타 안전사항
	장비 안전관리	•장비안전관리 •일상 점검표 •작업요청서 •장비안전관리 교육 •기계·기구 및 공구에 관한 사항
작업 전 점검	외관점검	•타이어 공기압 및 손상점검 •조향장치 및 제동장치 점검 •엔진 시동 전·후 점검
	누유·누수 확인	•엔진 누유점검 •유압 실린더 누유점검 •제동장치 및 조향장치 누유점검 •냉각수 점검
	계기판 점검	게이지 및 경고등, 방향지시등, 전조등 점검
	마스트·체인 점검	•체인 연결부위 점검 •마스트 및 베어링 점검
	엔진시동상태 점검	•축전지 점검 •예열장치 점검 •시동장치 점검 •연료계통 점검
화물적재 및 하역작업	화물의 무게중심 확인	•화물의 종류 및 무게중심 •작업장치 상태 점검 •화물의 결착 •포크삽입 확인
	화물 하역작업	•화물 적재상태 확인 •마스트 각도 조절 •하역작업
화물운반작업	전·후진 주행	전·후진 주행방법
	화물 운반작업	•유도자의 수신호 •출입구 확인
운전시야확보	운전시야 확보	•적재물 낙하 및 충돌사고 •접촉사고 예방
	장비 및 주변상태 확인	•운전 중 작업장치 성능확인 •이상소음 •운전 중 장치별 누유·누수

주요항목	세부항목	세세항목
작업 후 점검	안전주차	●주기장 선정　　●주차 제동장치 체결 ●주차시 안전조치
	연료상태 점검	연료량 및 누유 점검
	외관점검	●휠 볼트, 너트 상태 점검 ●그리스 주입 점검 ●윤활유 및 냉각수 점검
	작업 및 관리일지 작성	●작업일지　　●장비관리일지
도로주행	교통법규 준수	●도로주행 관련 도로교통법 ●주행 시 포크의 위치　●도로표지판
	안전운전 준수	도로주행 시 안전운전
	건설기계관리법	●건설기계 등록 및 실시 ●면허·벌칙
응급처치	고장시 응급처치	●고장표지판 설치　　●고장 내용 점검 ●고장유형별 응급조치
	교통사고 시 대처	●교통사고 유형별 대처 ●교통사고 응급조치 및 긴급구호
장비구조	엔진구조	●엔진본체 구조와 기능 ●윤활장치 구조와 기능 ●연료장치 구조와 기능 ●흡·배기장치 구조와 기능 ●냉각장치 구조와 기능
	전기장치	●시동장치 구조와 기능 ●충전장치 구조와 기능 ●등화 및 계기장치 구조와 기능 ●퓨즈 및 계기장치 구조와 기능
	전·후진 주행장치	●조향장치의 구조와 기능 ●변속장치의 구조와 기능 ●동력전달장치 구조와 기능 ●제동장치 구조와 기능 ●주행장치 구조와 기능
	유압장치	●유압펌프 구조와 기능 ●유압실린더 및 모터 구조와 기능 ●컨트롤밸브 구조와 기능 ●유압탱크 구조와 기능 ●유압유 ●기타 부속장치
	작업장치	●마스트 구조와 기능　●체인 구조와 기능 ●포크 구조와 기능　　●가이드 구조와 기능 ●조작레버 장치 구조와 기능 ●기타 지게차의 구조와 기능

지게차운전기능사 국가기술자격 실기시험문제

자격 종목	지게차운전기능사	과제명	코스운전 및 작업

※시험시간 : 4분(시험문제 일부 내용이 변경될 수 있습니다.)

1. 요구사항

주어진 지게차를 운전하여 아래 작업순서에 따라 도면과 같이 시험장에 설치된 코스에서 화물을 적·하차작업과 전·후진 운전을 한 후 출발 전 장비위치에 정차하시오.

(1) 작업순서

1) 출발위치에서 출발하여 화물 적재선에서 드럼통 위에 놓여 있는 화물을 파렛트(pallet)의 구멍에 포크를 삽입하고 화물을 적재하여 (전진)코스대로 운전합니다.
2) 화물을 화물적하차위치의 파렛트(pallet) 위에 내리고 후진하여 후진 선에 포크를 지면에 완전히 내렸다가, 다시 전진하여 화물을 적재합니다.
3) (후진)코스대로 후진하여 출발선 위치까지 온 다음 전진하여 화물 적재선에 있는 드럼통 위에 화물을 내려놓고, 다시 후진하여 출발 전 장비위치에 지게차를 정지(포크는 주차보조선에 내려놓습니다)시킨 다음 작업을 끝마칩니다.

2. 수험자 유의사항

가. 공통

※항목별 배점은 화물하차작업 55점, 화물상차작업 45점입니다.
1) 시험위원의 지시에 따라 시험장소를 출입 및 운전해야 합니다.
2) 음주상태 측정은 시험시작 전에 실시하며, 음주상태 및 음주측정을 거부하는 경우 실기시험에 응시할 수 없습니다(도로교통법에서 정한 혈중 알콜농도 0.03% 이상).
3) 적절한 작업복장의 착용여부는 채점사항에 포함됩니다(수험자 지참공구 목록 참고).
4) 휴대폰 및 시계류(손목시계, 스톱워치 등)는 시험 전 제출 후 시험에 응시합니다.
5) 장비운전 중 이상 소음이 발생되거나 위험사항이 발생되면 즉시 운전을 중지하고, 시험위원에게 알려야 합니다.
6) 장비조작 및 운전 중 안전수칙을 준수하고, 안전사고가 발생되지 않도록 유의하여야 합니다.

나. 코스운전 및 작업

1) 코스 내 이동시 포크는 지면에서 20~30cm로 유지하여 안전하게 주행하여야 합니다(단, 파렛트를 실었을 경우 파렛트 하단부가 지면에서 20~30cm 유지하게 함).
2) 수험자가 작업 준비된 상태에서 시험위원의 호각신호에 의해 시작되고, 다시 후진하여 출발 전 장비위치에 지게차를 정차시켜야 합니다(단, 시험시간은 앞바퀴 기준으로 출발선 및 도착선을 통과하는 시점으로 합니다).

다. 다음과 같은 경우에는 채점 대상에서 제외하고 불합격 처리합니다.

○ 기 권 : 수험자 본인이 기권 의사를 표시하는 경우
○ 실 격
   1) 운전조작이 극히 미숙하여 안전사고 발생 및 장비손상이 우려되는 경우
   2) 시험시간을 초과하는 경우
   3) 요구사항 및 도면대로 코스를 운전하지 않은 경우
   4) 출발신호 후 1분 내에 장비의 앞바퀴가 출발선을 통과하지 못하는 경우
   5) 코스운전 중 라인을 터치하는 경우(단, 후진선은 해당되지 않으며, 출발선에서 라인 터치는 짐을 실은 상태에서만 적용합니다)
   6) 수험자의 조작미숙으로 기관이 1회 정지된 경우
   7) 주차브레이크를 해제하지 않고 앞바퀴가 출발선을 통과하는 경우
   8) 화물을 떨어뜨리는 경우 또는 드럼통(화물)에 넘어뜨리는 경우
   9) 화물을 적재하지 않거나, 화물 적재시 파렛트(pallet) 구멍에 포크를 삽입하지 않고 주행하는 경우
   10) 코스 내에서 포크 및 파렛트가 땅에 닿는 경우(단, 후진선 포크 터치는 제외)
   11) 코스 내에서 주행 중 포크가 지면에서 50cm를 초과하여 주행하는 경우(단, 화물 적하차를 위한 전후진하는 위치에서는 제외)

   > **Reference** → 화물적하차를 위한 전후진하는 위치(2개소)
   > 출발선과 화물적재선사이의 위치와 코스 중간지점의 후진선이 있는 위치에 "전진 - 후진"으로 도면에 표시된 부분임

   12) 화물 적하차 위치에서 하차한 파렛트가 고정 파렛트를 기준으로 가로 또는 세로방향으로 20cm를 초과하는 경우
   13) 파렛트(pallet) 구멍에 포크를 삽입은 하였으나, 덜 삽입한 정도가 20cm를 초과한 경우

3. 도면

[전·후진 코스도면]

―― 전진,   ‥‥‥ 후진
D(차폭) : 좌우 최외측 타이어의 최외측간의 거리
a : 해당 차량의 차축 중심과 포크의 안쪽까지 거리
※ 코스의 치수는 라인의 두께를 제외한 내측 치수임

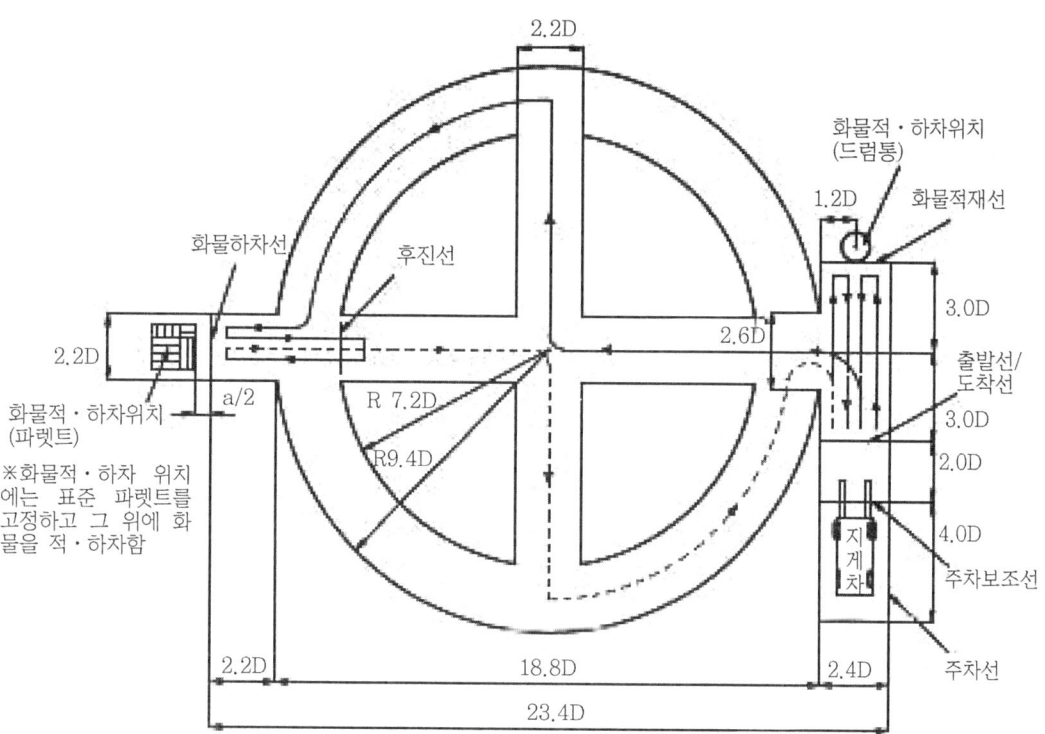

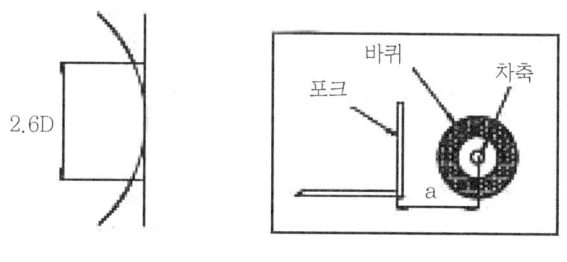

[적·하차와 코스 접선부분 상세도]

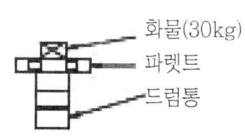

[화물적·하차 위치 정면도]

차 례

- 지게차운전기능사 출제기준 ─────────────── 7
- 지게차운전기능사 국가기술자격 실기시험문제 ─────── 9

CHAPTER 01 | 안전관리 ───────────────── 19

1. 안전보호구 착용 및 안전장치 확인 ─────────── 19
　1.1. 안전보호구 ············· 19　　1.2. 지게차 안전장치 ········· 29

2. 위험요소 확인 ─────────────────── 33
　2.1. 안전표시 ··············· 33　　2.3. 위험요소 ··············· 37
　2.2. 안전수칙 ··············· 35

3. 안전운반 작업 ─────────────────── 39
　3.1. 장비 사용설명서 ········· 39　　3.3. 지게차 작업안전 ········· 41
　3.2. 안전운반 ··············· 39　　3.4. 기타 안전사항 ··········· 42

4. 장비 안전관리 ─────────────────── 44
　4.1. 장비 안전관리 ··········· 44　　4.4. 장비안전관리 교육 ········ 45
　4.2. 일상 점검표 ············· 45　　4.5. 기계·기구 및 공구에 관한
　4.3. 작업요청서 ············· 45　　　　사항 ··················· 49
　- 출제예상문제 ─────────────────── 54

CHAPTER 02 작업 전 점검 ——— 85

1. 외관점검 ——— 85
   - 1.1. 타이어 공기압 및 손상 점검 ——— 85
   - 1.2. 조향장치 및 제동장치 점검 ——— 87
   - 1.3. 엔진 시동 전·후 점검 ——— 89

2. 누유·누수확인 ——— 89
   - 2.1. 엔진 누유점검 ——— 89
   - 2.2. 유압실린더 누유점검 ——— 90
   - 2.3. 제동·조향정치의 누유 점검 ——— 90
   - 2.4. 냉각수 점검 ——— 91

3. 계기판 점검 ——— 91
   - 3.1. 게이지 및 경고등, 방향지시등, 전조등 점검 ——— 91

4. 마스트·체인점검 ——— 98
   - 4.1. 체인 연결부위 점검 ——— 98
   - 4.2. 마스트 및 베어링 점검 ——— 98

5. 엔진 시동상태 점검 ——— 98
   - 5.1. 축전지 점검 ——— 98
   - 5.2. 예열장치의 점검 ——— 99
   - 5.3. 시동장치의 점검 ——— 100
   - 5.4. 연료계통의 점검 ——— 100

   ◆ 출제예상문제 ——— 102

CHAPTER 03 화물적재 및 하역·운반작업 ——— 115

1. 화물의 무게중심 확인 ——— 115
   - 1.1. 화물의 종류 및 무게중심 ——— 115
   - 1.2. 작업장치의 상태 점검 ——— 118
   - 1.3. 화물의 결착 ——— 119

1.4. 포크 삽입확인 ············ 119

2. 화물 하역작업 ──────────────────── 120
 2.1. 화물 적재상태 확인 ··· 120 2.3. 하역작업 ···························· 121
 2.2. 마스트 각도 조정 ······· 121

3. 화물 운반작업 ──────────────────── 122
 3.1. 전·후진 주행 ············ 122 3.2. 화물 운반작업 ···················· 124
 ◎ 출제예상문제 ──────────────────── 128

CHAPTER 04 운전시야 확보 ──────────── 139

1. 운전시야 확보 ──────────────────── 139
 1.1. 안전 경고표시 ············ 139 1.3. 보조 신호수 도움으로 동선
 1.2. 운행통로 확보 및 운행   확보 ································ 140
   동선확인 ···················· 139

2. 장비 및 주변상태 확인 ──────────────── 140
 2.1. 운전 중 작업장치 성능 2.2. 이상소음 ···························· 141
   확인 ·························· 140 2.3. 운전 중 장치별 누유·누수 ···· 142
 ◎ 출제예상문제 ──────────────────── 143

CHAPTER 05 작업 후 점검 ──────────── 147

1. 안전 주차 ──────────────────────── 147
 1.1. 주기장 선정 ··············· 147 1.3. 주차시 안전조치 ················· 148
 1.2. 주차 제동장치 체결 ··· 147

2. 연료상태 점검 — 148

- 2.1. 연료량 점검 ············ 148
- 2.2. 누유점검 ············ 148
- 2.3. 연료주입시 주의사항 · 148
- 2.4. 작업 후 연료를 주입하는 방법 ············ 149

3. 외관점검 — 149

- 3.1. 휠 볼트, 너트 풀림 상태 점검 ············ 149
- 3.2. 그리스 주입점검 ············ 149
- 3.3. 윤활유 및 냉각수 점검 ············ 150

4. 작업 및 관리일지 작성 — 151

- 4.1. 작업일지 ············ 151
- 4.2. 장비관리 일지 ············ 151

  ◎ 출제예상문제 ─────── 152

CHAPTER 06 도로주행 — 157

1. 교통법규 준수 — 157

- 1.1. 도로주행 관련 도로교통법 ············ 157
- 1.2. 도로표지판 ············ 161

2. 안전운전 준수 — 165

- 2.1. 도로 주행시 안전운전 165
- 2.2. 철길건널목 통과방법 · 166
- 2.3. 교차로 통행방법 ········ 166
- 2.4. 진로 양보의 의무 ············ 167
- 2.5. 보행자의 보호 ············ 168

3. 건설기계관리법 — 168

- 3.1. 건설기계관리법의 목적 168
- 3.2. 건설기계의 범위 ········ 169
- 3.3. 건설기계사업의 분류 · 170
- 3.4. 건설기계의 신규등록 ············ 170
- 3.5. 등록사항 변경신고 ············ 171
- 3.6. 건설기계의 등록말소 사유 ······ 171

3.7. 건설기계 조종사면허 · 172
3.8. 등록번호표 ············· 175
3.9. 건설기계 임시운행 ····· 176
3.10. 건설기계 검사 ········ 177
3.11. 건설기계 구조변경 ···· 179
3.12. 건설기계 사후관리 ··· 180
3.13. 건설기계 조종사면허
　　　취소사유 ················ 181
3.14. 벌칙 ···················· 182
3.15. 특별표지판 부착대상
　　　건설기계 ················ 183
3.16. 건설기계의 좌석안전띠 및
　　　조명장치 ················ 183

◎ 출제예상문제 ─────────────────── 184

CHAPTER 07 응급대처 ───────────── 217

1. 고장시 응급처치 ───────────── 217

1.1. 고장표지판 설치 ········ 217
1.2. 고장내용 점검 ·········· 218
1.3. 고장유형별 응급조치 ············· 218

2. 교통사고시 대처 ───────────── 220

2.1. 교통사고 유형별 대체 220
2.2. 교통사고 응급조치 및
긴급구호 ················ 221

◎ 출제예상문제 ─────────────────── 224

CHAPTER 08 장비구조 ───────────── 231

1. 엔진구조 익히기 ───────────── 231

1.1. 엔진본체의 구조와 기능 231
1.2. 윤활장치의 구조와 기능 240
1.3. 연료장치의 구조와 기능 243
1.4. 흡・배기장치의 구조와 기능 ·· 249
1.5. 냉각장치의 구조와 기능 ········ 252

2. 전기장치 익히기 ───────────── 256

2.1. 시동장치의 구조와 기능 256
2.2. 충전장치의 구조와 기능 264

2.3. 등화 및 계기장치의 구조와 기능 ································ 265

3. 전·후진 주행장치 익히기 ─────────────── 267
 3.1. 조향장치의 구조와 기능 267
 3.2. 변속장치의 구조와 기능 270
 3.3. 동력전달장치의 구조와 기능 ································ 271
 3.4. 제동장치의 구조와 기능 ········ 274
 3.5. 주행장치의 구조와 기능 ········ 277

4. 유압장치 익히기 ─────────────────── 278
 4.1. 유압펌프의 구조와 기능 278
 4.2. 유압실린더 및 모터 구조와 기능 ············· 283
 4.3. 컨트롤밸브의 구조와 기능 ································ 284
 4.4. 유압탱크의 구조와 기능 287
 4.5. 유압유(작동유) ················ 289
 4.6. 기타 부속장치 ················ 292

5. 작업장치 익히기 ─────────────────── 296
 5.1. 지게차의 종류 ············ 296
 5.2. 지게차 작업장치의 구성 ········ 300
 ◎ 출제예상문제 ─────────────────── 303

CHAPTER 00 | 실력평가 모의고사 ─────────── 397

 01. 지게차운전기능사 ─────────────── 397
 02. 지게차운전기능사 ─────────────── 404
 03. 지게차운전기능사 ─────────────── 413
 04. 지게차운전기능사 ─────────────── 421
 05. 지게차운전기능사 ─────────────── 430
 06. 지게차운전기능사 ─────────────── 439
 07. 지게차운전기능사 ─────────────── 447

CHAPTER 01 안전관리

1. 안전보호구 착용 및 안전장치 확인

1.1. 안전보호구

1.1.1. 안전보호구의 개요

보호구란 산업재해를 방지하기 위해 외계의 유해위험 요인을 차단하거나 또는 그 영향을 감소시키고자 근로자의 신체 일부 또는 전부에 착용하는 것을 말한다.

1.1.2. 보호구의 구비조건 및 관리

[1] 구비조건
① 착용하여 작업하기 쉬울 것
② 유해·위험물로부터 보호성능이 충분할 것
③ 사용되는 재료는 작업자에게 해로운 영향을 주지 않을 것
④ 마무리가 양호할 것
⑤ 외관이나 디자인이 양호할 것

[2] 관리
① 목적 및 적용범위를 명시한다.
② 관리부서를 지정하되 통상적으로 안전·보건관리자가 소속되어 있는 부서로 한다.
③ 지급대상을 정한다. 이때 작업환경 측정결과는 위생보호구 지급대상의 참고자료가 될 수 있다.

④ 지급수량과 지급주기를 정하되 지급수량은 해당 근로자 수에 맞게 지급하여 전용으로 사용하게 하며, 지급주기는 작업 특성과 실태, 작업환경의 정도, 보호구별 특성에 따라 사업장 실정에 적합하게 정한다.
⑤ 관리부서는 보호구의 지급 및 교체에 관한 관리대장을 작성하여야 하고 관리 대장에는 작업공정과 사용 유해・위험요소도 병기하면 좋다.
⑥ 사용자가 지켜야 할 준수사항을 명시하도록 한다.
⑦ 취급 책임자를 지정하도록 한다.

1.1.3. 안전모

[1] 안전모의 종류

안전모의 주요 보호기능은 물체의 떨어짐, 날아옴, 부딪힘으로부터 근로자 머리를 보호하고, 외부로부터의 충격을 완화하여 근로자의 머리를 보호하는 역할을 한다.

표▶ 안전모의 종류

종류(기호)	사용 구분	모체의 재질
낙하방지용(A)	물체의 낙하 및 비래에 의한 위험을 방지 또는 경감시키기 위한 것	합성수지 금속
낙하・추락방지용(AB)	물체의 낙하 또는 비래 및 추락에 의한 위험을 방지 또는 경감시키기 위한 것	합성수지
낙하・감전방지용(AE)	물체의 낙하 및 비래에 의한 위험을 방지 또는 경감하고, 머리부위 감전에 의한 위험을 방지하기 위한 것	합성수지, 내전압성
다목적용(ABE)	물체의 낙하 또는 비래 및 추락에 의한 위험을 방지 또는 경감하고, 머리부위 감전에 의한 위험을 방지하기 위한 것	합성수지, 내전압성

※ 추락이란 높이 2m 이상의 고소작업, 굴착작업 및 하역작업 등에 있어서의 추락을 의미한다.
※ 내전압성이란 7,000V 이하의 전압에 견디는 것을 말한다.

[2] 일반구조
① 안전모는 모체, 착장체 및 턱끈을 가질 것
② 착장체의 머리 고정대는 착용자의 머리부위에 적합하도록 조절할 수 있을 것
③ 착장체의 구조는 착용자의 머리에 균등한 힘이 분배되도록 할 것
④ 모체, 착장체 등 안전모의 부품은 착용자에게 상해를 줄 수 있는 날카로운 모서리 등이 없을 것

⑤ 턱끈은 사용 중 탈락되지 않도록 확실히 고정되는 구조일 것
⑥ 안전모의 착용높이는 85mm 이상이고 외부 수직거리는 80mm 미만일 것
⑦ 안전모의 내부 수직거리는 25mm 이상 50mm 미만일 것
⑧ 안전모의 수평간격은 5mm 이상일 것
⑨ 머리 받침 끈이 섬유인 경우에는 각각의 폭이 15mm 이상이어야 하며, 교차지점 중심으로부터 방사되는 끈 폭의 총합은 72mm 이상일 것
⑩ 턱끈의 폭은 10mm 이상일 것

[3] 사용 및 관리방법
① 작업내용에 적합한 안전모 종류 지급 및 착용
② 옥외 작업자에게는 흰색의 FRP또는 PC수지로 된 것을 지급한다.
③ 디자인과 색상이 미려한 것을 지급한다.
④ 중량이 가벼운 것을 지급한다.
⑤ 안전모 착용시 반드시 턱끈을 바르게 하고 위반자에 대한 지도감독을 철저히 한다.
⑥ 자신의 머리 크기에 맞도록 착장체의 머리 고정대를 조절한다.
⑦ 충격을 받은 안전모나 변형된 것은 폐기한다.
⑧ 모체에 구멍을 내지 않도록 한다.
⑨ 착장제는 최소한 1개월에 한번 60℃의 물에 비누나 세척제를 사용하여 세탁하여야 하며 합성수지의 안전모는 스팀과 뜨거운 물을 사용해서는 안된다.
⑩ 모체가 페인트, 기름 등으로 오염된 경우는 유기 용제를 사용해야 하지만 강도에 영향이 없어야 한다.
⑪ 플라스틱 등 합성수지는 자외선 등에 의해 균열 및 강도저하 등 노화가 진행되므로 안전모의 탄성감소, 색상변화, 균열 발생시 교체해 주어야 한다. 또한 노화를 방지하기 위하여 자동차 뒷 창문 등에 보관을 피하여야 한다.

1.1.4. 안전화

[1] 종류

종 류	기 능	등 급
가죽제 안전화	떨어지는 물체에 맞거나 부딪히거나 날카로운 물체에 찔리지 않도록 발을 보호	중 작업용, 보통 작업용, 경 작업용
고무제 안전화	떨어지는 물체에 맞거나 부딪히거나 날카로운 물체에 찔리지 않도록 발을 보호하고 내수성과 내화학성을 갖춤	
정전기 안전화	떨어지는 물체에 맞거나 부딪히거나 날카로운 물체에 찔리지 않도록 발을 보호하고 정전기의 인체 대전을 방지함	
발등안전화	떨어지는 물체에 맞거나 부딪히거나 날카로운 물체에 찔리지 않도록 발과 발등 보호	
절연화	떨어지는 물체에 맞거나 부딪히거나 날카로운 물체에 찔리지 않도록 발을 보호하고 저압 감전을 방지함	
절연장화	고압 감전 방지와 방수를 겸함	
화학물질용 안전화	물체의 낙하, 충격 또는 날카로운 물체에 의한 찔림 위험으로부터 발을 보호하고 화학물질로부터 유해위험을 방지하기 위한 것	

> **Reference** 안전화 등급
> ① 중 작업용 : 광업·건설업·철광업의 원료 취급·가공, 강재 취급·운반, 건설업 등의 중량물 운반, 중량이 큰 가공 대상물 취급 작업을 하며 날카로운 물체에 찔릴 우려가 있는 장소
> ② 보통 작업용 : 기계공업·금속가공업·운반업·건축업 등 공구 가공품을 손으로 취급하는 작업 및 차량 사업장, 기계 등을 운전·조작하는 일반작업장으로서 날카로운 물체에 찔릴 우려가 있는 장소
> ③ 경 작업용 : 금속선별, 전기제품 조립, 화학제품 선별, 반응장치 운전, 식품 가공업 등 비교적 가벼운 물체를 취급하는 작업장으로서 날카로운 물체에 찔릴 우려가 있는 장소

[2] 사용 및 관리방법

① 작업내용이나 목적에 적합한 것 선정지급
② 가벼울 것
③ 땀 발산효과가 있을 것
④ 목이 긴 안전화는 신고 벗는데 편하도록 된 구조일 것(예 : 지퍼 등)
⑤ 바닥이 미끄러운 곳에서는 창의 마찰력이 클 것

⑥ 우레탄 소재(Pu) 안전화는 고무에 비해 열과 기름에 약하므로 기름을 취급하거나 고열 등 화기취급 작업자에서는 사용을 피할 것
⑦ 정전화를 신고 감전 위험 장소에서 착용하지 말고 충전부에 접촉금지
⑧ 끈을 단단히 매고 안전화는 훼손, 변형시키지 않는다. 특히 뒤축을 꺾어 신지 않는다.
⑨ 발에 맞는 것을 착용한다.
⑩ 절연화, 절연장화는 구멍이나 찢김이 있으면 즉시 폐기한다.
⑪ 내부가 항상 건조하도록 관리한다.
⑫ 가죽제 안전화는 물에 젖지 않도록 한다.
⑬ 안전화가 화학물질에 노출되었으면 물에 씻어 말린다.

1.1.5. 안전장갑

안전장갑의 주요 보호기능은 전기 작업에서의 감전 예방 및 각종 화학물질로부터 손을 보호한다.

[1] 종류별 보호위험
  ① 내전압용 절연장갑 : 고압 감전방지 및 방수를 겸함
  ② 화학물질용 안전장갑 : 유기용제와 산·알칼리성 화학물질 접촉 위험에서 손을 보호하고 내수성, 내화학성을 겸함

[2] 등급 및 선정기준
  ① 용도와 작업 내용, 수준에 맞아야 한다.
  ② 내전압용 절연장갑은 00등급에서 4등급까시이며 숫자가 클수록 두꺼워 절연성이 높다.
  ③ 화학물질용 안전장갑은 1~6의 성능수준이 있으며, 숫자가 클수록 보호시간이 길고 성능이 우수하다.
  ④ 화학물질용 안전장갑은 왼쪽의 화학물질 방호 그림을 확인한다.
  ⑤ 화학물질용 안전장갑은 사용 물질에 맞는 보호 성능이 있는지 확인한다.
  ⑥ 사용 화학물질과 제품인증 화학물질이 일치하지 않으면 제조사에 정보를 요청해 적합한 것으로 바꾼다.

1.1.6. 눈 및 안면보호구(보안경, 보안면)

[1] 보호기능 및 종류

(1) 차광보안경

눈에 해로운 자외선, 가시광선, 적외선이 발생하는 장소에서 유해광선으로부터 눈을 보호하기 위한 수단으로 사용목적에 따라 다음 세가지를 예를 들 수 있다.

① 유해한 자외선(ultraviolet)을 차단하여야 한다.
② 강렬한 가시광선(visible)을 약하게 하여 광원의 상태를 관측 가능하게 한다.
③ 열작업에서 발생하는 적외선(infrared)을 차단하여야 한다.

(2) 용접보안면

용접보안면은 일반적으로 안면보호구로 분류하고 있으나, 구조상 눈을 보호하는 기능도 갖는다.

(3) 일반보안면

일반보안면은 용접보안면과는 달리 면체 전체가 전부 투시 가능한 것으로 주로 일반작업 및 점용접 작업시에 발생하는 각종 비산물과 유해한 액체로부터 안면, 목 부위를 보호하기 위한 것이다. 또한 유해한 광선으로부터 눈을 보호하기 위해 단독으로 착용하거나 보안경 위에 겹쳐 착용한다.

[2] 구비조건 및 착용대상 작업

① 보안경은 그 모양에 따라 특정한 위험에 대해서 적절한 보호를 할 수 있어야 한다.
② 가볍고 시야가 넓어 착용했을 때 편안해야 한다.
③ 보안경은 안경테의 각도와 길이를 조절할 수 있는 것이면 더욱 좋다.
④ 견고하게 고정되어 착용자가 움직이더라도 쉽게 벗겨지거나 움직이지 않아야 한다.
⑤ 내구성이 있을 것
⑥ 차광보안경과 보안면은 용접작업의 차광번호에 적합해야 한다.
⑦ 착용자가 시력이 나쁠 경우 시력에 맞는 도수렌즈를 지급한다.
⑧ 필요시 복합기능을 갖춘 보안경을 지급한다. 예를 들면 일반 안경 위에 고글착용, 안전모와 보안면을 병행 착용하는 것이 그 일례이다.

1.1.7. 방음보호구(귀마개, 귀덮개)
[1] 일반구조
(1) 귀마개
   ① 귀마개는 사용수명 동안 피부자극, 피부질환, 알레르기 반응 혹은 그 밖에 다른 건강상의 부작용을 일으키지 않을 것
   ② 귀마개 사용 중 재료에 변형이 생기지 않을 것
   ③ 귀마개를 착용할 때 귀마개의 모든 부분이 착용자에게 물리적인 손상을 유발시키지 않을 것
   ④ 귀마개를 착용할 때 밖으로 돌출되는 부분이 외부의 접촉에 의하여 귀에 손상이 발생하지 않을 것
   ⑤ 귀(외이도)에 잘 맞을 것
   ⑥ 사용 중 심한 불쾌함이 없을 것
   ⑦ 사용 중에 쉽게 빠지지 않을 것

(2) 귀덮개
   ① 인체에 접촉되는 부분에 사용하는 재료는 해로운 영향을 주지 않을 것
   ② 귀덮개 사용중 재료에 변형이 생기지 않을 것
   ③ 제조자가 지정한 방법으로 세척 및 소독을 한 후 육안 상 손상이 없을 것
   ④ 금속으로 된 재료는 부식방지 처리가 된 것으로 할 것
   ⑤ 귀덮개의 모든 부분은 날카로운 부분이 없도록 처리할 것
   ⑥ 제조자는 귀덮개의 쿠션 및 라이너를 전용 도구로 사용하지 않고 착용자가 교체할 수 있을 것
   ⑦ 귀덮개는 귀전체를 덮을 수 있는 크기로 하고, 발포 플라스틱 등의 흡음재료로 감쌀 것
   ⑧ 귀 주위를 덮는 덮개의 안쪽 부위는 발포 플라스틱 공기 혹은 액체를 봉입한 플라스틱 튜브 등에 의해 귀주위에 완전하게 밀착되는 구조일 것
   ⑨ 길이조절을 할 수 있는 금속재질의 머리띠 또는 걸고리 등은 적당한 탄성을 가져 착용자에게 압박감 또는 불쾌함을 주지 않을 것

[2] 사용 및 관리방법

① 소음수준, 작업내용, 개인의 상태에 따라 적합한 보호구를 선정한다.
② 오염되지 않도록 보관 및 사용, 특히 귀마개 착용 시는 더러운 손으로 만지거나 이물질이 귀에 들어가지 않도록 주의한다.
③ 귀마개는 불쾌감이나 통증이 적은 재료로 만든 것을 선정, 고무재질보다는 스펀지 재질이 비교적 좋다.
④ 귀마개는 소모성 재료로 필요하면 누구나 언제든지 교체 사용할 수 있도록 작업장 내에 비치 관리한다.
⑤ 소음의 정도에 착용해야 할 보호구가 각각 다르다. 즉, 소음수준이 85~115dB일 때는 귀마개 또는 귀 덮개를 110~120dB이 넘을 때는 귀마개와 귀 덮개를 동시에 착용한다.
⑥ 활동이 많은 작업인 경우에는 귀마개를 활동이 적은 경우에는 귀 덮개를 착용한다.
⑦ 중이염 등 귀에 이상이 있을 때에는 귀 덮개를 착용한다.
⑧ 귀마개 중 EP-2형은 고음만을 차단시키므로 대화가 필요한 작업에 착용한다.
⑨ 귀마개의 재질이 고무인 것보다는 스펀지가 귀에 통증을 적게 해준다.

1.1.8. 호흡용 보호구(방진, 방독, 송기 마스크)

[1] 호흡용 보호구의 분류

분류	공기 정화식		공기 공급식	
종류	수동식	전동식	송기식	공기용식
안면부 등의 형태	전면형, 반면형	전면형, 반면형	전면형, 반면형, 페이스실드, 후드	전면형
보호구명	방진마스크 방독마스크	전동팬 부착 방진마스크 방독마스크	송기마스크 산소호흡기	공기호흡기

[2] 일반구조

(1) 방독마스크의 일반구조
① 착용 시 이상한 압박감이나 고통을 주지 않을 것
② 착용자의 얼굴과 방독마스크의 내면사이의 공간이 너무 크지 않을 것

③ 전면형은 호흡 시에 투시부가 흐려지지 않을 것
④ 격리식 및 직결식 방독마스크에 있어서는 정화통, 흡기밸브·배기밸브 및 머리끈을 쉽게 교환할 수 있고, 착용자 자신이 스스로 안면과 방독마스크 안면부와의 밀착성 여부를 수시로 확인할 수 있을 것

(2) 방독마스크 각 부의 구조
① 방독마스크는 쉽게 착용할 수 있고, 착용하였을 때 안면부가 안면에 밀착되어 공기가 새지 않을 것
② 정화통 내부의 흡착제는 견고하게 충진 되고 충격에 의해 외부로 노출되지 않을 것
③ 흡기밸브는 미약한 호흡에 대하여 확실하고 예민하게 작동할 것
④ 배기밸브는 방독마스크의 내부와 외부의 압력이 같을 경우 항상 닫혀있어야 하고 미약한 호흡에 대하여 확실하고 예민하게 작동하여야 하며 외부의 힘에 의하여 손상되지 않도록 덮개 등으로 보호되어 있을 것
⑤ 연결관은 신축성이 좋아야 하고 여러 모양의 구부러진 상태에서도 통기에 지장이 없어야 하고 턱이나 팔의 압박이 있는 경우에도 통기에 지장이 없어야 하며 목의 운동에 지장을 주지 않을 정도의 길이를 가질 것
⑥ 머리끈은 적당한 길이 및 탄력성을 갖고 길이를 쉽게 조절할 수 있을 것

[3] 사용 및 관리방법
(1) 방진마스크
　방진마스크 주요 보호기능은 분진 등의 입자상 물질을 걸러내 호흡기를 보호하며 채광, 분쇄, 광물의 재단, 조각, 연마작업, 석면취급 작업, 용접삭업 등에 사용한다.

(2) 방독마스크
① 사용대상 유해물질을 재독할 수 있는 정화통을 선정
② 산소농도 18% 미만인 산소결핍 장소에서의 사용금지
③ 파과시간이 긴 것
④ 그 외의 것은 방진마스크 선정기준을 따름

(3) 송기마스크

① 송기마스크는 산소농도가 18% 미만이거나 유해물질 농도가 2%(암모니아 3%) 이상인 장소에서 작업할 때 착용한다.
② 격리된 장소, 행동반경이 크거나 공기의 공급 장소가 멀리 떨어진 경우에는 공기호흡기를 지급함. 이 때는 기능을 확실히 체크해야 한다.
③ 인근에 오염된 공기가 있는 경우에는 폐력흡인형이나 수동형은 적합하지 않다.
④ 위험도가 높은 장소에서는 폐력흡인형이나 수동형은 적합하지 않다.
⑤ 화재폭발이 발생할 우려가 있는 위험지역 내에서 사용해야 할 경우에 전기기기는 방폭형을 사용한다.

1.1.9. 안전대

안전대는 높은 곳에서 작업하는 근로자의 떨어짐을 방지하기 위한 것이나 안전대만으로는 근로자를 보호하지 못하므로 현장에는 반드시 안전대 걸이를 설치해야 한다.

표 ▶ 안전대 종류별 장·단점

구 분	그네식 안전대	벨트식(상체형)안전대	벨트식 안전대
제품의 구성	추락을 방지하기 위해 신체지지의 목적으로 전신에 착용하는 띠모양의 제품으로서 어깨걸이, 다리걸이, 가슴조임줄로 구성	추락을 방지하기 위해 신체지지의 목적으로 상체 부분에 착용하는 띠모양의 제품으로 어깨걸이, 허리벨트, 가슴조임줄로 구성	추락을 방지하기 위해 신체지지의 목적으로 허리에 착용하는 띠모양의 제품으로서 허리벨트로 구성
안전성	신체전신을 띠모양의 부품이 감싸고 있어 안전함	상체부분만 부품이 감싸고 있어 띠가 상체의 겨드랑이 부분에 몰려 불안전함	머리 부분이 먼저 추락하는 경우 몸이 안전대로부터 빠질 수 있음

1.1.10. 보호복

"보호복"이란 고열, 방사선, 중금속 또는 유해화학물질로부터 근로자를 보호하기 위하여 고안된 작업복이다.

[1] 방열복

방열복은 제철소 또는 가공업체에서 금속 또는 유리 등을 제련 또는 용해하는 과정에서 발산되는 고열로부터 화상 또는 열중증을 예방하기 위하여 사용된다.

① 복사열을 방지할 목적으로 하는 경우 : 천에 알루미늄 가공을 한 것, 특히 반사율이 높은 라미네이트 처리가 된 것 사용
② 복사열과 용융금속이 날아올 위험이 있는 경우 : 천에 알루미늄가공을 한 것을 사용하며 어느 정도의 두께가 필요하고 용융금속이 붙어도 스며들지 않는 구조
③ 날아오는 용융금속이 많은 경우 : 일반적으로 가죽이 사용되며 스패터가 붙기 어려운 탄소섬유 등을 사용
④ 환경온도가 높은 경우 : 알루미늄가공 내열의를 착용, 내측에는 소용돌이관이나 냉각재를 이용하여 냉각효과가 있는 것을 사용
⑤ 열작업 주변 작업자 경우 : 용접·고열 물체를 접하는 노 주변 작업자는 내열·방염성이 있는 것을 사용

[2] 화학용 보호복, 보호장갑
산업현장에서 발생되는 분진, 미스트 또는 가스 및 증기는 호흡기를 통하여 인체에 흡수될 뿐 아니라 피부를 통하여 흡수되거나 피부에 상해를 초래하기도 한다. 따라서 유해물질로부터 피부를 보호하기 위하여 독성이 강한 화학물을 다룰 때 사용한다.

1.2. 지게차 안전장치

지게차 사용에 따른 재해를 예방하기 위해 산업안전보건법에는 전조등 및 후미등, 헤드가드, 좌석 안전띠, 백레스트, 후진경보기·경광능 또는 후방감지기는 법적으로 반드시 적용해야 한다. 일일 안전점검을 통해서 항상 정상동작 되도록 조치되어야 하며, 노동부 점검시 적발되면 사법처리 대상이다.

[1] 좌석 안전띠(산업안전보건기준에 관한 규칙 제 183조)
① 앞아서 조작하는 방식의 지게차에는 좌석안전띠를 설치하여야 한다.
② 사용자가 쉽게 잠그고 풀 수 있는 구조일 것.
③ 사업주는 지게차를 운전하는 근로자로 하여금 좌석안전띠를 착용하도록 주지시켜야 하며, 지게차 운전자는 좌석안전띠를 착용하여야 한다.
④ 지게차 전도·충돌시 운전자가 운전석에서 튕겨져 나가는 것을 방지하기 위하여 다음과 같은 안전조치를 추가할 수 있다.
　㉮ 좌석안전띠를 착용시에만 지게차가 전·후진할 수 있도록 인터록시스템을 구축

㉴ 좌석안전띠를 착용하지 아니하고 시동할 경우 지게차 운전자가 그 사실을 알 수 있도록 경고등 또는 경고음을 발하는 장치를 설치

[2] 전조등, 후미등(산업안전보건기준에 관한 규칙 제179조)

야간작업 시 전후방의 조명을 확보할 수 있도록 전조등 및 후미등이 부착된 지게차를 사용하여야 한다. 다만, 작업을 안전하게 수행하기 위하여 필요한 조명이 확보되어 있는 장소에서 사용하는 때에는 그러하지 아니하다.

[3] 헤드가드(Head Guard)(산업안전보건기준에 관한 규칙 제180조)

운전자 위쪽으로 적재물이 떨어져 운전자가 다치는 것을 방지하기 위한 장치로 설치하는 머리 위 덮개를 말한다.

사업주는 다음에 적합한 헤드가드를 갖추어야 한다. 다만, 화물의 낙하에 의하여 지게차의 운전자에게 위험을 미칠 우려가 없는 때에는 그러하지 아니하다.

① 강도는 지게차의 최대하중의 2배의 값(그 값이 4톤을 넘는 것에 대하여서는 4톤으로 한다)의 등분포정하중에 견딜 수 있을 것
② 상부틀의 각 개구의 폭 또는 길이가 16cm(ISO 규정 15cm) 미만일 것
③ 운전자가 앉아서 조작하는 방식의 지게차에 있어서는 운전자의 좌석의 상면에서 헤드가드의 상부 틀의 하면까지의 높이가 1m(ISO 규정 903mm) 이상일 것
④ 운전자가 서서 조작하는 방식의 지게차의 경우에는 운전석 바닥면에서 헤드가드 상부틀 하면까지 높이가 2m(ISO 규정 1,880mm) 이상일 것

[4] 백레스트(Back Rest)(산업안전보건기준에 관한 규칙 제181조)

상자 등이 적재된 팰릿을 싣거나 옮기기 위해 마스트를 뒤로 기울일 때 화물이 마스트 방향으로 떨어지는 것을 방지하기 위한 짐받이 틀을 말한다. 백레스트가 부착된 지게차를 사용하여야 한다. 다만, 마스트의 후방에서 화물이 낙하함으로써 근로자에게 위험을 미칠 우려가 없는 때에는 그러하지 아니하다.

[5] 후진경보기 · 경광등 또는 후방감지기(산업안전보건기준에 관한 규칙 제179조)

2019년 1월 16일부로 개정, 2021년 1월 16일부터 시행

(1) 후방 경보기

지게차 후진 시 지게차 후면에 근로자의 통행 또는 물체와의 충돌로 빈번하게 발생하는 재해를 방지하기 위한 수단으로, 후방접근 상태를 감지할 수 있는 접근 경보장치를 설치하는 것으로써 지게차 후면에 근로자 등이 있을 경우 접근감지장치의 센서가 감지하여 경보음을 방행하도록 경음장치를 설치하고, 지게차와 근로자의 거리를 숫자로 표시하여 위험사애를 인지할 수 있도록 운전석 정면에 표시장치를 설치한 것이다.

(2) 경광등

조명이 불량한 작업장소에서 지게차의 운행상태를 알릴 수 있도록 지게차 후면에 경광등을 설치한다. 경광등이 작동하면서 스피커에서 알람이 발생한다.

(3) 후방 감지기

지게차 전방의 마스트 또는 화물, 지게차 후방 의 시야확보를 위해 전·후방 카메라(유·무선)를 설치한다.

[6] 기타 안전장치

(1) 주행연동 안전벨트

지게차의 전진, 후진 레버의 접점과 안전벨트를 연결하여 안전벨트를 착용 시에만 전진, 후진할 수 있도록 인터록시스템을 구축함으로써 전도, 충돌 시 운전자가 운전석에서 튕겨져 나감을 방지한다.

(2) 백미러 및 룸미러

  1) 백미러

  ① 좌우 및 후방의 교통상황 또는 작업상황을 확인할 수 있도록 다음 기준에 적합한 백미러를 2개 이상 설치하여야 한다.

    ㉮ 각도를 쉽게 조정할 수 있는 구조일 것

    ㉯ 쉽게 탈착이 가능할 것

    ㉰ 쉽게 손상되지 아니하는 구조 및 위치일 것

  ② 기존의 소형 백미러(165W×255L : 평면)의 사각지역을 감소하기 위하여 지게차 내부 또는 외부에 대형 백미러로 교체 설치할 수 있다.

2) 룸미러

대형 백미러를 부착하여도 지게차 뒷면에 사각지역이 발생되므로 이를 해소하기 위하여 룸미러를 추가 설치할 수 있다.

(3) 포크위치 표시

바닥으로부터의 포크 위치를 운전자가 쉽게 알 수 있도록 포크의 상승, 하강을 위해 설치된 지게차와 마스트와 포크 후면에 경고표지를 부착한다. 바닥으로부터 포크의 이격거리가 20~30cm인 경우 마스트와 백레스트에 페인트 또는 색상테이프가 상호 일치되도록 표지를 부착한다.

(4) 안전문

운전자가 밖으로 튕겨나가는 것을 방지하고 소음, 기상의 악조건 등의 작업환경에서도 작업이 가능 하도록 함

(5) 지게차 식별을 위한 형광테이프

조명이 어두운 작업장에서 약한 불빛에도 지게차의 위치와 움직임 등의 식별이 가능하도록 형광테이프를 지게차의 테두리(지게차의 포크, 마스트, 좌·우 및 후면, 바퀴)에 부착할 수 있다.

(6) 포크 받침대(안전지주)

지게차를 수리하거나 점검할 때 포크의 갑작스러운 하강을 방지하기 위하여 받침대(안전블록 역할)를 설치한다.

(7) 경음기 및 방향지시기

지게차 주행방향의 변경 또는 지게차의 작업상황 등을 근로자가 인지할 수 있도록 경음기 및 방향지시기를 설치할 수 있다.

(8) 측후방 라인빔

지게차의 위치를 빔으로 바닥에 표시해줌으로써 보행자에게 지게차의 위치 및 동선을 인지시킬 수 있다.

(9) 경사로 밀림방지

경사로에서 브레이크를 밟지 않고도 5초간 자동정지로 안전주행을 확보할 수 있다.

(10) 지게차 전도방지 안전장치
① 지게차에 화물적재 시 앞 타이어가 받침대 역할을 한다.
② 후면 카운터 웨이트의 무게에 의해 안정된 상태를 유지한다.
③ 최대 하중 이하로 적재하여야 한다.

[7] 지게차의 안정도

안정도는 지게차의 화물 하역, 운반 시 전도에 대한 안전성을 표시하는 수치로 하중을 높이 올리면 중심이 높아져서 언덕길 등의 경사면에서는 가로 위치가 되면 쉽게 전도가 된다.
① 하역작업 시 전후 안정도 : 4%(5ton 이상 − 3.5%)
② 주행작업 시 좌우 안정도 : 18%

2. 위험요소 확인

2.1. 안전표시
2.1.1. 안전·보건표지의 종류
[1] 금지표지

바탕은 흰색, 기본모형은 빨간색, 관련부호 및 그림은 검정색으로 되어 있다.

출입금지	보행금지	차량통행금지	사용금지
탑승금지	금연	화기금지	물체이동금지

[2] 경고표지

노란색 바탕에 기본모형은 검은색, 관련부호와 그림은 검정색이다.

[3] 지시표지

청색 원형바탕에 백색으로 보호구사용을 지시한다.

[4] 안내표지

녹색바탕에 백색으로 안내대상을 지시한다.

| 녹십자표지 | 응급구호표지 | 들것 | 세안장치 |
| 비상구 기구 | 비상구 | 좌측 비상구 | 우측 비상구 |

2.1.2. 안전·보건표지의 색채와 용도

① 빨간색 : 위험, 방화(금지, 고압선, 폭발물, 화학류, 화재방지에 관계되는 물체에 표시)
② 청색 : 조심, 금지(수리, 조절 및 검사 중인 그 밖의 장비의 작동을 방지하기 위해 표시)
③ 흑색 및 백색 : 통로표시, 방향지시 및 안내표시
④ 보라색 : 방사능의 위험을 경고하기 위한 표시
⑤ 녹색 : 안전, 구급(안전에 직접 관련된 설비와 구급용 치료 설비를 식별하기 위해 표시)
⑥ 노란색 : 주의(충돌, 추락, 전도 및 그 밖의 비슷한 사고의 방지를 위해 물리적 위험성을 표시)
⑦ 오렌지색(주황색) : 기계의 위험경고(기계 또는 전기설비의 위험위치를 식별하고 기계의 방호조치를 제거함으로서 노출되는 위험성을 인식하기 위해 표시)

2.2. 안전수칙

2.2.1. 주행시 안전수칙

① 안전벨트를 착용한 후 주행한다.
② 중량물을 운반중인 경우에는 반드시 제한속도를 유지한다. 평탄하지 않는 땅, 경사로, 좁은 통로등에서 급 주행, 급브레이크, 급선회를 절대 하지 않는다.
③ 짐은 마스트를 뒤로 젖힌 상태에서 가능한 낮추고 운행한다.
④ 짐이 시야를 가릴 때는 후진하여 주행하거나 유도자를 배치하여 유도시킨다.

⑤ 경사로를 올라가거나 내려갈 때는 적재물이 경사로의 위쪽을 향하도록 하여 주행하고, 경사로를 내려오는 경우 엔진 브레이크, 발 브레이크를 걸고 천천히 운전한다.
⑥ 지게차 자중과 짐의 무게를 감안하여 바닥상태나 승강기 정격 하중을 확인한다.
⑦ 짐을 불안정한 상태, 편 하중 상태로 옮겨서는 안 된다.
⑧ 후륜이 뜬 상태로 주행해서는 안 된다.
⑨ 포크 간격은 짐에 맞추어 조정한다.
⑩ 낮은 천장이나 머리 위 장애물을 확인한다.
⑪ 옥내 주행시는 전조등을 켜고 주행한다.
⑫ 운전석에서 전방 눈높이 이하로 적재한다.
⑬ 모서리에서 회전할 때는 일단 정지 후 서행한다.
⑭ 선회하는 경우 후륜이 크게 회전하므로 천천히 선회한다.
⑮ 짐을 높이 올린 상태로 주행하지 않는다.
⑯ 정해진 좌석이외에는 사람을 탑승시키지 않는다. 포크, 팔레트, 스키드, 밸런스 웨이트 등에 사람을 탑승시켜 주행해서는 안 된다.
⑰ 도로상을 주행하는 경우에는 팔레트 또는 스키드를 꽂거나 포크의 선단에 표식을 부착하여 주행한다.
⑱ 지게차 운전은 면허를 가진 지정된 근로자가 한다.
⑲ 포크나, 운반중인 중량물 하부에 작업자 출입을 금지토록 한다.

2.2.2. 적재 작업시 안전수칙

① 운반하고자 하는 화물의 바로 앞에 오면 안전한 속도로 감속
② 화물 앞에 가까이 갔을 때에는 일단 정지하여 마스트를 수직으로 세움
③ 지게차가 화물에 대해 똑바로 향하고, 파렛트 또는 스키드에 포크의 꽂아 넣는 위치를 확인한 후에 포크를 수평으로 하여 천천히 삽입
④ 일단 지면으로부터 5~10cm 들어 올린 후 화물의 안정상태와 포크에 대한 편하중이 없는지 등을 확인
⑤ 운전석의 전방 눈높이 이하로 적재하며 하중이 포크 중앙에 위치할 수 있도록 균형 유지
⑥ 허용적재 하중을 준수하고 무너지거나 굴러갈 위험이 있는 물체는 결박

⑦ 가벼운 것을 위로, 무거운 것을 아래에 적재
⑧ 이상이 없음을 확인한 후에 마스트를 충분히 뒤로 기울이고, 포크를 바닥면으로부터 약 15~20cm의 높이를 유지한 상태에서 주행

2.2.3. 하역 작업시 운전수칙
① 부피가 작더라도 중량물인 때에는 완전히 허리까지 들어 올려서 취급한다.
② 공동작업은 작업지휘자의 신호에 따른다.
③ 허용적재 하중을 초과하는 하물의 적재는 금한다.
④ 하물대에 사람이 탑승하지 않도록 한다.
⑤ 물체가 무너질 위험이 있는 것은 즉시 물체를 묶는다.
⑥ 굴러갈 위험이 있는 물체는 고임목으로 고인다.

2.2.4. 주차시 안전수칙
① 경사면에서는 주차를 하지 않는다.
② 포크를 바닥까지 완전히 내리고 마스트는 포크가 바닥에 닿을 때까지 앞으로 기울인다.
③ 방향 전환 레버는 중립 위치에 놓는다.
④ 시동을 끄고 열쇠는 운전자가 보관 및 관리한다.
⑤ 주차 브레이크를 확실히 걸어둔다.
⑥ 주차 시 운전자 신체의 일부를 차체 밖으로 나오지 않게 한다.
⑦ 지게차에서 뛰어내리지 않는다.

2.3. 위험요소
2.3.1. 물체의 낙하
① 불안전한 화물적재 금지 및 화물의 적재 상태를 확인
② 부적당한 작업장치 선정시
③ 미숙한 운전조작
④ 급출발, 급정지, 급선회 금지
⑤ 허용 하중을 초과한 적재 금지

⑥ 작업장 바닥의 요철을 확인
⑦ 마모가 심한 타이어 교체

2.3.2. 협착 및 충돌
① 대형화물의 적재 시 전방시야 불량으로 시야를 확보하도록 적재
② 후륜 주행에 따른 후부의 선회 반경
③ 지게차 전용 통로 확보
④ 교차로 등 사각지대에 반사경 설치
⑤ 지게차 운행구간별 제한속도 지정 및 표지판 부착
⑥ 경사진 노면에 지게차를 방치하지 말 것

2.3.3. 차량의 전도
① 요철 바닥면의 미정비나 연약한 지반에서 편 하중에 주의하여 작업
② 화물의 과적재를 하지 않고 작업한다.
③ 취급되는 화물에 비해서 소형의 지게차로 작업하지 않는다.
④ 급선회, 급출발, 급정지 등의 조작금지

2.3.4. 근로자의 추락
① 운전석 이외의 근로자 탑승 금지
② 지게차의 용도 이외의 작업(고소작업등) 금지
③ 운전자 안전벨트 착용하고 작업 실시
④ 난폭운전 금지 및 유도자의 신호에 따라서 작업 실시

2.3.5. 보행자 등과의 접촉
① 시야 미확보 　　　　　　　　② 후진시 접촉

2.3.6. 사각지대가 항상 존재한다.
① 앞·옆·뒤쪽에 항상 사각지대가 존재하며, 작업자 뿐 아니라 인근 작업자, 보행자 등에게 상해를 입힐 위험이 발생한다.

② 운전자 : 사각지대 보완용 미러 이용
③ 보행 및 인접 작업자 : 지게차 주위를 위험구역으로 인식
④ 안전시스템 : 지게차 주위에 보행자등 접근금지

2.3.7. 작업장 주변 상황 파악

① 작업 지시사항에 따라 정확하고 안전한 작업을 수행하기 위해서는 작업에 투입하는 지게차의 일일점검을 실시해야 하므로 지게차의 주기상태를 육안으로 확인한다.
② 작업 시 안전사고 예방을 위해 지게차 작업반경 내의 위험요소를 육안으로 확인한다.
③ 작업 지시사항에 따라 안전한 작업을 수행하기 위해 작업장 주변 구조물의 위치를 육안으로 확인한다.

3. 안전운반 작업

3.1. 장비 사용설명서

① 장비 사용설명서란 지게차를 안전하게 이용하기 위한 절차 및 방법 등을 상세히 명시한 문서를 말한다. 사용설명서는 지게차를 처음 접하는 사용자를 위해 주요 기능을 요약, 안내하는 데 작성 목적이 있다.
② 사용실명서에는 지게차의 작동순서와 사용방법, 지게차를 유지 관리하는 방법 등에 관한 구체적인 사항이 기술되어 있으며, 운전자 매뉴얼, 장비 사용 매뉴얼, 정비지침서 등이 있다.

3.2. 안전운반

① 한눈을 팔면서 운전하지 말자. 운전 중 반드시 진행방향 주시한다.
② 화물에 맞는 파렛트를 사용하자. 적재하중에 대해 충분한 화물에 맞는 파렛트를 사용하자. 손상, 변형 또는 부식되지 않은 파렛트 사용, 파렛트에 맞게 포크의 넓이 조정한다.
③ 제한속도를 지켜 안전운행, 지게차 : 시속 10km 미만(권장), 야간, 눈·비 올 때는 제한속도의 $\frac{1}{2}$로 감속운행한다.

④ 파렛트 위에 화물은 안전하게 확실히 쌓자. 편하중 적재금지, 쓰러지거나 낙하 우려 시 로프로 묶는다. 화물의 안전적재 여부 확인 후 운전한다.
⑤ 운전중 운전자 외에는 절대 탑승금지, 포크나 파렛트 위에 탑승금지, 운전석 뒷자리 탑승 금지한다.
⑥ 적재된 화물이 클 때는 후진으로 주행, 운행전 하차하여 주위상황을 확인, 후진운전 불가능시 유도자를 배치하여 전진 운행한다.
⑦ 언덕길을 오를 때는 전진으로 운전, 포크의 선단 또는 파렛트의 아랫부분이 지면에 접촉되지 않는 범위에서 가능한 한 지면에 가까이 놓고 주행한다.
⑧ 언덕길을 내려올 때는 후진으로 운전, 화물을 실었을 경우에는 포크를 위로 향하게 하여 후진, 화물을 싣지 않았을 때는 포크를 아래로 향하게 하여 후진, 변속레버가 중립상태에서 탄력적으로 내려가도록 해서는 안 된다.
⑨ 후진시는 안전을 확인하면서 운전하자. 후방 장애물 유무 및 타 작업자의 상황 확인, 포크는 최대한 뒤로 기울인다. 속도를 줄이고 신중하게 주행, 경보를 울리면서 주행한다.
⑩ 언덕길에서 방향전환 금지, 언덕길의 경사면을 따라 방향전환을 하거나, 횡단주행을 하지 않는 경사진 곳에서는 상·하차작업을 하지 않는다.
⑪ 공동 작업시 유도는 규정된 신호로 행하자. 유도자를 배치할 때는 미리 신호를 정한다. 운전자는 유도자의 신호에 따라 운전한다.
⑫ 모퉁이에서는 경음기사용, 전방이 보이지 않는 코너에서는 서행하면서 경적을 울린다.
⑬ 선회할 때는 속도를 줄이고, 특히 뒷바퀴에 주의하자. 전방의 화물 및 후방의 안전을 확인하면서 천천히 선회한다.
⑭ 포크를 올린 채로 주행하지 말 것, 짧은 거리라도 포크는 지면에서 20~30cm 유지, 마스트는 최대한 뒤로 기울여 운전, 포크 및 파렛트에 표식을 붙여 운전한다.
⑮ 포크나 적재된 화물 밑에 들어가서는 안된다.
⑯ 날씨가 나쁠 때는 신중하게 운전, 눈·비·안개 시에는 시야확보 및 미끄럼 주의, 노면이 얼었을 때는 미끄럼 주의한다(시속 5km/h 준수).
⑰ 창고 등 옥내에서의 운전시는 더욱 주의하자. 출입구 및 기둥 높이를 미리 확인, 바닥면 상태를 미리 확인한다.

⑱ 포크를 지렛대 등으로 사용하지 말자, 포크 끝단으로 찌그리거나 올리지 않는다. 포크로 중량물을 누르거나 견인 금지한다.

⑲ 야간에는 특히 주변 상황에 주의하여 안전한 속도로 운전하자, 전조등 또는 후미등을 이용, 현장을 최대한 밝게 하여 작업 실시한다.

⑳ 정격용량을 초과하지 말자. 지게차의 능력에 맞게 사용, 용량 초과 후 균형을 맞추려고 카운트 웨이트 위에 근로자를 태우지 말 것

㉑ 급브레이크를 피하자. 운전 중 급브레이크 조작 금지한다,

㉒ 노면에 주의하자. 주행 중에는 필히 노면상태에 주의한다. 노면상태 불량지역에서는 천천히 운행한다.

㉓ 젖은 신발을 착용하거나 젖은 손으로 지게차 운전금지, 젖은 신발을 착용하거나 젖은 손으로 운전할 경우 손과 발이 제어장치에서 미끄러져 사고발생 우려가 있으므로 물, 기름 묻은 손으로 제어장치 작동 금지한다.

㉔ 교통표지판을 준수하자. 운전 중 주위 확인 철저, 교통표지판, 안전표지판에 따라 운전한다.

㉕ 운전석에 착석하지 않은 채로 운전금지, 완전하게 착석 후 지게차 운전, 팔·다리·머리는 항상 운전실 내에 위치한다.

㉖ 포크 위에 근로자를 태우지 말자. 포크 위에 근로자를 태워 사다리나 엘리베이터 대용으로 사용하지 않는다(고소작업대, A형 사다리 활용).

3.3. 지게차 작업안전

① 작업자 및 운전자는 작업계획에 따라 작업절차를 준수한다.
② 지게차 운전은 면허(자격)을 가진 지정된 운전원만 운전을 한다.
③ 지게차를 떠날 때 엔진을 끄고 세동 후 키 관리를 철저히 한다.
④ 지게차의 허용 하중을 초과하는 화물을 적재하지 않도록 한다.
⑤ 지게차 운전시 급출발, 급선회, 급정차를 하지 말아야 한다.
⑥ 항상 주변작업자나 물체(화물)에 주의하여 신중하게 운전한다.
⑦ 지게차의 포크를 지상에서 20cm 이상 올린 상태로 주행하지 않고 주차 시에는 포크를 바닥에 내려놓아야 한다.
⑧ 지게차의 이상발생시 즉시 감독자에게 보고 및 조치를 받아야 한다.
⑨ 지정 승차석 외에는 탑승 등 행위를 금지한다.

⑩ 포크에 와이어 등을 걸어서 짐을 운반하지 않도록 한다.
⑪ 작업장소에 적합한 제한속도(10km/h 이하)를 준수한다.
⑫ 지게차의 작업구역 내에 근로자의 출입을 금지한다.
⑬ 주행 시 마스트를 충분히 후방으로 제치고 운행한다.
⑭ 경사진 곳을 오를 때는 전진, 내려올 때는 후진을 한다.
⑮ 적재물로 전방 시야가 확보되지 않을 때는 후진 주행한다.
⑯ 포크 간격은 화물에 맞게 적당하게 조절한다.
⑰ 편 하중을 방지하고 항상 균형 있게 적재한다.
⑱ 속도를 늦추고 화물 앞으로 가서 포크가 화물의 받침대 속으로 정확히 들어갈 수 있도록 포크를 내린다.
⑲ 마스트를 조금 앞으로 기울이고 천천히 전진하여 포크를 마스트를 조금 앞으로 기울이고 천천히 전진하여 포크를 화물 받침대 속으로 완전히 넣는다.
⑳ 포크를 조금 올린 다음 화물의 안전상태를 확인하고 나서 마스트를 뒤로 기울인다.
㉑ 지게차는 지정된 장소에 주차한다.
㉒ 화물을 내릴 때는 마스트가 수직이 되도록 한다.
㉓ 포크가 지면에서 10~15cm 정도 되게 내린다.
㉔ 마스트를 앞으로 기울이고 포크를 빼낸다.
㉕ 화물을 들어 올린 상태에서 포크에서 직접 하역을 하여서는 안 된다.
㉖ 운행통로의 폭
　㉮ 지게차 1대가 다니는 통로는 운행 지게차의 최대 폭에 60cm 이상 여유를 확보한다.
　㉯ 지게차 2대가 다니는 통로는 운행 지게차 2대의 최대 폭에 90cm 이상 여유를 확보한다.

3.4. 기타 안전사항

3.4.1. 작업자의 준수사항
① 작업자는 안전 작업 방법을 준수한다.
② 작업자는 감독자의 명령에 복종한다.
③ 자신의 안전은 물론 동료의 안전도 생각한다.

④ 작업에 임해서는 보다 좋은 방법을 찾는다.
⑤ 작업자는 작업 중에 불필요한 행동을 하지 않는다.
⑥ 작업장의 환경 조성을 위해서 적극적으로 노력한다.

3.4.2. 작업장에서의 통행 규칙
① 문은 조용히 열고 닫는다.
② 기중기 작업 중에는 접근하지 않는다.
③ 짐을 가진 사람과 마주치면 길을 비켜준다.
④ 자재 위에 앉거나 자재 위를 걷지 않도록 한다.
⑤ 통로와 궤도를 건널 때 좌우를 살핀 후 건넌다.
⑥ 함부로 뛰지 않으며, 좌·우측통행의 규칙을 지킨다.
⑦ 지름길로 가려고 위험한 장소를 횡단하여서는 안된다.
⑧ 보행 중에는 발밑이나 주위의 상황 또는 작업에 주의한다.
⑨ 주머니에 손을 넣지 않고 두 손을 자연스럽게 하고 걷는다.
⑩ 높은 곳에서 작업하고 있으면 그 곳에 주의하며, 통과한다.

3.4.3. 중량물 취급시 위험요인 확인
① 운전자의 시야확보가 불량한지 확인한다.
② 운진이 미숙한시 확인한다.
③ 과속에 의한 충돌위험을 확인한다.
④ 급선회 시 전도의 위험을 확인한다.
⑤ 화물을 과다하게 적재하였는지 확인한다.
⑥ 화물을 한쪽으로 편하중 상태로 적재하였는지 확인한다.
⑦ 무자격자 운전 여부를 확인한다.
⑧ 지게차의 용도 외에 사용하는지 확인한다.

3.4.4. 위험요인에 대한 안전대책수립
① 지게차 작업 시 안전통로를 확보한다.
② 지게차에 안전장치를 설치한다.

③ 지게차 전용 작업구간에 보행자의 출입을 금지시킨다.
④ 작업구역 내 장애물을 제거한다.
⑤ 안전 표지판을 설치하고 안전표지를 부착한다.
⑥ 사각지역에 반사경을 설치한다.
⑦ 지게차 운전자 운전 시야를 확보한다.
⑧ 유자격자 만 지게차를 운전한다.
⑨ 주행시 포크의 높이는 지면으로부터 20~30cm 든다.

4. 장비 안전관리

4.1. 장비 안전관리

4.1.1. 안전작업 매뉴얼
① 작업 계획서를 작성한다.
② 지게차 작업 장소의 안전한 운행경로를 확보한다.
③ 안전수칙 및 안정도를 준수한다.

4.1.2. 작업 시 안전수칙
① 작업 전 일일점검을 실시한다.
② 주행 시 안전수칙을 준수한다.
③ 운반 시 안전수칙을 준수한다.
④ 하역 작업시 안전수칙을 준수한다.
⑤ 주차 및 작업 종료 후 안전수칙을 준수한다.

4.1.3. 작업계획서 확인
① 실외용 화물은 엔진식 지게차 선정, 실내용 화물은 전동식 지게차를 선정한다.
② 작업계획서를 확인하여 운반할 위험화물이 보험에 가입되었는지 확인한다.
③ 안전모, 작업복, 안전조끼, 안전화 착용 여부 등 운전자의 안전장비 확인한다.
④ 지게차 작업시 준수사항 확인한다(관계자외 출입통제 확인, 정격하중 내에서 적재하는지 확인, 작업시 안전거리 확인, 이동시 규정 속도 준수 확인).

⑤ 신호수의 인원은 적절하게 배치되었는지 확인한다.

4.2. 일상 점검표

일일 점검표에 의한 점검항목은 지게차 외관, 엔진 오일량, 냉각수 량, 유압 오일 양, 팬벨트 장력, 타이어 상태, 타이어 휠 볼트 및 너트의 체결 상태, 연료량, 각종 계기류 작동상태, 경적 후진 경보등 작동상태, 조향장치 작동, 브레이크 및 인칭페달, 주차브레이크 작동상태, 작업장치 작동상태, 공기 청정기 엘리먼트 청소, 축전지 단자 접속상태 등이 있다.

4.3. 작업요청서

작성시기는 최초 작업 개시전, 운전자 교체, 작업장소 변경, 작업방법 변경, 화물의 변경시 다음과 같다.

① 현장작업 실시 전 작업요청서를 수령하고 작업내용과 관련된 작업준비 사항에 대하여 협의 조정할 수 있다.
② 작업명, 작업장소, 작업일, 작업시작시간, 작업장소의 넓이 및 지형
③ 작업요청서 내용을 파악하여 이동거리, 이동경로, 도로 상태를 확인할 수 있다.
④ 지게차의 기종, 운전자, 차체중량 및 부대작업 장치 및 장비제원
⑤ 작업요청서 내용을 파악하여 작업시간, 작업방법을 확인할 수 있다.
⑥ 작업 요청서 내용을 파악하여 화물명, 규격, 중량, 운반수량을 확인하여 필요한 장비를 선정한다.
⑦ 작업 시 안전사고에 대비하여 운반물에 대한 보험가입 유무를 협의 조정할 수 있다.
⑧ 작업 근로자에게 주지, 교육실시 한다.

4.4. 장비안전관리 교육

4.4.1. 안전교육훈련의 종류

[1] 기본 안전교육훈련

지게차를 안전하고 효율적으로 조작하는데 필요한 기본적인 지식과 기술을 익힌다.

[2] 특정 안전교육훈련

특정 작업장 내에서 지게차를 운전하는 방법과 지게차의 조작원리에 대한 이해를 목적으로 하며, 기본 훈련을 완성하는 교육훈련이다. 여기에는 지게차의 유지 및 검사방법에 대한 이해도 포함된다.

[3] 숙달 안전교육훈련

지게차 운전에 대해 익힌 지식과 기술을 숙달시키는 안전교육훈련이다.

4.4.2. 주요 안전교육훈련의 내용

[1] 기본 안전교육훈련

관리감독자는 운전자가 여러 유형의 지게차를 안전하고 적절하게 조작할 수 있는 기술과 지식을 습득할 수 있도록 교육훈련 한다. 관리감독자는 운전자의 기술 및 지식 습득과정을 평가하고, 미진한 부분은 반복되는 교육훈련을 통해 보완하게 한다. 이러한 기본 안전교육훈련을 마친 후 운전자가 지녀야할 지게차 운행 관련 지식 및 능력은 다음과 같다.

① 교육훈련의 목적, 지게차 운행과 관련한 위험요소 및 사고원인
② 운행과 관련한 운전자의 책임사항
③ 지게차의 기본 구조, 주요 부품 및 기능 그리고 적재량
④ 모든 조종기구의 위치와 사용법
⑤ 적재 가능한 물품 및 자재의 종류와 무게 그리고 그 특징
⑥ 적절한 운행속도와 운행 통로
⑦ 조명 및 표지판 등 운행 로의 상태와 특징
⑧ 물품 및 자재의 적재 및 하역 시 주의사항
⑨ 안전장치, 안전벨트, 적재물 중량 표시기 등의 사용방법
⑩ 포크의 상승높이 등 적절한 적재 및 하역방법
⑪ 지게차의 점검 및 유지 방법, 혹은 절차
⑫ 운행 중 응급 상황 발생 시 대응방법
⑬ 경사로, 굽은 길, 빙판, 미끄러운 길 등의 위험성 및 운전방법

[2] 특정 안전교육훈련

일반적으로 이 과정은 기본 안전교육훈련을 마친 후 실시되지만, 기본 안전교육 훈련과 병행할 수도 있다. 이 교육훈련 과정의 내용은 다음과 같다.
① 지게차의 조작 원리에 대한 지식과 이해
② 제작자의 지침에 따라 적절한 검사방법 및 정비 절차
③ 지게차가 운행되는 작업장의 노면, 조명, 장애물, 통로등에 대한 사전지식
④ 적절한 운행을 위한 속도제한, 응급 시 대처방법 및 절차
⑤ 안전모, 귀마개, 보안경 등 작업 시 착용하여야 할 개인보호구
⑥ 작업장 내 지게차의 안전한 주·정차 위치

[3] 숙달 안전교육훈련

기본 안전교육훈련과 특정 안전교육훈련을 마친 후 실시되는 숙달 교육훈련은 자격을 갖춘 관리감독자의 지도하에 실제 작업할 장소에서 교육훈련을 한다. 교육훈련의 내용은 다음과 같다.
① 습득한 기술과 지식을 바탕으로 작업현장의 상태에 적응하면서, 상대적으로 단순한 작업으로부터 시작하여 고난이도의 복잡한 작업으로 훈련과정을 진행한다.
② 사업주의 지게차 활용 목표에 따른 임무에 익숙해지게 한다.
③ 작업구역, 즉각적인 응급상황 시 절차 그리고 그 이외의 작업 시 발생할 수 있는 위험상황에 대한 대처방법 등에 대해 교육훈련 한다.

[4] 재교육훈련

(1) 목적
① 안전운행 습관의 유지
② 새로운 기술의 습득
③ 운행능력의 재평가

(2) 재교육훈련이 필요한 운전자
① 일정기간 운전을 하지 않는 자
② 부정기적으로 운전하는 자
③ 안전하지 않는 방법으로 운전을 하는 습관을 가진 자

④ 사고 혹은 인적 실수의 경험이 있는 자
⑤ 작업장 혹은 운행장소가 바뀐 자

4.4.3. 교육훈련의 세부내용

① 교육훈련은 피 교육훈련 자가 지게차 사용에 관한 지식과 기술을 습득하고, 발생 가능한 위험요소를 인식하여 그에 대한 대응능력을 갖출 수 있도록 이론적이 아니라 실제적이어야 하며, 충분한 훈련 시간이 할애되어야 한다.
② 교육훈련자의 수는 관리감독자가 적절한 훈련과 평가를 실행하는데 어려움이 없는 범위 내에서 정해져야 한다.
③ 교육훈련은 각 단계별로 미리 계획된 바에 따라 진행되어야 한다. 또한, 각 단계 전에 이전 단계의 교육훈련내용을 피 교육 훈련자가 잘 숙지했는지 평가하는 것이 바람직하다.
④ 교육훈련 내용에는 지게차의 부속장치 혹은 장비, 안전한 사용방법 및 검사 및 유지에 대한 구체적이고 실제적인 사항이 포함되어야 한다. 그 세부내용은 다음과 같다.

[1] 지게차의 특성
① 지게차의 성능
② 구동장치(배터리 또는 내연기관)
③ 내연기관의 사용연료(LPG, 디젤유 또는 석유)
④ 좌석벨트 등의 운전자의 보호장치
⑤ 로드 백레스트 익스텐션(load back-rest extension)
⑥ 운전자 보호대(guard)
⑦ 타이어와 휠
⑧ 제동장치
⑨ 조명장치
⑩ 소음 및 저감장치
⑪ 거울 등의 시야 확보장치

[2] 지게차의 안전한 사용방법
① 작업장 내 보행자 통로 확보
② 안전한 지게차 작업구역 확보
③ 위험 경고장치 및 양호한 시야 확보
④ 적절한 조명
⑤ 지게차의 균형 확보
⑥ 안전한 주차
⑦ 화염성 증기, 가스, 혹은 먼지 등 화재 및 폭발 위험이 있는 물질의 접촉방지
⑧ LPG 및 연료유 등의 안전한 연료주입
⑨ 일반도로에서의 안전한 운행
⑩ 작업 시 안전띠를 반드시 착용

[3] 검사 및 유지
제작자가 제공한 지침서에 따른 정기적인 검사 및 유지는 지게차의 양호한 상태 유지에 중요하다. 검사 시 주요 검사항목은 다음과 같다.
① 타이어, 체인 및 휠의 상태
② 연료공급 장치
③ 제동장치
④ 포크
⑤ 배터리 및 전기장치
⑥ 조명 및 경보장치

4.5. 기계·기구 및 공구에 관한 사항
4.5.1. 수공구 안전사항
[1] 수공구 사용에서 안전사고 원인
① 수공구의 사용방법이 미숙하다.
② 수공구의 성능을 잘 알지 못하고 선택하였다.
③ 힘에 맞지 않는 공구를 사용하였다.
④ 사용공구의 점검·정비를 잘하지 않았다.

[2] 수공구를 사용할 때 일반적 유의사항
① 수공구를 사용하기 전에 이상 유무를 확인한다.
② 작업자는 필요한 보호구를 착용한다.

③ 용도 이외의 수공구는 사용하지 않는다.
④ 사용 전에 공구에 묻은 기름 등은 닦아낸다.
⑤ 수공구 사용 후에는 정해진 장소에 보관한다.
⑥ 작업대 위에서 떨어지지 않게 안전한 곳에 둔다.
⑦ 예리한 공구 등을 주머니에 넣고 작업을 하여서는 안 된다.
⑧ 공구를 던져서 전달해서는 안 된다.

[3] 렌치를 사용할 때 주의사항
① 볼트 및 너트에 맞는 것을 사용한다. 즉 볼트 및 너트머리 크기와 같은 조(jaw)의 렌치를 사용한다.
② 볼트 및 너트에 렌치를 깊이 물린다.
③ 렌치를 몸 안쪽으로 잡아 당겨 움직이도록 한다.
④ 렌치에 큰 힘의 전달을 크게 하기 위하여 파이프 등을 끼워서 사용해서는 안 된다.
⑤ 렌치를 해머로 두들겨서 사용하지 않는다.
⑥ 높거나 좁은 장소에서는 몸을 안전하게 한 후 작업한다.
⑦ 렌치를 해머대용으로 사용하지 않는다.
⑧ 복스 렌치를 오픈엔드렌치(스패너)보다 많이 사용하는 이유는 볼트와 너트 주위를 완전히 싸게 되어있어 사용 중에 미끄러지지 않기 때문이다.

[4] 소켓렌치
① 임펙트용 및 수(手)작업용으로 많이 사용한다.
② 큰 힘으로 조일 때 사용한다.
③ 오픈엔드렌치와 규격이 동일하다.
④ 사용 중 잘 미끄러지지 않는다.

[5] 토크렌치
① 볼트·너트 등을 조일 때 조이는 힘을 측정하기(조임력을 규정 값에 정확히 맞도록)위하여 사용한다.
② 오른손은 렌치 끝을 잡고 돌리며, 왼손은 지지점을 누르고 눈은 게이지 눈금을 확인한다.

[6] 드라이버(driver) 사용방법
   ① 스크루 드라이버의 크기는 손잡이를 제외한 길이로 표시한다.
   ② 날 끝의 홈의 폭과 길이가 같은 것을 사용한다.
   ③ 작은 크기의 부품이라도 바이스(vise)에 고정시키고 작업한다.
   ④ 전기 작업을 할 때에는 절연된 손잡이를 사용한다.
   ⑤ 드라이버에 압력을 가하지 말아야 한다.
   ⑥ 정 대용으로 드라이버를 사용해서는 안 된다.
   ⑦ 자루가 쪼개졌거나 허술한 드라이버는 사용하지 않는다.
   ⑧ 드라이버의 끝을 항상 양호하게 관리하여야 한다.
   ⑨ 드라이버의 날 끝은 수평이어야 한다.

[7] 해머작업을 할 때 주의사항
   ① 해머로 녹슨 것을 때릴 때에는 반드시 보안경을 쓴다.
   ② 기름이 묻은 손이나 장갑을 끼고 작업하지 않는다.
   ③ 해머는 작게 시작하여 차차 큰 행정으로 작업한다.
   ④ 해머대용으로 다른 것을 사용하지 않는다.
   ⑤ 타격면은 평탄하고, 손잡이는 튼튼한 것을 사용한다.
   ⑥ 사용 중에 자루 등을 자주 조사한다.
   ⑦ 타격 가공하려는 것을 보면서 작업힌다.
   ⑧ 해머를 휘두르기 전에 반드시 주위를 살핀다.
   ⑨ 좁은 곳에서는 해머작업을 해지 않는다.

[8] 드릴작업을 할 때의 주의사항
   ① 구멍을 거의 뚫었을 때 일감 자체가 회전하기 쉽다.
   ② 드릴의 탈·부착은 회전이 멈춘 다음 행한다.
   ③ 공작물은 단단히 고정시켜 따라 돌지 않게 한다.
   ④ 드릴 끝이 가공물을 관통여부를 손으로 확인해서는 안 된다.
   ⑤ 드릴작업은 장갑을 끼고 작업해서는 안 된다.
   ⑥ 작업 중 쇳가루를 입으로 불어서는 안 된다.
   ⑦ 드릴작업을 하고자 할 때 재료 밑의 받침은 나무판을 이용한다.

[9] 그라인더(연삭숫돌) 작업을 할 때 주의사항
① 숫돌차와 받침대사이의 표준간격은 2~3mm 정도가 좋다.
② 반드시 보호안경을 착용하여야 한다.
③ 안전커버를 떼고서 작업해서는 안 된다.
④ 숫돌작업은 측면에 서서 숫돌의 정면을 이용하여 연삭한다.
⑤ 숫돌차의 회전은 규정이상 빠르게 회전시켜서는 안 된다.
⑥ 숫돌차를 고정하기 전에 균열이 있는지 확인한다.

[10] 산소-아세틸렌가스 용접작업을 할 때 주의사항
① 반드시 소화기를 준비한다.
② 아세틸렌 밸브를 열어 점화한 후 산소밸브를 연다.
③ 점화는 성냥불로 직접 하지 않는다.
④ 역화가 발생하면 토치의 산소밸브를 먼저 닫고 아세틸렌 밸브를 닫는다.
⑤ 산소 통의 메인밸브가 얼었을 때 40~60℃ 이하의 물로 녹인다.
⑥ 산소는 산소병에 35℃에서 150기압으로 압축 충전한다.
⑦ 산소병(봄베)은 40℃ 이하 온도에서 보관한다.

4.5.2. 작업상의 안전
[1] 작업장의 안전수칙
① 공구에 기름이 묻은 경우에는 닦아내고 사용한다.
② 작업복과 안전장구는 반드시 착용한다.
③ 각종기계를 불필요하게 공회전시키지 않는다.
④ 기계의 청소나 손질은 운전을 정지시킨 후 실시한다.
⑤ 항상 청결하게 유지한다.
⑥ 작업대사이 또는 기계사이의 통로는 안전을 위한 너비가 필요하다.
⑦ 공장바닥에 물이나 폐유가 떨어진 경우에는 즉시 닦도록 한다.
⑧ 전원 콘센트 및 스위치 등에 물을 뿌리지 않는다.
⑨ 작업 중 입은 부상은 즉시 응급조치를 하고 보고한다.
⑩ 밀폐된 실내에서는 시동을 걸지 않는다.
⑪ 통로나 마룻바닥에 공구나 부품을 방치하지 않는다.

⑫ 기름걸레나 인화물질은 철제 상자에 보관한다.

[2] 운반작업을 할 때 안전사항
① 힘센 사람과 약한 사람과의 균형을 잡는다.
② 가능한 이동식 크레인 또는 호이스트 및 체인블록을 이용한다.
③ 약간씩 이동하는 것은 지렛대를 이용할 수도 있다.
④ 명령과 지시는 한 사람이 하도록 하고, 양손으로는 물건을 받친다.
⑤ 앞쪽에 있는 사람이 부하를 적게 담당한다.
⑥ 긴 화물은 같은 쪽의 어깨에 올려서 운반한다.
⑦ 중량물을 들어 올릴 때는 체인블록이나 호이스트를 이용한다.
⑧ 드럼통과 LPG 봄베는 굴려서 운반해서는 안 된다.
⑨ 무리한 몸가짐으로 물건을 들지 않는다.
⑩ 정밀한 물건을 쌓을 때는 상자에 넣도록 한다.
⑪ 약하고 가벼운 것은 위에 무거운 것을 밑에 쌓는다.

[3] 벨트에 관한 안전사항
① 재해가 가장 많이 발생하는 것이 벨트이다.
② 벨트를 걸거나 벗길 때에는 정지한 상태에서 실시한다.
③ 벨트의 회전을 정지할 때에 손으로 잡아서는 안 된다.
④ 벨트의 적당한 장력을 유지하도록 한다.
⑤ 고무벨트에는 오일이 묻지 않도록 한다.
⑥ 벨트의 이음쇠는 돌기가 없는 구조로 한다.
⑦ 벨트기 풀리에 감겨 돌아가는 부분은 커버나 덮개를 설치한다.

출제예상문제

안전보호구 착용 및 안전장치 확인

01. 다음 중 보호구에 관한 설명으로 옳은 것은?
① 차광용보안경의 사용구분에 따른 종류에는 자외선용, 적외선용, 복합용, 용접용이 있다.
② 귀마개는 처음에는 저음만을 차단하는 제품부터 사용하며, 일정기간이 지난 후 고음까지를 모두 차단할 수 있는 제품을 사용한다.
③ 유해물질이 발생하는 산소결핍지역에서는 필히 방독 마스크를 착용하여야 한다.
④ 선반작업과 같이 손에 재해가 많이 발생하는 작업장에서는 장갑착용을 의무화한다.

해설 ① 소음수준이 85~115dB일 때는 귀마개 또는 귀 덮개를 110~120dB이 넘을 때는 귀마개와 귀 덮개를 동시에 착용
② 산소 농도가 18% 미만일 때는 송기마스크를 사용한다.
③ 선반작업 및 회전물체에서는 장갑을 착용하면 안된다.

02. 보호구의 구비조건으로 틀린 것은?
① 유해·위험물로부터 보호성능이 충분할 것
② 외관이나 디자인은 필요 없다.
③ 사용되는 재료는 작업자에게 해로운 영향을 주지 않을 것
④ 작업행동에 방해되지 않을 것

해설 외관이나 디자인이 양호해야 한다.

03. 보호구 안전인증 고시에 따른 분리식 방진마스크의 성능기준에서 포집효율이 특급인 경우, 염화나트륨(NaCl) 및 파라핀 오일(Paraffin oil)시험에서의 포집효율은?
① 99.95% 이상   ② 99.9% 이상
③ 99.5% 이상   ④ 99.0% 이상

04. 유기화합물용 방독마스크의 시험가스가 아닌 것은?
① 증기(Cl_2)
② 디메틸에테르(CH_3OCH_3)
③ 시클로헥산(C_6H_{12})
④ 이소부탄(C_4H_{10})

해설 유기화합물용 방독마스크의 시험가스

종류 및 등급	시험가스의 조건		파과농도 (ppm, ±20%)	파과시간 (분)
	시험가스	농도 (%±10%)		
고농도	시클로헥산	0.5	10.0	35 이상
중농도	시클로헥산	0.1		70 이상
저농도	시클로헥산	0.05	5.0	70 이상
	디메틸에테르	0.05		70 이상
	이소부탄	0.25		

정답 01. ① 02. ② 03. ① 04. ①

05. 다음 중 보호구에 있어 자율안전 확인제품에 표시하여야 하는 사항이 아닌 것은?
① 제조자명
② 자율안전 확인의 표시
③ 사용기한
④ 제조번호 및 제조연월

06. 다음의 방진마스크 형태로 옳은 것은?

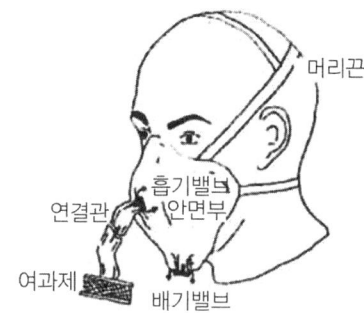

① 직결식 전면형   ② 직결식 반면형
③ 격리식 전면형   ④ 격리식 반면형

해설 방진마스크는 아래 그림과 같이 격리식, 직결식, 안면부 여과식이 있다.

  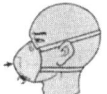

격리식   직결식   안면부 여과식

07. 석면 취급장소에서 사용하는 방진마스크의 등급으로 옳은 것은?
① 특급   ② 1급
③ 2급   ④ 3급

해설 ① 특급 : 베릴륨 등과 같이 독성이 강한 물질을 함유한 분진 등이 발생하는 장소
② 1급 : 금속흄 등과 같이 열적으로 생기는 분진 등이 발생하는 장소, 기계적으로 생기는 분진 등이 발생하는 장소(규소 등과 같이 2급 마스크를 착용하여도 무방한 경우에는 제외), 석면을 취급하는 장소에서 착용

③ 2급 : 특급 및 1급 마스크를 착용해야 하는 장소에서 발생하는 분진을 제외한 분진 등이 발생하는 장소

08. 산업안전보건법상 방독마스크 사용이 가능한 공기 중 최소 산소농도 기준은 몇 % 이상인가?
① 14%   ② 16%
③ 18%   ④ 20%

09. 방진마스크의 형태에 따른 분류 중 그림에서 나타내는 것은 무엇인가?

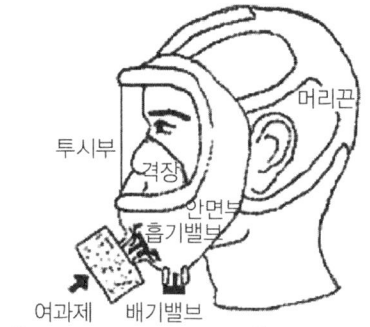

① 격리식 전면형   ② 직결식 전면형
③ 격리식 반면형   ④ 직결식 반면형

10. 다음 중 방진마스크의 구비조건으로 적절하지 않은 것은?
① 흡기밸브는 미약한 호흡에 대하여 확실하고 예민하게 작동하도록 할 것
② 쉽게 착용되어야 하고 착용하였을 때 안면부가 안면에 밀착되어 공기가 새지 않을 것
③ 여과재는 여과성능이 우수하고 인체에 장해를 주지 않을 것
④ 흡·배기밸브는 외부의 힘에 의하여 손상되지 않도록 흡·배기저항이 높을 것

정답 05. ③ 06. ④ 07. ② 08. ③ 09. ② 10. ④

11. 방진마스크의 선정기준으로 적합하지 않은 것은 ?
① 배기저항이 낮을 것
② 흡기저항이 낮을 것
③ 사용면적이 클 것
④ 시야가 넓을 것

12. 공기 중 산소농도가 부족하고, 공기 중에 미립자상 물질이 부유하는 장소에서 사용하기에 가장 적절한 보호구는 ?
① 면마스크　② 방독마스크
③ 송기마스크　④ 방진마스크

해설 송기마스크는 산소 농도가 18% 미만(산소 농도 부족)이거나 유해물질 농도가 2%(암모니아 3%) 이상인 장소에서 작업할 때 착용한다.

13. 공기 중 사염화탄소의 농도가 0.2%인 작업장에서 근로자가 착용할 방독마스크 정화통의 유효시간은 얼마인가 ?(단, 정화통의 유효시간은 0.5%에 대하여 100분이다.)
① 200분　② 250분
③ 300분　④ 350분

해설 유효시간
$= \dfrac{\text{시험가스 농도의 유효시간} \times \text{시험가스농도}}{\text{환경중의 유독가스 농도}}$
$= \dfrac{100 \times 0.5}{0.2} = 250$분

14. 다음 중 방독마스크의 종류와 시험가스가 잘못 연결된 것은 ?
① 할로겐용 : 수소가스(H_2)
② 암모니아용 : 암모니아가스(NH_3)
③ 유기화합물용 : 시클로헥산(C_6H_{12})
④ 시안화수소용: 시안화수소가스(HCN)

해설 할로겐용 시험가스는 염소가스 또는 증기 (Cl_2)

15. 안전인증 대상 보호구인 방독마스크에서 유기화합물용 정화통 외부 측면의 표시 색으로 옳은 것은 ?
① 갈색　② 노랑색
③ 녹색　④ 백색과 녹색

해설 정화통 외부 측면의 표시색

종류	표시색
유기화합물용 정화통	갈색
할로겐용 정화통	
황화수소용 정화통	회색
시안화수소용 정화통	
아황산용 정화통	노랑색
암모니아용 정화통	녹 색
복합용 및 겸용의 정화통	복합용의 경우 : 해당가스 모두 표시(2층 분리) 겸용의 경우 : 백색과 해당 가스 모두 표시(2층 분리)

※ 증기밀도가 낮은 유기화합물 정화통의 경우 색상표시 및 화학물질명 또는 화학기호를 표기

16. 공기 중 산소농도가 부족하고, 공기 중에 미립자상 물질이 부유하는 장에서 사용하기에 가장 적절한 보호구는 ?
① 면마스크　② 방독마스크
③ 송기마스크　④ 방진마스크

17. 다음 중 의무안전 인증대상 안전모의 성능기준 항목이 아닌 것은 ?
① 내열성　② 턱끈풀림
③ 내관통성　④ 충격흡수성

정답　11. ③　12. ③　13. ②　14. ①　15. ①　16. ③　17. ①

18. 다음 중 방독마스크의 성능기준에 있어 사용 장소에 따른 등급의 설명으로 틀린 것은?

① 고농도는 가스 또는 증기의 농도가 100분의 2 이하의 대기 중에서 사용하는 것을 말한다.

② 중농도는 가스 또는 증기의 농도가 100분의 1 이하의 대기 중에서 사용하는 것을 말한다.

③ 저농도는 가스 또는 증기의 농도가 100분의 0.5 이하의 대기 중에서 사용하는 것으로서 긴급용이 아닌 것을 말한다.

④ 고농도와 중농도에서 사용하는 방독마스크는 전면형(격리식, 직결식)을 사용해야 한다.

해설 방독마스크의 등급

등급	사 용 장 소
고농도	가스 또는 증기의 농도가 100분의 2(암모니아에 있어서는 100분의 3) 이하의 대기 중에서 사용하는 것
중농도	가스 또는 증기의 농도가 100분의 1(암모니아에 있어서는 100분의 1.5) 이하의 대기 중에서 사용하는 것
저농도 및 최저농도	가스 또는 증기의 농도가 100분의 0.1 이하의 대기 중에서 사용하는 것으로서 긴급용이 아닌 것

비고 : 방독마스크는 산소농도가 18% 이상인 장소에서 사용하여야 하고, 고농도와 중농도에서 사용하는 방독마스크는 전면형(격리식, 직결식)을 사용해야 한다.

19. 다음 중 안전모의 성능시험에 있어서 AE, ABE종에만 한하여 실시하는 시험은?

① 내관통성시험, 충격흡수성시험
② 난연성시험, 내수성시험
③ 내관통성시험, 내전압성시험
④ 내전압성시험, 내수성시험

20. ABE종 안전모에 대하여 내수성 시험을 할 때 물에 담그기 전의 질량이 400g이고, 물에 담근 후의 질량이 410g이었다면 질량증가율과 합격여부로 옳은 것은?

① 질량증가율 : 2.5%, 합격여부 : 불합격
② 질량증가율 : 2.5%, 합격여부 : 합격
③ 질량증가율 : 102.5%, 합격여부 : 불합격
④ 질량증가율 : 102.5%, 합격여부 : 합격

해설 AE, ABE종 안전모의 내수성 시험은 질량증가율이 1%미만이어야 한다.

$$질량증가율 = \frac{담근후의\ 질량 - 담그기전의\ 질량}{담그기전의\ 질량} \times 100$$

$$= \frac{410-400}{400} \times 100(불량) = 2.5(불량)$$

21. 안전모의 종류 중 의무안전인증 대상이 아닌 것은?

① A형　　② AB형
③ AE형　　④ ABE형

22. 의무안전인증 대상 보호구 중 AE, ABE종 안전모의 질량 증가율은 몇 % 미만이어야 하는가?

① 1%　　② 2%
③ 3%　　④ 5%

23. AE형 또는 ABE형 안전모에 있어 내전압성 이란 최대 몇 V 이하의 전압에 견디는 것을 말하는가?

① 750　　② 1000
③ 3000　　④ 7000

24. 다음 중 작업현장에서 낙하의 위험과 상부에 전선이 있어 감전위험이 있을 때 사용하여야 하는 안전모의 종류는?
① A형 안전모 ② B형 안전모
③ AB형 안전모 ④ AE형 안전모

25. 고무제 안전화의 구비조건이 아닌 것은?
① 유해한 흠, 균열, 기포, 이물질 등이 없어야 한다.
② 바닥, 발등, 발 뒤꿈치 등의 접착부분에 물이 들어오지 않아야 한다.
③ 에나멜 도포는 벗겨져야 하며, 건조가 완전하여야 한다.
④ 완성품의 성능은 압박감, 충격 등의 성능시험에 합격하여야 한다.

26. 중량물 운반작업 시 착용해야 하는 안전화는?
① 보통작업용 ② 경작업용
③ 중작업용 ④ 절연작업용

27. 최대 사용전압이 교류(실효값) 500V 또는 직류 750V인 내전압용 절연장갑의 등급은?
① 00 ② 0
③ 1 ④ 2

해설〉 절연장갑의 등급

등급	최대 사용전압		색 상
	교류(V, 실효값)	직류(V)	
00	500	750	갈색
0	1,000	1,500	빨강색
1	7,500	11,250	흰색
2	17,000	25,500	노랑색
3	26,500	39,750	녹색
4	36,000	54,000	등색

28. 최대 사용전압이 교류(실효값) 1000V 또는 직류 1500V인 내전압용 절연장갑의 색상은?
① 갈색 ② 빨강색
③ 흰색 ④ 녹색

29. 산업안전보건법령상 안전인증 절연장갑에 안전인증 표시 외에 추가로 표시하여야 하는 내용 중 등급별 색상의 연결이 옳은 것은?
① 00등급 : 갈색 ② 0등급 : 흰색
③ 1등급 : 노랑색 ④ 2등급 : 빨강색

30. 귀마개가 갖추어야 할 조건으로 틀린 것은?
① 내습, 내유성을 가질 것
② 귀마개 사용 중 재료에 변형이 생기지 않을 것
③ 사용 중 심한 불쾌함이 없을 것
④ 사용 중에 쉽게 빠질 것

31. 방음용 귀마개 또는 귀덮개에서 사용하는 음압수준은 데시벨(dB)로 나타내는데 이는 소음계의 어떠한 특성을 기준으로 하는가?
① A특성 ② B특성
③ C특성 ④ D특성

32. 보안경 중에서 액체 약품 취급시 비산물로부터 눈을 호하는 것은?
① 스펙타클형 ② 고글형
③ 일반형 ④ 커버스펙타클형

해설〉 화공약품 작업시 유해액체의 비산, 산에 의한 부식(burning)유독연기에는 뚜껑이 부착된 고글을 사용한다.

정답〉 24.④ 25.③ 26.③ 27.① 28.② 29.① 30.④ 31.③ 32.②

33. 눈에 해로운 자외선, 가시광선, 적외선이 발생하는 장소에서 유해광선으로부터 눈을 보호하기 위한 수단으로 사용되어지는 보안경은?
① 도수 안경 ② 방진 안경
③ 차광용 안경 ④ 실험실 안경

34. 다음 중 사용 구분에 따른 차광 보안경의 종류에 해당하지 않는 것은?
① 복합용 ② 비산방지용
③ 적외선용 ④ 자외선용

해설〉 사용구분에 따른 차광보안경의 종류는 자외선용, 적외선용, 복합용, 용접용이 있다.

35. 방열복의 선정 기준 중 틀린 것은?
① 복사열을 방지할 목적으로 하는 경우 : 천에 알루미늄 가공을 한 것, 특히 반사율이 높은 라미네이트 처리가 된 것 사용한다.
② 복사열과 용융금속이 날아올 위험이 있는 경우 : 천에 알루미늄 가공을 한 것을 사용하며 어느 정도의 두께가 필요하고 용융금속이 붙어도 스며들지 않는 구조일 것
③ 날아오는 용융금속이 많은 경우 : 일반적으로 가죽이 사용되며 스패터가 붙기 어려운 탄소섬유 등을 사용한다.
④ 환경온도가 높은 경우 : 내열의를 착용할 필요가 없고 내측에는 소용돌이관이나 냉각재를 이용하여 냉각효과가 있는 것 사용한다.

해설〉 환경온도가 높은 경우에는 알루미늄 가공 내열의를 착용하고 내측에는 소용돌이관이나 냉각재를 이용하여 냉각효과가 있는 것 사용한다.

36. 고압 충전 전선로 근방에서 작업을 할 경우 작업자가 감전되지 않도록 사용하는 안전장구로 가장 적합한 것은?
① 안전대
② 절연용 방호구
③ 방수복
④ 보호용 가죽장갑

37. 다음 중 작업복의 조건으로서 가장 알맞은 것은?
① 작업자의 편안함을 위하여 자율적인 것이 좋다.
② 도면, 공구 등을 넣어야 하므로 주머니가 많아야 한다.
③ 작업에 지장이 없는 한 손발이 노출되는 것이 간편하고 좋다.
④ 주머니가 적고 팔이나 발이 노출되지 않는 것이 좋다.

38. 안전한 작업을 하기 위하여 작업 복장을 선정할 때의 유의사항으로 가장 거리가 먼 것은?
① 화기사용 작업장에서 방열성, 불연성의 것을 사용하도록 한다.
② 착용자의 취미, 기호 등에 중점을 두고 선정한다.
③ 작업복은 몸에 맞고 동작이 편하도록 제작한다.
④ 상의의 소매나 바지 자락 끝 부분이 안전하고 작업하기 편리하게 잘 처리된 것을 선정한다.

정답〉 33. ③ 34. ② 35. ④ 36. ② 37. ④ 38. ②

39. 운반 및 하역작업시 착용복장 및 보호구로 적합하지 않는 것은?
① 상의 작업복의 소매는 손목에 밀착되는 작업복을 착용한다.
② 하의 작업복은 바지 끝 부분을 안전화 속에 넣거나 밀착되게 한다.
③ 방독면, 방화 장갑을 항상 착용해야 한다.
④ 유해, 위험물을 취급 시 방호할 수 있는 보호구를 착용한다.

40. 추락위험이 있는 장소에서 작업할 때 안전관리상 어떻게 하는 것이 가장 좋은가?
① 안전띠 또는 로프를 사용한다.
② 일반 공구를 사용한다.
③ 이동식 사다리를 사용해야 한다.
④ 고정식 사다리를 사용해야 한다.

41. 높은 곳에 출입할 때는 안전장구를 착용해야 하는데 안전대용 로프의 구비조건에 해당하지 않는 것은?
① 내열성이 높을 것
② 내마모성이 높을 것
③ 완충성이 적고, 매끄러울 것
④ 충격 및 인장 강도에 강할 것

42. 지게차가 어두운 곳에서 작업할 때 안전을 위하여 설치해야 하는 안전장치 중 가장 거리가 먼 것은?
① 경광등
② 후방 접근 경보장치
③ 백레스트
④ 형광 테이프
해설〉 백레스트 : 마스트를 뒤로 기울일 때 화물이 마스트 방향으로 떨어지는 것을 방지하기 위한 짐받이 틀을 말한다.

43. 다음 중 조종사를 보호하기 위해 설치한 지게차의 안전장치로 가장 적합한 것은?
① 안전벨트   ② 핑거보드
③ 아웃트리거   ④ 카운터 웨이트

44. 좌석 안전띠에 대한 설명 중 틀린 것은?
① 앉아서 조작하는 방식의 지게차에는 좌석안전띠를 설치하여야 한다.
② 사용자가 쉽게 잠그고 어렵게 풀 수 있는 구조이어야 한다.
③ 사업주는 지게차를 운전하는 근로자로 하여금 좌석안전띠를 착용하도록 주지 시켜야 하며, 지게차 운전자는 좌석안전띠를 착용하여야 한다.
④ 좌석안전띠를 착용 시에만 지게차가 전·후진 할 수 있도록 인터록 시스템을 구축한다.

45. 작업할 때 안전성 및 균형을 잡아주기 위해 지게차 장비 뒤쪽에 설치되어 있는 것은?
① 카운터 웨이트   ② 클러치
③ 변속기   ④ 엔진

46. 지게차 작업 시 각종 위험으로부터 운전자를 안전하게 보호하는 장치로 해당되지 않는 것은?
① 후진경보기
② 전조등, 후미등
③ 소형 후사경
④ 포크 받침대(안전지주)

정답〉 39. ③ 40. ① 41. ③ 42. ③ 43. ① 44. ② 45. ① 46. ③

47. 지게차의 헤드가드에 대한 설명 중 틀린 것은?
① 강도는 지게차의 최대하중의 2배의 값(그 값이 4톤을 넘는 것에 대하여서는 4톤으로 한다)의 등분포정하중에 견딜 수 있을 것
② 상부틀의 각 개구의 폭 또는 길이가 300cm(ISO 규정 305cm) 미만일 것
③ 운전자가 앉아서 조작하는 방식의 지게차에 있어서는 운전자의 좌석의 상면에 서 헤드가드의 상부 틀의 하면까지의 높이가 1m(ISO 규정 903mm) 이상일 것
④ 운전자가 서서 조작하는 방식의 지게차의 경우에는 운전석 바닥면에서 헤드가드 상부틀 하면까지 높이가 2m(ISO 규정 1,880mm) 이상일 것
해설 상부틀의 각 개구의 폭 또는 길이가 16cm(ISO 규정 15cm) 미만일 것

48. 지게차의 안정도에 대한 사항으로 틀린 것은?
① 하역 작업 시 전후 안정도 : 4%
② 5ton 이상 지게차 하역 작업 시 전후 안정도 : 3.5%
③ 주행 작업 시 좌우 안정도 : 18%
④ 하역 작업시 좌우 안정도 : 4%
해설 하역 작업시 좌우 안정도는 6%이다.

49. 다음 중 지게차의 안전장치를 설명한 것으로 틀린 것은?
① 조명이 어두운 곳에서는 지게차의 좌우 및 후면에 형광테이프를 부착한다.
② 지게차의 수리, 점검시 포크의 급격한 하강을 막기 위해 포크 받침대를 설치한다.
③ 기존의 소형 백미러의 사각 지역을 감소하기 위하여 지게차 내부 또는 외부에 대형 백미러로 교체 설치할 수 있다.
④ 바닥으로부터 포크의 이격거리가 50~60cm인 경우 마스트와 백레스트에 페인트 또는 색상테이프가 상호 일치되도록 표지를 부착한다.
해설 바닥으로부터 포크의 이격거리가 20~30cm인 경우 마스트와 백레스트에 페인트 또는 색상테이프가 상호 일치되도록 표지를 부착한다.

50. 다음 중 지게차의 안정도에 대한 설명으로 맞게 설명한 것은?
① 지게차의 기준 부하상태에서 주행할 경우 기울기가 20/100인 지면에서 앞이나 뒤로 넘어지지 않아야 한다.
② 지게차의 기준 부하상태에서 주행할 경우 기울기가 18/100인 지면에서 앞이나 뒤로 넘어지지 않아야 한다.
③ 지게차의 기준 부하상태에서 주행할 경우 기울기가 15/100인 지면에서 앞이나 뒤로 넘어지지 않아야 한다.
④ 지게차의 기준 부하상태에서 주행할 경우 기울기가 10/100인 지면에서 앞이나 뒤로 넘어지지 않아야 한다.

정답 47. ② 48. ④ 49. ④ 50. ②

51. 지게차 안정도에 대한 설명으로 맞는 것은?
  ① 후면 카운터 웨이트의 무게에 의해 안정된 상태가 유지된다.
  ② 안정된 상태를 유지할 수 있도록 최대하중 이하로 적재하여야 한다.
  ③ 지게차의 화물하역, 운반시 전도에 대한 안전성을 표시하는 수치이다.
  ④ 지게차에 화물 적재 시 앞 타이어가 받침대의 역할을 한다.
  해설》 ①, ②, ④항은 지게차 전도 방지 안전장치이다.

위험요소 확인

01. 산업안전보건법에서 안전표지의 종류가 아닌 것은?
  ① 위험표시   ② 경고표시
  ③ 지시표시   ④ 금지표시

02. 적색원형으로 만들어지는 안전표지판은?
  ① 경고표시   ② 안내표시
  ③ 지시표시   ④ 금지표시
  해설》 금지표시는 적색 원형으로 만들어지는 안전표지판이다.

03. 안전표지 종류 중 안내표지에 속하지 않는 것은?
  ① 녹십자 표지   ② 응급구호 표지
  ③ 비상구   ④ 출입금지

04. 안전·보건표지의 종류별용도·사용 장소·형태 및 색채에서 바탕은 흰색, 기본모형은 빨간색, 관련부호 및 그림은 검정색으로 된 표지는?
  ① 보조표지   ② 지시표지
  ③ 주의표지   ④ 금지표지
  해설》 금지표지는 바탕은 흰색, 기본모형은 빨간색, 관련부호 및 그림은 검정색으로 되어있다.

05. 다음 그림과 같은 안전 표지판이 나타내는 것은?
  ① 비상구
  ② 출입금지
  ③ 인화성 물질경고
  ④ 보안경 착용

06. 산업안전 보건표지에서 그림이 나타내는 것은?
  ① 비상구 없음 표지
  ② 방사선위험 표지
  ③ 탑승금지 표지
  ④ 보행금지 표지

07. 안전·보건표지의 종류와 형태에서 그림의 표지로 맞는 것은?
  ① 차량통행금지
  ② 사용금지
  ③ 탑승금지
  ④ 물체이동금지

08. 안전·보건표지의 종류와 형태에서 그림의 안전표지판이 나타내는 것은?
  ① 보행금지
  ② 작업금지
  ③ 출입금지
  ④ 사용금지

09. 안전·보건표지의 종류와 형태에서 그림과 같은 표지는?

① 인화성 물질경고
② 금연
③ 화기금지
④ 산화성 물질경고

10. 안전·보건표지의 종류와 형태에서 그림의 안전표지판이 나타내는 것은?

① 사용금지
② 탑승금지
③ 보행금지
④ 물체이동금지

11. 산업안전보건표지의 종류에서 경고표시에 해당되지 않는 것은?

① 방독면착용
② 인화성물질경고
③ 폭발물경고
④ 저온경고

12. 산업안전보건법령상 안전·보건표지의 종류 중 다음 그림에 해당하는 것은?

① 산화성물질 경고
② 인화성물질 경고
③ 폭발성물질 경고
④ 급성독성물질 경고

13. 산업안전보건표지에서 그림이 표시하는 것으로 맞는 것은?

① 독극물 경고
② 폭발물 경고
③ 고압전기 경고

④ 낙하물 경고

14. 안전·보건표지의 종류와 형태에서 그림의 안전표지판이 나타내는 것은?

① 폭발물 경고
② 매달린 물체 경고
③ 몸 균형상실 경고
④ 방화성 물질 경고

15. 안전·보건표지의 종류와 형태에서 그림의 안전표지판이 사용되는 곳은?

① 폭발성의 물질이 있는 장소
② 발전소나 고전압이 흐르는 장소
③ 방사능 물질이 있는 장소
④ 레이저광선에 노출될 우려가 있는 장소

16. 보안경 착용, 방독 마스크착용, 방지마스크 착용, 안전모자 착용, 귀마개 착용 등을 나타내는 표지의 종류는?

① 금지표지   ② 지시표지
③ 안내표지   ④ 경고표지

해설 지시표지에는 보안경 착용, 방독마스크 착용, 방지마스크 착용, 보안면 착용, 안전모 착용, 귀마개 착용, 안전화 착용, 안전장갑 착용, 안전복 착용 등이 있다.

17. 산업안전보건표지의 종류에서 지시표시에 해당하는 것은?

① 차량통행금지   ② 고온경고
③ 안전모착용   ④ 출입금지

18. 다음 그림은 안전표지의 어떠한 내용을 나타내는가?
    ① 지시표지
    ② 금지표지
    ③ 경고표지
    ④ 안내표지

19. 안전·보건표지의 종류와 형태에서 그림의 표지로 맞는 것은?
    ① 안전복 착용
    ② 안전모 착용
    ③ 보안면 착용
    ④ 출입금지

20. 안전·보건표지의 종류와 형태에서 그림의 표지로 맞는 것은?
    ① 보행금지
    ② 몸균형 상실 경고
    ③ 안전복착용
    ④ 방독마스크착용

21. 안전·보건표지에서 안내표지의 바탕색은?
    ① 백색
    ② 적색
    ③ 녹색
    ④ 흑색
    해설〉 안내표지는 녹색바탕에 백색으로 안내대상을 지시하는 표지판이다.

22. 안전·보건표지 종류와 형태에서 그림의 안전표지판이 나타내는 것은?
    ① 병원표지
    ② 비상구 표지
    ③ 녹십자 표지
    ④ 안전지대 표지

23. 안전·보건표지의 종류와 형태에서 그림의 표지로 맞는 것은?
    ① 비상구
    ② 안전제일표지
    ③ 응급구호표지
    ④ 들것표지

24. 다음 그림과 같은 안전표지판이 나타내는 것은?
    ① 비상구
    ② 출입금지
    ③ 보안경 착용
    ④ 인화성물질 경고

25. 안전표시 중 응급치료소, 응급처치용 장비를 표시하는데 사용하는 색은?
    ① 황색과 흑색
    ② 적색
    ③ 흑색과 백색
    ④ 녹색
    해설〉 응급치료소, 응급처치용 장비를 표시하는데 사용하는 색은 녹색이다.

26. 다음은 화재에 대한 설명이다. 틀린 것은?
    ① 화재가 발생하기 위해서는 가연성 물질, 산소, 발화원이 반드시 필요하다.
    ② 가연성 가스에 의한 화재를 D급 화재라 한다.
    ③ 전기에너지가 발화원이 되는 화재를 C급 화재라 한다.
    ④ 화재는 어떤 물질이 산소와 결합하여 연소하면서 열을 방출시키는 산화반응을 말한다.
    해설〉 유류 및 가연성 가스에 의한 화재를 B급 화재라 한다.

27. 산업안전보건법령상 안전·보건표지에서 색채와 용도가 다르게 짝지어진 것은?
    ① 파란색 : 지시
    ② 녹색 : 안내
    ③ 노란색 : 위험
    ④ 빨간색 : 금지, 경고
    해설〉 노란색은 주의(충돌, 추락, 전도 및 그 밖의 비슷한 사고의 방지를 위해 물리적 위험성을 표시)

28. 작업현장에서 사용되는 안전표지 색으로 잘못 짝지어진 것은?
    ① 빨간색 - 방화표시
    ② 노란색 - 충돌·추락 주의표시
    ③ 녹색 - 비상구 표시
    ④ 보라색 - 안전지도 표시
    해설〉 보라색은 방사능의 위험을 경고하기 위한 표시

29. 안전표지의 색채 중에서 대피장소 또는 비상구의 표지에 사용되는 것으로 맞는 것은?
    ① 빨간색   ② 주황색
    ③ 녹색   ④ 청색
    해설〉 대피장소 또는 비상구의 표지에 사용되는 색은 녹색이다.

30. 지게차 주행시 안전수칙으로 틀린 것은?
    ① 안전벨트를 착용한 후 주행한다.
    ② 중량물을 운반중인 경우에는 반드시 제한속도를 유지한다. 평탄하지 않는 땅, 경사로, 좁은 통로등에서 급 주행, 급브레이크, 급선회를 절대 하지 않는다.
    ③ 짐은 마스트를 뒤로 젖힌 상태에서 가능한 낮추고 운행한다.
    ④ 짐이 시야를 가릴 때는 앞을 잘 살피며 전진하여 주행한다.
    해설〉 짐이 시야를 가릴 때는 후진하여 주행하거나 유도자를 배치하여 유도시킨다.

31. 지게차 주행시 안전수칙으로 맞는 것은?
    ① 옥내 주행시는 전조등을 끄고 주행한다.
    ② 짐을 불안정한 상태, 편 하중 상태로 옮겨서는 안 된다.
    ③ 후륜이 뜬 상태로 주행해도 된다.
    ④ 포크 간격은 작업장 넓이에 맞추어 조정한다.

32. 지게차가 사내주행시 안전수칙상 속도는 얼마이어야 하는가?
    ① 5km/h 이하   ② 10km/h 이상
    ③ 20km/h 이상   ④ 30km/h 이상

33. 지게차 적재작업시 안전수칙중 준수 사항이 아닌 것은?
    ① 운반하고자 하는 화물의 바로 앞에 오면 안전한 속도로 감속한다.
    ② 화물 앞에 가까이 갔을 때에는 일단 정지하여 마스트를 수직으로 세운다.
    ③ 운전석의 전방 눈높이 이상으로 적재하며 하중이 포크 중앙에 위치할 수 있도록 균형 유지
    ④ 허용적재 하중을 준수하고 무너지거나 굴러갈 위험이 있는 물체는 결박한다.
    해설〉 운전석의 전방 눈높이 이하로 적재하며 하중이 포크 중앙에 위치할 수 있도록 균형 유지

정답〉 27. ③ 28. ④ 29. ③ 30. ④ 31. ② 32. ① 33. ③

34. 지게차 적재 작업시 안전수칙상 일단 지면으로부터 몇 cm들어 올린 후 화물의 안정상태와 포크에 대한 편하중이 없는지 등을 확인해야 하는 가 ?
① 5~10cm   ② 15~20cm
③ 25~30cm ④ 35~40cm

35. 지게차 하역작업시 안전수칙사항 중 거리가 먼 것은 ?
① 부피가 작더라도 중량물인 때에는 완전히 허리까지 들어 올려서 취급한다.
② 공동작업은 작업지휘자의 신호에 따른다.
③ 허용적재 하중을 초과하는 하물의 적재는 금한다.
④ 하물대에 사람이 탑승하여 화물이 떨어지지 않도록 붙잡아 준다.
[해설] 하물대에 사람이 탑승하지 않도록 한다.

36. 지게차 주차시 안전수칙으로 맞는 것은?
① 방향전환 레버 위치는 관계없다.
② 시동을 끄고 Key는 지게차에 꽂아둔다.
③ 주차 브레이크를 확실히 작동시켜 둔다.
④ 지게차에서 작업을 빨리하기 위해서 뛰어내린다.

37. 다음은 지게차 위험요소중 화물의 낙하 재해 원인으로 틀린 것은 ?
① 불안전한 화물 적재
② 적당한 작업장치 선정
③ 허용 하중을 초과한 적재
④ 급출발, 급정지, 급선회

38. 다음 중 안전수칙이란 ?
① 위험이 생기거나 사고가 나지 않도록 행동이나 절차에서 지켜야 할 사항을 정한 규칙이다.
② 작업을 빨리 하기위한 절차사항을 정한 규칙이다.
③ 사고가 발생했을 때 신속히 처리할 사항을 정한 규칙이다.
④ 위험이 생기거나 사고가 나지 않도록 작업을 중지시키는 규칙이다.

39. 다음은 지게차 위험요소중 화물의 낙하 재해 예방으로 틀린 것은 ?
① 급출발, 급정지, 급선회 금지
② 허용 하중을 초과한 적재 금지
③ 지게차 전용 통로 확보
④ 마모가 심한 타이어 교체
[해설] 지게차 전용 통로 확보는 협착 및 충돌을 예방하기 위한 사항이다.

40. 지게차 위험요소 중 협착 및 충돌을 방지하기 위한 사항으로 관계가 없는 것은 ?
① 교차로 등 사각지대에 반사경 설치
② 작업장 바닥의 요철을 확인
③ 지게차 운행구간별 제한속도 지정 및 표지판 부착
④ 경사진 노면에 지게차를 방치하지 말 것
[해설] 작업장 바닥의 요철을 확인은 화물의 낙하 예방하기 위한 사항이다.

정답 ▶ 34. ① 35. ④ 36. ③ 37. ② 38. ① 39. ③ 40. ②

41. 다음은 지게차 위험요소 중 협착 및 충돌을 예방하기 위한 사항으로 맞는 것은?
① 화물의 과적재를 하지 않고 작업한다.
② 운전자 안전벨트 착용하고 작업 실시
③ 요철 바닥면의 미정비나 연약한 지반에서 편하중에 주의하여 작업
④ 대형화물의 적재 시 전방시야 불량으로 시야를 확보하도록 적재
해설 ①, ③항은 차량의 전도 예방, ②항은 근로자의 추락예방이다.

42. 다음은 지게차 위험요소 중 근로자의 추락을 예방하기 위한 사항으로 틀린 것은?
① 운전석 이외의 근로자 탑승
② 지게차의 용도 이외의 작업(고소작업 등) 금지
③ 운전자 안전벨트 착용하고 작업 실시
④ 난폭운전 금지 및 유도자의 신호에 따라서 작업 실시

43. 다음은 지게차 작업장 주변의 상황을 파악하기 위한 내용으로 틀린 것은?
① 작업 지시사항에 따라 정확하고 안전한 작업을 수행하기 위해서는 작업에 투입하는 지게차의 일일점검을 실시해야 하므로 지게차이 주기 상태를 육안으로 확인한다.
② 작업시 안전사고 예방을 위해 지게차 작업 반경 내의 위험요소를 육안으로 확인한다.
③ 작업시 작업을 빠르게 하기 위하여 육안으로 주변을 확인한다.
④ 작업 지시사항에 따라 안전한 작업을 수행하기 위해 작업장 주변 구조물의 위치를 육안으로 확인한다.

44. 다음은 지게차 위험요소 중 차량의 전도를 예방하기 위한 사항으로 틀린 것은?
① 요철 바닥면의 미정비나 연약한 지반에서 편 하중에 주의하여 작업
② 화물의 과적재하고 작업한다.
③ 취급되는 화물에 비해서 소형의 지게차로 작업하지 않는다.
④ 급선회, 급출발, 급정지 등의 조작 금지

45. 지게차 위험 요소중 사각지대가 항상 존재한다. 다음 내용 중 틀린 것은?
① 앞·옆·뒤쪽에 항상 사각지대가 존재하며, 작업자 뿐 아니라 인근 작업자, 보행자 등에게 상해를 입힐 위험이 발생한다.
② 운전자 : 사각지대 보완용 미러를 이용한다.
③ 보행 및 인접 작업자 : 지게차 주위를 위험구역으로 인식한다.
④ 안전 시스템 : 지게차 주위에 보행자가 접근을 방지하기 위해 물건을 쌓아둔다.

46. 지게차의 제조단계의 속도로 틀린 것은?
① 3톤 이하 : 시속 20~25km
② 5톤 내외 : 시속 30km이상
③ 축전지식 : 시속 9~16km
④ 임대업체 주문품 : 시속 30km 이상
해설 5톤 내외는 시속 20~30km이다.

정답 41. ④ 42. ① 43. ④ 44. ② 45. ④ 46. ②

안전운반 작업

01. 사용설명서에 기록되어 있지 않은 것은?
① 지게차의 작동 순서
② 지게차 사용 방법
③ 지게차를 유지 관리하는 방법
④ 지게차 인수 방법

02. 사용설명서의 종류로 틀린 것은?
① 운전자 매뉴얼
② 장비 가격 매뉴얼
③ 장비 사용 매뉴얼
④ 정비지침서

03. 다음은 지게차 안전운반에 대한 일반적인 사항을 설명한 것으로 틀린 것은?
① 작업시 안전한 경로를 선택하여 빠른 속도로 주행한다.
② 작업 시 규정 속도를 준수한다.
③ 작업 시 적재 하중을 초과하여 적재하지 않는다.
④ 운전 중 반드시 진행방향을 주시한다.

04. 다음 중 안전운반에 대한 사항 중 틀린 것은?
① 한눈을 팔면서 운전하지 않는다.
② 화물에 맞는 파렛트를 사용한다.
③ 작업 시 휴대전화를 사용하지 않는다.
④ 급한 작업시에는 안전표지 내용을 준수하지 않아도 된다.

05. 다음은 지게차로 화물을 안전운반한 방법이 아닌 것은?
① 마스트를 뒤로 충분히 기울인 상태에서 포크높이를 지면으로부터 20~30cm 유지하며 운반한다.
② 야간, 눈·비 올 때는 제한속도의 $\frac{1}{2}$로 감속 운행한다.
③ 적재한 화물이 운전 시야를 가릴 경우 전지주행이나 유도자를 배치하여 주행한다.
④ 파렛트에 맞게 포크의 넓이 조정한다.

06. 지게차로 화물을 안전운반에 대한 사항 중 틀린 것은?
① 운전중 운전자 외에는 절대 탑승금지
② 운전중 운전자 뒷좌석은 탑승해도 된다.
③ 운전석 뒷자리 탑승금지
④ 포크나 파렛트 위에 탑승금지

07. 지게차의 화물 안전운반 방법 중 가장 적당한 것은?
① 대퍼를 뒤로 10° 정도 경사시켜서 운반한다.
② 바이브레이터를 뒤로 8° 정도 경사시켜서 운반한다.
③ 마스트를 뒤로 4° 정도 경사시켜서 운반한다.
④ 포크를 지상에서 약 50cm 올려 운전한다.

해설〉 화물적재 운반 시 마스트를 뒤로 약 4° 정도 경사시킨 후 포크를 지상에서 20~30cm 올린 후 운전한다.

정답 01. ④ 02. ② 03. ① 04. ④ 05. ③ 06. ② 07. ③

08. 화물을 적재하고 주행할 때 포크와 지면과의 간격으로 가장 적합한 것은?
① 지면에서 5~10cm
② 지면에서 20~30cm
③ 지면에서 40~50cm
④ 지면에서 90~100cm

09. 지게차에 적재된 화물이 클 때 운전 방법으로 틀린 것은?
① 전진으로 주행하면서 주위상황을 확인한다.
② 운행전 하차하여 주위상황을 확인한다.
③ 후진운전 불가능시 유도자를 배치하여 전진 운행한다.
④ 후진으로 주행한다.

10. 다음 중 지게차 후진 운전시 작업 관련 사항으로 틀린 것은?
① 후진시는 안전을 확인하면서 운전한다.
② 후방 장애물 유무 및 타 작업자의 상황 확인한다.
③ 포크는 최대한 뒤로 기울이고, 속도를 높여 신중하게 주행한다.
④ 경보를 울리면서 주행

11. 지게차의 안전운전 방법 중 맞는 것은?
① 유체식 클러치는 전진주행 중 브레이크를 밟지 않고 후진시켜도 된다.
② 짐을 싣고 비탈길을 내려올 때에는 후진하여 천천히 내려온다.
③ 비탈길을 오르내릴 때에는 마스트를 전면으로 기울인 상태에서 전진 운행한다.
④ 화물을 싣고 평지에서 주행할 때에는 급브레이크를 밟아도 된다.

12. 지게차의 안전운반 방법 중 틀린 것은?
① 언덕길에서 방향전환을 금지한다.
② 공동 작업시 유도는 규정된 신호로 행한다.
③ 선회할 때는 속도를 줄이고, 특히 앞바퀴에 주의한다.
④ 모퉁이에서는 경음기를 사용하고, 전방이 보이지 않는 코너에서는 서행하면서 경적을 울린다.
해설〉 선회할 때는 속도를 줄이고, 특히 뒷바퀴에 주의한다.

13. 지게차로 화물을 싣고 경사지에서 주행할 때 안전상 올바른 운전 방법은?
① 내려갈 때에는 저속 후진한다.
② 포크를 높이 들고 주행한다.
③ 내려갈 때에는 변속 레버를 중립에 놓고 주행한다.
④ 내려갈 때에는 시동을 끄고 타력으로 주행한다.

14. 지게차 1대가 다니는 통로는 운행 지게차의 최대 폭에 몇 cm 이상 여유를 확보해야 하는가?
① 30cm ② 40cm
③ 50cm ④ 60cm
해설〉 지게차 2대가 다니는 통로는 운행 지게차 2대의 최대 폭에 90cm 이상 여유를 확보한다.

15. 지게차로 언덕길을 내려올 때 틀린 것은?
① 후진으로 운전
② 화물을 실었을 경우에는 포크를 위로 향하게 하여 후진
③ 화물을 싣지 않았을 때는 포크를 위로 향하게 하여 후진
④ 변속레버가 중립상태에서 탄력적으로 내려가도록 해서는 안 됨

해설》 화물을 싣지 않았을 때는 포크를 아래로 향하게 하여 후진

16. 중량물 운반에 대한 설명으로 맞지 않는 것은?
① 무거운 물건을 운반할 경우 주위사람에게 인지하게 한다.
② 무거운 물건을 상승시킨 채 오랫동안 방치하지 않는다.
③ 규정용량을 초과해서 운반하지 않는다.
④ 흔들리는 화물은 사람이 붙잡아서 이동한다.

17. 작업장에서의 통행 규칙을 설명한 것으로 틀린 것은?
① 보행 중에는 발밑이나 주위의 상황 또는 작업에 주의한다.
② 지름길로 빠르게 가려고 위험한 장소를 횡단하여도 된다.
③ 높은 곳에서 작업하고 있으면 그 곳에 주의하며, 통과한다.
④ 주머니에 손을 넣지 않고 두 손을 자연스럽게 하고 걷는다.

18. 작업장 내의 안전한 통행을 위하여 지켜야 할 사항이 아닌 것은?
① 물건을 든 사람과 만났을 때는 즉시 길을 양보할 것
② 좌측 또는 우측통행 규칙을 엄수할 것
③ 운반차를 이용할 때에는 빠른 속도로 주행할 것
④ 주머니에 손을 넣고 보행하지 말 것

19. 물품을 운반할 때 주의할 사항으로 틀린 것은?
① 가벼운 화물은 규정보다 많이 적재하여도 된다.
② 안전사고 예방에 가장 유의한다.
③ 정밀한 물품을 쌓을 때는 상자에 넣도록 한다.
④ 약하고 가벼운 것을 위에 무거운 것을 밑에 쌓는다.

20. 중량물을 들어 올리는 방법 중 안전상 가장 올바른 것은?
① 최대한 힘을 모아 들어 올린다.
② 지렛대를 이용한다.
③ 로프로 묶고 잡아당긴다.
④ 체인블록을 이용하여 들어 올린다.

21. 작업장에서 지켜야 할 안전수칙이 아닌 것은?
① 작업 중 입은 부상은 즉시 응급조치를 하고 보고한다.
② 기름걸레나 인화물질은 나무 상자에 보관한다.
③ 밀폐된 실내에서는 시동을 걸지 않는다.
④ 통로나 마룻바닥에 공구나 부품을 방치하지 않는다.

정답》 15. ③ 16. ④ 17. ② 18. ③ 19. ① 20. ④ 21. ②

22. 작업장에서 지킬 안전사항 중 틀린 것은?
① 안전모는 반드시 착용한다.
② 고압전기, 유해가스 등에 적색 표지판을 부착한다.
③ 해머작업을 할 때는 장갑을 착용한다.
④ 기계에 주유 시에는 동력을 차단한다.

23. 작업장에서 공동 작업으로 물건을 들어 이동할 때 잘못된 것은?
① 힘의 균형을 유지하여 이동할 것
② 불안전한 물건은 드는 방법에 주의할 것
③ 보조를 맞추어 들도록 할 것
④ 운반 도중 상대방에게 무리하게 힘을 가할 것

24. 무거운 물건을 들어 올릴 때 주의사항 설명으로 가장 적합하지 않은 것은?
① 힘센 사람과 약한 사람과의 균형을 잡는다.
② 장갑에 기름을 묻히고 든다.
③ 가능한 이동식 크레인을 이용한다.
④ 약간씩 이동하는 것은 지렛대를 이용할 수도 있다.

25. 작업장의 안전수칙 중 틀린 것은?
① 기계의 청소나 손질은 운전을 정지시킨 후 실시한다.
② 공구는 오래 사용하기 위하여 기름을 묻혀 사용한다.
③ 작업복과 안전장구는 반드시 착용한다.
④ 각종 기계를 불필요하게 공회전 시키지 않는다.

26. 다음은 건설기계를 조정하던 중 감전되었을 때 위험을 결정하는 요소이다. 틀린 것은?
① 전압의 차체 충격 경로
② 인체에 흐르는 전류의 크기
③ 인체에 전류가 흐른 시간
④ 전류의 인체 통과 경로

27. 작업장에 대한 안전관리상 설명으로 틀린 것은?
① 항상 청결하게 유지한다.
② 작업대 사이, 또는 기계 사이의 통로는 안전을 위한 일정한 너비가 필요하다.
③ 공장바닥은 폐유를 뿌려 먼지 등이 일어나지 않도록 한다.
④ 전원 콘센트 및 스위치 등에 물을 뿌리지 않는다.

28. 안전사고 발생의 가장 큰 원인이 되는 것은?
① 장비사용 잘못 ② 본인의 실수
③ 공장설비 부족 ④ 공구사용 잘못

29. 안전작업 측면에서 장갑을 착용하고 해도 가장 무리 없는 작업은?
① 드릴 작업을 할 때
② 건설현장에서 청소 작업을 할 때
③ 해머 작업을 할 때
④ 정밀기계 작업을 할 때

정답 22. ③ 23. ④ 24. ② 25. ② 26. ① 27. ③ 28. ② 29. ②

30. 안전사고 발생의 원인이 아닌 것은?
① 적합한 공구를 사용하지 않았을 때
② 안전장치 및 보호 장치가 잘되어 있지 않을 때
③ 정리정돈 및 조명 장치가 잘되어 있지 않을 때
④ 기계 및 장비가 넓은 장소에 설치되어 있을 때

31. 작업자가 작업을 할 때 반드시 알아두어야 할 사항이 아닌 것은?
① 안전수칙
② 작업량
③ 기계기구의 사용법
④ 경영관리

32. 안전작업 사항으로 잘못된 것은?
① 전기장치는 접지를 하고, 이동식 전기기구는 방호장치를 한다.
② 엔진에서 배출되는 일산화탄소에 대비한 통풍장치를 설치한다.
③ 담배 불은 발화력이 약하므로 어느 곳에서나 흡연해도 무방하다.
④ 주요 장비 등은 조작자를 지정하여 누구나 조작하지 않도록 한다.

33. 안전장치 선정 시의 고려사항에 해당되지 않는 것은?
① 위험부분에는 안전 방호 장치가 설치되어 있을 것
② 강도나 기능 면에서 신뢰도가 클 것
③ 작업하기 불편하지 않는 구조일 것
④ 안전장치 기능제거를 용이하게 할 것

34. 운반작업을 하는 작업장의 통로에서 통과 우선순위로 가장 적당한 것은?
① 짐차-빈차-사람
② 빈차-짐차-사람
③ 사람-짐차-빈차
④ 사람-빈차-짐차

35. 전기작업에서 안전작업상 적합하지 않은 것은?
① 저압 전력선은 감전 우려가 없으므로 안심하고 작업할 것
② 퓨즈는 규정된 알맞은 것을 끼울 것
③ 전선이나 코드의 접속부는 절연물로서 완전히 피복하여 둘 것
④ 전기장치는 사용 후 스위치를 OFF할 것

36. 운반작업시의 안전수칙으로 틀린 것은?
① 화물 적재시 될 수 있는 대로 중심고를 낮게 한다.
② 길이가 긴 물건은 뒤쪽을 높여서 운반한다.
③ 무거운 짐을 운반할 때는 보조구들을 사용한다.
④ 인력으로 운반 시 어깨보다 높이 들지 않는다.
해설》 길이가 긴 물건은 앞쪽을 높여서 운반한다.

37. 작업장에서 지켜야 할 준수 사항이 아닌 것은?
① 작업장에서는 급히 뛰지 말 것
② 불필요한 행동을 삼가 할 것
③ 공구를 전달할 경우 시간 절약을 위해 가볍게 던질 것
④ 대기 중인 차량엔 고임목을 고여 둘 것

38. 작업 시 안전사항으로 준수해야 할 사항 중 틀린 것은?
① 정전 시는 반드시 스위치를 끊을 것
② 딴 볼일이 있을 때는 기기 작동을 자동으로 조정하고 자리를 비울 것
③ 고장 중의 기기에는 반드시 표시를 할 것
④ 대형 물건을 기중 작업할 때는 서로 신호에 의거할 것

39. 안전관리상 인력 운반으로 중량물을 들어 올리거나 운반 시 발생할 수 있는 재해와 가장 거리가 먼 것은?
① 낙하   ② 협착(압상)
③ 단전(정전) ④ 충돌

40. 운반 작업 시 지켜야 할 사항으로 옳은 것은?
① 운반작업은 장비를 사용하기 보다는 가능한 많은 인력을 동원하여 하는 것이 좋다.
② 인력으로 운반 시 무리한 자세로 장시간 취급하지 않는다.
③ 인력으로 운반시 보조구를 사용하되 몸에서 멀리 떨어지게 하고, 가슴위치에서 하중이 걸리게 한다.
④ 통로 및 인도에 가까운 곳에서는 빠른 속도로 벗어나는 것이 좋다.

41. 감전되거나 전기화상을 입을 위험이 있을 작업에서 제일 먼저 작업자가 구비해야 할 것은?
① 보호구   ② 구급차
③ 완강기   ④ 신호기

42. 점검주기에 따른 안전점검의 종류에 해당되지 않는 것은?
① 수시 점검   ② 구조 점검
③ 특별 점검   ④ 정기 점검

43. 전기기기에 의한 감전 사고를 막기 위하여 필요한 설비로 가장 중요한 것은?
① 고압계 설비
② 대지 전위 상승장치 설비
③ 접지 설비
④ 방폭등 설비

44. 길이가 긴 물건을 공동으로 운반 작업을 할 때의 주의사항과 거리가 먼 것은?
① 작업 지휘자를 반드시 정한다.
② 물건을 들어 올리거나 내릴 때는 서로 같은 소리를 내는 등의 방법으로 동작을 맞춘다.
③ 체력과 신장이 서로 잘 어울리는 사람끼리 작업한다.
④ 두 사람이 운반할 때는 힘 센 사람이 하중을 더 많이 분담한다.

45. 인력으로 운반 작업을 할 때 틀린 것은?
① 긴 물건은 앞쪽을 위로 올린다.
② 드럼통과 LPG 봄베는 굴려서 운반한다.
③ 무리한 몸가짐으로 물건을 들지 않는다.
④ 공도 운반에서는 서로 협조를 하여 작업한다.

정답 ▶ 38. ② 39. ③ 40. ② 41. ① 42. ② 43. ③ 44. ④ 45. ②

장비 안전관리

01. 지게차작업 시 작성하는 작업계획서에 들어가야 할 사항과 가장 거리가 먼 것은?
① 작업의 내용에 관한 사항
② 화물의 종류 및 특성에 관한 사항
③ 작업의 동선 및 신호수의 배치에 관한 사항
④ 작업에 소요되는 비용에 관한 사항

해설〉 작업계획서에는 작업의 내용, 작업시간, 화물의 종류, 화물의 수량, 운반거리, 정비제원, 화물의 보험가입 여부 등을 작성한다.

02. 다음 중 작업계획서의 확인사항으로 해당되지 않는 것은?
① 작업 개요에 대하여 확인한다.
② 내비게이션을 이용하여 도착 지점까지 도로 공사에 대하여 확인한다.
③ 신호수의 배치에 대하여 확인한다.
④ 보험가입에 대하여 확인한다.

03. 지게차 작업내용과 관련된 준비사항에 대하여 파악하기 위하여 작업 계획서를 확인하여야 한다. 다음 중 확인사항으로 틀린 것은?
① 운전자의 시야확보가 불량한지 확인한다.
② 운반할 화물에 대하여 확인한다.
③ 장비 제원에 대하여 확인한다.
④ 작업시간, 작업방법을 확인한다.

04. 지게차의 안전매뉴얼 준수 사항의 설명으로 틀린 것은?
① 안전수칙 및 안정도를 준수한다.
② 작업계획서를 작성한다.
③ 주차 및 작업종료 후 안전수칙을 준수한다.
④ 지게차 작업장소의 안전한 운행경로를 확보한다.

05. 지게차 기본 안전교육을 마친 운전자가 지녀야할 지게차 운행 관련 지식 및 능력이 아닌 것은?
① 운행과 관련한 운전자의 책임사항
② 지게차의 기본 수리, 주요 부품 교환
③ 모든 조종기구의 위치와 사용법
④ 적재 가능한 물품 및 자재의 종류와 무게 그리고 그 특징

06. 작업요청서 작성시기가 아닌 것은?
① 운전자 휴식 후
② 최초 작업 개시전
③ 작업장소 변경
④ 작업방법 변경, 하물의 변경시

해설〉 작업요청서 작성 시기는 최초 작업개시 전, 운전자 교체, 작업장소 변경, 작업방법 변경, 하물의 변경시

07. 특정 안전교육훈련 과정의 내용 중 틀린 것은?
① 빠른 운행을 위한 속도유지 방법
② 제작자의 지침에 따라 적절한 검사 방법 및 정비 절차
③ 지게차가 운행되는 작업장의 노면, 조명, 장애물, 통로등에 대한 사전지식
④ 지게차의 조작원리에 대한 지식과 이해

정답〉 01. ④ 02. ② 03. ① 04. ③ 05. ② 06. ① 07. ①

08. 지게차 기본 안전교육을 마친 운전자가 지녀야할 지게차 운행 관련 지식 및 능력 중 틀린 것은 ?
① 지게차의 기종, 운전자, 차체중량 및 부대작업 장치 및 장비제원
② 작업요청서 내용을 파악하여 작업시간, 작업방법을 확인할 수 있다.
③ 작업 요청서 내용을 파악하여 화물명, 화물가격, 화물 생산공장, 운반수량을 확인하여 필요한 장비를 선정한다.
④ 작업 시 안전사고에 대비하여 운반물에 대한 보험가입 유무를 협의 조정할 수 있다.
해설 작업 요청서 내용을 파악하여 화물명, 규격, 중량, 운반수량을 확인하여 필요한 장비를 선정한다.

09. 안전교육훈련의 종류가 아닌 것은 ?
① 기본 안전교육훈련
② 특정 안전교육훈련
③ 숙달 안전교육훈련
④ 특수 안선교육훈련

10. 기본 안전교육훈련과 특정 안전교육훈련을 마친 후 실시되는 교육훈련은 ?
① 재교육 안전교육훈련
② 숙달 안전교육훈련
③ 전환 안전교육훈련
④ 특정 안전교육훈련

11. 제작자가 제공한 지게차 지침서에 따른 정기적인 검사 및 유지는 지게차의 양호한 상태 유지에 중요하다. 검사 시 주요 검사항목이 아닌 것은 ?
① 연료공급 장치   ② 붐 실린더
③ 제동장치   ④ 포크

12. 지게차의 일상 점검사항에 해당하지 않는 것은 ?
① 각종 계기류의 작동상태를 점검한다.
② 타이어 휠 볼트, 너트의 체결상태를 점검한다.
③ 트랜스미션의 오일량을 점검한다.
④ 연료의 양을 점검한다.

13. 다음 중 지게차의 일상 점검사항이 아닌 것은 ?
① 팬 벨트 교환   ② 엔진 오일량
③ 냉각수 량   ④ 유압 오일 양

14. 지게차의 일상 점검항목으로 틀린 것은?
① 경적 후진 경보등 작동상태
② 주차브레이크 작동상태
③ 조향장치 작동상태
④ 유압 오일필터 교환

15. 다음 중 화물의 정리정돈에서 잘못된 것은 ?
① 자주 사용하는 물품은 편리한 곳에 별도로 보관한다.
② 안전하게 적재한다.
③ 부너지기 쉬운 물품은 고임대를 받치고 정리한다.
④ 가벼운 것은 아래로, 무거운 것은 위로 정리한다.

정답 ▶ 08. ③ 09. ④ 10. ② 11. ② 12. ③ 13. ① 14. ④ 15. ④

16. 지게차의 일상 점검항목으로 잘못된 것은?
① 작업장치 작동상태를 점검한다.
② 축전지 전해액 비중을 점검한다.
③ 공기 청정기 엘리먼트를 청소한다.
④ 축전지 단자 접속 상태를 점검한다.

17. 다음 중 화물의 정리 정돈방법이 틀린 것은?
① 적재물은 모양을 갖추어 보관한다.
② 정해진 장소에 물건을 보관한다.
③ 필요 없는 물품은 치운다.
④ 항상 청소하고 청결하게 유지한다.

해설〉 화물의 정리정돈
① 적재물이 흐트러지지 않도록 보관한다.
② 정해진 장소에 물건을 보관한다.
③ 필요 없는 물품은 치운다.
④ 항상 청소하고 청결하게 유지한다.
⑤ 자주 사용하는 물품은 편리한 곳에 별도로 보관한다.
⑥ 안전하게 적재한다.
⑦ 무너지기 쉬운 물품은 고임대를 받치고 정리한다.
⑧ 품명, 수량을 알 수 있도록 정확하게 정리 정돈한다.

18. 기계시설의 안전 유의사항에 맞지 않은 것은?
① 회전부분(기어, 벨트, 체인) 등은 위험하므로 반드시 커버를 씌워둔다.
② 발전기, 용접기, 엔진 등 장비는 한 곳에 모아서 배치한다.
③ 작업장의 통로는 근로자가 안전하게 다닐 수 있도록 정리정돈을 한다.
④ 작업장의 바닥은 보행에 지장을 주지 않도록 청결하게 유지한다.

해설〉 발전기, 용접기, 엔진 등 소음이 나는 장비는 분산시켜 배치한다.

19. 기계의 보수점검 시 운전 상태에서 해야 하는 작업은?
① 체인의 장력상태 확인
② 베어링의 급유상태 확인
③ 벨트의 장력상태 확인
④ 클러치의 상태 확인

20. 기계운전 중 안전측면에서 설명으로 옳은 것은?
① 빠른 속도로 작업 시는 일시적으로 안전장치를 제거한다.
② 기계장비의 이상으로 정상가동이 어려운 상황에서는 중속 회전상태로 작업한다.
③ 기계운전 중 이상한 냄새, 소음, 진동이 날 때는 정지하고, 전원을 끈다.
④ 작업의 속도 및 효율을 높이기 위해 작업범위 이외의 기계도 동시에 작동한다.

21. 기계운전 및 작업 시 안전사항으로 맞는 것은?
① 작업의 속도를 높이기 위해 레버조작을 빨리한다.
② 장비의 무게는 무시해도 된다.
③ 작업도구나 적재물이 장애물에 걸려도 동력에 무리가 없으므로 그냥 작업한다.
④ 장비 승·하차 시에는 장비에 장착된 손잡이 및 발판을 사용한다.

정답 16. ② 17. ① 18. ② 19. ④ 20. ③ 21. ④

22. 기계취급에 관한 안전수칙 중 잘못된 것은?
① 기계운전 중에는 자리를 지킨다.
② 기계의 청소는 작동 중에 수시로 한다.
③ 기계운전 중 정전 시는 즉시 주 스위치를 끈다.
④ 기계공장에서는 반드시 작업복과 안전화를 착용한다.

23. 동력공구 사용 시 주의사항으로 틀린 것은?
① 보호구는 안 해도 무방하다.
② 에어 그라인더는 회전수에 유의한다.
③ 규정 공기압력을 유지한다.
④ 압축공기 중의 수분을 제거하여 준다.

24. 다음 중 안전사항으로 틀린 것은?
① 전선의 연결부는 되도록 저항을 적게 해야 한다.
② 전기장치는 반드시 접지하여야 한다.
③ 퓨즈 교체 시에는 기준보다 용량이 큰 것을 사용한다.
④ 계측기는 최대 측정범위를 초과하지 않도록 해야 한다.

25. 지렛대 사용 시 주의사항이 아닌 것은?
① 손잡이가 미끄럽지 않을 것
② 화물 중량과 크기에 적합한 것
③ 화물 접촉면을 미끄럽게 할 것
④ 둥글고 미끄러지기 쉬운 지렛대는 사용하지 말 것

26. 원목처럼 길이가 긴 화물을 외줄 달기 슬링 용구를 사용하여 크레인으로 물건을 안전하게 달아 올리는 방법으로 가장 거리가 먼 것은?
① 화물의 중량이 많이 걸리는 방향을 아래쪽으로 향하게 들어올린다.
② 제한용량 이상을 달지 않는다.
③ 수평으로 달아 올린다.
④ 신호에 따라 움직인다.

27. 무거운 물체를 인양하기 위하여 체인블록을 사용할 때 안전상 가장 적절한 것은?
① 체인이 느슨한 상태에서 급격히 잡아당기면 재해가 발생할 수 있으므로 안전을 확인할 수 있는 시간적 여유를 가지고 작업한다.
② 무조건 굵은 체인을 사용하여야 한다.
③ 내릴 때는 하중 부담을 줄이기 위해 최대한 빠른 속도로 실시한다.
④ 이동시는 무조건 최대거리 코스로 빠른 시간 내에 이동시켜야 한다.

> **해설** 체인블록을 사용할 때에는 체인이 느슨한 상태에서 급격히 잡아당기면 재해가 발생할 수 있으므로 안전을 확인할 수 있는 시간적 여유를 가지고 작업한다.

28. 공기(air)기구 사용 작업에서 적당치 않은 것은?
① 공기기구의 섭동 부위에 윤활유를 주유하면 안 된다.
② 규정에 맞는 토크를 유지하면서 작업한다.
③ 공기를 공급하는 고무호스가 꺾이지 않도록 한다.
④ 공기기구의 반동으로 생길 수 있는 사고를 미연에 방지한다.

> **해설** 공기기구의 섭동(미끄럼운동) 부위에는 윤활유를 주유하여야 한다.

29. 수공구 사용상의 안전사고의 원인이 아닌 것은?
① 잘못된 공구선택
② 사용법의 미 숙지
③ 공구의 점검소홀
④ 규격에 맞는 공구사용

30. 수공구 사용 시 안전수칙으로 바르지 못한 것은?
① 쇠톱작업은 밀 때 절삭되게 작업한다.
② 줄 작업으로 생긴 쇳가루는 브러시로 털어낸다.
③ 해머작업은 미끄러짐을 방지하기 위해서 반드시 면장갑을 끼고 작업한다.
④ 조정렌치는 조정 조가 있는 부분에 힘을 받지 않게 하여 사용한다.
[해설] 해머작업을 할 때에는 장갑을 착용해서는 안 된다.

31. 수공구 사용방법으로 옳지 않은 것은?
① 좋은 공구를 사용할 것
② 해머의 쐐기 유무를 확인할 것
③ 스패너는 너트에 잘 맞는 것을 사용할 것
④ 해머의 사용면이 넓고 얇아진 것을 사용할 것
[해설] 해머의 사용면이 넓고 얇아진 것을 사용해서는 안 된다.

32. 수공구를 사용할 때 유의사항으로 맞지 않는 것은?
① 무리한 공구 취급을 금한다.
② 토크렌치는 볼트를 풀 때 사용한다.
③ 수공구는 사용법을 숙지하여 사용한다.
④ 공구를 사용하고 나면 일정한 장소에 관리 보관한다.
[해설] 토크렌치는 볼트 및 너트를 조일 때 규정 토크로 조이기 위하여 사용한다.

33. 일반 수공구 취급 시 주의할 사항이 아닌 것은?
① 작업에 알맞은 공구를 사용할 것
② 공구를 청결한 상태에서 보관할 것
③ 공구는 지정된 장소에 보관할 것
④ 공구가 맞는 것이 없으면 비슷한 용도의 공구를 사용할 것

34. 공구사용 시 주의사항이 아닌 것은?
① 결함이 없는 공구를 사용한다.
② 작업에 적당한 공구를 선택한다.
③ 공구의 이상 유무를 사용 후 점검한다.
④ 공구를 올바르게 취급하고 사용한다.
[해설] 공구의 이상 유무는 사용하기 전에 점검한다.

35. 정비작업에서 공구의 사용법에 대한 내용으로 틀린 것은?
① 스패너의 자루가 짧다고 느낄 때는 반드시 둥근 파이프로 연결할 것
② 스패너를 사용할 때는 앞으로 당길 것
③ 스패너는 조금씩 돌리며 사용할 것
④ 파이프 렌치는 반드시 둥근 물체에만 사용할 것

36. 안전하게 공구를 취급하는 방법으로 적합하지 않은 것은?
① 공구를 사용한 후 제자리에 정리하여 둔다.
② 끝 부분이 예리한 공구 등을 주머니에 넣고 작업을 하여서는 안 된다.
③ 공구를 사용 전에 손잡이에 묻은 기름 등은 닦아내어야 한다.
④ 숙달이 되면 옆 작업자에게 공구를 던져서 전달하여 작업능률을 올린다.

37. 작업을 위한 공구관리의 요건으로 가장 거리가 먼 것은?
① 공구별로 장소를 지정하여 보관할 것
② 공구는 항상 최소보유량 이하로 유지할 것
③ 공구사용 점검 후 파손된 공구는 교환할 것
④ 사용한 공구는 항상 깨끗이 한 후 보관할 것

38. 수공구인 렌치를 사용할 때 지켜야 할 안전사항으로 옳은 것은?
① 볼트를 풀 때는 지렛대 원리를 이용하여, 렌치를 밀어서 힘이 받도록 한다.
② 볼트를 조일 때는 렌치를 해머로 쳐서 소이면 강하게 조일 수 있다.
③ 렌치작업 시 큰 힘으로 조일 경우 연장대를 끼워서 작업한다.
④ 볼트를 풀 때는 렌치 손잡이를 당길 때 힘을 받도록 한다.

39. 스패너사용 시 주의사항으로 잘못된 것은?

① 스패너의 입이 폭과 맞는 것을 사용한다.
② 필요 시 두 개를 이어서 사용할 수 있다.
③ 스패너를 너트에 정확하게 장착하여 사용한다.
④ 스패너의 입이 변형된 것은 폐기한다.

40. 스패너 작업방법으로 옳은 것은?
① 스패너로 볼트를 죌 때는 앞으로 당기고 풀 때는 뒤로 민다.
② 스패너의 입이 너트의 치수보다 조금 큰 것을 사용한다.
③ 스패너 사용 시 몸의 중심을 항상 옆으로 한다.
④ 스패너로 죄고 풀 때는 항상 앞으로 당긴다.

41. 볼트·너트를 조일 때 사용하는 공구가 아닌 것은?
① 소켓렌치   ② 복스 렌치
③ 파이프 렌치   ④ 토크렌치

42. 렌치의 사용이 적합하지 않은 것은?
① 둥근 파이프를 죌 때 파이프 렌치를 사용하였다.
② 렌치는 적당한 힘으로 볼트, 너트를 죄고 풀어야 한다.
③ 오픈렌치로 파이프 피팅 작업에 사용하였다.
④ 토크렌치의 용도는 큰 토크를 요할 때만 사용한다.

정답 36. ④ 37. ② 38. ④ 39. ② 40. ④ 41. ③ 42. ④

43. 복스 렌치를 오픈엔드 렌치보다 많이 사용하는 이유로 옳은 것은?
① 두 개를 한 번에 조일 수 있다.
② 마모율이 적고 가격이 저렴하다.
③ 다양한 볼트 너트의 크기를 사용할 수 있다.
④ 볼트와 너트 주위를 감싸는 힘의 균형 때문에 미끄러지지 않는다.
해설〉 복스 렌치는 볼트와 너트 주위를 감싸는 힘의 균형 때문에 미끄러지지 않는다.

44. 6각 볼트·너트를 조이고 풀 때 가장 적합한 공구는?
① 바이스 ② 플라이어
③ 드라이버 ④ 복스 렌치

45. 볼트·너트를 가장 안전하게 조이거나 풀 수 있는 공구는?
① 조정렌치
② 스패너
③ 6각 소켓렌치
④ 파이프렌치
해설〉 소켓렌치는 볼트나 너트를 조일 때 가장 큰 힘을 가하여 조일 수 있고, 가장 안전하게 조이거나 풀 수 있다.

46. 볼트나 너트를 죄거나 푸는데 사용하는 각종 렌치(wrench)에 대한 설명으로 틀린 것은?
① 조정렌치 : 제한된 범위 내에서 어떠한 규격의 볼트나 너트에도 사용할 수 있다.
② 엘 렌치 : 6각형 봉을 "L"자 모양으로 구부려서 만든 렌치이다.
③ 복스 렌치 : 연료파이프 피팅작업에 사용할 수 있다.
④ 소켓렌치 : 다양한 크기의 소켓을 바꾸어가며 작업할 수 있도록 만든 렌치이다.
해설〉 연료파이프 피팅 작업은 오픈엔드렌치(스패너)를 사용한다.

47. 토크렌치 사용방법으로 올바른 것은?
① 핸들을 잡고 밀면서 사용한다.
② 토크 증대를 위해 손잡이에 파이프를 끼워서 사용하는 것이 좋다.
③ 게이지에 관계없이 볼트 및 너트를 조이면 된다.
④ 볼트나 너트 조임력을 규정 값에 정확히 맞도록 하기 위해 사용한다.
해설〉 토크렌치는 볼트나 너트 조임력을 규정 값에 정확히 맞도록 하기 위해 사용한다.

48. 토크렌치의 가장 올바른 사용법은?
① 렌치 끝을 한 손으로 잡고 돌리면서 눈은 게이지 눈금을 확인한다.
② 렌치 끝을 양 손으로 잡고 돌리면서 눈은 게이지 눈금을 확인한다.
③ 왼손은 렌치 중간지점을 잡고 돌리며, 오른손은 지지점을 누르고 게이지 눈금을 확인한다.
④ 오른손은 렌치 끝을 잡고 돌리며, 왼손은 지지점을 누르고 눈은 게이지 눈금을 확인한다.
해설〉 토크렌치를 사용할 때에는 오른손은 렌치 끝을 잡고 돌리며, 왼손은 지지점을 누르고 눈은 게이지 눈금을 확인한다.

정답 43. ④ 44. ④ 45. ③ 46. ③ 47. ④ 48. ④

49. 해머작업 시 틀린 것은?
① 장갑을 끼지 않는다.
② 작업에 알맞은 무게의 해머를 사용한다.
③ 해머는 처음부터 힘차게 때린다.
④ 자루가 단단한 것을 사용한다.
해설〉 타격할 때 처음과 마지막에 힘을 많이 가하지 않는다.

50. 망치(hammer)작업 시 옳은 것은?
① 망치자루의 가운데 부분을 잡아 놓치지 않도록 할 것
② 손은 다치지 않게 장갑을 착용할 것
③ 타격할 때 처음과 마지막에 힘을 많이 가하지 말 것
④ 열처리 된 재료는 반드시 해머작업을 할 것

51. 다음 중 드라이버 사용방법으로 틀린 것은?
① 날 끝 홈의 폭과 깊이가 같은 것을 사용한다.
② 전기작업 시 자루는 모두 금속으로 되어 있는 것을 사용한다.
③ 날 끝이 수평이어야 하며 둥글거나 빠진 것은 사용하지 않는다.
④ 삭은 공작물이라도 한손으로 잡지 않고 바이스 등으로 고정하고 사용한다.
해설〉 전기작업을 할 때에는 절연된 자루를 사용한다.

52. 해머작업에 대한 주의사항으로 틀린 것은?
① 작업자가 서로 마주보고 두드린다.
② 작게 시작하여 차차 큰 행정으로 작업하는 것이 좋다.
③ 타격범위에 장애물이 없도록 한다.
④ 녹슨 재료 사용 시 보안경을 사용한다.

53. 드라이버 사용 시 주의할 점으로 틀린 것은?
① 규격에 맞는 드라이버를 사용한다.
② 드라이버는 지렛대 대신으로 사용하지 않는다.
③ 클립(clip)이 있는 드라이버는 옷에 걸고 다녀도 무방하다.
④ 잘 풀리지 않는 나사는 플라이어를 이용하여 강제로 뺀다.

54. 줄 작업 시 주위사항으로 틀린 것은?
① 줄은 반드시 자루를 끼워서 사용한다.
② 줄은 반드시 바이스 등에 올려놓아야 한다.
③ 줄은 부러지기 쉬우므로 절대로 두드리거나 충격을 주어서는 안 된다.
④ 줄은 사용하기 전에 균열 유무를 충분히 점검하여야 한다.

55. 정 작업 시 안전수칙으로 부적합한 것은?
① 담금질한 재료를 정으로 쳐서는 안 된다.
② 기름을 깨끗이 닦은 후에 사용한다.
③ 머리가 벗겨진 것은 사용하지 않는다.
④ 차광안경을 착용한다.
해설〉 정 작업을 할 때에는 보호안경을 착용하여야 한다.

정답〉 49. ③ 50. ③ 51. ② 52. ① 53. ④ 54. ② 55. ④

56. 마이크로미터를 보관하는 방법으로 틀린 것은?
① 습기가 없는 곳에 보관한다.
② 직사광선에 노출되지 않도록 한다.
③ 앤빌과 스핀들을 밀착시켜 둔다.
④ 측정부분이 손상되지 않도록 보관함에 보관한다.

해설〉 마이크로미터를 보관할 때 앤빌과 스핀들을 밀착시켜서는 안 된다.

57. 드릴작업 시 주의사항으로 틀린 것은?
① 작업이 끝나면 드릴을 척에서 빼놓는다.
② 칩을 털어낼 때는 칩 털이를 사용한다.
③ 공작물은 움직이지 않게 고정한다.
④ 드릴이 움직일 때는 칩을 손으로 치운다.

58. 드릴작업에서 드릴링 할 때 공작물과 드릴이 함께 회전하기 쉬운 때는?
① 드릴 핸들에 약간의 힘을 주었을 때
② 구멍 뚫기 작업이 거의 끝날 때
③ 작업이 처음 시작될 때
④ 구멍을 중간쯤 뚫었을 때

해설〉 드릴링 할 때 공작물과 드릴이 함께 회전하기 쉬운 때는 구멍 뚫기 작업이 거의 끝날 때이다.

59. 드릴작업 시 유의사항으로 잘못된 것은?
① 작업 중 칩 제거를 금지한다.
② 작업 중 면장갑 착용을 금한다.
③ 작업 중 보안경 착용을 금한다.
④ 균열이 있는 드릴은 사용을 금한다.

60. 연삭기에서 연삭 칩의 비산을 막기 위한 안전방호 장치는?
① 안전 덮개
② 광전식 안전 방호장치
③ 급정지 장치
④ 양수 조작식 방호장치

해설〉 연삭기에는 연삭 칩의 비산을 막기 위하여 안전덮개를 부착하여야 한다.

61. 연삭작업 시 주의사항으로 틀린 것은?
① 숫돌 측면을 사용하지 않는다.
② 작업은 반드시 보안경을 쓰고 작업한다.
③ 연삭작업은 숫돌차의 정면에 서서 작업한다.
④ 연삭숫돌에 일감을 세게 눌러 작업하지 않는다.

해설〉 연삭작업은 숫돌차의 측면에 서서 작업한다.

62. 전등의 스위치가 옥내에 있으면 안 되는 것은?
① 카바이드 저장소 ② 건설기계 차고
③ 공구창고 ④ 절삭유 저장소

해설〉 카바이드에서 아세틸렌가스가 발생하므로 전등 스위치가 옥내에 있으면 안 된다.

63. 산소가스 용기의 도색으로 맞는 것은?
① 녹색 ② 노란색
③ 흰색 ④ 갈색

해설〉 산소용기 및 도관의 색은 녹색이다.

64. 용접기에서 사용되는 아세틸렌 도관은 어떤 색으로 구별하는가?
① 흑색 ② 청색
③ 녹색 ④ 적색

해설〉 용접기에서 사용하는 아세틸렌 도관의 색은 황색 또는 적색이다.

정답 56. ③ 57. ④ 58. ② 59. ③ 60. ① 61. ③ 62. ① 63. ① 64. ④

65. 가스누설검사에 가장 좋고 안전한 것은?
① 아세톤　② 성냥불
③ 순수한 물　④ 비눗물

66. 아세틸렌 용접장치의 방호장치는?
① 덮개　② 제동장치
③ 안전기　④ 자동전력방지기
해설〉 아세틸렌 용접장치의 방호장치는 안전기이다.

67. 산소-아세틸렌 사용 시 안전수칙으로 잘못된 것은?
① 산소는 산소병에 35℃ 150기압으로 충전한다.
② 아세틸렌의 사용압력은 15기압으로 제한한다.
③ 산소통의 메인밸브가 얼면 60℃ 이하의 물로 녹인다.
④ 산소의 누출은 비눗물로 확인한다.
해설〉 아세틸렌의 사용압력은 1기압으로 제한한다.

68. 가스용기가 발생기와 분리되어 있는 아세틸렌 용접장치의 안전기 설치위치는?
① 발생기
② 가스용기
③ 발생기와 가스용기사이
④ 용접토치와 가스용기사이
해설〉 아세틸렌 용접장치의 안전기는 발생기와 가스용기 사이에 설치된다.

69. 가스용접 작업 시 안전수칙으로 바르지 못한 것은?
① 산소용기는 화기로부터 지정된 거리를 둔다.
② 40℃ 이하의 온도에서 산소용기를 보관한다.

③ 산소용기 운반 시 충격을 주지 않도록 주의한다.
④ 토치에 점화할 때 성냥불이나 담뱃불로 직접 점화한다.

70. 산소용접 시 안전수칙으로 옳은 것은?
① 용접작업 시 반드시 투명안경을 사용한다.
② 작업 후 산소밸브를 먼저 닫고 아세틸렌밸브를 닫는다.
③ 점화 시에는 산소밸브를 먼저 열고 아세틸렌밸브를 연다.
④ 점화하는 성냥불이나 담뱃불로 해도 무관하다.
해설〉 토치에 점화할 때에는 아세틸렌밸브를 먼저 열고 점화시킨 후 산소밸브를 열고, 작업 후에는 산소밸브를 먼저 닫고 아세틸렌밸브를 닫는다.

71. 가스용접 시 사용하는 봄베의 안전수칙으로 틀린 것은?
① 봄베를 넘어뜨리지 않는다.
② 봄베를 던지지 않는다.
③ 산소 봄베는 40℃ 이하에서 보관한다.
④ 봄베 몸통에는 녹슬지 않도록 그리스를 바른다.
해설〉 봄베 몸통에는 그리스 등 오일을 발라서는 안 된다.

72. 교류아크용접기의 감전방지용 방호장치에 해당하는 것은?
① 2차 권선장치　② 자동전격방지기
③ 전류조절장치　④ 전자계전기
해설〉 교류아크 용접기에 설치하는 방호장치는 자동전격방지기이다.

정답 65. ④　66. ③　67. ②　68. ③　69. ④　70. ②　71. ④　72. ②

73. 전기용접의 아크 빛으로 인해 눈이 혈안이 되고 눈이 붓는 경우가 있다. 이럴 때 응급조치 사항으로 가장 적절한 것은?
① 안약을 넣고 계속 작업한다.
② 눈을 잠시 감고 안정을 취한다.
③ 소금물로 눈을 세정한 후 작업한다.
④ 냉습포를 눈 위에 올려놓고 안정을 취한다.

해설〉 전기용접의 아크 빛으로 인해 눈이 혈안이 되고 눈이 붓는 경우에는 냉습포를 눈 위에 올려놓고 안정을 취한다.

74. 기계의 회전부분(기어, 벨트, 체인)에 덮개를 설치하는 이유는?
① 좋은 품질의 제품을 얻기 위하여
② 회전부분의 속도를 높이기 위하여
③ 제품의 제작과정을 숨기기 위하여
④ 회전부분과 신체의 접촉을 방지하기 위하여

75. 벨트 전동장치에 내재된 위험적 요소로 의미가 다른 것은?
① 트랩(Trap)
② 충격(Impact)
③ 접촉(Contact)
④ 말림(Entanglement)

해설〉 벨트 전동장치에 내재된 위험적 요소는 트랩(끼임), 접촉, 말림이다.

76. 사고로 인한 재해가 가장 많이 발생할 수 있는 것은?
① 차동장치   ② 종 감속기어
③ 벨트와 풀리   ④ 변속기

해설〉 사고로 인한 재해가 가장 많이 발생할 수 있는 것은 벨트와 풀리이다.

77. 구동벨트를 점검할 때 기관의 상태는?
① 공회전 상태   ② 급가속 상태
③ 정지 상태   ④ 급감속 상태

해설〉 벨트를 점검하거나 교체할 때에는 기관의 가동이 정지된 상태에서 한다.

78. 벨트 취급 시 안전에 대한 주의사항으로 틀린 것은?
① 벨트에 기름이 묻지 않도록 한다.
② 벨트의 적당한 유격을 유지하도록 한다.
③ 벨트 교환 시 회전을 완전히 멈춘 상태에서 한다.
④ 벨트의 회전을 정지시킬 때 손으로 잡아 정지시킨다.

79. 벨트에 대한 안전사항으로 틀린 것은?
① 벨트의 이음쇠는 돌기가 없는 구조로 한다.
② 벨트를 걸거나 벗길 때에는 기계를 정지한 상태에서 실시한다.
③ 벨트가 풀리에 감겨 돌아가는 부분은 커버나 덮개를 설치한다.
④ 바닥면으로부터 2m 이내에 있는 벨트는 덮개를 제거한다.

해설〉 바닥면으로부터 2m 이내에 있는 벨트는 덮개를 설치한다.

정답 73. ④ 74. ④ 75. ② 76. ③ 77. ③ 78. ④ 79. ④

CHAPTER 02 작업 전 점검

1. 외관점검

1.1. 타이어 공기압 및 손상점검

엔진시동 전 타이어의 공기압, 타이어의 손상, 림의 변형, 휠 너트의 헐거움 등을 점검한다.

1.1.1. 지게차 타이어의 종류

[1] 공기압 타이어식

튜브가 있어 타이어 속에 공기를 주입하는 것으로 접지압이 좋아 비교적 노면이 나쁜 곳에서도 사용이 용이한 점이 있으나 타이어 단면적이 크기 때문에 좁은 작업장 사용에는 불리하다.

[2] 솔리드식

공기입 타이어 대신 봉고부로 만든 것으로 동일외경의 공기압 타이어보다도 큰 하중에 견딜 수 있기 때문에 차체를 콤팩트하게 설계할 수 있다. 험로에서는 승차감이 나빠 잘 사용되지 않으나, 포장이 잘 되어있는 실내작업에서는 능률이 좋고 마모가 적으나 가격이 비싸다.

1.1.2. 타이어의 역할

① 차량의 주행방향을 전환 및 유지한다.

② 지게차의 하중을 지지한다.
③ 노면으로부터 충격을 흡수, 완화한다.
④ 지게차의 동력과 제동력을 전달한다.

1.1.3. 공기식 타이어 점검
① 공기압을 점검한다.
② 균열, 손상 및 편 마모 유무를 점검한다.
③ 홈의 깊이를 점검한다(타이어 마모한계 : 소형 1.6mm, 중형 2.4mm, 대형 3.2mm).
④ 금속편, 돌, 기타 이물질이 끼어 있는지 점검한다.
⑤ 휠의 너트 및 볼트가 헐겁지 않은지 점검한다.
⑥ 림, 사이드 림 및 휠 디스크의 균열, 손상 및 변형 유무를 점검한다.
⑦ 차륜을 공중에 띄워서 구동하거나 손으로 움직여서 휠 베어링부의 덜거덕거림이나 이상음 유무를 점검한다.

(a) 공기압 부족   (b) 공기압 과다   (c) 적정 공기압

그림 1. 공기압 점검

1.1.4. 공기식 타이어에서 발생되는 현상
[1] 타이어 공기압이 부족한 경우
① 접지폭이 넓어진다.
② 트레드 양쪽 가장자리에 무리한 힘을 받게 되어 가장자리가 빨리 마모된다.
③ 사이드 월의 기울기가 커져 위험하다.

[2] 타이어 공기압이 과다한 경우
   트레드 중앙으로만 집중적으로 힘이 가해져 가운데만 빨리 마모된다.

[3] 타이어 마모 한계를 초과하여 사용시
① 브레이크 페달을 밟아도 타이어가 미끄러져 제동거리가 길어진다.
② 우천 주행시 도로와 타이어사이의 물이 배수되지 않아 수막현상이 발생한다.
③ 도로 주행시 작은 이물질에 의해서도 트레드에 상처가 발생하여 사고의 원인이 된다.

1.2. 조향장치 및 제동장치 점검
1.2.1. 조향장치의 점검
[1] 핸들 조작상태 점검
 핸들을 왼쪽 및 오른쪽 끝까지 돌렸을 때 양쪽 바퀴의 돌아가는 위치의 각도가 같으면 정상이다.

[2] 조향장치의 점검사항
① 조향핸들에 이상 진동이 느껴지는지 확인한다.
② 조향핸들을 조작해서 유격상태를 점검한다.
③ 조향핸들 조작시 조향비 및 조작력에 큰 차이가 느껴지면 점검이 필요하다.

[3] 주행 중 조향핸들이 떨리는 이유
 타이어 밸런스가 맞지 않거나 휠이 휘었을 때 또는 노면에 요철이 있는 경우이다.

[4] 조향핸들이 무거운 경우
① 타이어의 공기압이 부족할 때   ② 조향기어의 백래시가 작을 때
③ 조향기어 박스의 오일양이 부족할 때
④ 앞바퀴 정렬이 불량할 때
⑤ 타이어의 마멸이 과대할 때

1.2.2. 제동장치의 점검
 시동 전 브레이크 오일양을 체크하고 시동을 건 후에는 페달의 유격 및 작동상태를 점검한다.

[1] 제동장치의 점검사항
　① 페달의 유격 및 페달을 밟았을 때의 페달과 바닥판과의 간격을 점검한다.
　② 주행하면서 브레이크의 제동상태 및 편측 제동 유무를 점검한다.
　③ 페달을 밟는 정도에 따른 에어 혼입 유무를 점검한다.

[2] 제동상태 점검방법
　① 포크를 지면으로부터 20cm 들어 올린다.
　② 브레이크 페달을 밟은 상태에서 전·후진 레버를 전진 기어에 넣는다.
　③ 주차 브레이크를 해제시킨다.
　④ 브레이크페달에서 발을 떼고 가속페달을 서서히 밟는다.
　⑤ 브레이크페달을 밟아 제동이 되면 정상상태이다.

[3] 주차 브레이크 점검
　① 레버를 끝까지 당긴 상태에서 당김 여유 유무를 조사한다(라체트식).
　② 레버를 당기는 힘을 조사한다(토글식).
　③ 20% 기울기의 바닥면에서 무부하 상태에서 작동시켜 성능을 조사한다.
　④ 라체트부의 손상 및 마모유무를 조사한다.

[4] 브레이크 제동 불량 원인
　① 브레이크회로 내의 오일누설 및 공기혼입
　② 라이닝에 기름, 물 등이 묻어 있을 때
　③ 라이닝 또는 드럼의 과도한 편 마모
　④ 라이닝과 드럼의 간극이 너무 큰 경우
　⑤ 브레이크페달의 자유간극이 너무 클 경우

[5] 브레이크 라이닝과 드럼과의 간극이 클 때
　① 브레이크 작동이 늦어진다.
　② 브레이크페달의 행정이 길어진다.
　③ 브레이크페달이 발판에 닿아 제동작용이 불량해진다.

[6] 브레이크 라이닝과 드럼과의 간극이 적을 때
라이닝과 드럼의 마모가 촉진되고, 베이퍼 록의 원인이 된다.

1.3. 엔진 시동 전·후 점검
[1] 시동 전·후 점검
① 기어변속, 각 작용 레버가 정위치(중립)에 있는지 확인한다.
② 핸드 브레이크가 확실히 당겨져 있는지 확인하며, 시동 후에는 저속회전인지 확인한다.
③ 시동 후 엔진의 회전음, 폭발음, 배기가스의 상태, 엔진의 이상유무 등 기계의 작동상황을 확인한다.

[2] 엔진 시동 후 소음상태 점검
① 엔진 공회전 시 이상음이 발행하는지 점검한다.
② 흡·배기 밸브간극 및 밸브기구 불량으로 인한 소음이 발생하는지 점검한다.
③ 발전기 및 물 펌프 구동벨트의 불량으로 인한 소음이 발생하는지 점검한다.
④ 배기계통의 불량으로 인한 소음이 발생하는지 점검한다.

2. 누유·누수확인

2.1. 엔진 누유점검
2.1.1. 엔진오일 양 점검
① 지게차를 평지에 주차시킨다.
② 유면표시기(엔진오일 게이지)를 빼어 유면 표시기에 묻은 오일을 깨끗이 닦는다.
③ 유면표시기를 다시 끼웠다 빼서 오일이 묻은 부분이 상한선과 하한선의 중간 부분에 위치하면 정상이다.
④ 엔진 오일 양이 부족한 경우 보충을 하고 1~2분 지난 상태에서 다시 점검한다.
⑤ 재점검하여 오일 양을 상한선과 하한선 사이에 있도록 보충한다.

2.1.2. 엔진오일 색 점검
① 검은색 : 심하게 오염된 경우다. 이때는 점도를 점검해 보고 교환여부를 결정하도록 한다.
② 우유색 : 냉각수가 혼합된 경우로 오일을 교환한다.

2.1.3. 엔진오일의 누유점검
① 주차되어 있던 지게차의 지면을 확인하여 엔진오일의 누유 흔적을 확인한다.
② 엔진에서 누유된 부분이 있는지 육안으로 확인한다.

2.2. 유압실린더 누유점검
2.2.1. 유압유의 유면 표시기
① 유압오일 탱크 내의 유압오일 양을 점검할 때 사용되는 유면표시기이다.
② 지게차의 유압탱크 유량을 점검하기 전 포크는 지면에 내려놓고 점검해야 한다.
③ 유면 표시기 아래쪽 L(low), 위쪽에 F(full)의 눈금이 표시되어 있으며, 유압오일의 양이 L과 F중간에 위치하고 있으면 정상이다.
④ 유압유의 양을 확인하고 부족한 경우 F선까지 유압유를 보충한다.

2.2.2. 유압유 누유 점검
① 주차되어 있던 지게차의 지면을 확인하여 유압유의 누유 흔적을 확인한다.
② 유압오일이 유압장치에서 누유된 부분이 있는지 육안으로 확인한다.
③ 리프트 실린더, 틸트 실린더, 유압호스, 배관, 컨트롤밸브 등 유압장치의 누유 상태를 점검한다.

2.3. 제동·조향장치의 누유점검
[1] 제동장치의 누유점검
마스터실린더 및 제동계통 파이프 연결부위의 누유를 점검한다.

[2] 조향장치의 누유점검

조향장치의 유압펌프, 유압 조향 실린더, 조향계통의 파이프 연결부위에서의 누유를 점검한다.

2.4. 냉각수 점검
2.4.1. 냉각수 양 점검
① 냉각수 점검은 엔진이 충분히 워밍업 된 후 냉각수 보조탱크의 레벨이 MAX(상한선)와 MIN(하한선) 사이에 있으면 정상이다. 만약 냉각수 레벨이 MIN 아래에 있을 경우 MAX까지 냉각수를 채워준다.
② 라디에이터 캡을 열어 냉각수량을 확인하여 냉각수가 라디에이터 안에 가득 차 있으면 정상이다. 냉각수가 없을 때는 냉각수를 채워준다.

2.4.2. 냉각수의 누수 점검
① 주차되어 있던 지게차의 지면을 확인하여 냉각수의 누수로 인한 라디에이터 밑 부분에 냉각수가 떨어져 있지 않은지 확인한다.
② 라디에이터 호스에 누수 되는 곳이 없는지 확인한다.
③ 라디에이터에 누수 되는 곳이 없는지 확인한다.

3. 계기판 점검

3.1. 게이지 및 경고등, 방향지시등, 전조등 점검

그림 2. 지게차 계기판

[1] 연료게이지
① E : 연료 없음, F : 연료 충만
② 연료탱크의 연료를 일정하게 채워야한다.

③ 연료량의 점검은 항상 평지에서 해야 한다.

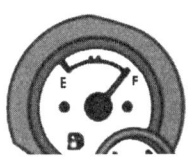 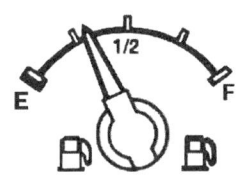 

그림 3. 연료게이지

[2] 아워미터

① 아워미터는 지게차 운전의 총시간을 나타낸다.
② 지게차 정비를 위한 모든 서비스 주기도 이 계기의 수치를 기초로 한다.
③ 마지막 숫자는 1/10시간을 나타낸다.

그림 4. 아워미터

[3] 냉각수 온도 게이지

① 엔진 냉각수의 온도를 나타낸다(백색범위 : 정상, 적색범위 : 과열상태).
② 과열되면 즉시 운행을 중단하고 지게차를 안전한 장소로 이동시킨다.
③ 엔진 후드를 열어 통풍이 잘되게 하고 게이지가 정상범위까지 떨어질 때까지 엔진을 저속으로 공회전시킨다.

그림 5. 냉각수 게이지

④ 과열되면 냉각수 및 냉각계통을 점검한다.

[4] 트랜스미션 오일온도 게이지
　① 트랜스미션 오일온도를 나타낸다.
　　㉮ 백색구간 : 40~107℃(정상작동 중)
　　㉯ 적색구간 : 107℃ 이상(트랜스미션 오일온도 경고등 점등)
　② 지게차 작동 전에 게이지가 백색구간을 지시할 때까지 엔진을 저속 공회전시킨다.
　③ 적색구간 도달시 엔진을 정지시키고 지게차를 점검해야 한다.

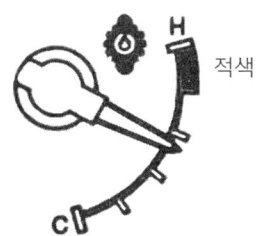

그림 6. 트랜스미션 오일온도 게이지

[5] 트랜스미션 오일온도 경고등
　① 트랜스미션 오일온도가 규정치 이상임을 운전자에게 알려준다(점등 : 비정상, 소등 : 정상).
　② 운행도중 이 경고등이 켜지면 지게차의 운전을 즉시 중지하고, 엔진을 정지시키고 지게차를 점검해야 한다.

[6] 예열표시등
　① 혹한기에 키를 ON위치로 돌리면 자동으로 점등된다.
　② 표시등이 소등되면 키를 START 위치로 돌린다.

그림 7. 트랜스미션 오일온도 경고등　　　그림 8. 예열표시등

[7] 엔진 오일압 경고등

① 엔진 오일압이 규정치 이하로 떨어졌음을 운전자에게 알려준다.
② 시동스위치를 ON으로 돌리면 켜졌다가 엔진 시동 후 엔진오일 압이 정상으로 되면 바고 꺼진다.
③ 운행도중 이 경고등이 켜지면 지게차의 운전을 즉시 중지하고, 엔진을 정지시키고 지게차를 점검한다.

그림 9. 엔진 오일압 경고등

[8] 배터리 충전경고등

① 배터리의 충전상태를 나타낸다.
② 시동스위치를 ON으로 돌렸을 때 램프가 켜지지만, 엔진 시동 후에는 즉시 꺼져야 한다.
③ 운행도중 램프가 켜지면 엔진을 정지시키고, 팬벨트 장력과 전기계통을 점검한다.

[9] 연료량 경고등

① 탱크내의 연료가 기준치 이하로 떨어졌음을 운전자에게 알려준다.
② 엔진이 갑자기 정지하는 것을 방지하여 주며 연료 게이지와 별도로 설치되어 있다.
③ 램프가 켜지면 엔진을 정지시키고 즉시 연료를 보충해야 한다.

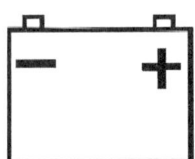 

그림 10. 배터리 충전경고등   그림 11. 연료량 경고등

[10] 에어클리너 엘리먼트 경고등
 ① 엘리먼트의 교환시기가 늦었거나 엘리먼트의 청결상태가 양호하지 못하여 공기 유입이 원활하지 못할 경우 작동하는 안전 경고 램프이다.
 ② 램프가 켜지면 엘리먼트를 세척 또는 교환한다.

그림 12. 에어클리너 엘리먼트 경고등

[11] 전조등 표시등
 전조등의 점등과 소등을 나타낸다.
 ① 점등 : 전조등 점등
 ② 소등 : 전조등 소등

그림 13. 전조등 표시등 　　　　　그림 14. 작업등 표시등

[12] 작업등 표시등
 작업등의 점등과 소등을 나타낸다.
 ① 점등 : 작업등 점등
 ② 소등 : 작업등 소등

[13] 방향지시등 표시등
 ① 방향표시 레버를 앞으로 밀면 좌회전 표시등이 깜박거린다.
 ② 방향표시 레버를 뒷쪽으로 당기면 우회전 표시등이 깜박거린다.

그림 15. 방향지시등 표시등   그림 16. 주차 브레이크 표시등

[14] 주차 브레이크 표시등
① 주차 브레이크의 작동 상태를 나타낸다(점등 : 주차 브레이크 작동 시, 소등 : 주차 브레이크 해제 시).
② 장비를 운행하기 전에 표시등이 소등되었는지 확인한다.

[15] 수분분리기 경고등
① 수분분리기에 물이 적정수준 이상 발생할 경우 점등된다.
② 경고등이 점등되면 연료필터에서 물을 배출시킨다.

그림 17. 수분분리기 경고등

[16] 엔진 점검 경고램프
① 엔진이 비정상 작동 시에 점등된다. 램프가 점등되어도 엔진은 작동 가능하지만 빠른 시간 내에 점검을 받아야 한다.
② 이 경고등이 점등되면 지게차를 완전히 정지 및 주차시킨 후에 즉시 딜러나 서비스 센터에 문의해야 한다.

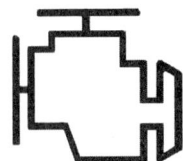 

그림 18. 엔진 점검 경고램프   그림 19. 운전자 안전램프

[17] 운전자 안전램프
① 운전자가 운전석을 이탈할 시에 점등된다.
② 시동스위치가 ON 또는 START된 후 지게차를 작동하려면 반드시 운전자가 운전석에 정확하게 위치해야 한다. 운전자가 운전석을 이탈하면 자동으로 트랜스미션이 중립기어로 변경된다.
③ 정상운전 상태로 돌아가려면 운전석에 정확하게 착석하여 전·후진 레버를 순환 작동해야 한다.

[18] 안전벨트 경고 램프
지게차 시동 후 약 3초간 이 램프와 부저가 작동한다.

[19] 주행 브레이크 압력 저하 경고등
① 주행 브레이크의 오일압력이 정상 운전 이하로 되면 램프가 점등된다.
② 램프가 점등되면, 엔진을 정지하고 원인을 점검해야 한다.
③ 원인을 파악하여 수리할 때까지 지게차를 운전하면 안된다.

그림 20. 안전벨트 경고램프   그림 21. 주행 브레이크 압력저하 경고등

[20] 냉각수 과열 경고등
① 엔진 냉각수 기준온도(104℃)보다 상승하여 냉각효과가 없을 때는 램프가 점등된다.
② 램프가 점등되면 냉각수 및 냉각계통을 점검해야 한다.

그림 22. 냉각수 과열 경고등   그림 23. 브레이크 오일레벨 경고등

[21] 브레이크 오일 레벨 경고등
램프가 점등되면 브레이크 오일을 보충해 준다.

4. 마스트·체인점검

4.1. 체인 연결부위 점검
① 체인의 균열, 변형, 손상 및 부식 유무를 점검한다.
② 포크와 리프트 체인 연결부의 균열 여부를 점검한다.
③ 좌·우 체인이 동시에 평행한가를 점검한다. 포크를 지상에서 10~15cm 올린 후 조정한다.
④ 좌·우 체인의 유격 상태를 점검한다. 양쪽이 틀리면 조정너트로 조정하고 록크너트를 고정시켜야 한다.
⑤ 체인 휠의 변형, 손상 및 덜거덕거림 유무를 점검한다.

4.2. 마스트 및 베어링 점검
① 마스트의 변형, 균열 및 손상 유무를 점검한다.
② 마스트 롤러의 마모 및 베어링의 덜거덕거림 유무를 점검한다.
③ 롤러 핀 용접부의 균열 유무를 점검한다.
④ 마스트 서포트부의 덜거덕거림 유무 및 캡 부착 볼트가 헐거워졌는지 점검한다.
⑤ 리프트 레버를 조작, 리프트 실린더를 작동하여 리프트 체인 고정 핀의 마모 및 헐거움을 점검한다.

5. 엔진 시동상태 점검

5.1. 축전지 점검
5.1.1. 축전지단자 및 결선상태 점검
① 축전지 단자의 파손상태를 점검하고, 단자를 보호하기 위하여 고무커버를 씌운다.
② 축전지 배선의 결선상태를 점검한다.

5.1.2. 축전지 점검

배터리 보충용 캡을 열고 배터리 전해액의 수위가 최고수준과 최저 수준사이에 있는지 확인한다. 배터리 액을 보충하지 않는 무보수 배터리(MF배터리)의 경우 육안으로 배터리 상부의 점검 창을 통하여 학인하고 방전 시 축전지를 충전한다.

① 초록색 : 충전된 상태
② 검정색 : 방전된 상태(충전 필요)
③ 흰색 : 축전지 점검(축전지 교환)

전해액이 부족한 경우 배터리 보충용 캡을 열고, 증류수를 전극 판 위 10mm까지 보충한다.

5.1.3. 축전지 충전 시 주의사항

① 충전장소에는 환기장치를 설치한다.
② 축전지 방전시 충전한다.
③ 충전 중 전해액의 온도는 45℃ 이상 상승시키지 않는다.
④ 충전 중인 축전지 근처에서 불꽃을 가까이 하지 않는다.
⑤ 충전 중 축전지를 과충전시키지 않는다.
⑥ 지게차에서 축전지를 떼어내지 않고 충전시 (+), (-)케이블을 분리한다.
⑦ 급속충전시 충전전류는 축전지 용량의 1/2이다.
⑧ 충전시간을 가능한 짧게 한다.

5.1.4. 축전지 관리방법

① 지게차가 시동이 걸리지 않은 상태에서 전기장치를 사용하지 않는다.
② 전기장치 스위치가 켜진 상태로 방치하지 않는다.
③ 시동을 위해 과도하게 엔진을 회전시키지 않는다.
④ 지게차를 장기간 방치하지 않는다.

5.2. 예열장치의 점검

5.2.1. 예열플러그의 점검

① 예열플러그의 작동여부를 점검한다.

② 예열플러그의 예열시간을 점검한다.

5.2.2. 예열플러그의 단선 원인
① 엔진이 과열되었을 때
② 예열시간이 너무 길 때
③ 정격이 아닌 예열플러그를 사용했을 때
④ 규정 이상의 과대전류가 흐를 때
⑤ 예열플러그 설치 시 조임 불량일 때(접지불량)
⑥ 엔진 가동 중에 예열시킬 때

5.3. 시동장치의 점검
① 시동전동기 작동시간은 1회 10초 정도이고, 시동이 되지 않으면 다른 부분을 점검하고 다시 시동한다.
② 시동전동기 최대 연속 사용시간은 30초 이내로 한다.
③ 엔진이 시동되면 재가동하지 않는다.
④ 시동전동기의 회전속도가 규정 이하이면 장시간 연속 시동해도 엔진이 시동되지 않으므로 회전속도에 유의한다.

5.4. 연료계통의 점검
5.4.1. 연료계통
① 작업전 연료탱크 내 연료량을 점검한다.
② 연료탱크 하부 드레인 콕크를 열어 연료유에 함유되어 있는 물이나 침전물을 배출시킨다.
③ 연료필터 하부에 나사를 풀고 수분이 들어 있는지 확인한다.

5.4.2. 난기운전(워밍업)
　동절기 또는 한랭시 지게차 시동 후 바로 작업을 시작하면 유압유의 점도가 높으므로 유압기기(유압펌프 및 실린더 등)의 갑작스런 동작으로 인한 기기의 마찰이 증대될 수 있어 유압장치의 고장을 유발하게 되므로 작업 전에 유압오일 온도를 상승시켜야 한다.

동절기 또는 한랭 시에는 필히 난기운전을 해야 한다.

[1] 엔진의 난기운전
시동 후 엔진이 정상 온도에 도달할 때까지의 시간을 의미한다.

[2] 작업장치의 난기운전
작업 전 유압오일 온도를 최소 20~27℃ 이상이 되도록 상승시키는 운전이다. 지게차 난기운전 방법은 다음과 같다.
① 엔진 온도를 정상온도까지 상승시킨다.
② 가속페달을 서서히 밟으면서 리프트 레버를 이용하여 리프트 실린더를 최고 높이까지 상승시키고 가속페달에서 발을 떼고 리프트 레버를 이용하여 리프트 실린더를 하강시킨다. 상승 및 하강운동을 전 행정으로 2~3회 실시한다(동절기에는 횟수를 증가해서 실시한다).
③ 가속페달을 서서히 밟으면서 틸트 레버를 이용하여 틸트 실린더를 전 행정으로 전·후 경사운동을 2~3회 실시한다(동절기에는 횟수를 증가해서 실시한다).
④ 시동 후 작동유의 유온을 정상 범위 내에 도달하도록 엔진 작동 후 5분간 저속 운전을 실시한다.

출제예상문제

외관 점검

01. 다음 중 지게차의 작업 전 외관 점검사항 중 틀린 것은?
① 그리스 주입 상태를 점검한다.
② 핑거보드를 점검한다.
③ 지게차가 안전하게 주차되었는지 확인한다.
④ 백 레스트의 균열 및 변형을 점검한다.

해설〉 지게차 외관 점검사항
① 지게차가 안전하게 주차되었는지 확인한다.
② 오버헤드가드의 균열 및 변형을 점검한다.
③ 백 레스트의 균열 및 변형을 점검한다.
④ 포크의 휨, 균열, 이상 마모 및 핑거보드와의 정상 연결 상태를 확인한다.
⑤ 핑거보드의 균열, 변형을 점검한다.

02. 다음 중 지게차의 작업 전 외관 점검사항 중 올바른 것은?
① 그리스 주입 상태를 점검한다.
② 후진 경보장치를 점검한다.
③ 포크의 휨, 균열, 이상 마모를 점검한다.
④ 공기청정기를 점검한다.

03. 다음 중 지게차의 작업 전 외관 점검사항으로 옳지 않은 것은?
① 지게차가 안전하게 주차되었는지 확인한다.
② 오버해드가드의 균열 및 변형을 점검한다.
③ 백 레스트의 균열 및 변형을 점검한다.
④ 팬벨트의 장력을 점검한다.

04. 다음 중 지게차의 작업 전 점검사항으로 맞는 것은?
① 핑거보드의 균열, 변형을 점검한다.
② 그리스 주입 상태를 점검한다.
③ 오버해드가드의 균열 및 변형을 점검한다.
④ 지게차가 안전하게 주차되었는지 확인한다.

해설〉 지게차의 작업 전 사항
① 팬벨트의 장력 점검
② 공기청정기 점검
③ 그리스 주입상태 점검하고 부족시 그리스 주입
④ 후진 경보장치 점검
⑤ 룸 미러 점검
⑥ 전조등 및 후미등의 점등 여부 점검

05. 다음 중 지게차의 작업 전 점검사항으로 틀린 것은?
① 팬벨트의 장력점검
② 공기청정기 점검
③ 포크점검
④ 전조등의 점등 여부 점검

정답 ▶ 01. ① 02. ③ 03. ④ 04. ② 05. ③

06. 다음 중 지게차의 작업 전 팬벨트 장력 점검방법으로 맞는 것은?
① 벨트길이 측정게이지로 측정 점검한다.
② 엔진이 정지된 상태에서 벨트의 중심을 엄지손가락으로 눌러서 점검한다.
③ 발전기 고정 볼트를 느슨하게 하여 점검한다.
④ 엔진을 가동한 후 텐셔너를 이용하여 점검한다.

해설〉 팬벨트 장력은 엄지손가락으로 약 10kgf의 힘으로 눌러서 13~20mm 정도로 하여 발전기를 움직이면서 조정한다.

07. 지게차 엔진에 있는 냉각팬 벨트의 장력이 약할 때 생기는 현상으로 맞는 것은?
① 발전기 출력이 저하될 수 있다.
② 물 펌프 베어링이 조기에 손상된다.
③ 엔진이 과냉된다.
④ 엔진이 부조를 일으킨다.

해설〉 냉각팬의 벨트의 장력이 약하면 벨트가 미끄러져 발전기 출력이 저하하고 엔진이 과열된다.

08. 냉각팬 벨트 장력이 너무 강할 경우에 발생되는 현상은?
① 엔진이 과열된다.
② 발전기 베어링이 손상된다.
③ 발전기의 스테이터가 손상된다.
④ 충전 부족 현상이 생긴다.

해설〉 냉각팬 벨트의 장력이 너무 강하면 물펌프 및 발전기 베어링이 손상된다.

09. 건식 공기여과기 세척방법으로 가장 적합한 것은?
① 압축공기로 밖에서 안으로 불어낸다.
② 압축오일로 밖에서 안으로 불어낸다.
③ 압축오일로 안에서 밖으로 불어낸다.
④ 압축공기로 안에서 밖으로 불어낸다.

10. 타이어 마모한계를 초과하여 사용하였을 때 발생하는 현상으로 틀린 것은?
① 브레이크페달을 밟아도 타이어가 미끄러져 제동거리가 길어진다.
② 우천 주행 시 도로와 타이어사이의 물이 배수되지 않아 수막현상이 발생한다.
③ 작은 이물질에도 타이어 트레드에 상처가 발생하여 사고의 원인이 된다.
④ 브레이크가 잘 듣지 않는 페이드현상의 원인이 된다.

해설〉 페이드현상은 과도하게 브레이크페달을 사용하였을 때, 패드 또는 라이닝과 디스크 또는 드럼사이에서 생긴 마찰열로 인하여 마찰계수가 낮아져 제동력이 약화되면서 차가 미끄러지는 현상이다.

11. 다음 중 지게차의 작업 전 공기식 타이어 점검사항이 아닌 것은?
① 타이어 휠 밸런스를 점검한다.
② 균열, 손상 및 편 마모 유무를 점검한다.
③ 홈의 깊이를 점검한다.
④ 금속편, 돌, 기타 이물질이 끼어 있는지 점검한다.

12. 지게차 소형 타이어의 마모 한계로 맞는 것은?
① 0.5mm   ② 1.6mm
③ 2.4mm   ④ 3.2mm

해설〉 타이어 마모 한계는 소형 1.6mm, 중형 2.4mm, 대형 3.2mm

정답 06. ② 07. ① 08. ② 09. ④ 10. ④ 11. ① 12. ②

13. 다음 중 지게차의 작업 전 공기식 타이어 점검사항으로 틀린 것은?
① 휠의 너트 및 볼트가 헐겁지 않은지 점검한다.
② 림, 사이드 림 및 휠 디스크의 균열, 손상 및 변형 유무를 점검한다.
③ 타이어 휠 얼라이먼트를 점검한다.
④ 공기압을 점검한다.

14. 타이어의 공기압이 부족한 경우 발생되는 현상으로 틀린 것은?
① 접지폭이 넓어진다.
② 트레드 양쪽 가장자리에 무리한 힘을 받게 되어 가장자리가 빨리 마모된다.
③ 사이드 월의 기울기가 커져 위험하다.
④ 트레드 중앙으로만 집중적으로 힘이 가해져 가운데만 빨리 마모된다.

15. 타이어의 공기압이 과다한 경우 발생되는 현상으로 맞는 것은?
① 타이어 가장자리가 빨리 마모된다.
② 사이드 월의 기울기가 커져 위험하다.
③ 트레드 중앙으로만 집중적으로 힘이 가해져 가운데만 빨리 마모된다.
④ 접지폭이 넓어진다.

16. 지게차에서 주행 중 핸들이 떨리는 원인으로 틀린 것은?
① 노면에 요철이 있을 때
② 포크가 휘었을 때
③ 휠이 휘었을 때
④ 타이어 밸런스가 맞지 않을 때

17. 유압식 조향장치의 핸들의 조작이 무거운 원인 중 틀린 것은?
① 타이어의 공기압이 많을 때
② 조향기어의 백래시가 작을 때
③ 조향기어 박스의 오일양이 부족할 때
④ 앞바퀴 정렬이 불량할 때

18. 지게차의 작업 전 조향장치의 점검 사항이 아닌 것은?
① 조향핸들에 이상 진동이 느껴지는지 확인한다.
② 조향핸들을 조작해서 유격상태를 점검한다.
③ 조향핸들 조작시 조향비 및 조작력에 큰 차이가 느껴지면 점검이 필요하다.
④ 조향기어 링키지의 조정상태를 점검한다.

19. 지게차의 조향핸들이 무거운 원인에 해당하는 것은?
① 조향기어 하우징이 풀린 경우
② 앞바퀴 정렬이 불량한 경우
③ 펌프의 회전이 빠른 경우
④ 타이어의 밸런스가 불량한 경우

20. 다음 중 브레이크 제동이 불량한 원인으로 틀린 것은?
① 브레이크페달의 자유간극이 너무 적다.
② 라이닝에 기름, 물 등이 묻어 있을 때
③ 라이닝 또는 드럼의 과도한 편 마모
④ 라이닝과 드럼의 간극이 너무 큰 경우
해설 브레이크페달의 자유간극이 너무 적은 경우에는 브레이크 드럼과 라이닝이 끌리는 현상이 발생된다.

21. 다음 중 브레이크 라이닝과 드럼과의 간극이 클 경우 발생되는 현상으로 맞는 것은?
   ① 라이닝과 드럼의 마모가 촉진된다.
   ② 베이퍼 록의 원인이 된다.
   ③ 브레이크페달이 발판에 닿아 제동 작용이 불량해진다.
   ④ 브레이크페달의 행정이 작아진다.

22. 다음 중 브레이크 라이닝과 드럼과의 간극이 적을 경우 발생되는 현상으로 맞는 것은?
   ① 브레이크작동이 늦어진다.
   ② 베이퍼 록의 원인이 된다.
   ③ 브레이크페달의 행정이 길어진다.
   ④ 브레이크페달이 발판에 닿아 제동 작용이 불량해진다.

23. 지게차 제동상태 점검방법으로 틀린 것은?
   ① 포크를 지면에 내려놓는다.
   ② 브레이크페달을 밟은 상태에서 전·후진 레버를 전진 기어에 넣는다.
   ③ 주차 브레이크를 해제시킨다.
   ④ 포크를 지면으로부터 20cm 들어 올린다.

24. 지게차 제동장치 점검사항으로 틀린 것은?
   ① 페달의 유격 및 페달을 밟았을 때의 페달과 바닥판과의 간격을 점검한다.
   ② 주행하면서 브레이크의 제동상태 및 편측 제동 유무를 점검한다.
   ③ 페달을 밟는 정도에 따른 에어 혼입 유무를 점검한다.
   ④ 시동전에는 브레이크 오일양을 체크할 필요가 없다.

25. 경사진 내리막길을 내려갈 때 베이퍼록을 방지하는 방법으로 맞는 것은 ?
   ① 시동을 끄고 브레이크페달을 밟고 내려간다.
   ② 엔진 브레이크를 사용한다.
   ③ 변속레버를 중립으로 놓고 브레이크페달을 밟고 내려간다.
   ④ 클러치를 끊고 브레이크페달을 계속 밟고 속도를 조절하며 내려간다.

26. 지게차 엔진 시동 후 소음상태 점검으로 틀린 것은 ?
   ① 엔진 공회전 시 이상음이 발행하는지 점검한다.
   ② 흡·배기밸브 간극 및 밸브기구 불량으로 인한 소음이 발생하는지 점검한다.
   ③ 엔진 시동 후 주행을 하면서 현가장치에서 소음이 발생하는지 점검한다.
   ④ 배기계통의 불량으로 인한 소음이 발생하는지 점검한다.

27. 지게차 시동 전·후 점검사항으로 틀린 것은 ?
   ① 기어변속, 각 작용 레버가 정위치(중립)에 있는지 확인한다.
   ② 핸드 브레이크가 확실히 당겨져 있는지 확인하며, 시동 후에는 저속회전인지 확인한다.
   ③ 시동 후 엔진의 회전음, 폭발음, 배기가스의 상태, 엔진의 이상유무 등 기계의 작동상황을 확인한다.
   ④ 엔진 시동 전 실린더의 압축 압력을 확인한다.

정답 ▶ 21. ③ 22. ② 23. ① 24. ④ 25. ② 26. ③ 27. ④

누유 및 누수점검

01. 엔진 오일점검 시 틀린 것은 ?
① 지게차를 평지에 주차시킨다.
② 유면표시기(엔진오일 게이지)를 빼어 유면표시기에 묻은 오일을 깨끗이 닦는다.
③ 계절 및 엔진에 알맞은 오일을 사용한다.
④ 오일 양을 점검할 때는 시동이 걸린 상태에서 한다.

02. 지게차의 엔진오일을 점검하였더니 우유색을 띄고 있다. 원인으로 맞는 것은 ?
① 냉각수가 섞여 있다.
② 가솔린이 유입되었다.
③ 정상이다.
④ 심한 오염이다.

03. 지게차 엔진의 오일게이지에 대한 설명으로 틀린 것은 ?
① 엔진 정지상태에서 오일 양을 점검할 때 사용한다.
② 윤활유 점도 확인 시에도 사용한다.
③ 엔진 시동상태에서 오일 양을 점검할 때 사용한다.
④ 엔진 오일 팬에 있는 유면 높이를 점검할 때 사용한다.

04. 지게차의 엔진 시동 전 점검 중 틀린 것은 ?
① 연료량 점검
② 냉각수량 점검
③ 엔진 밸브간극 점검
④ 작동유 탱크 유량 점검
해설〉 지게차의 엔진 시동 전 점검사항
　　　연료 보유량 점검, 냉각수량 점검, 작동유 탱크 유량 점검, 브레이크 액량 점검

05. 지게차의 엔진누유 점검 누유점검 개소가 아닌 곳은 ?
① 물펌프 가스켓 부위
② 오일팬 가스켓 부위
③ 실린더헤드 가스켓 부위
④ 오일필터 가스켓 부위

06. 엔진 시동 전에 점검할 사항으로 맞는 것은 ?
① 유압계의 지침　② 엔진 오일량
③ 엔진 오일압력　④ 충전전류

07. 유압실린더 누유검사 방법 중 틀린 것은?
① 정상적인 작동온도에서 실시한다.
② 얇은 종이를 펴서 로드에 대고 앞뒤로 움직여 본다.
③ 시동을 끄고 실시한다.
④ 각 유압 실린더를 몇 번씩 작동 후 점검한다.

08. 다음 중 유압실린더 및 유압호스 누유 상태를 점검하는 방법으로 틀린 것은 ?
① 유압 조향 실린더의 누유를 점검한다.
② 컨트롤밸브의 누유를 확인한다.
③ 유압펌프 배관 및 호스와의 이음새 부분의 누유를 점검한다.
④ 리프트 실린더 및 틸트 실린더의 누유를 점검한다.

정답 ▶ 01. ④　02. ①　03. ③　04. ③　05. ①　06. ②　07. ③　08. ①

09. 유압유의 유면표시기에 대한 내용 중 틀린 것은?
① 유압 오일탱크 내의 유압오일 양을 점검할 때 사용되는 유면 표시기이다.
② 지게차의 유압탱크 유량을 점검하기 전 포크는 지면에 내려놓고 점검해야 한다.
③ 유면 표시기 아래쪽 L(low), 위쪽에 F(full)의 눈금이 표시되어 있으며, 유압오일의 양이 L과 F 중간에 위치하고 있으면 정상이다.
④ 지게차의 유압탱크 유량을 점검하기 전 포크는 최대로 상승시킨 후에 점검해야 한다.

10. 지게차 제동장치에서 누유점검 개소가 아닌 곳은?
① 마스터실린더
② 브레이크페달
③ 제동계통 파이프 연결부위
④ 휠 실린더

11. 지게차 조향장치의 누유점검 개소가 아닌 곳은?
① 조향핸들
② 유압펌프
③ 유압 조향 실린더
④ 조향계통의 파이프 연결부위

12. 지게차 냉각수 양 점검방법으로 틀린 것은?
① 엔진이 충분히 워밍업 된 후에 점검한다.
② 냉각수 레벨이 MIN 아래에 있을 경우 MAX까지 지하수를 채워준다.
③ 냉각수 보조탱크의 레벨이 MAX(상한선)와 MIN(하한선)사이에 있으면 정상이다.
④ 라디에이터 캡을 열어 냉각수량을 확인하여 냉각수가 라디에이터 안에 가득 차 있으면 정상이다.

해설 냉각수 보충은 수돗물, 증류수, 빗물 등이 있다. 반면 하천 물, 우물물, 지하수 등은 산이나 염분을 포함하고 있어 냉각계통을 부식시키므로 엔진 과열 현상의 원인이 된다.

13. 지게차의 냉각수 양과 누수점검으로 거리가 먼 것은?
① 주기된 지게차의 지면을 확인하여 냉각수의 누수 흔적을 확인한다.
② 냉각장치에서 누수된 부분이 있는지 육안으로 확인한다.
③ 부족한 경우 보조탱크에 냉각수를 상한선 까지 보충한다.
④ 보조탱크에 냉각수가 정상적으로 있으면 라디에이터 안에는 냉각수가 없어도 된다.

14. 지게차의 냉각수 누수 점검개소로 먼 것은?
① 물 펌프
② 오일펌프
③ 라디에이터 호스
④ 라디에이터

정답 09. ④ 10. ② 11. ① 12. ② 13. ④ 14. ②

계기판 점검

01. 지게차 조종석 계기판에 없는 것은?
① 연료계
② 운행거리 적산계
③ 엔진회전속도(rpm) 게이지
④ 냉각수 온도계

해설) 지게차에는 운행거리 적산계가 아닌 아워미터(hours meter)를 통해 지게차 관리 및 점검이나 오일교환 등에 이용된다.

02. 유압계가 부착된 지게차에서 유압계 지침이 정상으로 압력이 상승되지 않았다. 그 원인으로 틀린 것은?
① 오일파이프 파손
② 오일펌프 고장
③ 가속을 하였을 때
④ 연료파이프 파손

03. 지게차의 계기판에 대한 설명으로 틀린 것은?
① 오일 압력 경고등은 시동 후 워밍업되기 전에 점등되어야 한다.
② 암페어 메타의 지침은 방전되면 (−)쪽을 가리킨다.
③ 연료탱크에 연료가 비어 있으면 연료 게이지는 Ⓔ를 가리킨다.
④ 히터 시그널은 연소실 글로우 플러그의 가열상태를 표시한다.

04. 계기판을 통하여 엔진오일의 순환상태를 알 수 있는 것은?
① 연료 잔량계
② 오일 압력계
③ 진공계
④ 전류계

05. 엔진오일 압력경고등이 켜지는 경우가 아닌 것은?
① 오일이 부족할 때
② 오일필터가 막혔을 때
③ 가속을 하였을 때
④ 오일회로가 막혔을 때

06. 다음 중 커먼레일 디젤엔진 차량의 계기판에서 경고등 및 지시등의 종류가 아닌 것은?
① DPF 경고등
② 연료차단 지시등
③ 예열플러그작동 지시등
④ 연료수분 감지 경고등

07. 지게차로 작업을 하던 중 계기판에서 오일 경고등이 점등되었다. 우선 조치해야 할 사항은?
① 엔진오일을 교환하고 운전한다.
② 냉각수를 보충하고 운전한다.
③ 즉시 시동을 끄고 오일계통을 점검한다.
④ 엔진을 분해한다.

08. 지게차 운전 시 계기판에서 냉각수 과열 경고등이 점등되었다. 그 원인으로 가장 거리가 먼 것은?
① 냉각수량이 부족할 때
② 냉각팬 벨트가 끊어졌을 때
③ 냉각계통의 물 호스가 파손되었을 때
④ 수온조절기가 열린 채로 고장났을 때

정답 ▶ 01. ② 02. ④ 03. ① 04. ② 05. ③ 06. ② 07. ③ 08. ④

09. 엔진 온도계의 눈금은 무엇의 온도를 표시하는 가 ?
① 자동변속기 오일의 온도
② 엔진 오일의 온도
③ 냉각수의 온도
④ 배기가스의 온도

10. 지게차 운전 중에 엔진오일 경고등이 점등되었을 때의 원인으로 틀린 것은 ?
① 오일 게이지가 휘었을 때
② 오일필터가 막혔을 때
③ 윤활 공급 라인이 막혔을 때
④ 엔진오일이 없을 때

11. 지게차 운전 중에 계기판에서 냉각수 과열 경고등이 점등되었을 때 운전자로서 가장 적절한 조치는 ?
① 라디에이터를 교환한다.
② 운행을 중단하고 시동을 끄고 정비를 받는다.
③ 냉각수를 보충하면서 빨리 작업을 끝낸다.
④ 오일 양을 점검한다.

12. 엔진을 정지하고 계기판 전류계의 지침을 살펴보니 정상에서 (−)방향을 지시하고 있다. 그 원인이 아닌 것은 ?
① 배선에서 누전되고 있다.
② 전조등 스위치가 점등위치에 있다.
③ 시동스위치가 엔진 예열장치를 동작시키고 있다.
④ 축전지 본선이 단선되었다.

13. 지게차 운전 중에 갑자기 계기판에 충전 경고등이 점등되는 이유로 적당한 것은?
① 정상적으로 충전되고 있는 것이다.
② 충전계통에 고장이 발생하여 충전이 되지 않고 있는 것이다.
③ 충전계통에는 이상이 없음을 나타낸다.
④ 주기적으로 점등되었다가 소등되는 현상이다.

14. 지게차운전 중 계기판에 그림과 같은 등이 갑자기 점등되었다. 무슨 표시인가 ?

① 엔진 오일압력 경고등
② 충전 경고등
③ 에어클리너 경고등
④ 연료레벨 경고등

15. 지게차 키를 ON 위치로 돌리면 다음 그림과 같은 등이 점등되었다가 소등되었다. 무슨 표시인가 ?

① 배터리 완전충전 표시등
② 충전 경고등
③ 엔진 예열 표시등
④ 변속기 오일 경고등

16. 지게차운전 중 계기판에 그림과 같은 등이 갑자기 점등되었다. 무슨 표시인가?

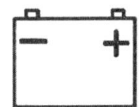

① 배터리 완전충전 표시등
② 전기계통 작동 표시등
③ 전원차단 표시등
④ 충전 경고등

17. 지게차 운전 중 계기판에 그림과 같은 등이 갑자기 점등되었다. 그림과 같은 경고등에 대한 설명 중 틀린 것은?

① 탱크내의 연료가 기준치 이하로 떨어졌음을 운전자에게 알려준다.
② 램프가 켜지면 운행을 마치고 냉각수를 보충해야 한다.
③ 램프가 켜지면 엔진을 정지시키고 즉시 연료를 보충해야 한다.
④ 연료량 경고등이다.

18. 지게차운전 중 계기판에 그림과 같은 등이 갑자기 점등되었다. 무슨 표시인가?

① 연료 레벨 경고등
② 에어 클리너 경고등
③ 충전 경고등
④ 엔진 점검 경고등

19. 다음과 그림과 같은 경고등이 점등되었을 때 조치사항으로 맞는 것은?

① 연료필터에서 물을 배출시킨다.
② 엔진 오일 팬에서 오일을 배출시킨다.
③ 라디에이터에서 냉각수를 배출시킨다.
④ 자동으로 수분이 분리될 때 점등되므로 관계가 없다.

20. 유압계가 부착된 건설기계에서 유압계 지침이 정상적으로 압력 상승이 되지 않았다. 그 원인으로 잘못된 것은?
① 오일 파이프의 파손
② 오일펌프의 고장
③ 유압계의 고장
④ 연료 파이프의 파손

21. 엔진을 시동한 후 정상 운전가능 상태를 확인하기 위해 가장 먼저 점검하는 것은?
① 오일 압력계
② 엔진 오일량
③ 주행 속도계
④ 냉각수 온도계

22. 운전석의 계기판에 있는 유압계로 확인할 수 있는 것은 다음 중 어느 것인가?
① 오일 점도상태
② 오일의 순환 압력
③ 오일의 누설상태
④ 오일의 연소상태

23. 지게차 운전 중 계기판에 그림과 같은 등이 갑자기 점등되었다. 무슨 표시인가?

① 냉각수 과열 경고등
② 브레이크액 누유 경고등
③ 엔진 오일압력 경고등
④ 연료부족 경고등

마스트·체인 점검

01. 지게차의 체인장력 조정방법이 아닌 것은?
① 손으로 체인을 눌러보아 양쪽이 다르면 조정너트로 조정한다.
② 포크를 지상에서 10~15cm 올린 후 확인한다.
③ 좌우체인이 동시에 평행한가를 확인한다.
④ 조정 후 록크 너트를 록크시키지 않는다.

02. 지게차 작업 전 점검에서 체인 연결부위 점검 사항으로 틀린 것은?
① 마스트 롤러의 마모 및 베어링을 점검한다.
② 포크와 리프트 체인 연결부의 균열 여부를 점검한다.
③ 좌·우 체인이 동시에 평행한가를 점검한다. 포크를 지상에서 10~15cm 올린 후 조정한다.
④ 체인의 균열, 변형, 손상 및 부식 유무를 점검한다.

03. 지게차 작업장치의 포크가 한쪽이 기울어지는 가장 큰 원인은?
① 한쪽 로울러(side roller)가 마모
② 한쪽 체인(chain)이 늘어짐
③ 한쪽 실린더의 작동유가 부족
④ 한쪽 리프트 실린더(lift cylinder)가 마모

04. 지게차 작업 전 점검에서 마스트 및 베어링의 점검사항으로 틀린 것은?
① 마스트의 변형, 균열 및 손상 유무를 점검한다.
② 롤러 핀 용접부의 균열 유무를 점검한다.
③ 체인 휠의 변형, 손상을 점검한다.
④ 마스트 서포트부의 덜거덕거림 유무 및 캡 부착 볼트가 헐거워졌는지 점검한다.

엔진 시동상태 점검

01. 지게차에 사용되는 축전지를 관리하는 방법이다. 가장 거리가 먼 것은?
① 지게차가 시동이 걸리지 않은 상태에서 전기장치를 사용하지 않는다.
② 전기장치 스위치가 켜진 상태로 방치하지 않는다.
③ 시동을 위해 과도하게 엔진을 회전시키지 않는다.
④ 지게차를 장기간 사용하지 않을 때는 충전하지 않아도 된다.

02. 축전지 단자 및 결선상태를 점검하는 사항으로 틀린 것은?
① 축전지단자의 파손상태를 점검한다.
② 단자를 보호하기 위하여 고무커버를 씌운다.
③ 축전지 배선의 결선상태를 점검한다.
④ 축전지 벤트플러그 구멍은 막혀 있어도 무관하다.

해설 축전지 벤트 플러그를 통해서 내부에서 발생하는 가스를 외부에 방출하는 통로로 막혀 있으면 안 된다.

03. 지게차 엔진의 시동상태를 점검하고자 한다. 가장 거리가 먼 것은?
① 한랭시에는 가급적 난기운전을 하지 않는다.
② 예열플러그의 작동이 정상인지 점검한다.
③ 축전지의 상태를 점검한다.
④ 시동전동기를 점검한다.

04. 배터리(MF배터리)의 경우 육안으로 배터리 상부의 점검 창을 통하여 색깔로 확인할 수 있다. 다음 중 틀린 것은?
① 초록색 : 충전된 상태
② 검정색 : 방전된 상태(충전 필요)
③ 적색 : 충전된 상태
④ 흰색 : 축전지 점검(축전지 교환)

05. 충전중인 축전지에 화기를 가까이 하면 위험하다. 그이유로 맞는 것은?
① 전해액이 폭발성가스이기 때문이다.
② 수소가스가 폭발성가스이기 때문이다.
③ 산소가스가 폭발성가스이기 때문이다.
④ 아세틸렌가스가 폭발성가스이기 때문이다.

해설 충전시 음극에서 발생하는 수소가스가 폭발성 가스이기 때문에 화기를 가까이 하면 위험하다.

06. 납산축전지를 충전기로 충전할 때 전해액의 온도가 상승하면 위험하다. 충전시 몇 ℃를 넘지 않도록 해야 하는가?
① 45℃   ② 35℃
③ 25℃   ④ 15℃

07. 납산 일반축전지가 방전되었을 때 보충전시 주의하여야 할 사항으로 틀린 사항은?
① 충전 중 축전지를 과충전시킨다.
② 충전장소에는 환기장치를 설치한다.
③ 충전 중 전해액의 온도는 45℃ 이상 상승시키지 않는다.
④ 충전 중인 축전지 근처에서 불꽃을 가까이 하지 않는다.

08. 예열플러그의 고장원인으로 잘못된 것은?
① 규정 이상의 과대 전류가 흐를 때
② 발전기 충전전압이 낮을 때
③ 예열플러그 설치 시 조임 불량일 때
④ 엔진 가동 중에 예열시킬 때

09. 예열플러그가 키 ON 후 15~20초에서 완전히 가열되었다. 다음 설명 중 맞는 것은?
① 단선되었다.
② 단락되었다.
③ 정상이다.
④ 정격이 아닌 예열플러그이다.

정답 02. ④ 03. ① 04. ③ 05. ② 06. ① 07. ① 08. ② 09. ③

10. 예열플러그의 고장원인으로 잘못된 것은?
① 예열플러그 예열시간이 길었을 때
② 예열시간이 너무 길 때
③ 정격이 아닌 예열플러그를 사용했을 때
④ 예열시간이 15~20초를 넘기지 않을 때

> **해설** 예열플러그는 한랭 시에 엔진의 온도를 올려 시동을 쉽게 해주는 역할을 한다. 예열플러그가 15~20초에서 완전히 가열되면 정상이다.

11. 예열플러그를 빼서 보았더니 심하게 오염되어 있다. 그 원인으로 맞는 것은 ?
① 불안전 연소 또는 노킹
② 냉각수 과열
③ 엔진과열
④ 엔진오일 부족

12. 시동장치 점검사항 중 틀린 사항은 ?
① 시동전동기 작동 시간은 1회 10초 정도이고, 시동이 되지 않으면 다른 부분을 점검하고 다시 시동한다.
② 시동전동기 최대 연속 사용시간은 60초 이내로 한다.
③ 엔진이 시동되면 재가동하지 않는다.
④ 시동전동기의 회전속도가 규정 이하이면 장시간 연속 시동해도 엔진이 시동되지 않으므로 회전속도에 유의한다.

13. 지게차의 시동 전동기 취급시 주의 사항으로 틀린 것은 ?
① 엔진이 시동된 상태에서 시동스위치를 작동시켜서는 안 된다.
② 시동전동기의 회전속도가 규정 이하이면 장시간 연속 시동해도 엔진이 시동되지 않으므로 회전속도에 유의한다.
③ 전선 굵기는 규정 이하의 것을 사용한다.
④ 시동전동기의 연속 사용시간은 30초 이내로 한다.

14. 시동 전동기의 취급시 주의사항으로 옳지 않은 것은 ?
① 시동전동기의 회전속도가 규정 이하이면 오랜 시간 연속 회전시켜도 시동이 되지 않으므로 회전속도에 유의해야 한다.
② 전선 굵기는 규정 이하의 것을 사용하면 안 된다.
③ 엔진이 시동된 상태에서 시동스위치를 켜서는 안 된다.
④ 시동전동기의 연속 사용 시간은 60초 정도로 한다.

15. 다음 중 기동전동기의 최대 연속 사용 시간으로 맞는 것은 ?
① 30초 이내   ② 1분 이내
③ 1분 30초 이내 ④ 2분 이내

16. 엔진을 시동하기 위해 시동키를 ST로 작동시켰지만 기동모터가 회전하지 않는다. 점검내용으로 틀린 것은 ?
① ST회로 점검
② 배터리 충전상태 점검
③ 발전기 출력전압 점검
④ 배터리 터미널 접촉상태 점검

정답 10. ④ 11. ① 12. ② 13. ③ 14. ④ 15. ① 16. ③

17. 지게차에서 기동전동기가 회전이 안 되거나 회전력이 약한 원인이 아닌 것은?
① 시동 스위치의 접촉이 불량하다.
② 브러시가 정류자에 잘 밀착되어 있다.
③ 배터리단자와 터미널의 접촉이 나쁘다.
④ 축전지 전압이 낮다.

18. 엔진의 시동이 잘 안 될 때 점검할 필요가 없는 것은?
① 기관 공회전 회전수
② 시동모터
③ 배터리 충전상태
④ 연료탱크

19. 지게차 작업 전에 포크를 상승 및 하강을 2~3회시키고 마스트를 전경 또는 후경으로 2~3회시키는 이유로 가장 적절한 것은?
① 엔진의 냉각수 온도를 정상온도로 올리기 위해
② 유압유 온도를 상승시키기 위해
③ 유압라인의 공기를 빼기 위해
④ 유압탱크의 공기를 빼기 위해

20. 작업 전 지게차의 워밍업 운전 및 점검사항으로 틀린 것은?
① 리프트 레버를 사용하여 상승, 하강 운동을 전 행정으로 2~3회 실시
② 틸트 레버를 사용하여 전 행정으로 전후 경사 운동을 2~3회 실시
③ 엔진 작동 후 5분간 저속 운전 실시
④ 시동 후 작동유의 유온을 정상 범위 내에 도달하도록 고속으로 전 후진 주행을 2~3회 실시

21. 한랭시에 지게차 시동 후 바로작업을 시작하면 유압유의 점도가 높아 유압기기의 갑작스러운 동작으로 인해 유압장치의 고장을 유발하게 된다. 따라서 작업 전에 유압 오일온도를 상승시키는 작업이 필요한데 이를 무엇이라 하는 가?
① 정상운전 ② 난기운전
③ 예비운전 ④ 공회전 운전

22. 지게차 작업 전에 난기운전을 하는 목적으로 맞는 것은?
① 유압오일 온도를 상승시키기 위해
② 엔진의 냉각수 온도를 높이기 위해
③ 유압회로 내 공기빼기 위해
④ 냉각계통 내 공기빼기 위해

CHAPTER 03 화물적재 및 하역·운반작업

1. 화물의 무게중심 확인

1.1. 화물의 종류 및 무게중심

1.1.1. 화물(freight)의 종류

화물의 종류에는 컨테이너에 적재된 상태, 팔레트에 적재된 상태, 박스로 포장된 상태 및 화물별로 포장되거나 묶인 상태 등으로 나눌 수 있다.

1.1.2. 지게차 화물의 종류

컨테이너에 적재된 상태, 팔레트에 적재된 상태, 박스로 포장된 상태 및 화물별로 포장되거나 묶인 상태 등으로 나눌 수 있다.

[1] 컨테이너
  ① 컨테이너는 일반 잡화 및 특수한 화물을 외포장(外包裝) 없이 용이하게 수송하므로 시간·비용이 절감되고, 화물의 파손·분실·도난 등 수송 중의 사고를 막을 수 있다.
  ② 재료 : 목재·합판·강철·알루미늄·경합금·섬유강화플라스틱(FRP) 등
  ③ 컨테이너 종류 : 오픈탑 컨테이너, 프레트랙 컨테이너, 알루미늄 컨테이너, 냉동 컨테이너, 일반 컨테이너, 탱크 컨테이너 등
  ④ 취급화물 종류에 따라 일반용, 액체용, 자동차용, 냉동용, 보온용 등이 있다.

⑤ 소유자와 연번 등을 나타내는 ISO 6346(화물 컨테이너의 marking, code, 검증에 관한 정의)에 따른 표시가 문에 표시되어 있다.

⑥ 컨테이너 규격

길 이	폭	높 이	체 적	TEU
20ft(6.1m)	8ft(2.44m)	8.5ft(2.6m)	1,360cu ft(39m^2)	1
40ft(12.2m)	8ft(2.44m)	8.5ft(2.6m)	2,720cu ft(77m^2)	2
40ft(12.2m)	8ft(2.44m)	9.5ft(2.9m)	3,040cu ft(86m^2)	2
45ft(13.7m)	8ft(2.44m)	8.5ft(2.6m)	3,060cu ft(87m^2)	2 or 2.25
48ft(14.6m)	8ft(2.44m)	8.5ft(2.6m)	3,264cu ft(92.4m^2)	2.4
53ft(16.2m)	8ft(2.44m)	8.5ft(2.6m)	3,604cu ft(101.1m^2)	2.65

- 20ft 컨테이너 내부(길이 : 5.9m, 폭 : 2.35m, 높이 : 2.39m, 부피 33.17m^3) 자체중량 : 2,300kg, 최대 화물중량 25,000kg
- 40ft 컨테이너 내부(길이 : 12.03m, 폭 : 2.35m, 높이 : 2.39m, 부피 67.56m^3) 자체중량 : 3,750kg, 최대 화물중량 27,600kg
- Door opening : 폭 2.34m, 높이 2.28m

[2] 팔레트(pallet)

팔레트(pallet)는 지게차로 물건을 실어 나를 때 물건을 안정적으로 옮기기 위해 사용하는 구조물이다.

① 규격 : 1,100mm×1,100mm 및 1,200mm×1,000mm의 팔레트가 많이 쓰이고 있다.
② 재질 : 목재, 플라스틱, 스틸, 알루미늄 등
③ 종류 : 평 팔레트, 포커스 팔레트, 포스트 팔레트, 시트 팔레트
④ 개별 포장은 철재류, 목재류, 섬유류 등 단위별로 개당 처리 또는 묶음처리 하여도 작업이 가능한 화물이다.

1.1.3. 지게차의 무게중심

[1] 무게중심 확인시 주의사항

① 지게차는 운반물을 포크에 적재하고 주행하므로 차량 앞뒤 평형유지가 매우 중요하다.
② 평형 : 포크의 화물무게 = 지게차의 카운터 웨이트 무게
③ 지게차의 안정조건 : 화물을 포크 앞면에 가깝게 적재

④ 마스트를 수직으로 한 상태에서 앞 차축에 생기는 적재화물과 차체의 무게에 의한 중심점 균형을 잘 판단하여야 한다.
⑤ 화물의 모멘트가 지게차 모멘트보다 같거나 적어야 한다(M1 ≤ M2).
⑥ 지게차로 하물 인양 시 지게차 뒷바퀴가 들려서는 안 된다.

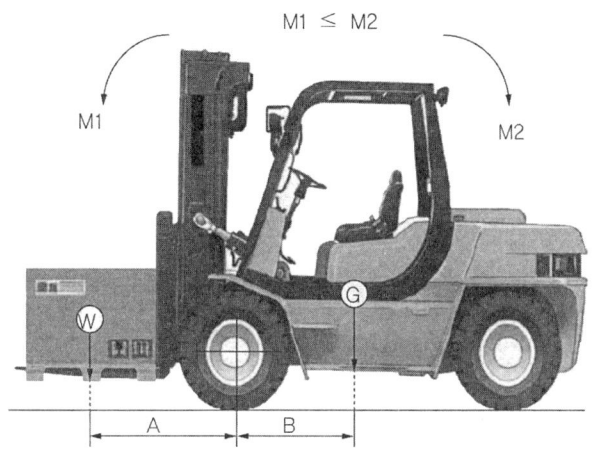

W : 포크 중심에서의 화물의 중량(kg)
G : 지게차 중심에서 지게차 중량(kg)
A : 앞바퀴에서 화물 중심까지의 최단거리(cm)
B : 앞바퀴에서 지게차 중심까지의 최단거리(cm)
M1 : W×A화물의 모멘트
M2 : G×B지게차의 모멘트

[2] 지게차의 안정도

안정도	지게차의 상태	
하역작업시의 전·후 안정도 : 4%(5t 이상 : 3.5%)		(위에서 본 경우)
주행시의 전·후 안정도 : 18%		

안정도	지게차의 상태	
하역작업시의 좌·우 안정도 : 6%	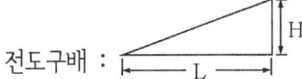	(위에서 본 경우)
주행시의 좌·우 안정도(15+1.1V)% (V : 최고속도 km/h)		

안정도 = $\frac{H}{L} \times 100\%$ 전도구배 :

[3] 화물의 무게 중심 확인 시 주의사항

① 컨테이너 또는 팔레트 화물은 포크로 지면에서 인양 시 무게 중심이 맞는지 서서히 인양하여 균형을 확인한다.
② 포장 화물이 액체일 경우 유체 이동으로 주행 시 흔들림이 발생될 수 있으므로 적재 후 약간의 전·후진 주행동작으로 유체 이동의 여부를 감지하고 작업 시 대처한다.
③ 무게가 가볍고 부피가 큰 화물의 경우 외부 동하중(바람) 및 장애물에 대처한다.
④ 길이가 긴 철근, 파이프, 목재 등은 주행 시 발생되는 동하중으로 인한 안정성을 감안하여 인양한다.
⑤ 개별 포장이거나 단위별 묶음 포장일 경우 포크의 폭 및 좌우 이동으로 화물의 무게 중심을 정확히 맞추어 인양되도록 한다.
⑥ 수출입 화물이거나 업체 간 화물의 경우는 패킹리스트(제품명, 수량, 제품중량, 총중량, 부피 등을 표시)나 컨테이너의 표시(최대중량, 자체중량, 적재중량, 체적 등을 표시)가 부착되어 있으므로 적재 시 참고한다.

1.2. 작업장치의 상태 점검

① 마스트의 상승 레버를 당기면 마스트가 올라가고, 레버를 밀면 마스트가 내려오는 작동을 점검한다.

② 마스트의 각도 조정에 있어서는, 마스트 틸트 레버를 당기면 마스트가 뒤로 10 ~12% 젖히고, 레버를 밀면 5~6% 앞으로 숙이는 작동을 점검한다.
③ 포크 폭 조절장치 및 좌우 이동장치(side shift)로는 포크 폭을 조정하거나 포크를 좌우로 이동할 수 있는데 이 장치의 점검은 선택사항이다.

1.3. 화물의 결착

① 적재 화물이 무너질 우려가 있는 경우에는 밧줄로 묶거나 그 밖의 안전조치를 한 후에 적재한다.
② 단위 화물의 바닥이 불균형인 형태 시 포크와 화물의 사이에 고임목을 사용하여 안정시킨다.
③ 팔레트는 적재하는 화물의 중량에 따른 충분한 강도를 가지고 심한 손상이나 변형이 없는 것을 확인하고 적재한다.
④ 팔레트에 실려 있는 화물은 안전하고 확실하게 적재되어 있는지를 확인하며 불안정한 상태는 결착하여 안정시킨다.
⑤ 인양물이 불안정할 경우 스링(sling) 와이어, 로프, 체인블록(chain block) 등 결착도구(공구)를 사용하여 지게차와 결착한다.

1.4. 포크 삽입확인

① 적재하고지 하는 화물의 바로 앞에 노달하면 안전한 속도로 감속한다.
② 화물 앞에 가까이 갔을 때에는 일단 정지하여 마스트를 수직으로 한다.
③ 포크의 간격(폭)은 컨테이너 및 팔레트 폭의 $\frac{1}{2}$ 이상 $\frac{3}{4}$ 이하 정도로 유지하여 적재한다.
④ 컨테이너, 팔레트, 스키드(skid)에 포크를 꽂아 넣을 때에는 지게차를 화물에 대해 똑바로 향하고, 포크의 삽입위치를 확인한 후에 천천히 포크를 넣는다.
⑤ 단위 포장 화물은 화물의 무게 중심에 따라 포크 폭을 조정하고 천천히 포크를 완전히 넣는다.

2. 화물 하역작업

2.1. 화물 적재상태 확인

2.1.1. 적재작업
① 적재하고자 하는 화물의 바로 앞에 도달하면 안전한 속도로 감속한다.
② 화물 앞에서 일단 정지하여 마스트를 수직으로 한다.
③ 화물이 무너지거나 파손 등의 위험성 여부를 확인한다.
④ 포크를 끼워 물건을 싣는다.
⑤ 화물을 올리거나 내릴 때 포크가 수평이 되도록 한다.
⑥ 포크를 지면으로부터 5~10cm 들어 올린 후에 화물의 안정 상태와 포크에 대한 편 하중이 없는지 등을 확인한다.
⑦ 이상이 없음을 확인한 후에 마스트를 충분히 뒤로 기울이고, 포크를 바닥면으로부터 약 20~30cm의 높이를 유지한 상태에서 약간의 후진 시 브레이크 작동으로 화물의 내용물에 동하중이 발생되는지를 확인한다.
⑧ 적재 후 마스트를 지면에 내려놓은 후 필히 화물의 적재상태의 이상 유무를 확인한 후 포크를 바닥면에서 약 20~30cm의 높이를 유지한 상태에서 주행을 한다.

2.1.2. 화물 적재시 주의사항
① 화물의 종류에 따른 작업계획을 수립하고 작업계획서를 작성한다.
② 화물은 종류에 따라 무게가 다르므로 작업 시 화물중량을 예측하고 참고하여야 한다.
③ 액체 화물의 경우 내용물의 이동으로 크기, 방향이 일정하지 않기 때문에 내용물의 점성 및 유동성을 참고한다.
④ 화물 종류별 비중을 참고하여 작업 전 사전에 내용물을 파악하여야 한다.
⑤ 화물의 크기를 확인하고 안전한 운반을 위해 화물의 중량에 따라 안전한 적재방법을 결정한다.
⑥ 적재할 화물의 무게 중심을 확인하여 포크의 너비(폭)을 조정한다.

2.1.3. 제품 및 원자재 적재방법
① 모양을 갖추어서 적재한다.

② 즉시 사용할 물품은 별도로 보관한다.
③ 높이는 밑의 길이보다 3배 이하로 하여야 한다.
④ 중량물은 랙의 하단에 적재한다.
⑤ 경량 물은 랙의 상단에 적재한다.
⑥ 큰 것으로부터 작은 것으로 겹쳐 보관한다.
⑦ 긴 물건은 옆으로 눕혀 놓는다.
⑧ 취급물의 안정성이 나쁜 것은 눕혀 놓는다.
⑨ 구르는 것은 고임대로 받힌다.
⑩ 파손되기 쉬운 중량물은 별도로 보관한다.
⑪ 취급 물을 세워서 보관 시에는 전도 방지 조치를 한다.
⑫ 품명, 수량을 알 수 있도록 정확하게 정리 정돈한다.
⑬ 적재물이 흐트러지지 않도록 보관한다.
⑭ 항상 청소하고 청결하게 유지한다.
⑮ 안전하게 적재한다.

2.2. 마스트 각도조정

적재 및 하역작업시 마스트와 차체에 부착된 유압실린더로 마스트를 숙이거나 뒤로 젖혀 포크의 각도를 변형한다.

① 카운터 밸런스형 지게차 : 전경각은 6° 이하, 후경각은 12° 이하
② 사이드 포크형 지게차 : 전경각 및 후경각은 각각 5° 이하

2.3. 하역작업

① 하역장소를 답사하여 주변 여건을 확인하여 일반 비포장인 경우 야적장의 지반이 견고한지 확인하고 불안정 시 작업관리자에게 통보하여 수정한다.
② 하역하는 장소의 바로 앞에 오면 안전한 속도로 감속한다.
③ 하역하는 장소의 앞에 접근하였을 때에는 일단 정지한다.
④ 지정된 장소로 이동 후 낙하에 주의하여야 한다.
⑤ 지게차가 경사된 상태에서 하역작업을 하지 않는다.
⑥ 하역하는 장소에 화물의 붕괴, 파손 등의 위험이 없는지 확인한다.

⑦ 마스트를 수직으로 하고 포크를 수평으로 한 후 내려놓을 위치보다 약간 높은 위치까지 포크를 올린다.
⑧ 리프트 레버를 사용할 때 시선은 포크를 주시한다.
⑨ 내려놓을 위치를 확인한 후 천천히 전진하여 짐을 내린다. 짐을 내릴 때는 마스트를 앞으로 4° 정도 경사시킨다.
⑩ 짐을 내릴 때는 가속페달의 사용은 필요 없다.
⑪ 천천히 후진하여 포크를 10~20cm 정도 빼내고, 다시 약간 들어 올려 안전하고 올바른 하역 위치까지 밀어 넣고 내려야 한다.
⑫ 팔레트 또는 스키드로부터 포크를 빼낼 때도 넣을 때와 마찬가지로 접촉 또는 비틀리지 않도록 조작한다.
⑬ 하역하는 경우에 포크를 완전히 올린 상태에서는 마스트 전·후경 작동을 거칠게 조작하지 않는다.
⑭ 하역하는 상태에서는 절대로 조종사가 지게차에서 내리거나 이탈하여서는 안 된다.

3. 화물 운반작업

3.1. 전·후진 주행

3.1.1. 전·후진 주행방법

[1] 주행 전 확인사항
① 작업계획서에 따른 작업 지시내용을 파악한다.
② 운반경로의 지형이나 상태 등을 사전에 파악한다.
③ 안전모와 안전띠를 착용한다.
④ 전·후진 레버가 중립에 있는지를 확인한다.
⑤ 주차브레이크가 잠겨 있는지 확인한다.
⑥ 전·후신 주행장치와 인칭 제동장치를 확인한다.

[2] 전·후진방법
① 전·후진 레버 조작 전 전환방향의 안전을 확인한다.

② 전·후진 레버를 중립(N) 위치에서 앞으로 밀면 전진하고 레버를 뒤로 당기면 후진한다.
③ 지게차를 정지시키고 전·후진 전환을 한다.
④ 고속에서 전·후진 방향의 전환을 피한다.

[3] 지게차 안전운전
① 리프트 레버를 뒤로 당겨 포크를 수평으로 하고 지상에서 5~10cm 들어 올린 후 일단 정지하고 화물이 이상이 없는지 확인한다.
② 리프트 레버를 뒤로 당겨 포크를 지상에서 20~30cm 들어 올린 후 틸트 레버를 뒤로 당겨 마스트를 화물에 따라 적절하게 기울인 후 주행한다.
③ 포크를 지상에서 30cm 이상 들어 올리거나 마스트가 수직이거나 앞으로 기울인 상태에서 주행해서는 안 된다.
④ 운행 중 제한속도를 준수한다. 지게차의 화물 적재 속도는 10km/h를 초과하지 못한다.
⑤ 주행이 시작되면 사방에 주의할 것
⑥ 창고 출입구, 다리 등 요철이 있는 곳에서는 세심하게 주의하며 저속으로 운전한다.
⑦ 연약한 지반에서 작업 시 받침판을 사용한다.
⑧ 도로상을 주행할 때에는 포크의 선단에 표식을 부착하는 등 보행자와 작업자가 식별할 수 있도록 한다.
⑨ 통로가 좁거나 천장이 낮은 경우 충분히 확인한 후 천천히 주행한다.
⑩ 경사로를 가로질러 가거나 그 위에서 절대 선회하지 않는다.
⑪ 지게차 특성상 선회 시 뒤쪽의 움직임이 크기 때문에 주변상황을 정확히 파악 한 후 선회한다.
⑫ 선회 시에는 감속하고 화물의 안전에 유의하며, 차체 뒷부분이 주변에 접촉되지 않도록 주의한다. 주행 시 급회전 핸들조작은 원심력에 의한 적재 화물의 중량 중심점을 이동시켜 전도사고를 초래한다.
⑬ 후진 시 주변에 소음이 심한 작업장은 표준 부착품 외에 추가로 후진 경고음 장치(back horn)를 장착하여 사고를 예방하여야 한다.

⑭ 적재 후 후진작업 시에는 후진 레버 작동 전에 후사경으로 주행하고자 하는 방향의 이상 유무를 확인한 후 레버를 조작하여야 한다. 조작 후 경고등 및 경고음 작동 상태에서 가속기를 서서히 밟아 후진한다.
⑮ 야간 운행시 주간보다 더 느린 속도로 주행하며 라이트를 필히 점등한다.
⑯ 부피가 큰 짐을 운반하거나 적재물이 주변에 많아 시야가 좁아지는 경우 유도자를 배치한다.
⑰ 급출발, 급브레이크, 급선회는 적재물 낙화 및 지게차 전도의 위험이 크기 때문에 절대하지 않는다.

3.2. 화물 운반작업
3.2.1. 유도자의 수신호
[1] 현장작업 신호수 배치

현행 "산업안전보건기준에 관한 규칙" 제40조 제1항에 따르면 다음 사항에 대하여 건설기계 작업 시 사업주는 원칙적으로 신호수를 배치하여야 한다.
① 건설기계로 작업할 때 근로자에게 위험이 미칠 우려가 있는 경우
② 운전 중인 건설기계에 접촉되어 근로자가 부딪힐 위험이 있는 장소
③ 지반의 부동 침하 및 갓길 붕괴 위험이 있을 경우
④ 근로자를 출입시키는 경우

[2] 수신호 요구조건
① 신호는 사용에 알맞고 지게차 운전자에게 충분히 이해되어야 한다.
② 신호는 오해를 피하기 위해 명확하고 간결하여야 한다.
③ 불특정한 한 팔 신호는 어떤 팔을 사용해도 수용되어야 한다(좌우방향을 가리키는 것은 특정한 신호이다).

[3] 신호수와 운전자 간의 수신호
① 작업장 내 신호방법은 지게차 사용자 지침서에 의하나 모든 건설기계 신호 지침과 거의 동일하다.
② 건설기계의 운전 신호는 작업장의 책임자가 지명한 사람 이외에는 하여서는 안 된다.

③ 신호수는 지게차 운전사를 명확히 볼 수 있어야 하며 긴밀한 연락을 취하여야 한다.
④ 신호수는 반드시 안전한 곳에 위치하여야 하며, 하물 또는 장비를 명확하게 볼 수 있어야 한다.
⑤ 신호수는 1인으로 하며 수신호, 경적 등을 정확하게 사용하여야 한다. 예외는 단 한 가지로 비상정지 신호뿐이다.
⑥ 신호수 부근에 혼동되기 쉬운 경적, 음성, 동작 등이 있어서는 안 된다.
⑦ 신호수는 운전자의 중간 시야가 차단되지 않는 위치에 항상 있어야 한다.
⑧ 신호수는 지게차의 성능·작동 등을 충분히 이해하고, 비상사태에서는 응급처치가 가능하도록 항시 현장 상황을 확인하여야 한다.

[4] 수신호 방법

수신호		방법
작업 시작		두 팔을 수평으로 뻗고 손바닥은 펴서 정면을 향하게 한다.
호출		오른팔을 높이 올린다.
멈춤(보통 멈춤)		한 팔을 수평으로 뻗고서 손바닥은 바닥을 향하게 하고, 팔은 수평을 유지하며 앞뒤로 움직인다.
정지		오른팔을 들고 주먹을 쥔다.

수신호		방 법
비상 멈춤		두 팔을 수평으로 뻗고, 손바닥은 바닥을 향하게 하고, 팔은 수평을 유지하며 좌우로 움직인다.
작업 끝		양손을 신체 앞쪽 가슴높이에서 모으고 움켜쥔다.
포크 상승		오른팔을 들고 오른손 검지손가락으로 원을 그린다.
포크 하강		오른팔로 내리는 동작을 한다.
포크(마스트) 전경		오른팔을 들로 오른손 엄지손가락을 아래쪽으로 반복하여 가리킨다.
포크(마스트) 후경		오른팔을 들로 오른손 임지손가락을 위쪽으로 반복하여 가리킨다.

수신호	방법
주행방향표시	한 팔을 수평으로 뻗으며 손은 펴고, 손바닥은 아래로 향하게 하여 원하는 방향을 가리킨다.
작업 완료	오른손으로 거수경례를 한다.

3.2.2. 출입구 확인

① 주행 중 출입구 진입 시에는 높이와 폭을 확인하여야 한다.
② 부득이 포크를 올려서 출입하는 경우에 출입구 높이에 주의할 것
③ 얼굴, 손, 발을 밖으로 내밀지 않도록 한다.
④ 반드시 주위 안전 상태를 확인한 후 출입하여야 한다.

출제예상문제

화물의 무게중심 확인

01. 다음 중 지게차 화물의 종류가 아닌 것은?
① 개별로 묶인 상태
② 컨테이너에 적재된 상태
③ 박스로 포장된 상태
④ 화물별로 포장되거나 묶인 상태

02. 다음 중 화물의 포장에 기본적인 기능이 아닌 것은?
① 보호성   ② 상품성
③ 편리성   ④ 객관성

해설 화물의 포장에 기본적인 기능은 포장의 보호성・상품성・편리성・심리성 및 배송성(配送性)에 있다.

03. BIC code는 container를 식별하기 위해 정한 식별부호로 소유주와 연번 등을 나타내는데 컨테이너의 식별 표준이 되는 것은?
① API 6346   ② ISO 6346
③ ACEA 6346   ④ ILSAC 6346

04. 다음 중 컨테이너의 설명으로 틀린 것은?
① 컨테이너는 일반 잡화 및 특수한 화물을 외포장(外包裝) 없이 용이하게 수송할 수 있다.
② 화물의 파손・분실・도난 등 수송 중의 사고를 막을 수 있다.
③ 표준형(TEU)은 길이 40ft(12.2m), 폭 8ft(2.44m), 높이 9.5ft(2.9m)이다.
④ 소유자와 연번 등을 나타내는 ISO 6346(화물 컨테이너의 MARKING, CODE, 검증에 관한 정의)에 따른 표기가 문에 표시되어 있다.

해설 표준형(TEU)은 길이 20ft(6.1m), 폭 8ft(2.44m), 높이 8.5ft(2.6m)이다.

05. 다음 중 지게차작업에서 화물의 적재, 운반, 하역 시 작업이 용이하도록 사용자가 선택하여 사용하는 것으로 맞는 것은?
① 박스   ② 상자
③ 판자   ④ 팔레트

해설 지게차용 팔레트는 목재, 철제, 알루미늄, 플라스틱, 하드보드 등 화물의 사용목적에 따라 장단점을 검토하여 적재, 운반, 하역 시 작업이 용이하도록 제작되고 사용자가 선택하여 사용하는 포장방법이다.

06. 다음 중 팔레트의 재질로 틀린 것은?
① 목재   ② 박스
③ 플라스틱 ④ 알루미늄

07. 다음 중 컨테이너의 재료로 틀린 것은?
① 목재
② 합판
③ 중합금
④ 섬유강화플라스틱(FRP)

정답 01. ① 02. ④ 03. ② 04. ③ 05. ④ 06. ② 07. ③

08. 다음 중 컨테이너 종류가 아닌 것은?
① 세단 컨테이너
② 오픈탑 컨테이너
③ 프레트랙 컨테이너
④ 일반 컨테이너

09. 지게차로 운반하려고 하는 화물에 대한 주의사항이다. 잘 못된 것은?
① 액체화물은 주행 시 동하중이 발생할 수 있으므로 적재 후 약간의 전·후진 동작으로 유체이동 여부를 감지하고 작업한다.
② 길이가 긴 철근, 파이프, 목재 등은 주행 시 동하중이 발생하므로 안정성을 감안하여 인양한다.
③ 무게가 가볍고 부피가 큰 화물은 바람 등의 외부요인을 감안하여야 한다.
④ 수출입 화물 등에 붙어있는 패킹리스트까지 참고할 필요는 없다.

10. 포크에 화물을 실을 때 화물이 차체를 앞으로 넘어지게 하려는 힘을 전도모멘트(M1)라고 하고, 차체의 하중이 차체를 안정시키려는 힘을 복원모멘트(M2)라 할 때 다음 중 맞는 것은?
① M1 ≥ M2   ② M1 ≤ M2
③ M1 = M2   ④ M1 > M2

11. 지게차의 안정도로 틀린 것은?
① 하역작업시의 전·후 안정도 : 4% (5t 이상 : 3.5%)
② 주행 시의 전·후 안정도 : 18%
③ 하역작업시의 좌·우 안정도 : 6%
④ 주행 시의 좌·우 안정도 : (20+1.1V)%

12. 지게차 포크삽입을 확인하고 있다. 다음 중 적절하지 못한 것은?
① 화물 앞에서 일단 정지하여 마스트를 수직으로 한다.
② 컨테이너, 팔레트, 스키드(skid)에 포크를 꽂아 넣을 때에는 지게차를 화물에 대해 똑바로 향하고 포크의 삽입 위치를 확인한 후에 천천히 포크를 넣는다.
③ 포크의 간격(폭)은 컨테이너 및 팔레트 폭의 $\frac{1}{4}$ 이상 $\frac{3}{4}$ 이하 정도로 유지하여 적재한다.
④ 단위 포장 화물은 화물의 무게 중심에 따라 포크 폭을 조정하고 천천히 포크를 완전히 넣는다.

13. 다음 중 화물의 결착에 대한 설명으로 틀린 것은?
① 팔레트에 실려 있는 화물이 불안정할 때 결착하여 안정시킨다.
② 적재 화물이 무너질 우려가 있는 경우에는 밧줄로 묶거나 그 밖의 안전조치를 한 후에 적재한다.
③ 팔레트는 튼튼하기 때문에 화물의 중량에 관계없이 사용하여도 된다.
④ 단위 화물의 바닥이 불균형인 형태 시 포크와 화물의 사이에 고임목을 사용하여 안정시킨다.

화물 하역작업

01. 지게차의 적재방법에 대한 설명 중 틀린 것은?
① 화물을 올릴 때는 포크를 수평되게 한다.
② 화물을 올릴 때는 가속페달을 밟는 동시에 레버 조작을 한다.
③ 포크로 물건을 찌르거나 물건을 끌어서 올리지 않는다.
④ 화물이 무거우면 사람이나 중량물로 밸런스웨이트에 올려놓는다.

02. 지게차의 화물 적재방법으로 옳지 않은 것은?
① 내용물에 유동성이 있는 때는 동하중이 발생하므로 내용물의 점성 및 유동성을 참고하여 주의해야 한다.
② 화물의 종류 및 포장상태를 사전에 파악하여 안전하게 인양한다.
③ 지게차로 화물을 인양할 때 화물의 무게는 차체 무게보다 무거워야 한다.
④ 화물의 종류에 따라 무게가 다르므로 화물중량을 잘 파악하고 있어야 한다.

03. 지게차에 물건을 적재할 때 무거운 물건의 중심 위치는 어느 곳에 두는 것이 안전한가?
① 하부   ② 상부
③ 좌측   ④ 우측

04. 다음 중 제품 및 원자재의 적재방법으로 틀린 것은?
① 모양을 갖추어서 적재한다.
② 즉시 사용할 물품은 별도로 보관한다.
③ 높이는 밑의 길이보다 5배 이하로 한다.
④ 중량물은 랙의 하단에 적재한다.

05. 중량물 운반의 3원칙을 설명한 것으로 다음 중 틀린 것은?
① 중량물을 랙의 상단에 적재한다.
② 중량물을 들어올린다.
③ 중량물을 나른다.
④ 중량물을 안전하게 놓는다.

06. 지게차로 적재 작업을 할 때 유의할 사항으로 거리가 먼 것은?
① 화물 앞에서 일단 정지한다.
② 화물을 높이 들어 올려 아랫부분을 확인하면서 빨리 출발한다.
③ 운반하려고 하는 화물 가까이가면 속도를 줄인다.
④ 화물이 무너지거나 파손 등의 위험성 여부를 확인한다.

07. 다음 중 제품 적재방법으로 틀린 것은?
① 포크를 이용하여 사람을 싣거나 들어 올리면 안 된다.
② 허용하중을 초과한 화물을 적재해서는 안 된다.
③ 포크의 끝단으로 화물을 들어 올리지 않는다.
④ 화물의 무게가 지게차 중량을 초과하면 사람을 뒤에 태워 밸런스웨이트 역할을 하도록 한다.

정답 ▶ 01. ④ 02. ③ 03. ① 04. ③ 05. ① 06. ② 07. ④

08. 지게차 적재방법으로 맞는 것은 ?
① 화물이 무거우면 사람이나 중량물로 밸런스웨이트를 삼는다.
② 파손되지 않는 중량물은 별도로 보관한다.
③ 화물이 안전하게 적재 되었는지 포크 밑에서 화물을 확인한다.
④ 화물을 올릴 때에는 가속 페달을 밟는 동시에 레버를 조작한다.
해설 ① 절대로 사람이나 중량물로 밸런스웨이트를 삼아서는 안 된다.
② 파손되기 쉬운 중량물은 별도로 보관한다.
③ 포크 밑으로 사람이 들어가거나 출입하여서는 안 된다.

09. 다음 중 제품 및 원자재의 적재방법으로 틀린 것은 ?
① 취급물의 안정성이 나쁜 것은 세워 놓는다.
② 구르는 것은 고임대로 받힌다.
③ 파손되기 쉬운 중량물은 별도로 보관한다.
④ 취급 물을 세워서 보관 시에는 전도방지 조치를 한다.

10. 다음은 중량물 취급 시 위험요인의 확인 시항에 해당하지 않는 것은 어느 것인가?
① 지게차의 용도 외에 사용하는지 확인한다.
② 지게차작업 시 안전통로를 확인한다.
③ 화물을 한쪽으로 편 하중 상태로 적재하였는지 확인한다.
④ 화물을 과다하게 적재하였는지 확인한다.

11. 지게차로 적재작업을 하고 있다. 다음 중 적절하지 못한 사항은 ?
① 적재 및 운반 시 시야확보를 위하여 신호수가 동승하여 안내를 하도록 한다.
② 적재화물이 종류에 따라 무게가 다르므로 화물중량을 잘 파악하고 있어야 한다.
③ 포크의 간격은 팔레트 폭의 1/2 이상 3/4 이하 정도로 유지하여 적재한다.
④ 허용 적재하중을 초과하는 화물의 적재는 금한다.

12. 지게차 화물취급 작업 시 준수하여야 할 사항이 아닌 것은 ?
① 지게차를 화물 쪽으로 반듯하게 향하고 포크가 팔레트를 마찰하지 않도록 주의한다.
② 화물 앞에서 일단 정지해야 한다.
③ 화물 근처에 왔을 때는 가속 페달을 살짝 밟는다.
④ 팔레트에 실려 있는 화물의 안전한 적재여부를 확인한다.

13. 평탄한 노면에서 지게차 적재 시 올바른 방법은 ?
① 팔레트에 실은 짐이 안정되고 확실하게 실려 있는지를 확인한다.
② 불안정한 적재의 경우에는 빠르게 작업을 진행한다.
③ 포크를 지면에서 30cm 이상 충분히 들어 올려 화물의 안정상태와 포크에 대한 편 하중을 확인한다.
④ 마스트경사를 뒤로 기울어지도록 한다.

정답 08. ④ 09. ① 10. ② 11. ① 12. ③ 13. ①

14. 사이드 포크형 지게차의 전경각으로 옳은 것은?
    ① 5° 이하   ② 6° 이하
    ③ 7° 이하   ④ 8° 이하

15. 사이드 포크형 지게차의 후경각으로 옳은 것은?
    ① 8° 이하   ② 7° 이하
    ③ 6° 이하   ④ 5° 이하

16. 카운터 밸런스형 지게차의 후경각으로 옳은 것은?
    ① 10° 이하   ② 11° 이하
    ③ 12° 이하   ④ 13° 이하

17. 지게차로 짐을 하역할 때의 과정으로 옳지 않은 것은?
    ① 하역하는 장소의 바로 앞에 오면 안전한 속도로 감속한다.
    ② 짐을 내릴 때는 틸트 레버 조작은 필요 없다.
    ③ 리프트 레버를 사용할 때 시선은 포크를 주시한다.
    ④ 짐을 내릴 때는 마스트를 앞으로 약 4° 정도 경사시킨다.

18. 카운터 밸런스형 지게차의 전경각으로 옳은 것은?
    ① 6° 이하   ② 7° 이하
    ③ 8° 이하   ④ 10° 이하

19. 지게차의 하역방법에 대한 설명 중 옳지 않은 것은?
    ① 지정된 장소로 이동 후 낙하에 주의하여야 한다.
    ② 불안전한 적재의 경우에는 빠르게 작업을 진행시킨다.
    ③ 짐을 내릴 때는 가속 페달의 사용은 필요 없다.
    ④ 천천히 후진하여 포크를 10~20cm 정도 빼내고, 다시 약간 들어 올려 안전하고 올바른 하역위치까지 밀어 넣고 내려야 한다.

20. 평탄한 노면에서의 지게차를 이용하여 하역작업 시 올바른 방법이 아닌 것은 어느 것인가?
    ① 하역하는 장소의 앞에 접근하였을 때에는 일단 정지한다.
    ② 하역하는 장소의 바로 앞에 오면 안전한 속도로 감속한다.
    ③ 내려놓을 위치를 확인한 후 천천히 후진하여 하역할 위치에 내린다.
    ④ 하역하는 장소에 화물의 붕괴, 파손 등의 위험이 없는지 확인한다.

21. 다음 중 화물의 정리정돈 사항으로 틀린 것은?
    ① 적재물이 흐트러지지 않도록 보관한다.
    ② 즉시 사용할 물품은 별도로 보관한다.
    ③ 파손되기 쉬운 중량물은 별도로 보관한다.
    ④ 긴 물건은 옆으로 세워 놓는다.

정답 ▶ 14. ① 15. ④ 16. ③ 17. ② 18. ① 19. ② 20. ③ 21. ④

22. 화물의 정리정돈 방법 중 틀린 것은 ?
① 중량물은 랙의 상단에 보관한다.
② 항상 청소하고 청결하게 유지한다.
③ 품명, 수량을 알 수 있도록 정확하게 정리 정돈 한다.
④ 정해진 장소에 물건을 보관한다.

23. 지게차의 하역작업 시 주의해야 할 사항이 아닌 것은 ?
① 하역장소를 답사하여 하역장소의 지반 및 주변 여건을 확인한다.
② 야적장의 지반이 견고하지 않으면 작업이 불가능하다.
③ 적재되어 있는 화물의 붕괴, 파손 등의 위험을 확인한다.
④ 지게차가 경사된 상태에서는 하역작업을 하지 않는다.
[해설] 야적장의 지반 및 주변 여건을 확인하여 지반이 견고하지 않으면 작업관리자에게 통보하여 수정한 후 작업할 수 있다.

전·후진 주행

01. 주행 전 확인사항으로 틀린 것은 ?
① 작업계획서에 따른 작업 지시내용을 파악한다.
② 운반경로의 지형이나 상태 등을 사전에 파악한다.
③ 안전모와 안전띠를 착용한다.
④ 브레이크가 잘 작동되는지 확인한다.

02. 지게차의 출발요령을 설명한 것으로 옳지 않은 것은 ?
① 가속페달을 세게 밟으며 출발한다.
② 브레이크 페달을 밟은 상태에서 전·후진 레버를 주행할 방향으로 한다.
③ 안전모와 안전띠를 착용한다.
④ 엔진을 시동한 후 브레이크 페달을 밟고 주차 브레이크를 해제한다.

03. 지게차 전·후진을 전환하는 방법으로 맞는 것은 ?
① 고속에서 전·후진 방향의 전환을 한다.
② 전·후진의 전환은 지게차를 정지시키고 시행하여야 한다.
③ 저속에서 전·후진 방향의 전환을 한다.
④ 틸트 레버를 앞으로 밀거나 뒤로 당겨서 전진, 중립, 후진을 선택한다.

04. 다음은 안전한 지게차작업을 위하여 필요한 사항이다. 틀린 사항은 ?
① 작업장 내 안전표지판은 목적에 맞는 표지판을 정 위치에 설치하여야 한다.
② 지게차의 통행로, 출입구 등에는 도로교통표지 또는 안전보건표지 등의 잘 알려진 기호를 사용하는 표지를 설치한다.
③ 제한속도는 지면의 상태 등 현장조건에 따라 달라지므로 상황에 따라 적당하게 준수하면 된다.
④ 도로상의 주행할 때 포크의 선단에 표식을 부착하여 보행자 및 작업자가 식별할 수 있도록 한다.

05. 지게차의 전·후진레버 및 변속레버를 설명한 것으로 틀린 것은?
① 갑작스런 출발을 방지하기 위하여 중립 잠금 장치가 장착되어 있다.
② 변속레버를 앞으로 올리면 1~3단으로 변속을 할 수 있다.
③ 전·후진레버를 중립(N) 위치에서 뒤로 당기면 전진, 앞으로 밀면 후진이 된다.
④ 적재작업을 할 때에는 1~2단으로 수행하여야 한다.

06. 지게차 운전 시 작업자가 안전을 위해 지켜야 할 사항으로 틀린 것은?
① 시동 된 지게차에서 잠시 내릴 때에는 변속기 선택레버를 중립으로 하지 않아도 된다.
② 건물 내부에서 지게차를 가동 시는 적절한 환기조치를 한다.
③ 엔진을 가동시킨 상태로 장비에서 내려서는 안 된다.
④ 작업 중에는 운전자 한 사람만 승차하도록 한다.

07. 지게차를 운행하기 위하여 필요한 사항이다. 옳지 않은 것은?
① 통로가 좁거나 천장이 낮은 경우 충분히 확인 한 후 천천히 주행한다.
② 야간 운행시 주간보다 더 빠른 속도로 주행하며 라이트를 점등한다.
③ 적재화물의 폭을 측정하여 운행동선을 확인하고 통행 가능 여부를 확인하여야 한다.
④ 주행 시 적재화물의 낙하에 주의하며 사전에 통행로에 문제점이 있는지를 확인하여야 한다.

08. 지게차의 마스트를 앞 또는 뒤로 기울이도록 작동시키는 것은 어느 것인가?
① 변속레버 ② 리프트 레버
③ 틸트 레버 ④ 포크 이동레버

09. 틸트 레버를 운전자 앞으로 당기면 마스트는 어떻게 기울어지는가?
① 운전자 몸 쪽 방향으로 기운다.
② 운전자 위쪽으로 기운다.
③ 운전자 아래쪽으로 기운다.
④ 운전자 몸 쪽에서 멀어지는 방향으로 기운다.

10. 지게차에서 틸트 레버를 운전자 쪽으로 당기면 마스트는 어떻게 기울어지는가?
① 위쪽으로 ② 아래쪽으로
③ 뒤쪽으로 ④ 앞쪽으로

11. 지게차의 작업 내용으로 틀린 것은?
① 틸딩(tilting)
② 리프팅(lifting)
③ 로우어링(lowering)
④ 블레이드(blade)

해설〉 지게차 작업내용
① 틸딩(tilting) : 마스터의 전경 또는 후경작업
② 리프팅(lifting) : 포크의 상승작업
③ 로우어링(lowering) : 포크의 하강작업

12. 지게차의 조종 레버 명칭이 아닌 것은?
① 리프트 레버 ② 선회 레버
③ 변속 레버   ④ 틸트 레버

정답 05. ③ 06. ① 07. ② 08. ③ 09. ① 10. ③ 11. ④ 12. ②

13. 지게차의 조종 레버 조작하는 동작의 설명 중 틀린 것은?
① 틸트 레버를 뒤로 당기면 마스트는 뒤로 기운다.
② 전·후진레버를 뒤로 당기면 마스트는 뒤로 기운다.
③ 틸트 레버를 앞으로 당기면 마스트는 앞으로 기운다.
④ 리프트 레버를 앞으로 밀면 포크가 내려간다.

14. 지게차 포크를 하강시키는 방법으로 가장 적합한 것은?
① 가속페달을 밟고 리프트 레버를 뒤로 당긴다.
② 가속페달을 밟고 리프트 레버를 앞으로 민다.
③ 가속페달을 밟지 않고 리프트 레버를 뒤로 당긴다.
④ 가속페달을 밟지 않고 리프트 레버를 앞으로 민다.

15. 지게차에서 적재상태의 마스트 경사 작업으로 맞는 것은?
① 운전자 방향으로 뒤로 기울어지게 한다.
② 운전사 몸 쪽 방향 앞으로 기울어지도록 한다.
③ 운전자 몸 쪽 좌측으로 기울어지도록 한다.
④ 운전자 몸 쪽 우측으로 기울어지도록 한다.

16. 지게차의 전경각과 후경각은 조종사가 적절하게 선정하여 작업을 하여야 하는데 이를 조정하는 레버는?
① 리프트 레버
② 변속 레버
③ 틸트 레버
④ 암(스틱) 제어레버

17. 지게차의 우측레버를 당기면 리프트를 전경 또는 후경시키는 레버는?
① 틸트 레버 ② 리프트 레버
③ 변속 레버 ④ 전·후진 레버
해설〉지게차의 좌측 레버는 리프트 레버로 포크를 상승, 하강하는 장치이다.

18. 지게차를 운행할 때 주의사항으로 틀린 것은?
① 적재 시에는 최고 속도로 주행한다.
② 적재 시 급제동을 하지 않는다.
③ 급유 중은 물론 운전 중에도 화기를 가까이 하지 않는다.
④ 내리막길에서는 브레이크를 밟으면서 서서히 주행한다.

19. 지게차 운행시 지켜야 할 사항 중 틀린 것은?
① 후진 시는 반드시 뒤를 살핀다.
② 이동시는 포크를 반드시 지상에서 높이 들고 이동한다.
③ 전진에서 후진 변속 시는 장비가 정지된 상태에서 한다.
④ 주·정차시는 반드시 주차 브레이크를 작동시킨다.

정답〉 13. ②　14. ④　15. ①　16. ③　17. ①　18. ①　19. ②

20. 지게차 주행 시 주의하여야할 사항 중 옳지 않은 것은 ?
① 적하장치에 사람을 태워서는 안 된다.
② 노면의 상태에 충분한 주의를 한다.
③ 짐을 싣고 주행할 때는 절대로 속도를 내서는 안 된다.
④ 포크의 끝을 밖으로 경사지게 한다.

21. 지게차의 운행속도에 관한 설명으로 옳은 것은 ?
① 무부하 시 운행 속도는 전진과 후진이 모두 같다.
② 무부하 시 운행속도는 전진이 후진보다 빠르다.
③ 무부하 시 운행속도는 후진이 전진보다 약간 빠르다.
④ 무부하 시 운행속도는 보통 50km/h 까지 낼 수 있다.

22. 지게차의 주행방법으로 가장 알맞은 것은 ?
① 붐 실린더를 뒤로 8° 정도 경사시켜서 운반한다.
② 버킷 실린더를 뒤로 6° 정도 경사시켜서 운반한다.
③ 댐퍼를 뒤로 3° 정도 경사시켜서 운반한다.
④ 마스트를 뒤로 4° 정도 경사시켜서 운반한다.

23. 지게차의 주행 시 주의 사항으로 틀린 것은 ?
① 지게차의 주행 속도는 50km/h를 초과할 수 없다.
② 화물적재 상태에서 지상에서 30cm 이상 들어 올리거나 마스트가 수직이거나 앞으로 기울인 상태에서 주행해서는 안 된다.
③ 부피가 큰 짐을 운반하거나 적재물이 주변에 많아 시야가 좁아지는 경우 유도자를 배치한다.
④ 비포장 및 좁은 통로, 굴곡이 있는 곳 등에서는 급출발이나 급브레이크 사용, 급선회전 등을 하지 않는다.

24. 운전 중 좁은 장소에서 지게차를 방향 전환시킬 때 가장 주의해야 할 것으로 맞는 것은 ?
① 포크높이를 높게하여 방향전환한다.
② 뒷바퀴 회전에 주의하여 방향전환한다.
③ 앞바퀴 회전에 주의하여 방향 전환한다.
④ 포크가 땅에 닿게 내리고 방향 전환한다.

[해설] 지게차는 뒷바퀴 조향방식을 사용하므로 방향전환 시 뒷바퀴의 회전에 주의하여야 한다.

25. 지게차 주행 시 주의해야 할 사항으로 틀린 것은 ?
① 노면의 상태에 충분한 주의를 하여야 한다.
② 짐을 싣고 주행할 때는 절대로 속도를 내서는 안 된다.
③ 적하장치에 사람을 태워서는 안된다.
④ 포크의 끝을 밖으로 경사지게 한다.

26. 지게차로 화물을 적재하고 주행할 때 주의 사항으로 틀린 것은?
   ① 급한 고갯길을 내려갈 때는 저속기어로 엔진브레이크를 사용하여 내려간다.
   ② 전방시야가 확보되지 않을 때는 전진으로 진행하면서 경적을 울리며 천천히 주행한다.
   ③ 포크나 카운터웨이트 등에 사람을 태우고 주행해서는 안 된다.
   ④ 험한 길, 좁은 도로, 고갯길 등에서는 급발진, 급제동, 급선회 하지 않는다.

27. 지게차로 화물을 싣고 경사지에서 주행할 때 안전상 올바른 운전 방법은?
   ① 내려갈 때는 저속 후진한다.
   ② 시야확보를 위해 포크를 높이 들고 주행한다.
   ③ 내려갈 때에는 변속 레버를 중립에 놓고 주행한다.
   ④ 내려갈 때에는 시동을 끄고 타력으로 주행한다.

28. 지게차로 가파른 경사지에서 적재물을 싣고 주행 할 때에는 어떤 방법이 좋은가?
   ① 지그재그로 회전하여 내려온다.
   ② 적재물을 앞으로 하여 천천히 내려온다.
   ③ 기어의 변속을 저속상태로 놓고 후진으로 내려온다.
   ④ 기어의 변속을 저속상태로 놓고 전진으로 내려온다.

29. 지게차를 경사면에서 운전할 때 안전운전 측면에서 짐의 방향으로 가장 적절한 것은?
   ① 짐의 크기에 따라 방향이 정해진다.
   ② 짐이 언덕 아래쪽으로 가도록 한다.
   ③ 짐이 언덕 위쪽으로 가도록 한다.
   ④ 운전에 편리하도록 짐의 방향을 정한다.

30. 지게차 주행 시 주의사항으로 옳지 않은 것은?
   ① 포크에는 사람을 싣거나 들어 올리지 않아야 한다.
   ② 짐을 적재하고 경사지를 내려갈 때에는 시야 확보를 위해 전진으로 운행한다.
   ③ 경사지를 오르거나 내려올 때에는 급회전을 금해야 한다.
   ④ 주차시킬 때에는 포크를 완전히 지면에 내려놓아야 한다.

화물 운반작업

01. 지게차 작업 시 신호수를 배치하지 않아도 되는 곳은?
   ① 지게차로 작업할 내 근로자에게 위험이 미칠 우려가 있는 경우
   ② 운전 중인 지게차에 화물을 과적했을 때
   ③ 지반의 부동 침하 및 갓길 붕괴 위험이 있을 경우
   ④ 근로자를 출입시키는 경우

정답 ▶ 26. ② 27. ① 28. ③ 29. ③ 30. ② 01. ②

02. 다음 중 수신호 요구조건이 아닌 것은?
① 신호는 사용에 알맞고 지게차 운전자에게 충분히 이해되어야 한다.
② 신호는 오해를 피하기 위해 명확하고 간결하여야 한다.
③ 불특정한 한 팔 신호는 어떤 팔을 사용해도 수용되어야 한다.
④ 신호는 오해를 피하기 위해 복잡하고 빠르게 한다.

03. 신호수와 운전자 간의 수신호에 대하여 옳지 않은 것은?
① 신호수는 지게차 운전사를 명확히 볼 수 있어야 하며 긴밀한 연락을 취하여야 한다.
② 신호수는 반드시 안전한 곳에 위치하여야 하며, 하물 또는 장비를 명확하게 볼 수 있어야 한다.
③ 신호수는 운전자의 중간 시야가 차단되어도 항상 같은 위치에 있어야 한다.
④ 신호수 부근에 혼동되기 쉬운 경적, 음성, 동작 등이 있어서는 안 된다.

04. 수신호 중 두 팔을 수평으로 뻗고, 손바닥은 바닥을 향하게 하고, 팔은 수평을 유지하며 좌우로 움직일 때 신호는?
① 정지   ② 포크 상승
③ 포크 하강   ④ 비상 멈춤

05. 수신호 중 양손을 신체 앞쪽 가슴 높이에서 모으고 움켜쥘 때 신호는?
① 정지   ② 작업 끝
③ 화물 이동   ④ 화물 하강

06. 그림의 수신호는 신호수가 운전자에게 보내는 신호이다. 어떤 신호를 하고 있는가?
① 마스트 전경
② 마스트 후경
③ 화물 하강
④ 화물 상승

07. 그림의 수신호는 신호수가 운전자에게 보내는 신호이다. 어떤 신호를 하고 있는가?
① 마스트 전경
② 주행방향 표시
③ 화물 하강
④ 화물 상승

08. 그림과 같이 신호수가 오른팔로 내리는 동작을 하면 운전자에게 어떤 신호를 하고 있는가?
① 작업자 지게차에서 하강
② 마스트 전경
③ 포크 하강
④ 포크 상승

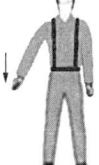

09. 지게차에 짐을 싣고 창고나 공장을 출입할 때 주의사항으로 틀린 것은?
① 주행 중 출입구 진입 시에는 높이와 폭을 확인하여야 한다.
② 부득이 포크를 올려서 출입하는 경우에 출입구 높이에 주의한다.
③ 반드시 주위의 안전 상태를 확인하고 출입한다.
④ 반드시 얼굴을 차체 밖으로 내밀어 안전 상태를 확인한 후 출입하여야 한다.

정답 02. ④ 03. ③ 04. ④ 05. ② 06. ① 07. ② 08. ③ 09. ④

CHAPTER 04 운전시야 확보

1. 운전시야 확보

1.1. 안전 경고표시
① 운행통로를 확인하여 장애물을 제거하고 주행동선을 확인한다.
② 작업장 내 위치와 목적에 맞는 안전 표지판을 설치하였는지 확인하여야 한다.
③ 화물적재 후 이동시 통로의 확인 및 하역 시 하역장소에 대한 사전답사를 한다.
④ 하역시 필히 신호수의 지시에 따라 작업이 진행되는 방법을 사전에 숙지한다.

1.2. 운행통로 확보 및 운행 동선확인
① 지게차 운행통로 선은 황색실선으로 표시하고, 선의 폭은 12cm로 한다.
② 지게차 운행통로의 폭은 지게차의 최대 폭 이상이어야 한다.
③ 적재 화물의 폭을 측정하여 통행가능 여부를 확인하여야 한다.
④ 양방향 통행 시 지게차 두 대의 최대 폭이 90cm 이상 여유간격을 확보한다.
⑤ 출입구 진입 시 높이와 폭을 확인하여 진입 가능여부를 판단하도록 한다.
⑥ 화물의 적재, 기계설비의 설치, 출구의 신설 등을 할 때에는 지게차 운전자 및 보행자의 조망 상태를 충분히 고려한다.
⑦ 야간작업시 전조등, 후미등 그 밖의 조명시설이 고장난 상태에서 작업해서는 안 된다. 야간에는 원근감이나 지면의 고저가 불명확하여 착각을 일으키기 쉽다.
⑧ 작업장에는 충분한 조명시설을 한다.

⑨ 주행 시 적재 화물의 낙하에 주의하여야 하며, 사전에 통행로에 문제점이 있는지를 확인하여야 한다.
⑩ 제한속도는 현장 여건에 맞추어 시행하여야 하며 화물의 종류와 지면의 상태에 따라서 운전자가 필히 속도에 따른 제동거리를 준수하여야 한다.
⑪ 도로상을 주행할 때에는 포크의 선단에 표식을 부착하는 등 보행자와 작업자가 식별할 수 있도록 한다.
⑫ 주행속도에 비례한 안전거리를 확보한 방어운전을 하여야 한다.
⑬ 보안경 착용을 통해 야외 작업 시 햇빛의 영향을 차단하고, 각종 유해물질로부터 안전을 확보한다.
⑭ 일반차도 주행 시는 통행 제한구역 및 시간이 있으므로 관련 법규를 준수하여야 이동이 가능하므로 목적지까지 이동 가능여부가 사전 확인되어야 한다.

1.3. 보조 신호수 도움으로 동선 확보
① 보조 신호수와는 서로의 맞대면으로 항시 소통하여야 한다.
② 운반용 차량의 적재 시는 차량 운전자 입회하에 작업을 진행하여야 한다.
③ 지게차 화물은 전방작업이므로 시야가 확보되지 않은 작업 상태에서는 보조 신호수를 요구하여 충돌과 낙하의 사고를 예방하여야 한다.
④ 항상 신호수의 위치를 확인하고 수신호에 따라 작업한다.

2. 장비 및 주변상태 확인

2.1. 운전 중 작업장치 성능확인
① 모든 계기판 내용들을 알아볼 수 있고 정상적으로 동작하는지 확인한다.
② 후방접근 경보장치 및 경음기가 정확하게 동작하고 있는지 확인한다.
③ 경광등 및 등화장치가 정확하게 동작하는지 확인한다.
④ 유압제어 장치가 부드럽고 정확하게 동작하는지 확인한다.
⑤ 제동장치가 정확하게 동작하는지 확인한다.
⑥ 동력전달장치(클러치, 기어 변속기 등)가 부드럽고 정확하게 동작하는지 확인한다.
⑦ 조향핸들이 정확하게 동작하고 너무 민감하지 않은지 확인한다.

⑧ 매연이 심하지 않고, 불꽃이나 화염이 보이나 확인한다.

2.2. 이상소음
[1] 동력 전달장치
① 클러치 및 클러치 페달(기계식인 경우) : 중립상태에서 클러치를 밟아 이상소음 발생 여부 확인 및 기어변속 시 클러치의 이상상태 여부를 확인한다.
② 파워트랜지스터 : 주행레버 작동 시 덜컹거림 발생여부를 확인한 후 이상소음 없이 주행하는지 확인한다.

[2] 조향장치
핸들의 허용 유격이 정상인지 모든 방향에서 덜컹거림의 발생여부를 확인한다.

[3] 주차 브레이크
레버를 완전히 당긴 상태에서 여유를 확인하고, 평탄노면에서 저속주행 시 레버작동으로 브레이크 작동상태 및 소음발생 여부를 확인한다.

[4] 주브레이크
페달의 여유 및 페달을 밟았을 때 페달과 바닥판 간의 간격 유무를 확인하고 주브레이크 작동시 소음발생 여부를 확인한다.

[5] 작업장치의 소음확인
① 마스트 고정 핀 및 부싱상태 확인
② 가이드 및 롤러 베어링 정상작동 확인
③ 리프트 실린더 및 연결된 부싱 확인
④ 브래킷 및 연결부 상태 확인
⑤ 리프트 체인 마모 및 좌우 균열상태 확인
⑥ 마스트를 올림 상태에서 정지시켰을 때 자체 하강이 없는지 확인

[6] 포크 이송장치의 소음 확인
① 유압 실린더 고정 핀 및 부싱의 정상적인 연결상태 확인

② 유압호스 연결확인 및 고정상태 확인
③ 구조물의 손상 및 외관상태 확인
④ 가이드 및 롤러 베어링 정상작동 확인
⑤ 포크 이송장치 및 각 부분의 주유상태 확인

[7] 작동장치의 이상소음 확인
① 마스트를 최대한 올리고 내리는 것을 2~3회 반복하여 이상소음 확인
② 마스트를 앞뒤로 2~3회 반복 조종하여 이상소음 확인
③ 포크 폭을 2~3회 반복 조종하여 이상소음 확인

[8] 후각에 의한 이상 확인
① 주행 중 배기냄새로 이상 유무 확인
② 엔진 과열로 엔진오일의 타는 냄새 확인
③ 브레이크 라이닝 타는 냄새 확인
④ 작동유의 과열로 인한 냄새 확인
⑤ 각종 구동 부위의 베어링 타는 냄새 확인

2.3. 운전 중 장치별 누유·누수

① 엔진오일의 누유를 확인한다.
② 엔진 냉각수 누수를 확인한다.
③ 실린더 누유, 유압 호스의 누유, 컨트롤밸브의 누유 등 유압오일(작동 유)의 누유를 확인한다.
④ 마스터실린더 등 제동장치의 누유를 확인한다.
⑤ 조향장치의 누유를 확인한다.
⑥ 하체 구성품의 누유를 확인한다.

출제예상문제

운전시야 확보

01. 지게차로 야간작업을 하려고 한다. 야간작업의 특징으로 유의사항이 아닌 것은?
① 주변의 작업원이나 장애물에 주의하며 안전한 속도로 작업한다.
② 작업장의 조명이 충분하면 전조등이나 후미등은 사용하지 않아도 된다.
③ 야간에는 원근감이나 지면의 고저가 불명확하여 착각을 일으키기 쉽다.
④ 작업장에는 충분한 조명시설이 되어 있어야 한다.

02. 지게차의 운전시야를 확보하기 위하여 지게차의 운행통로를 선으로 표시한다. 다음중 맞는 것은?
① 황색 실선으로 표시하고, 선의 폭은 12cm이다.
② 황색 점선으로 표시하고, 선의 폭은 24cm이다.
③ 백색 실선으로 표시하고, 선의 폭은 12cm이다.
④ 백색 점선으로 표시하고, 선의 폭은 24cm이다.

03. 지게차의 적재화물이 너무 커서 시계를 방해할 때 대처법으로 옳지 않은 것은?
① 후진으로 주행한다.
② 적재물을 높이 올려 시계를 확보한다.
③ 필요시 경적을 울리면서 서행을 한다.
④ 유도자를 붙여 차를 유도한다.

04. 다음은 제한속도를 준수하는 규칙으로 거리가 먼 것은?
① 일반차도 주행시에는 통행 제한구역 및 시간이 있으므로 관련법규를 준수하여야 한다.
② 작업장 내에서 지게차의 주행속도는 10km/h를 초과할 수 없다.
③ 제한 속도 내에서 주행은 화물의 종류와 지면의 상태에 따라서 운전자가 필히 준수하여야 할 사항이다.
④ 목적지까지 이동 가능여부를 사전에 확인하지 않아도 된다.

05. 작업자와 보행자의 안전거리 확보에 대한 설명으로 틀린 것은?
① 도로상을 주행할 때에는 주행 속도에 비례한 안전거리를 확보한 방어운전을 하여야 한다.
② 도로상을 주행할 때에는 포크의 선단에 표식을 부착하여야 한다.
③ 주행 시 적재 화물의 낙하에 주의하여야 하며, 사전에 통행로에 문제점이 있는지를 확인할 필요가 없다.
④ 화물의 종류와 지면의 상태에 따라서 운전자가 필히 속도에 따른 제동거리를 준수하여야 한다.

정답 ▶ 01. ② 02. ① 03. ② 04. ④ 05. ③

06. 양방향 통행 시 지게차 두 대의 최대 폭이 몇 cm 이상 여유간격을 확보하여야 하는가?
① 30cm ② 50cm
③ 80cm ④ 90cm

07. 다음은 지게차작업에서 안전 경고 및 표시 확인을 설명한 것으로 틀린 것은?
① 운행통로를 확인할 필요 없이 장애물을 피해 주행 동선을 확인한다.
② 지게차는 조종사 앞쪽에서 화물의 적재 작업이 주목적이므로 적재 후 이동 통로를 확인한다.
③ 하역 시 하역장소에 대한 서전 답사를 하며, 필히 신호수의 지시에 따라 작업이 진행되는 방법을 사전에 숙지한다.
④ 작업장 내 표지판을 목적에 맞는 표지판을 정 위치에 설치하여야 한다.

08. 지게차작업을 위하여 운전시야를 확보하고자 한다. 적당하지 못한 내용은?
① 지게차 운행통로의 폭은 지게차의 최대 폭 이상이어야 한다.
② 항상 전방 및 주변을 주시하고, 신호수의 신호보다는 내 판단을 우선하여야 한다.
③ 출입구 진입 시 높이와 폭을 확인하여 진입 가능여부를 판단하도록 한다.
④ 적재화물의 폭을 측정하여 운행동선을 확인하고 통행 가능 여부를 확인하여야 한다.

09. 지게차의 운행 동선을 확보하는 사항으로 거리가 먼 것은?
① 보조자의 배치 시는 항상 신호수의 위치를 확인하고 수신호에 따라 작업한다.
② 출입구 진입 시 적재화물의 낙하에 주의하여야 하며, 사전에 통행로에 문제점이 있는지를 확인하여야 한다.
③ 적재 화물의 높이를 측정하여 운행 동선의 통행 가능여부를 확인하여야 한다.
④ 사전에 통행로에 문제점이 있는지를 확인하여 주행 시 적재화물의 낙하에 주의하여야 한다.

10. 지게차의 운행 동선을 확보하는 사항으로 틀린 것은?
① 적재 화물의 폭을 측정하여 운행 동선의 통행 가능 여부를 확인하여야 한다.
② 보조자의 배치 시는 항상 신호수의 위치를 확인하고 수신호에 따라 작업한다.
③ 적재 전 공차로 현장 답사를 하여 예측 가능한 속도 및 장애물의 대처 능력을 검토해야 한다.
④ 보조자의 배치 시는 항상 작업자의 위치를 확인하고 수신호에 따라 작업한다.

정답 ▶ 06. ④ 07. ① 08. ② 09. ③ 10. ④

장비 및 주변상태 확인

01. 포크 절곡부위의 균열이 의심되었을 때 실시하는 검사는?
① 형광 탐색검사　② 육안 검사
③ 자기공명 검사　④ X-레이투사검사

해설〉 포크의 절곡부위에 하중이 가장 많으므로 육안으로 수시로 점검하고 균열이 의심되면 발생부위에 형광탐색 검사를 시행하여야 한다.

02. 다음 중 포크 이송장치의 소음상태를 확인하는 사항으로 맞는 것은?
① 포크를 올림 상태에서 정지 시 하강이 없는지 확인한다.
② 브래킷 및 연결부의 상태를 확인한다.
③ 유압실린더 고정 핀 및 부싱의 정상 연결 상태를 확인한다.
④ 리프트 체인의 마모 및 좌우 균형 상태를 확인한다.

03. 다음 중 포크 이송장치의 소음상태를 확인하는 사항으로 맞지 않는 것은?
① 유압호스 연결확인 및 고정상태 확인
② 마스트를 앞뒤로 2~3회 반복 조작하여 이상 소음을 확인한다.
③ 구조물의 손상 및 외관 상태 확인
④ 가이드 및 롤러 베어링 정상 작동확인

04. 지게차에서 유압 구성품을 분해하기 전에 내부압력을 제거하려면 어떻게 하는 것이 좋은가?
① 압력밸브를 밀어 준다.
② 엔진 정지 후 개방하면 된다.
③ 엔진 정지 후 조정 레버를 모든 방향으로 작동하여 압력을 제거한다.
④ 고정 너트를 서서히 푼다.

05. 다음 중 작업장치의 소음상태를 확인하는 사항으로 올바른 것은?
① 호스의 연결 확인 및 고정 상태를 확인한다.
② 유압실린더 고정 핀 및 부싱의 정상 연결상태를 확인한다.
③ 포크 이송장치 및 각 부분의 주유 상태를 확인한다.
④ 리프트 체인의 마모 및 좌우 균형 상태를 확인한다.

06. 다음은 작업장치의 소음상태를 확인하는 사항이다. 다음 중 관계가 먼 것은?
① 마스크 고정 핀(foot pin) 및 부싱의 상태를 확인한다.
② 틸트 실린더 및 연결 핀, 부싱의 상태를 확인한다.
③ 가이드 및 롤러 베어링의 정상 작동을 확인한다.
④ 브래킷 및 연결부의 상태를 확인한다.

07. 유압장치에서 비정상 소음이 나는 원인으로 옳은 것은?
① 유압장치에 공기가 들어 있다.
② 유압펌프의 회전 속도가 적절하다.
③ 무부하 운전 중이다.
④ 점도지수가 높다.

해설〉 작동유에 공기의 함유량이 많아지면 캐비테이션 현상(유체 내 공기방울 생성)으로 인한 작동 효율저하, 소음발생, 작동유의 열화 현상 등이 발생한다.

정답〉 01. ① 02. ③ 03. ② 04. ③ 05. ④ 06. ② 07. ①

08. 유압유에 점도가 서로 다른 2종류의 오일을 혼합하였을 경우에 대한 설명으로 맞는 것은 ?
① 혼합은 권장사항이며, 사용에는 전혀 지장이 없다.
② 오일 첨가제의 좋은 부분만 작동하므로 오히려 더욱 좋다.
③ 점도가 달라지나 사용에는 전혀 지장이 없다.
④ 열화 현상을 촉진시킨다.

해설〉 서로 점도가 다른 2종류의 오일을 혼합하게 되면 오일의 작동온도가 서로 달라 열에 대한 저항성이 급격히 떨어지는 오일의 열화현상(열이나 공기, 물 등에 의해 오일 성능이 저하되는 현상)이 촉진되기 때문에 혼합하여 사용하지 말아야 한다.

09. 지게차 작업 중 장비의 이상상태를 판단하는 방법이다. 다음 중 틀린 것은 ?
① 마스트, 리프트 체인 등의 작업장치에서 이상소음이 없는지 확인한다.
② 지게차는 연료의 연소로 인하여 항상 냄새가 나므로 후각을 이용한 점검은 할 수가 없다.
③ 주행 브레이크의 페달과 바닥판의 간격 유무를 확인한다.
④ 주행레버를 작동 시 덜컹거림이나 이상소음의 발생여부를 확인한다.

10. 지게차작업 시 갑자기 유압상승이 되지 않을 경우 점검내용으로 적절하지 않는 것은 ?
① 작업장치의 자기탐상법에 의한 균열점검
② 오일탱크의 오일량 점검
③ 펌프로부터 유압발생이 되는지 점검
④ 릴리프밸브의 고장인지 점검

해설〉 ① 지게차작업에서 유압이 상승하지 않는 원인은 유압유 부족, 유압장치 부분의 누유 및 고장이다.
② 릴리프밸브는 유압을 조절하는 밸브로 열린 채로 고장이 나면 유압상승이 되지 않고, 닫힌 채로 고장이 나면 과도한 유압상승을 가져온다.

11. 운전 중 돌발상황 시 대처방법이다. 다음 중 거리가 먼 것은 ?
① 작업 중 이상 냄새가 감지되었을 때는 즉시 작업을 멈추고 장비를 점검하여야 한다.
② 비포장 도로, 좁은 통로, 경사지 등에서는 급출발, 급제동, 급선회 등은 하지 않아야 한다.
③ 작업 중 이상 소음이 발생할 경우에는 일단 정비사에게 알리고 작업 후에 점검받는다.
④ 항상 소화기의 위치 및 정상 충전상태를 확인하여 화재발생 시 초기진화를 하여야 한다.

12. 유압 작동유에서 오일이 누유되고 있을 때 가장 먼저 점검하여야 할 것은 ?
① 실   ② 피스톤
③ 기어   ④ 펌프

13. 지게차운전 중 누유 및 누수상태를 확인하는 사항으로 틀린 것은 ?
① 엔진오일의 누유를 확인한다.
② 엔진 냉각수 누수를 확인한다.
③ 하체 구성부품의 누유를 확인한다.
④ 유압파이프에서 냉각수 누수를 확인한다.

정답 08.④ 09.② 10.① 11.③ 12.① 13.④

CHAPTER 05 작업 후 점검

1. 안전 주차

1.1. 주기장 선정

주기장은 건설기계 관련 사업에서 건설기계를 보관 주차하기 위한 장소를 주기장이라고 부른다. 바닥이 평탄하여 건설기계를 주기하기에 적합하여야 하며 진입로는 건설기계 및 수송용 트레일러의 통행에 지장이 없어야 한다.

주기장과 건설기계사업에 관한 법으로는 건설기계관리법이 있다. 건설기계 관련사업으로는 건설기계대여업, 건설기계정비업, 건설기계매매업 및 건설기계폐기업이 있다. 이러한 건설사업을 하려면 관할 시 도지사에게 사업등록을 하여야 하며, 일정 면적 이상의 주기장의 확보는 필수적인 등록요건이 된다. 자기소유의 토지던지 혹은 임대차 등 사용권을 확보하여야 한다. 등록신청서류에는 주기장소재지를 관할하는 시장·군수·구청장이 발급한 주기장시설보유확인서를 첨부하여야 한다.

1.2. 주차 제동장치 체결

① 운행 종료 후 지정된 주기장에 주차 후 주차 브레이크를 체결해야 한다.
② 지게차의 운전석을 떠나는 경우에는 주차 브레이크를 체결한다.
③ 엔진의 작동을 정지시킨 후 주차 브레이크를 작동시킨다.
④ 주차 브레이크를 채우고 엔진의 가동을 정지시킨다.

1.3. 주차시 안전조치

① 전·후진 레버를 중립으로 한다.
② 주차시 지게차 포크는 지면에 완전히 밀착해야 하고, 마스트를 전방으로 적절히 경사시킨다.
③ 엔진을 정지시키고 Key를 빼낸다.
④ 경사지에 주차할 때는 바퀴고임용 블록을 활용한다.

2. 연료상태 점검

2.1. 연료량 점검

게이지 정상 유무 확인 등을 실시하여 게이지상에 있는 연료량과 현재 연료탱크에 있는 연료량이 맞는지 확인해 본다.

2.2. 누유 점검

① 누유가 예상되는 부분을 중심적으로 점검하여야 하며, 누유점검 시 엔진 시동을 저속으로 하고 장비를 수평 상태에 놓고 주차 안전장치를 한 후 엔진의 온도가 내려가도록 일정시간 기다린 후 실시한다.
② 연료 누유점검 시 보닛(bonnet)을 열어 육안점검 시 연료가 누유가 있는지부터 점검하고, 만약의 상황을 대비해 소화기의 위치를 확인하고 점검한다.

2.3. 연료 주입시 주의사항

① 연료를 주입하는 동안 폭발성 가스가 존재할 수도 있기 때문에 연료를 주입하는 동안 폭발성 가스를 조심한다.
② 급유 장소에서는 불꽃을 일으키거나 담배를 피워서는 안 된다.
③ 지게차의 급유는 지정된 안전한 장소에서만 하고 옥내보다는 옥외가 좋다.
④ 급유 중에는 엔진을 정지하고 지게차에서 하차하여야 한다.
⑤ 연료량을 너무 낮게 내려가게 하거나 또는 연료를 완전히 소진해서는 안 된다. 그렇게 되면 연료탱크 내의 침전물이나 불순물이 연료계통으로 흡수되어 들어갈 수 있기 때문에 시동이 어렵게 되거나 부품이 손상을 입을 수 있다.

2.4. 작업 후 연료를 주입하는 방법

① 지게차를 지정된 안전한 장소에서만 주차한다.
② 전·후진 레버를 중립에 위치시키고 포크를 바닥에 밀착시킨다.
③ 주차 브레이크를 채우고 엔진의 가동을 정지시킨다.
④ 연료탱크 주입구 필러 캡을 열고 연료를 서서히 채운다.
⑤ 연료탱크 주입구 필러 캡을 닫고 연료가 넘쳤으면 닦아내고 흡수제로 깨끗이 정리한다.
⑥ 매일 작업 후에는 연료를 보충하여야 한다. 동절기에는 수분이 응축되어 동결되면 시동이 어려워질 수 있고, 연료계통에 녹이 발생할 수 있다.
⑦ 기온이 올라가면 연료가 팽창하여 넘칠 수 있으므로 연료탱크를 완전히 채워서도 안 된다.

3. 외관점검

3.1. 휠 볼트, 너트 풀림상태 점검

① 휠의 볼트 또는 휠 너트의 조임상태를 확인하고 타이어 공기압을 점검한다.
② 24시간 운전한 다음에 휠 너트들을 다시 조인다.
③ 휠 너트를 조일 때는 맞은편(180도 방향)의 두 너트를 끼워 조이고, 나머지도 마찬가지로 서로 맞은편 끼리 순차적으로 조인다.
④ 지게차의 휠 너트를 풀기 전에 반드시 타이어의 공기를 뺀다.
⑤ 항상 타이어의 접지면 뒤에 선다. 림 앞에 있으면 안 된다(타이어 장착대에서 타이어의 이탈로 인한 사고 위험방지).
⑥ 타이어 림의 정비와 교환 작업은 숙련공이 적절한 공구와 절차를 이용하여 수행한다.

3.2. 그리스 주입 점검

그리스 급유할 피팅(니플)부위를 깨끗이 닦고 급유한다. 피팅부위에 그리스가 새면 피팅을 새것으로 교환한다.

표 각 부의 그리스 급유

리프트 체인	SAE30~40 정도의 오일로 닦은 후 그리스를 바름
마스트 가이드 레일 롤러의 작동 부위	그리스 주입
슬라이드 가이드 및 슬라이드 레일	전체적으로 고르게 그리스를 바름
내·외측 마스트 사이의 미끄럼부	전체적으로 고르게 그리스를 바름
포크와 핑거바 사이의 미끄럼부	그리스를 바름

3.3. 윤활유 및 냉각수 점검

3.3.1. 엔진오일 점검
① 엔진오일은 해당 엔진에 알맞은 오일을 선택해야 한다.
② 엔진오일을 주유할 때에는 사용지침서 및 주유표에 의하여야 한다.
③ 사용했던 엔진오일을 재사용하지 않는다.

3.3.2. 냉각수 점검
① 엔진이 과열된 경우에는 공전상태에서 잠시 후 라디에이터에 냉각수를 천천히 부어 주어야 한다.
② 실린더헤드 개스킷의 불량, 헤드 볼트의 풀림 등이 발생하면 냉각계통으로 배기가스가 누출되어 오버히트를 한다.
③ 엔진을 시동한 후 충분히 시간이 지났는데도 냉각수 온도가 정상적으로 상승하지 않으면 수온조절기가 열린 채로 고장으로 과냉 상태가 된다.
④ 한랭시 냉각수가 동결되면 냉각수의 체적이 늘어나기 때문에 엔진이 동파된다.
⑤ 냉각수가 자주 줄어들면 냉각수가 줄어드는 원인을 점검한다.

3.3.3. 주행장치 이상 유무 점검
① 기어오일 교환의 주기 및 선택은 제작사의 매뉴얼에 따라 수행한다.
② 지게차의 자동 트랜스미션은 자동습식 다판 미션으로 유압유를 사용하고 기계식 미션은 기어오일을 사용한다.
③ 윤활 오일의 공급이나 오일의 교환 시기를 준수한다.

4. 작업 및 관리일지 작성

4.1. 작업일지

작업일지는 작업내용에 따라 구분하여 기재한다. 각종 계획과 실적, 변경사항, 문제점 등 작업내용에 관해 기술함으로써 작업의 진행 상황을 점검할 수 있다. 그리고 다음 작업일정의 진행이나 인수 현황에 대해서도 전달할 수 있고, 차후 발생할 문제 원인을 파악할 수 있는 자료가 될 수 있으므로 작업 중 발생하는 특이사항을 관찰하여 객관적으로 작성한다.

4.2. 장비관리 일지

① 장비의 효율적인 관리를 위해 사용자의 성명과 작업의 종류, 가동시간 등을 작업일지에 기록한다.
② 장비점검 사실에 대하여 상세히 작성이 이루어지도록 하여야 한다.
③ 연료 게이지를 확인하여 연료를 주입하고 장비관리 일지에 기록한다.
④ 장비 안전관리를 위하여 정비개소 및 사용부품 등을 장비관리 일지에 기록한다.

출제예상문제

안전 주차

01. 지게차 주차시 포크의 위치는 ?
① 지면에 닿게 한다.
② 지면에서 높이 떨어질수록 좋다.
③ 지면에서 10~15cm 정도 위치에 둔다.
④ 지면에서 30~35cm 정도 위치에 둔다.

02. 지게차를 주차할 때 취급사항으로 옳지 않은 것은 ?
① 엔진을 정지한 후 주차 브레이크를 작동시킨다.
② 포크의 선단이 지면에 닿도록 마스트를 전방으로 적절히 경사시킨다.
③ 시동을 끄고 시동스위치의 키는 그대로 둔다.
④ 포크를 지면에 완전히 내린다.

03. 자동변속기가 장착된 지게차 주차 시 틀린 것은 ?
① 주차 브레이크를 작동하여 장비가 움직이지 않게 한다.
② 시동스위치의 키를 "ON"에 놓는다.
③ 평탄한 장소에 주차시킨다.
④ 변속레버를 "P" 위치로 한다.

04. 지게차 주차에 대한 설명으로 맞는 것은?
① 포크를 지면에서 약 20cm 정도 되게 놓는다.
② 경사지에 정시시키고 레버는 전진 위치에 놓는다.
③ 마스트를 후방으로 기울여 놓는다.
④ 포크의 끝이 지면에 접촉하도록 마스트를 전방으로 약간 기울여 놓는다.

05. 지게차의 운전을 종료했을 때 취해야 할 안전사항이 아닌 것은 ?
① 각종 레버는 중립에 둔다.
② 연료를 빼낸다.
③ 주차 브레이크를 작동 시킨다.
④ 전원 스위치를 차단시킨다.

06. 지게차는 어떻게 주차하는 것이 가장 안전 한가 ?
① 평지에 주차하고 포크는 녹이 발생하는 것을 방지하기 위해 10cm 정도 들어 놓는다.
② 앞으로 3° 정도 경사지에 주차하고 마스트 전경각을 최대로 하며, 포크는 지면에 접하도록 내려놓는다.
③ 평지에 주차하고 포크의 위치는 상관없다.
④ 평지에 주차하고 포크는 지면에 접하도록 내려놓는다.

정답 ▶ 01. ① 02. ③ 03. ② 04. ④ 05. ② 06. ④

07. 자동변속기가 장착된 지게차 주차 시 주의할 점이 아닌 것은?
① 변속레버를 "P" 위치로 한다.
② 핸드브레이크 레버를 당긴다.
③ 주 브레이크를 제동시켜 놓는다.
④ 포크를 지면에 완전히 내린다.

연료상태 점검

01. 지게차의 작업 후 점검사항 중 옳지 않은 것은?
① 연료탱크에 연료를 가득 채운다.
② 파이프나 실린더의 누유를 점검한다.
③ 다음 날 작업이 계속되므로 차의 내·외부를 그대로 둔다.
④ 포크의 작동 상태를 점검한다.

02. 작업 후 일일 점검사항이 아닌 것은?
① 외부의 누유·누수 볼트의 이완 등 점검
② 냉각수 점검
③ 크랭크케이스의 유량 점검
④ 연료탱크의 침전물 배출

03. 작업 후 탱크에 연료를 가득 채워주는 이유가 아닌 것은?
① 연료의 압력을 높이기 위해서
② 연료 탱크에 수분이 생기는 것을 방지하기 위해서
③ 연료의 기포 방지를 위해서
④ 내일의 작업을 위해서

04. 연료취급에 관한 설명으로 옳지 않은 것은?
① 연료 주입은 운전 중에 하는 것이 효과적이다.
② 연료를 취급할 때에는 화기에 주의한다.
③ 연료 주입 시 물이나 먼지 등의 불순물이 혼합되지 않도록 주의한다.
④ 정기적으로 드레인콕을 열어 연료 탱크 내의 수분을 제거한다.

05. 작업현장에서 드럼통으로 연료를 운반했을 경우 주유방법으로 옳은 것은?
① 불순물을 침전시켜서 모두 주입한다.
② 불순물을 침전시킨 후 침전물이 혼합되지 않도록 주입한다.
③ 수분이 있는가를 확인 후 즉시 주입한다.
④ 연료가 도착하면 즉시 주입한다.

06. 지게차작업 후 연료를 주입하는 방법으로 틀린 것은?
① 연료 주입구 캡을 닫고 연료가 넘쳤으면 닦아내고 흡수제로 깨끗이 정리한다.
② 지게차를 지정된 안전한 장소에서만 주차한다.
③ 전·후진 레버를 중립에 위치시키고 포크를 바닥에 밀착시킨다.
④ 주차 브레이크를 체결하고 엔진을 작동시킨다.

정답 ▶ 07. ③ 01. ③ 02. ④ 03. ① 04. ① 05. ② 06. ④

07. 지게차에 연료를 주입할 때 주의사항으로 가장 올바르지 않은 것은?
① 탱크의 여과망을 통해 주입한다.
② 불순물이 있는 것을 주입하지 않는다.
③ 연료탱크의 3/4까지 주입한다.
④ 화기를 가까이 하지 않는다.

08. 다음 중 지게차의 연료계통의 결로 현상을 방지하기 위한 방법으로 맞지 않는 것은?
① 응축된 수분이 동결되면 시동이 어려워질 수 있다.
② 연료탱크에 연료를 완전히 가득 채운다.
③ 매일 작업 후에는 연료를 보충하여야 한다.
④ 연료탱크에서 습기를 함유한 공기를 제거하여 응축이 되지 않도록 한다.

09. 작업 후 일일 점검사항이 아닌 것은?
① 냉각수 점검
② 크랭크 케이스의 유량점검
③ 외부의 누유·누수 볼트의 이완 등 점검
④ 연료탱크의 침전물 배출

10. 다음 중 연료주입 시 주의사항으로 틀린 것은?
① 연료를 주입하는 동안 폭발성가스가 존재할 수도 있기 때문에 연료를 주입하는 동안 폭발성가스를 조심한다.
② 급유 장소에서는 불꽃을 일으키거나 담배를 피워서는 안 된다.
③ 지게차의 급유는 지정된 안전한 장소에서만 하고 옥외보다는 옥내가 좋다.
④ 급유 중에는 엔진을 정지하고 지게차에서 하차하여야 한다.

11. 지게차의 연료계통에서 응축된 수분이 생기면 시동이 어렵게 되는데 이 응축된 수분은 어느 계절에 가장 많이 생기는가?
① 겨울   ② 봄
③ 여름   ④ 가을

12. 지게차 운전자가 연료탱크의 배출 콕을 열었다가 잠그는 작업을 하고 있다면 무엇을 배출하기 위한 것인가?
① 공기   ② 오물 및 수분
③ 엔진오일 ④ 유압오일

외관 점검

01. 지게차에서 10시간 또는 매일 점검해야 하는 사항이 아닌 것은?
① 연료탱크 연료량
② 종감속 기어 오일량
③ 냉각수 수준 점검
④ 엔진 오일량

02. 지게차 운전 중에도 안전을 위해서 점검해야 하는 것은?
① 계기판 점검
② 팬벨트 장력점검
③ 타이어 압력측정 및 점검
④ 냉각수량 점검

정답 07. ③ 08. ② 09. ④ 10. ③ 11. ① 12. ② 01. ② 02. ①

03. 유압유의 외관을 점검하였을 때 정상적인 상태를 나타내는 것은?
① 기포가 발생하였다.
② 흰 색체를 나타낸다.
③ 암흑 색체이다.
④ 투명한 색체로 처음과 변화가 없다.

04. 다음 설명에서 올바르지 않은 것은?
① 장비의 그리스 주입은 정기적으로 한다.
② 최근의 부동액은 4계절 모두 사용하여도 된다.
③ 장비운전, 작업 시 엔진 회전수를 낮추어 운전 한다.
④ 엔진오일 교환 시 여과기도 같이 교환한다.

05. 지게차 정비에 관한 사항이다. 틀린 것은?
① 운전자는 장비에 대한 사항을 숙지하여야 하므로 무든 정비를 직접 해야 한다.
② 운전자는 모든 정비에 관한 사항은 허가된 정비사에게 맡겨야 한다.
③ 폐유는 환경오염 및 인체에 해를 줄 수 있으므로 허가된 자격자만 처리할 수 있다.
④ 운전자는 일상점검에 관한 유지 관리 및 수리를 할 수 있다.

06. 라디에이터 캡을 열어 보았더니 냉각수에 기름이 떠 있다. 그 이유는?
① 워터펌프 마모
② 헤드볼트 이완
③ 서모스타트(정온기) 파손
④ 라디에이터 파손

07. 라디에이터 캡을 열어 보았더니 라디에이터 상부에 오일이 올라온다. 그 이유는?
① 라디에이터가 불량이다.
② 오일쿨러가 불량하여 내부 누출되었다.
③ 실린더블록이 과열되었다.
④ 엔진오일이 너무 많이 주입되었다.

08. 지게차 작업 후 냉각수 레벨을 점검하는 방법이다. 옳지 않은 것은?
① 냉각수 첨가제에는 알칼리 성분이 들어있어 피부나 눈에 닿지 않도록 주의한다.
② 엔진이 충분히 냉각된 후에 점검한다.
③ 라디에이터 캡을 검사하고 손상되었으면 교체한다.
④ 냉각수로 사용하는 부동액은 물과 섞이지 않는 것을 사용해야 한다.

09. 과열된 엔진에 냉각수를 보충하는 방법으로 맞는 것은?
① 시동을 끄고 잠시 후 물을 보충한다.
② 시동을 끄고 엔진을 완전히 냉각시킨 후 보충한다.
③ 공전상태에서 잠시 후 물을 보충한다.
④ 엔진을 고속으로 하여 순환시키며 보충한다.

정답 ▶ 03. ④ 04. ③ 05. ① 06. ② 07. ② 08. ④ 09. ③

10. 다음은 지게차 작업 후 점검해야 하는 사항이다. 내용이 틀린 것은 다음 중 어느 것인가?
① 휠의 볼트나 너트를 조일 때는 왼쪽에서 오른쪽(시계방향)의 순서로 조인다.
② 그리스를 주입해야 할 부분은 깨끗이 닦고 급유한다.
③ 장비의 외관 상태를 파악하고, 적정한 공구를 사용하여 정비한다.
④ 지게차의 휠 너트를 풀기 전에 반드시 타이어 공기를 뺀다.

11. 작업 후 일상 점검을 하는 목적으로 맞는 것은?
① 장비의 노후화를 방지하기 위하여
② 시동을 잘 걸고 작업을 빨리하기 위하여
③ 조기 정비를 위하여
④ 장비의 수명을 연장하고 고장 유무를 확인하기 위하여

12. 타이어와 림을 정비하는 방법이다. 가장 거리가 먼 것은?
① 항상 타이어의 접지면 옆, 즉 림의 앞에 서야한다.
② 타이어의 림의 정비와 교환작업은 숙련공이 적절한 공구와 절차를 이용하여 수행한다.
③ 타이어를 교환할 때는 모든 림 부품을 잊지 말고 청소해야 한다. 필요하면 페인트를 다시 칠해서 부식을 방지한다.
④ 지게차의 휠 너트를 풀기 전에 반드시 타이어의 공기를 뺀다.

13. 다음 중 지게차 장비관리 일지에 기록해야 하는 사항이 아닌 것은?
① 사용자의 성명
② 작업 일정
③ 작업의 종류와 시간
④ 가동시간 및 연료주입

정답 ▶ 10. ① 11. ④ 12. ① 13. ②

CHAPTER 06 도로주행

1. 교통법규 준수

1.1. 도로주행 관련 도로교통법

1.1.1. 용어의 정의

① 도로에서 일어나는 교통상의 모든 위험과 장해를 방지하고 제거하여 안전하고 원활한 교통을 확보함을 목적으로 한다.

② 도로의 분류
  ㉮ 도로법에 따른 도로
  ㉯ 유료도로법에 따른 유료도로
  ㉰ 농어촌도로 정비법에 따른 농어촌도로
  ㉱ 그 밖에 현실적으로 불특정 다수의 사람 또는 차마(車馬)가 통행할 수 있도록 공개된 장소로서 안전하고 원활한 교통을 확보할 필요가 있는 장소

③ 횡단보도란 보행자가 도로를 횡단할 수 있도록 안전표지로 표시한 도로의 부분을 말한다.

④ 자동차 전용도로란 자동차만 다닐 수 있도록 설치된 도로를 말한다.

⑤ 고속도로란 자동차의 고속운행에만 사용하기 위하여 지정된 도로를 말한다.

⑥ 서행이란 위험을 느끼고 즉시 정지할 수 있는 느린 속도로 운행하는 것이며, 서행하여야 할 장소는 비탈길의 고갯마루 부근, 도로가 구부러진 부분, 가파른 비탈길의 내리막이다.

⑦ 안전지대라 함은 도로를 횡단하는 보행자나 통행하는 차마의 안전을 위하여 안전표지 등으로 표시된 도로의 부분을 말한다.
⑧ 안전거리란 모든 차의 운전자는 같은 방향으로 가고 있는 앞차의 뒤를 따를 때에는 앞차가 갑자기 정지하게 되는 경우에 그 앞차와의 충돌을 피할 수 있는 필요한 거리를 확보하도록 되어 있는 거리를 말한다.

1.1.2. 안전표지의 종류
종류에는 주의표지, 규제표지, 지시표지, 보조표지, 노면표시 등이 있다.

1.1.3. 신호 또는 지시에 따를 의무
① 신호기나 안전표지가 표시하는 신호 또는 지시와 교통정리를 위한 경찰공무원 등의 신호나 지시가 다른 때에는 경찰공무원 등의 신호 또는 지시에 따라야 한다.
② 신호기가 표시하는 신호의 종류와 신호의 뜻

구 분	신호의 종류	신호의 뜻
차량 신호등	녹색의 등화 (원형등화)	• 차마는 직진 또는 우회전할 수 있다. • 비보호 좌회전표지 또는 비보호 좌회전표시가 있는 곳에서는 좌회전할 수 있다.
	황색의 등화 (원형등화)	• 차마는 정지선이 있거나 횡단보도가 있을 때에는 그 직전이나 교차로의 직전에 정지하여야 하며, 이미 교차로에 차마의 일부라도 진입한 경우에는 신속히 교차로 밖으로 진행하여야 한다. • 차마는 우회전할 수 있고 우회전하는 경우에는 보행자의 횡단을 방해하지 못한다.
	적색의 등화 (원형등화)	차마는 정지선, 횡단보도 및 교차로의 직전에서 정지하여야 한다. 다만, 신호에 따라 진행하는 다른 차마의 교통을 방해하지 아니하고 우회전할 수 있다.
	황색등화의 점멸 (원형등화)	차마는 다른 교통 또는 안전표지의 표시에 주의하면서 진행할 수 있다.
	적색등화의 점멸 (원형등화)	차마는 정지선이나 횡단보도가 있는 때에는 그 직전이나 교차로의 직전에 일시정지한 후 다른 교통에 주의하면서 진행할 수 있다.
	녹색화살표의 등화 (화살표 등화)	차마는 화살표방향으로 진행할 수 있다.

구 분	신호의 종류	신호의 뜻
차량 신호등	황색화살표의 등화 (화살표 등화)	화살표시 방향으로 진행하려는 차마는 정지선이 있거나 횡단보도가 있을 때에는 그 직전이나 교차로의 직전에 정지하여야 하며, 이미 교차로에 차마의 일부라도 진입한 경우에는 신속히 교차로 밖으로 진행하여야 한다.
	적색화살표의 등화 (화살표 등화)	화살표시 방향으로 진행하려는 차마는 정지선, 횡단보도 및 교차로의 직전에서 정지하여야 한다.
	황색화살표등화의 점멸(화살표 등화)	차마는 다른 교통 또는 안전표지의 표시에 주의하면서 화살표시 방향으로 진행할 수 있다.
	적색화살표등화의 점멸(화살표 등화)	차마는 정지선이나 횡단보도가 있을 때에는 그 직전이나 교차로의 직전에 일시정지한 후 다른 교통에 주의하면서 화살표시 방향으로 진행할 수 있다.
	녹색화살표의 등화 (하향)(사각형등화)	차마는 화살표로 지정한 차로로 진행할 수 있다.
	적색×표 표시 등화 (사각형 등화)	차마는 ×표가 있는 차로로 진행할 수 없다.
	적색×표 표시 등화의 점멸 (사각형 등화)	차마는 ×표가 있는 차로로 진입할 수 없고, 이미 차로의 일부라도 진입한 경우에는 신속히 그 차로 밖으로 진로를 변경하여야 한다.

1.1.4. 이상 기후일 경우의 운행속도

도로의 상태	감속운행속도
① 비가 내려 노면에 습기가 있는 때 ② 눈이 20mm 미만 쌓인 때	최고속도의 20/100
① 폭우·폭설·안개 등으로 가시거리가 100m 이내인 때 ② 노면이 얼어붙는 때 ③ 눈이 20mm 이상 쌓인 때	최고속도의 50/100

1.1.5. 앞지르기 금지

[1] 앞지르기 금지

① 앞차의 좌측에 다른 차가 앞차와 나란히 가고 있을 때
② 앞차가 다른 차를 앞지르고 있거나 앞지르고자 할 때
③ 앞차가 좌측으로 방향을 바꾸기 위하여 진로 변경하는 경우 및 반대방향에서 오는 차의 진행을 방해하게 될 때

[2] 앞지르지 금지장소
  교차로, 도로의 구부러진 곳, 비탈길의 고갯마루 부근, 가파른 비탈길의 내리막, 터널 안, 다리 위, 앞지르기 금지표지 설치장소 등이다.

[3] 차마 서로 간의 통행 우선순위
  긴급자동차 → 긴급자동차 외의 자동차 → 원동기장치자전거 → 자동차 및 원동기장치자전거 외의 차마

1.1.6. 정차 및 주차금지
[1] 주·정차 금지장소
  ① 화재경보기로부터 3m 지점
  ② 교차로의 가장자리 또는 도로의 모퉁이로부터 5m 이내의 곳
  ③ 횡단보도로부터 10m 이내의 곳
  ④ 버스여객 자동차의 정류소를 표시하는 기둥이나 판 또는 선이 설치된 곳으로부터 10m 이내의 곳
  ⑤ 건널목의 가장자리로부터 10m 이내의 곳
  ⑥ 안전지대가 설치된 도로에서 그 안전지대의 사방으로부터 각각 10m 이내의 곳

[2] 주차금지 장소
  ① 소방용 기계기구가 설치된 곳으로부터 5m 이내의 곳
  ② 소방용 방화물통으로부터 5m 이내의 곳
  ③ 소화전 또는 소화용 방화물통의 흡수구나 흡수관을 넣는 구멍으로부터 5m 이내의 곳
  ④ 도로공사 중인 경우 공사구역의 양쪽 가장자리로부터 5m 이내
  ⑤ 터널 안 및 다리 위

1.1.7. 건설기계의 속도
  ① 모든 고속도로에서 건설기계의 최고속도는 80km/h, 최저속도는 50km/h이다.
  ② 지정·고시한 노선 또는 구간의 고속도로에서 건설기계의 최고속도는 90km/h 이내, 최저속도는 50km/h이다.

1.1.8. 교통사고 발생 후 벌점

① 사망 1명마다 90점(사고발생으로부터 72시간 내에 사망한 때)
② 중상 1명마다 15점(3주 이상의 치료를 요하는 의사의 진단이 있는 사고)
③ 경상 1명마다 5점(3주 미만 5일 이상의 치료를 요하는 의사의 진단이 있는 사고)
④ 부상신고 1명마다 2점(5일 미만의 치료를 요하는 의사의 진단이 있는 사고)

1.2. 도로표지판

1.2.1. 도로표지판의 정의

① "도로표지"란 도로이용자가 도로시설을 쉽게 이용하고, 원하는 목적지까지 쉽게 도착할 수 있도록 도로의 방향·노선·시설물 및 도로명의 정보를 안내하는 도로의 부속물을 말한다.
② "안내지명"이란 도로이용자가 원하는 목적지까지 안내할 목적으로 도로표지에서 사용하는 행정구역명, 지명, 시설물명 및 도로명을 말한다.
③ "도시지역"이란 특별시·광역시·특별자치시·시지역을 말한다. 다만, 읍·면지역은 제외한다.
④ "비도시지역"이란 도시지역 외의 지역을 말한다.
⑤ "출구정보"란 고속국도의 출구명, 출구번호, 해당 출구와 연결되는 도로의 노선번호 및 안내지명을 말한다.

1.2.2. 도로표지의 종류

[1] 경계표지

특별시·광역시·특별자치시·도 또는 시·군·읍·면사이의 행정구역의 경계를 나타내는 표지이다.

(a) 군계표지

(b) 도계표지

표▶ 1. 경계표지

[2] 이정표지

목표지까지의 거리를 나타내는 표지이다.

(a) 1지명 이정표지   (b) 2지명 이정표지   (c) 3지명 이정표지

표▶ 2. 이정표지

[3] 방향표지

목표지까지의 방향을 나타내는 표지이다.

① 도로명 표지 : 도로명 등을 나타내는 표지이다.

② 도로명 예고표지 : 도로명 등을 예고해 주는 표지이다.

③ 차로 지정표지 : 교통의 흐름을 명확히 분류하기 위하여 진행방향의 차로를 안내하는 표지이다.

 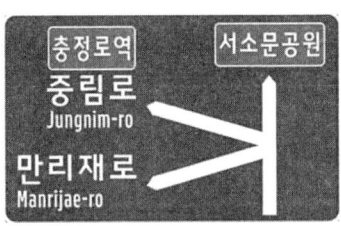 

(a) 도로명 표지   (b) 3방향 도로명 예고 표지

(c) 차로 지정표지

표▶ 3. 방향표지

[4] 노선표지

주행노선 또는 분기노선을 나타내는 표지이다.

① 노선 유도표지 : 곧 만나게 되는 도로의 노선정보를 안내하기 위해 도로명 표지 및 도로명 예고표지 상단에 설치하는 표지이다.

② 노선 방향표지 : 현재 주행 중인 도로의 노선정보를 안내하기 위해 도로명 표지 및 도로명 예고표지 상단에 설치하는 표지이디.

③ 노선 확인표지 : 현재 주행 중인 도로의 노선정보를 안내하기 위해 단독으로 설치하는 표지이다.

[5] 안내표지

(1) 도로정보 안내표지

양보차로표지, 오르막차로표지, 유도표지, 예고표지, 보행인표지, 지점표지, 출구감속유도표지, 자동차전용도로표지, 시종점표지, 돌아가는 길표지 및 고속국도유도표지

(2) 도로시설 안내표지

휴게소표지, 주차장표지, 시설물(하천, 교량, 터널, 비상주차장, 정류장, 도로관리기관 및 긴급 제동시설을 말한다)표지, 긴급신고표지 및 매표소표지

(3) 그 밖의 안내표지

관광지표지, 아시안하이웨이 안내표지, 공공시설표지 및 도로관리청이 안내를 위하여 필요하다고 인정하여 국토교통부장관과 협의하여 설치한 표지

1.2.3. 도로표지의 색채

[1] 도로표지의 바탕색

녹색으로 한다. 다만, 다음의 경우에 해당에서 정하는 바에 따른다.

① 다음 각 목의 도로표지 : 청색. 다만, 특별시·특별자치시 또는 광역시의 주간선도로에 설치하는 도로표지로서 비도시지역의 도로와의 연결 등 도로표지의 원활한 기능발휘를 위하여 특별시장·특별자치시장 또는 광역시장이 특별히 필요하다고 인정하는 도로표지는 녹색으로 한다.

㉮ 도시지역의 도로 중 고속국도·일반국도 및 자동차전용도로 외의 도로에 설치하는 경계표지·이정표지·방향표지 및 노선표지

㉯ 도로정보 및 시설 안내표지 중 휴게소표지, 유도표지, 보행인표지, 주차장표지, 시설물표지, 긴급신고표지, 자동차전용도로표지 및 매표소표지(자동요금징수차로예고표지만 해당한다)

② 관광지표지 : 갈색

[2] 도로표지의 글자 및 기호

색은 백색으로 한다. 다만, 다음의 경우 해당에서 정하는 바에 따른다.

① 도로표지에 노선번호를 표시하는 경우

㉮ 특별시도·광역시도 또는 시도의 경우 : 백색바탕에 청색글자

㉯ 고속국도·일반국도의 경우 : 청색바탕에 백색글자

㉰ 지방도의 경우 : 황색바탕에 청색글자

㉱ 아시안하이웨이의 경우 : 백색바탕에 흑색글자

② 고속국도의 진출입번호를 표시하는 경우 : 흑색바탕에 백색글자

③ 분기점, 인터체인지 등에서 차로의 명확한 안내를 위하여 차로유도선을 설치하는 경우 : 백색. 다만, 차로유도선과 동일한 색상으로 할 수 있다.

[3] 도로명 안내표지의 바탕색

도로명 안내표지의 바탕색은 녹색과 청색을 함께 쓸 수 있다.

[4] 도로표지의 지주

도로표지의 지주는 검은 회색으로 하되, 용융아연도금을 한 지주에는 색칠을 하지 아니할 수 있으며, 도로표지의 뒷면은 사용재료의 종류에 따라 색칠의 필요성 여부를 결정한다.

2. 안전운전 준수

2.1. 도로 주행시 안전운전

[1] 안전한 공간을 확보
① 브레이크를 밟을 때 급제동을 해야 할 상황을 만들지 않는다.
② 고속주행 중 브레이크를 밟을 때는 여러 번 나누어 밟아 뒤차에 알려 준다.
③ 앞차를 뒤따라갈 때 가능한 한 4~5대 앞의 상황까지 살핀다.
④ 앞차가 급제동하더라도 추돌하지 않도록 안전거리를 충분히 유지한다.
⑤ 적재물이 떨어질 위험이 있는 화물차로부터 가급적 멀리 떨어진다.
⑥ 차의 옆을 통과할 때 상대방 차가 갑자기 진로를 변경하더라도 안전할 만큼 충분한 간격을 두고 진행한다.
⑦ 교통 정체가 있는 도로를 주행할 때 중앙선을 넘어 앞지르기하는 차량이 있으므로 2차로 도로에서는 가급적 중앙선에서 떨어져 주행한다.
⑧ 4차로 도로에서는 가능한 한 우측 차로로 통행한다.

[2] 흔쾌히 양보한다.
① 신호등 없는 교차로를 통과할 때 우선권을 따지지 말고 양보를 전제로 운전한다. 진로를 변경하거나 끼어드는 차량이 있을 때 속도를 줄이고 공간을 만들어 준다.
② 대형차가 밀고 나오면 즉시 양보해 준다.
③ 뒷차가 접근해 올 때 가볍게 브레이크 페달을 밟아 주의를 시킨다.
④ 뒷차가 앞지르려고 할 때 도로의 오른쪽으로 다가서 진행하거나 감속하여 피해 준다.

[3] 미리 예측하여 대응한다.
① 교차로를 통과할 때 신호를 무시하고 뛰어드는 차나 사람이 있을 수 있으므로 신호를 절대적인 것으로만 믿지 말고 안전을 확인한 뒤에 진행한다.
② 진로를 변경할 때 여유 있게 신호를 보낸다.
③ 횡단하려고 하거나 횡단 중인 보행자가 있을 때 갑자기 뛰어나오거나 뒤로 되돌아갈지 모르므로 감속하고 주의한다.

④ 보행자가 차의 접근을 알고 있는지를 확인한다.

[4] 졸음운전 및 음주운전 금지
　수면부족으로 피로감을 느끼거나 식후 졸음이 올 때는 차를 안전한 곳에 세우고 잠시 휴식을 취해야 하며, 음주운전은 혈중 알콜농도 0.03%로도 면허정지가 되며 0.08% 이상이면 면허가 취소된다.

2.2. 철길건널목 통과방법
① 철길건널목을 통과하려는 경우에는 건널목 앞에서 일시 정지하여 안전한지 확인한 후에 통과하여야 한다.
② 신호기 등이 표시하는 신호에 따르는 경우에는 정지하지 아니하고 통과할 수 있다.
③ 건널목의 차단기가 내려져 있거나 내려지려고 하는 경우 또는 건널목의 경보기가 울리고 있는 동안에는 그 건널목으로 들어가서는 안 된다.
④ 건널목을 통과하다가 고장 등의 사유로 건널목 안에서 차를 운행할 수 없게 된 경우에는 즉시 승객을 대피시키고 비상신호기 등을 사용하거나 그 밖의 방법으로 철도 공무원이나 경찰 공무원에게 그 사실을 알려야 한다.

2.3. 교차로 통행방법
2.3.1. 교통정리가 있는 교차로
① 모든 차의 운전자는 교차로에서 우회전을 하려는 경우에는 미리 도로의 우측 가장자리를 서행하면서 우회전하여야 한다. 이 경우 우회전하는 차의 운전자는 신호에 따라 정지하거나 진행하는 보행자 또는 자전거에 주의하여야 한다.
② 모든 차의 운전자는 교차로에서 좌회전을 하려는 경우에는 미리 도로의 중앙선을 따라 서행하면서 교차로의 중심 안쪽을 이용하여 좌회전하여야 한다. 다만, 지방경찰청장이 교차로의 상황에 따라 특히 필요하다고 인정하여 지정한 곳에서는 교차로의 중심 바깥쪽을 통과할 수 있다.
③ 우회전이나 좌회전을 하기 위하여 손이나 방향지시기 또는 등화로써 신호를 하는 차가 있는 경우에 그 뒤차의 운전자는 신호를 한 앞차의 진행을 방해하여서는 안 된다.

④ 모든 차 운전자는 신호기로 교통정리를 하고 있는 교차로에 들어가려는 경우에는 진행하려는 진로의 앞쪽에 있는 차 또는 노면전차의 상황에 따라 교차로(정지선이 설치되어 있는 경우에는 그 정지선을 넘은 부분을 말한다)에 정지하게 되어 다른 차 또는 노면전차의 통행에 방해가 될 우려가 있는 경우에는 그 교차로에 들어가서는 안 된다.

2.3.2. 교통정리가 없는 교차로에서의 양보운전

① 교통정리를 하고 있지 아니하는 교차로에 들어가려고 하는 차의 운전자는 이미 교차로에 들어가 있는 다른 차가 있을 때에는 그 차에 진로를 양보하여야 한다.
② 교통정리를 하고 있지 아니하는 교차로에 들어가려고 하는 차의 운전자는 그 차가 통행하고 있는 도로의 폭보다 교차하는 도로의 폭이 넓은 경우에는 서행하여야 하며, 폭이 넓은 도로로부터 교차로에 들어가려고 하는 다른 차가 있을 때에는 그 차에 진로를 양보하여야 한다.
③ 교통정리를 하고 있지 아니하는 교차로에 동시에 들어가려고 하는 차의 운전자는 우측도로의 차에 진로를 양보하여야 한다.
④ 교통정리를 하고 있지 아니하는 교차로에서 좌회전하려고 하는 차의 운전자는 그 교차로에서 직진하거나 우회전하려는 다른 차가 있을 때에는 그 차에 진로를 양보하여야 한다.
⑤ 모든 차의 운전자는 교통정리를 하고 있지 아니하고 일시정지나 양보를 표시하는 안전표지가 설치되어 있는 교차로에 들어가려고 할 때에는 다른 차의 진행을 방해하지 않도록 일시정지하거나 양보하여야 한다.

2.4. 진로 양보의 의무

① 모든 차(긴급자동차는 제외한다)의 운전자는 뒤에서 따라오는 차보다 느린 속도로 가려는 경우에는 도로의 우측 가장자리로 피하여 진로를 양보하여야 한다. 다만, 통행 구분이 설치된 도로의 경우에는 그러하지 아니하다.
② 비탈진 좁은 도로에서 자동차가 서로 마주보고 진행하는 때에는 올라가는 자동차가 내려가는 자동차에 도로의 우측 가장자리로 피하여 진로를 양보한다.

③ 좁은 도로 또는 비탈진 좁은 도로에서 화물을 실었거나 승객을 태운 자동차와 빈 자동차가 서로 마주보고 진행하는 때에는 빈 자동차가 도로의 우측 가장자리로 피하여 진로를 양보한다.

2.5. 보행자의 보호

① 모든 차 운전자는 보행자가 횡단보도를 통행하고 있을 때에는 보행자의 횡단을 방해하거나 위험을 주지 않도록 그 횡단보도 앞(정지선이 설치되어 있는 곳에서는 그 정지선을 말한다)에서 일시 정지하여야 한다.
② 모든 차 운전자는 교통정리를 하고 있는 교차로에서 좌회전이나 우회전을 하려는 경우에는 신호기 또는 경찰공무원 등의 신호나 지시에 따라 도로를 횡단하는 보행자의 통행을 방해하여서는 안 된다.
③ 모든 차의 운전자는 교통정리를 하고 있지 아니하는 교차로 또는 그 부근의 도로를 횡단하는 보행자의 통행을 방해하여서는 아니 된다.
④ 모든 차의 운전자는 도로에 설치된 안전지대에 보행자가 있는 경우와 차로가 설치되지 아니한 좁은 도로에서 보행자의 옆을 지나는 경우에는 안전한 거리를 두고 서행하여야 한다.
⑤ 모든 차 운전자는 보행자가 횡단보도가 설치되어 있지 아니한 도로를 횡단하고 있을 때에는 안전거리를 두고 일시 정지하여 보행자가 안전하게 횡단할 수 있도록 하여야 한다.

3. 건설기계관리법

3.1. 건설기계관리법의 목적
① 건설기계를 효율적으로 관리
② 건설기계의 안전도를 확보
③ 건설공사의 기계화를 촉진함

3.2. 건설기계의 범위

건설기계 명	범 위
1. 불도저	무한궤도 또는 타이어식인 것
2. 굴삭기	무한궤도 또는 타이어식으로 굴삭장치를 가진 자체중량 1톤 이상인 것
3. 로더	무한궤도 또는 타이어식으로 적재 장치를 가진 자체중량 2톤 이상인 것. 다만, 차체 굴절식 조향장치가 있는 자체중량 4톤 미만의 것은 제외한다.
4. 지게차	타이어식으로 들어 올림 장치와 조종석을 가진 것. 다만, 전동식으로 솔리드 타이어를 부착한 것 중 도로가 아닌 장소에서만 운행하는 것은 제외한다.
5. 스크레이퍼	흙·모래의 굴삭 및 운반 장치를 가진 자주식인 것
6. 덤프트럭	적재용량 12톤 이상인 것. 다만, 적재용량 12톤 이상 20톤 미만의 것으로 화물운송에 사용하기 위하여 자동차관리법에 의한 자동차로 등록된 것을 제외한다.
7. 기중기	무한궤도 또는 타이어식으로 강재의 지주 및 선회장치를 가진 것. 다만, 궤도(레일)식인 것을 제외한다.
8. 모터그레이더	정지장치를 가진 자주식인 것
9. 롤러	• 조종석과 전압장치를 가진 자주식인 것 • 피견인 진동식인 것
10. 노상안정기	노상안정장치를 가진 자주식인 것
11. 콘크리트 뱃칭 플랜트	골재 저장통·계량장치 및 혼합장치를 가진 것으로서 원동기를 가진 이동식인 것
12. 콘크리트피니셔	정리 및 사상 장치를 가진 것으로 원동기를 가진 것
13. 콘크리트살포기	정리 장치를 가진 것으로 원동기를 가진 것
14. 콘크리트믹서트럭	혼합장치를 가진 자주식인 것(재료의 투입·배출을 위한 보조 장치가 부착된 것을 포함한다)
15. 콘크리트펌프	콘크리트 배송능력이 매시간당 $5m^3$ 이상으로 원동기를 가진 이동식과 트럭적재식인 것
16. 아스팔트믹싱플랜트	골재공급 장치·건조가열장치·혼합장치·아스팔트 공급 장치를 가진 것으로 원동기를 가진 이동식인 것
17. 아스팔트피니셔	정리 및 사상 장치를 가진 것으로 원동기를 가진 것
18. 아스팔트살포기	아스팔트살포장치를 가진 자주식인 것
19. 골재살포기	골재살포장치를 가진 자주식인 것
20. 쇄석기	20kW 이상의 원동기를 가진 이동식인 것

건설기계 명	범 위
21. 공기압축기	공기토출량이 매분 당 2.83m³(cm²당 7kg 기준) 이상의 이동식인 것
22. 천공기	천공장치를 가진 자주식인 것
23. 항타 및 항발기	원동기를 가진 것으로 해머 또는 뽑는 장치의 중량이 0.5톤 이상인 것
24. 자갈채취기	자갈채취 장치를 가진 것으로 원동기를 가진 것
25. 준설선	펌프식·버킷식·디퍼식 또는 그래브식으로 비자항식인 것
26. 특수건설기계	1부터 25까지의 규정 및 27에 따른 건설기계와 유사한 구조 및 기능을 가진 기계류로서 국토교통부장관이 따로 정하는 것
27. 타워크레인	수직타워의 상부에 위치한 지브를 선회시켜 중량물을 상하, 전후 또는 좌우로 이동시킬 수 있는 것으로서 원동기 또는 전동기를 가진 것. 다만, 산업집적활성화 및 공장설립에 관한 법률 제16조에 따라 공장등록 대장에 등록된 것은 제외한다.

3.3. 건설기계사업의 분류

건설기계사업에는 대여업, 정비업, 매매업, 폐기업 등이 있으며, 사업을 영위하고자 하는 자는 시·도지사에게 등록하여야 한다.

3.4. 건설기계의 신규등록

3.4.1. 건설기계를 등록할 때 필요한 서류

① 건설기계의 출처를 증명하는 서류
    ㉮ 건설기계 제작증(국내에서 제작한 건설기계의 경우에 한한다)
    ㉯ 수입면장(수입한 건설기계의 경우에 한한다)
    ㉰ 매수증서(관청으로부터 매수한 건설기계의 경우에 한한다)
② 건설기계의 소유자임을 증명하는 서류
③ 건설기계 제원표
④ 자동차손해배상보장법에 따른 보험 또는 공제의 가입을 증명하는 서류

3.4.2. 건설기계 등록신청

① 등록신청은 건설기계를 취득한 날부터 2개월(60일) 이내에 소유자의 주소지 또는 사용본거지를 관할하는 시·도지사에게 하여야 한다.

② 전시·사변 기타 이에 준하는 국가비상사태 하에 있어서는 5일 이내에 하여야 한다.

3.5. 등록사항 변경신고
① 건설기계 등록사항에 변경이 있을 때(전시·사변 기타 이에 준하는 비상사태 및 상속 시의 경우는 제외)에는 등록사항의 변경신고를 변경이 있는 날부터 30일 이내에 하여야 한다.
② 건설기계 등록지가 다른 시·도로 변경되었을 경우 등록이전 신고를 하여야 하며, 등록이전신고 대상은 소유자 변경, 소유자의 주소지 변경, 건설기계의 사용본거지 변경이다.
③ 건설기계를 산(매수 한)사람이 등록사항변경(소유권 이전)신고를 하지 않아 등록사항 변경신고를 독촉하였으나 이를 이행하지 않을 경우 매도한 사람이 직접 소유권 이전신고를 한다.

3.6. 건설기계의 등록말소 사유
3.6.1. 건설기계 등록의 말소사유
① 거짓이나 그 밖의 부정한 방법으로 등록을 한 경우
② 건설기계가 천재지변 또는 이에 준하는 사고 등으로 사용할 수 없게 되거나 멸실된 경우
③ 건설기계의 차대(車臺)가 등록 시의 차대와 다른 경우
④ 건설기계가 건설기계 안전기준에 적합하지 아니하게 된 경우
⑤ 최고(催告)를 받고 지정된 기한까지 정기검사를 받지 아니한 경우
⑥ 건설기계를 수출하는 경우
⑦ 건설기계를 도난당한 경우
⑧ 건설기계를 폐기한 경우
⑨ 구조적 제작 결함 등으로 건설기계를 제작자 또는 판매자에게 반품한 때
⑩ 건설기계를 교육·연구 목적으로 사용하는 경우

3.6.2. 등록말소 기간
① 건설기계의 소유자는 해당하는 사유가 발생한 경우에는 30일 이내에, 건설기계를 도난당한 경우에는 2개월 이내에 시·도지사에게 등록말소를 신청하여야 하며, 건설기계를 수출하는 경우에는 수출 전까지 등록말소를 신청하여야 한다.
② 시·도지사는 등록을 말소하려는 경우에는 미리 그 뜻을 건설기계의 소유자 및 이해관계인에게 알려야 하며, 통지 후 1개월(저당권이 등록된 경우에는 3개월)이 지난 후가 아니면 이를 말소할 수 없다.

3.7. 건설기계 조종사면허
건설기계를 조종할 때에는 건설기계관리법 외에 도로상을 운행할 때에는 도로교통법 중 일부를 적용 받는다.

3.7.1. 건설기계 조종사면허
① 건설기계 조종사면허를 받으려는 사람은 국가기술자격법에 따른 해당분야의 기술자격을 취득하고 국·공립병원, 시·도지사가 지정하는 의료기관의 적성검사에 합격하여야 한다.
② 건설기계 조종사면허는 국토교통부령으로 정하는 바에 따라 건설기계의 종류별로 받아야 한다.
③ 건설기계를 조종하려는 사람은 시·도지사에게 건설기계 조종사면허를 받아야 한다.
④ 건설기계 조종사면허증의 발급, 적성검사의 기준, 그 밖에 건설기계 조종사면허에 필요한 사항은 국토교통부령으로 정한다.
⑤ 해당 건설기계 조종의 국가기술자격소지자가 건설기계 조종사면허를 받지 않고 건설기계를 조종하면 무면허이다.
⑥ 건설기계 조종사면허가 정지 또는 취소된 경우에는 그 사유가 발생한 날로부터 10일 이내에 주소지를 관할하는 시·도지사에게 그 면허증을 반납하여야 한다.
⑦ 특수건설기계 조종은 국토교통부장관이 지정하는 면허를 소지하여야 한다.

3.7.2. 건설기계 조종사면허의 결격사유
① 18세 미만인 사람
② 정신병자, 정신쇠약자, 뇌전증 환자
③ 앞을 보지 못하는 사람, 듣지 못하는 사람
④ 국토교통부령이 정하는 장애인
⑤ 마약, 대마, 향정신성 의약품 또는 알코올 중독자
⑥ 건설기계 조종사면허가 취소된 날부터 1년이 경과되지 아니한 자
⑦ 허위 기타 부정한 방법으로 면허를 받아 취소된 날로부터 2년이 경과되지 아니한 자
⑧ 건설기계 조종사면허의 효력정지 기간 중에 건설기계를 조종하여 취소되어 2년이 경과되지 아니한 자

3.7.3. 기재사항 변경신고
건설기계조종사는 성명, 주민등록번호 및 국적의 변경이 있는 경우에는 그 사실이 발생한 날부터 30일 이내(군복무·국외거주·수형·질병 기타 부득이한 사유가 있는 경우에는 그 사유가 종료된 날부터 30일 이내)에 기재사항변경신고서를 주소지를 관할하는 시·도지사에게 제출하여야 한다.

3.7.4. 건설기계조종사면허의 종류
① 불도저 : 불도저
② 5톤 미만의 불도저(소형건설기계면허) : 5톤 미만의 불도저
③ 굴삭기 : 굴삭기
④ 3톤 미만 굴삭기(소형건설기계면허) : 3톤 미만 굴삭기
⑤ 로더 : 로더
⑥ 3톤 미만 로더(소형건설기계면허) : 3톤 미만 로더
⑦ 5톤 미만 로더(소형건설기계면허) : 5톤 미만 로더
⑧ 지게차 : 지게차
⑨ 3톤 미만 지게차(소형건설기계면허) : 3톤 미만 지게차
⑩ 기중기 : 기중기

⑪ 롤러 : 롤러, 모터그레이더, 스크레이퍼, 아스팔트 피니셔, 콘크리트 피니셔, 콘크리트 살포기 및 골재 살포기
⑫ 이동식 콘크리트펌프(소형 건설기계면허) : 이동식 콘크리트펌프
⑬ 쇄석기(소형 건설기계면허) : 쇄석기, 아스팔트믹싱플랜트 및 콘크리트 뱃칭플랜트
⑭ 공기압축기(소형 건설기계면허) : 공기압축기
⑮ 천공기 : 천공기(타이어식, 무한궤도식 및 굴진식을 포함한다. 다만, 트럭적재식은 제외), 항타 및 항발기
⑯ 5톤 미만 천공기(소형 건설기계면허) : 5톤 미만의 천공기(트럭적재식은 제외)
⑰ 준설선(소형 건설기계면허) : 준설선 및 자갈채취기
⑱ 타워 크레인 : 타워 크레인
⑲ 3톤 미만 타워 크레인 : 3톤 미만의 타워 크레인

> **Reference**
> 특수건설기계에 대한 조종사면허의 종류는 운전면허를 받아 조종하여야 하는 특수건설기계를 제외하고는 위 면허 중에서 국토교통부장관이 지정하는 것으로 한다.

3.7.5. 자동차 제1종 대형면허로 조종할 수 있는 건설기계

덤프트럭, 아스팔트살포기, 노상안정기, 콘크리트믹서트럭, 콘크리트펌프, 천공기(트럭적재식을 말한다), 특수건설기계 중 국토교통부장관이 지정하는 건설기계이다.

3.7.6. 소형 건설기계 면허

[1] 소형 건설기계의 면허종류

5톤 미만의 불도저, 3톤 미만의 굴삭기, 3톤 미만의 로더, 5톤 미만의 로더, 3톤 미만의 지게차, 이동식 콘크리트펌프, 쇄석기, 공기압축기, 5톤 미만의 천공기(트럭적재식은 제외), 준설선, 3톤 미만의 타워크레인, 3톤 미만의 지게차 운전자는 자동차 제1종 보통면허 이상을 소지하여야 한다.

[2] 소형 건설기계 교육이수 시간

① 3톤 미만 굴삭기, 지게차, 로더의 교육시간은 이론 6시간, 조종실습 6시간이다.

② 5톤 미만 불도저, 로더, 이동식 콘크리트 펌프의 교육시간은 이론 6시간, 조종실습 12시간이다.
③ 공기압축기, 쇄석기 및 준설선에 대한 교육 이수시간은 이론 8시간, 실습 12시간이다.

3.7.7. 건설기계 조종사면허를 반납하여야 하는 사유
① 건설기계 면허가 취소된 때
② 건설기계 면허의 효력이 정지된 때
③ 면허증의 재교부를 받은 후 잃어버린 면허증을 발견한 때

3.7.8. 건설기계 면허 적성검사 기준
① 두 눈을 동시에 뜨고 잰 시력이 0.7 이상일 것(교정시력을 포함한다)
② 두 눈의 시력이 각각 0.3 이상일 것(교정시력을 포함한다)
③ 55dB(보청기를 사용하는 사람은 40dB)의 소리를 들을 수 있고, 언어 분별력이 80% 이상일 것
④ 시각은 150도 이상일 것
⑤ 마약·알코올 중독의 사유에 해당되지 아니할 것

3.8. 등록번호표
3.8.1. 등록번호표에 표시되는 사항
① 등록번호표에는 기종, 등록관청, 등록번호, 용도 등이 표시된다.
② 덤프트럭, 콘크리트믹서트럭, 콘크리트 펌프, 타워크레인의 번호표 규격은 가로 600mm, 세로 280mm이고, 그 밖의 건설기계 번호표 규격은 가로 400mm, 세로 220mm이다. 덤프트럭, 아스팔트살포기, 노상안정기, 콘크리트믹서트럭, 콘크리트 펌프, 천공기(트럭적재식)의 번호표 재질은 알루미늄이다.

3.8.2. 등록번호표의 색칠
① 자가용 : 녹색판에 백색문자
② 영업용 : 주황색판에 백색문자

③ 관용 : 백색판에 흑색문자
④ 임시운행 번호표 : 흰색 페인트 판에 검은색 문자

3.8.3. 건설기계 등록번호
① 자가용 : 1001-4999
② 영업용 : 5001-8999
③ 관용 : 9001-9999

3.8.4. 건설기계 기종별 기호 표시

01 : 불도저	02 : 굴삭기	03 : 로더
04 : 지게차	05 : 스크레이퍼	06 : 덤프트럭
07 : 기중기	08 : 모터그레이더	09 : 롤러
10 : 노상안정기	11 : 콘크리트 배칭 플랜트	
12 : 콘크리트 피니셔	13 : 콘크리트 살포기	
14 : 콘크리트 믹서 트럭	15 : 콘크리트 펌프	
16 : 아스팔트 믹싱 플랜트	17 : 아스팔트 피니셔	
18 : 아스파트 살포기	19 : 골재살포기	20 : 쇄석기
21 : 공기압축기	22 : 천공기	
23 : 항타 및 항발기	24 : 사리채취기	25 : 준설선
26 : 특수 건설기계	27 : 타워크레인	

3.9. 건설기계 임시운행

3.9.1. 임시운행 기간
① 임시운행 기간은 15일 이내로 한다.
② 신개발 건설기계를 시험·연구의 목적으로 운행하는 경우에는 3년 이내로 한다.

3.9.2. 임시운행 허가사유
① 등록신청을 하기 위하여 건설기계를 등록지로 운행하는 경우
② 신규 등록검사 및 확인검사를 받기 위하여 건설기계를 검사장소로 운행하는 경우

③ 수출을 하기 위하여 건설기계를 선적지로 운행하는 경우
④ 신개발 건설기계를 시험·연구의 목적으로 운행하는 경우
⑤ 판매 또는 전시를 위하여 건설기계를 일시적으로 운행하는 경우

3.10. 건설기계 검사
건설기계의 정기검사를 실시하는 검사업무 대행기관은 대한건설기계 안전관리원이다.

3.10.1. 건설기계 검사의 종류
[1] 신규등록검사
건설기계를 신규로 등록할 때 실시하는 검사이다.

[2] 정기검사
건설공사용 건설기계로서 3년의 범위에서 국토교통부령으로 정하는 검사유효기간이 끝난 후에 계속하여 운행하려는 경우에 실시하는 검사와 대기환경보전법 및 소음·진동관리법에 따른 운행차의 정기검사이다.

[3] 구조변경 검사
건설기계의 주요구조를 변경 또는 개조한 때 실시하는 검사이다.

[4] 수시검사
성능이 불량하거나 사고가 자주 발생하는 건설기계의 안전성 등을 점검하기 위하여 수시로 실시하는 검사와 건설기계 소유자의 신청을 받아 실시하는 검사이다.

3.10.2. 정기검사 신청기간 및 검사기간 산정
① 정기검사를 받고자하는 자는 검사유효기간 만료일 전후 각각 30일 이내에 신청한다.
② 건설기계 정기검사 신청기간 내에 정기검사를 받은 경우, 다음 정기검사 유효기간의 산정은 종전 검사유효기간 만료일의 다음날부터 기산한다.

③ 정기검사 유효기간을 1개월 경과한 후에 정기검사를 받은 경우, 다음 정기검사 유효기간 산정 기산일은 검사를 받은 날의 다음 날부터이다.

3.10.3. 정기검사 연기신청기간
① 천재지변, 건설기계의 도난, 사고발생, 압류, 1개월 이상에 걸친 정비 그 밖의 부득이 한 사유로 검사신청기간 내에 검사를 신청할 수 없는 경우에는 검사신청기간 만료일까지 검사연기신청서에 연기사유를 증명할 수 있는 서류를 첨부하여 시·도지사에게 제출하여야 한다.
② 검사연기신청을 하였으나 불허통지를 받은 자는 검사신청기간 만료일로부터 10일 이내 검사를 신청하여야 한다.

3.10.4. 정기검사 최고
정기검사를 받지 아니한 건설기계의 소유자에 대하여는 정기검사의 유효기간이 만료된 날부터 3개월 이내에 국토교통부령이 정하는 바에 따라 10일 이내의 기한을 정하여 정기검사를 받을 것을 최고하여야 한다.

3.10.5. 검사소에서 검사를 받아야 하는 건설기계
덤프트럭, 콘크리트믹서트럭, 콘크리트펌프(트럭적재식), 아스팔트살포기, 트럭지게차(국토교통부장관이 정하는 특수건설기계인 트럭지게차를 말한다)

3.10.6. 당해 건설기계가 위치한 장소에서 검사하는(출장검사) 경우
① 도서지역에 있는 경우
② 자체중량이 40톤을 초과하거나 축중이 10톤을 초과하는 경우
③ 너비가 2.5m를 초과하는 경우
④ 최고속도가 시간당 35km 미만인 경우

3.10.7. 건설기계 정기검사 유효기간

기 종	구 분	검사유효기간
1. 굴삭기	타이어식	1년
2. 로더	타이어식	2년
3. 지게차	1톤 이상	2년
4. 덤프트럭	–	1년
5. 기중기	타이어식, 트럭적재식	1년
6. 모터그레이더	–	2년
7. 콘크리트믹서트럭	–	1년
8. 콘크리트펌프	트럭적재식	1년
9. 아스팔트살포기	–	1년
10. 천공기	트럭적재식	2년
11. 타워크레인	–	6개월
12. 그 밖의 건설기계	–	3년

※ 신규등록일(수입된 중고건설기계의 경우에는 제작연도의 12월 31일)부터 20년 이상 경과된 경우 검사유효기간은 1년으로 한다.

3.10.8. 정비명령

정비명령은 검사에 불합격한 해당 건설기계 소유자에게 하며, 정비명령 기간은 6개월 이내이다.

3.11. 건설기계 구조변경

3.11.1. 건설기계의 구조변경을 할 수 없는 경우
① 건설기계의 기종변경
② 육상작업용 건설기계의 규격을 증가시키기 위한 구조변경
③ 육상작업용 건설기계의 적재함 용량을 증가시키기 위한 구조변경

3.11.2. 건설기계의 구조변경 범위
① 원동기의 형식변경
② 동력전달장치의 형식변경
③ 제동장치의 형식변경
④ 주행장치의 형식변경
⑤ 유압장치의 형식변경
⑥ 조종장치의 형식변경
⑦ 조향장치의 형식변경

⑧ 작업장치의 형식변경. 다만, 가공작업을 수반하지 아니하고 작업 장치를 선택 부착하는 경우에는 작업장치의 형식변경으로 보지 아니한다.
⑨ 건설기계의 길이·너비·높이 등의 변경
⑩ 수상작업용 건설기계의 선체의 형식변경

3.11.3. 건설기계 구조변경
① 건설기계 정비 업소에서 구조 또는 장치의 변경작업을 한다.
② 구조변경검사를 받고자 하는 자는 주요구조를 변경 또는 개조한 날부터 20일 이내(타워크레인의 주요 구조부를 변경 또는 개조하는 경우에는 변경 또는 개조 후 검사에 소요되는 기간 전)에 건설기계구조변경 검사신청서에 다음 서류를 첨부하여 시·도지사에게 제출하여야 한다.
  ㉮ 변경 전·후의 주요제원 대비표
  ㉯ 변경 전·후의 건설기계의 외관도(외관의 변경이 있는 경우에 한한다)
  ㉰ 변경한 부분의 도면
  ㉱ 선박안전기술공단 또는 선급법인이 발행한 안전도검사증명서(수상작업용 건설기계에 한한다)
  ㉲ 건설기계를 제작하거나 조립하는 자 또는 건설기계정비업자의 등록을 한 자가 발행하는 구조변경사실을 증명하는 서류

3.12. 건설기계 사후관리
① 건설기계를 판매한 날부터 12개월 동안 무상으로 건설기계의 정비 및 정비에 필요한 부품을 공급하여야 한다.
② 사후관리 기간 내 일지라도 취급설명서에 따라 관리하지 아니함으로 인하여 발생한 고장 또는 하자는 유상으로 정비하거나 부품을 공급할 수 있다.
③ 사후관리 기간 내 일지라도 정기적으로 교체하여야 하는 부품 또는 소모성부품에 대하여는 유상으로 공급할 수 있다.
④ 12개월 이내에 건설기계의 주행거리가 20,000km(원동기 및 차동장치의 경우에는 40,000km)를 초과하거나 가동시간이 2,000시간을 초과한 때에는 12개월이 경과한 것으로 본다.

3.13. 건설기계 조종사면허 취소사유
3.13.1. 면허취소 사유
① 거짓이나 그 밖의 부정한 방법으로 건설기계 조종사면허를 받은 경우
② 건설기계조종사의 효력정지 기간 중 건설기계를 조종한 경우
③ 건설기계 조종사면허의 결격사유에 해당하게 된 경우
- ㉮ 건설기계 조종 상의 위험과 장해를 일으킬 수 있는 정신질환자 또는 뇌전증환자
- ㉯ 앞을 보지 못하는 사람, 듣지 못하는 사람, 그 밖에 국토교통부령으로 정하는 장애인
- ㉰ 건설기계 조종 상의 위험과 장해를 일으킬 수 있는 마약·대마·향정신성 의약품 또는 알코올중독자
- ㉱ 건설기계 조종사면허가 취소된 날로부터 1년(거짓이나 그 밖의 부정한 방법으로 건설기계 조종사 면허를 받은 경우와 건설기계 조종사면허의 효력정지 기간 중에 건설기계를 조종 사유로 취소된 경우에는 2년)이 지나지 아니하였거나 건설기계 조종사면허의 효력정지 처분기잔 중에 있는 사람

④ 건설기계의 조종 중 고의 또는 과실로 중대한 사고를 일으킨 경우
- ㉮ 고의로 인명피해(사망·중상·경상 등)를 입힌 경우
- ㉯ 과실로 3명 이상을 사망하게 한 경우
- ㉰ 과실로 7명 이상에게 중상을 입힌 경우
- ㉱ 과실로 19명 이상에게 경상을 입힌 경우

⑤ 건설기계면허증을 다른 사람에게 빌려 준 경우
⑥ 술에 취한 상태에서 건설기계를 조종하다가 사고로 사람을 죽게 하거나 다치게 한 경우
⑦ 술에 만취한 상태(혈중 알코올 농도 0.08% 이상)에서 건설기계를 조종한 경우
⑧ 2회 이상 술에 취한 상태에서 건설기계를 조종하여 면허효력정지를 받은 사실이 있는 사람이 다시 술에 취한 상태에서 건설기계를 조종한 경우
⑨ 약물(마약·대마·향정신성 의약품 및 유해화학물질에 따른 환각물질)을 투여한 상태에서 건설기계를 조종한 경우

3.13.2. 면허정지 사유
① 인명피해를 입힌 경우
  ㉮ 사망 1명마다 : 면허효력정지 45일
  ㉯ 중상 1명마다 : 면허효력정지 15일
  ㉰ 경상 1명마다 : 면허효력정지 5일
② 재산피해 : 피해금액 50만 원마다 면허효력정지 1일(90일을 넘지 못함)
③ 건설기계 조종 중 고의 또는 과실로 가스공급시설을 손괴하거나 가스공급시설의 기능에 장애를 입혀 가스의 공급을 방해한 경우 : 면허효력정지 180일
④ 술에 취한 상태(혈중 알코올 농도 0.03% 이상 0.08% 미만)에서 건설기계를 조종한 경우 : 면허효력정지 60일

3.14. 벌칙
3.14.1. 2년 이하의 징역 또는 2천만원 이하의 벌금
① 등록되지 아니한 건설기계를 사용하거나 운행한 자
② 등록이 말소된 건설기계를 사용하거나 운행한 자
③ 시·도지사의 지정을 받지 아니하고 등록번호표를 제작하거나 등록번호를 새긴 자
④ 제작결함의 시정에 따른 시정명령을 이행하지 아니한 자
⑤ 등록을 하지 아니하고 건설기계사업을 하거나 거짓으로 등록을 한 자
⑥ 등록이 취소되거나 사업의 전부 또는 일부가 정지된 건설기계사업자로서 계속하여 건설기계사업을 한 자

3.14.2. 1년 이하의 징역 또는 1천만원 이하의 벌금
① 매매용 건설기계를 운행하거나 사용한 자
② 폐기인수 사실을 증명하는 서류의 발급을 거부하거나 거짓으로 발급한 자
③ 폐기요청을 받은 건설기계를 폐기하지 아니하거나 등록번호표를 폐기하지 아니한 자
④ 건설기계 조종사면허를 받지 아니하고 건설기계를 조종한 자
⑤ 건설기계 조종사면허를 거짓이나 그 밖의 부정한 방법으로 받은 자
⑥ 소형 건설기계의 조종에 관한 교육과정의 이수에 관한 증빙서류를 거짓으로 발급한 자

⑦ 건설기계 조종사면허가 취소되거나 건설기계 조종사면허의 효력정지처분을 받은 후에도 건설기계를 계속하여 조종한 자
⑧ 건설기계를 도로나 타인의 토지에 버려둔 자

3.14.3. 100만원 이하의 벌금
① 등록번호를 지워 없애거나 그 식별을 곤란하게 한 자
② 구조변경검사 또는 수시검사를 받지 아니한 자
③ 정비명령을 이행하지 아니한 자
④ 형식승인, 형식변경승인 또는 확인검사를 받지 아니하고 건설기계의 제작 등을 한 자
⑤ 사후관리에 관한 명령을 이행하지 아니한 자

3.15. 특별표지판 부착대상 건설기계
① 길이가 16.7m 초과인 경우
② 너비가 2.5m 초과인 경우
③ 최소 회전반경이 12m 초과인 경우
④ 높이가 4m 초과인 경우
⑤ 총중량이 40톤 초과인 경우
⑥ 축하중이 10톤 초과인 경우

3.16. 건설기계의 좌석안전띠 및 조명장치
3.16.1. 안전띠
① 30km/h 이상의 속도를 낼 수 있는 타이어식 건설기계에는 좌석안전띠를 설치해야 한다.
② 안전띠는 사용자가 쉽게 잠그고 풀 수 있는 구조이어야 한다.
③ 안전띠는 「산업표준화법」 제15조에 따라 인증을 받은 제품이어야 한다.

3.16.2. 조명장치
최고속도 15km/h 미만 타이어식 건설기계에 갖추어야 하는 조명장치는 전조등, 후부반사기, 제동등이다.

출제예상문제

교통법규 준수

01. 도로교통법의 제정목적을 바르게 나타낸 것은?
① 도로 운송사업의 발전과 운전자들의 권익보호
② 도로상의 교통사고로 인한 신속한 피해회복과 편익증진
③ 건설기계의 제작, 등록, 판매, 관리 등의 안전 확보
④ 도로에서 일어나는 교통상의 모든 위험과 장해를 방지하고 제거하여 안전하고 원활한 교통을 확보

02. 도로교통법상 도로에 해당되지 않는 것은?
① 해상 도로법에 의한 항로
② 차마의 통행을 위한 도로
③ 유료도로법에 의한 유료도로
④ 도로법에 의한 도로

03. 자동차전용도로의 정의로 가장 적합한 것은?
① 자동차만 다닐수 있도록 설치된 도로
② 보도와 차도의 구분이 없는 도로
③ 보도와 차도의 구분이 있는 도로
④ 자동차 고속주행의 교통에만 이용되는 도로

04. 도로교통법에서 안전지대의 정의에 관한 설명으로 옳은 것은?
① 버스정류장 표지가 있는 장소
② 자동차가 주차할 수 있도록 설치된 장소
③ 도로를 횡단하는 보행자나 통행하는 차마의 안전을 위하여 안전표지 등으로 표시된 도로의 부분
④ 사고가 잦은 장소에 보행자의 안전을 위하여 설치한 장소

05. 도로교통법상 정차의 정의에 해당하는 것은?
① 차가 10분을 초과하여 정지
② 운전자가 5분을 초과하지 않고 차를 정지시키는 것으로 주차 외의 정지 상태
③ 차가 화물을 싣기 위하여 계속 정지
④ 운전자가 식사하기 위하여 차고에 세워둔 것

06. 도로교통법상 안전거리 확보 정의로 맞는 것은?
① 주행 중 앞차가 급제동할 수 있는 거리
② 우측 가장자리로 피하여 진로를 양보할 수 있는 거리
③ 주행 중 앞차가 급정지하였을 때 앞차와 충돌을 피할 수 있는 거리
④ 주행 중 급정지하여 진로를 양보할 수 있는 거리

정답 ▶ 01. ④ 02. ① 03. ① 04. ③ 05. ② 06. ③

07. 도로교통법상 건설기계를 운전하여 도로를 주행할 때 서행에 대한 정의로 옳은 것은?
① 매시 60km 미만의 속도로 주행하는 것을 말한다.
② 운전자가 차를 즉시 정지시킬 수 있는 느린 속도로 진행하는 것을 말한다.
③ 정지거리 10m 이내에서 정지할 수 있는 경우를 말한다.
④ 매시 20km 이내로 주행하는 것을 말한다.

08. 도로교통법상 차로에 대한 설명으로 틀린 것은?
① 차로는 횡단보도나 교차로에는 설치할 수 없다.
② 차로의 너비는 원칙적으로 3m 이상으로 하여야 한다.
③ 일반적인 차로(일방통행도로 제외)의 순위는 도로의 중앙선 쪽에 있는 차로부터 1차로로 한다.
④ 차로의 너비보다 넓은 건설기계는 별도의 신청절차가 필요 없이 경찰청에 전화로 통보만 하면 운행할 수 있다.

09. 도로교통법령상 교통안전표지의 종류를 올바르게 나열한 것은?
① 교통안전표지는 주의, 규제, 시시, 안내, 교통표지로 되어있다.
② 교통안전표지는 주의, 규제, 지시, 보조, 노면표시로 되어있다.
③ 교통안전표지는 주의, 규제, 지시, 안내, 보조표지로 되어있다.
④ 교통안전표지는 주의, 규제, 안내, 보조, 통행표지로 되어있다.

10. 그림과 같은 교통안전표지의 뜻은?

① 좌합류 도로가 있음을 알리는 것
② 좌로 굽은 도로가 있음을 알리는 것
③ 우합류 도로가 있음을 알리는 것
④ 철길건널목이 있음을 알리는 것

11. 그림과 같은 교통안전표지의 뜻은?

① 좌합류 도로가 있음을 알리는 것
② 철길건널목이 있음을 알리는 것
③ 회전형교차로가 있음을 알리는 것
④ 좌로 계속 굽은도로가 있음을 알리는 것

12. 그림의 교통안전표지로 맞는 것은?

① 우로 이중 굽은 도로
② 좌우로 이중 굽은 도로
③ 좌로 굽은 도로
④ 회전형 교차로

13. 그림의 교통안전표지는?
① 좌·우회전 표지
② 좌·우회전 금지표지
③ 양측방 일방 통행표지
④ 양측방 통행 금지표지

14. 다음 그림과 같은 교통표지의 설명으로 맞는 것은?

① 좌로 일방통행 표지이다.
② 우로 일반통행 표지이다.
③ 일단정지 표지이다.
④ 진입금지 표지이다.

15. 그림과 같은 교통표지의 설명으로 맞는 것은?

① 유턴금지표지
② 횡단금지표지
③ 좌회전 표지
④ 회전표지

16. 그림과 같은 교통표지의 설명으로 맞는 것은?

① 차 중량제한 표지
② 차 높이 제한표지
③ 차 적재량 제한표지
④ 차 폭 제한표지

17. 다음 그림의 교통안전표지는 무엇인가?

① 차간거리 최저 50m이다.
② 차간거리 최고 50m이다.
③ 최저속도 제한표지이다.
④ 최고속도 제한표지이다.

18. 다음 교통안전표지에 대한 설명으로 맞는 것은?

① 최고중량 제한표시
② 차간거리 최저 30m 제한표지
③ 최고 시속 30킬로미터 속도제한표시
④ 최저 시속 30킬로미터 속도제한표시

19. 신호등에 녹색등화 시 차마의 통행방법으로 틀린 것은?
① 차마는 다른 교통에 방해되지 않을 때에 천천히 우회전할 수 있다.
② 차마는 직진할 수 있다.
③ 차마는 비보호 좌회전 표시가 있는 곳에서는 언제든지 좌회전을 할 수 있다.
④ 차마는 좌회전을 하여서는 아니된다.

해설> 비보호 좌회전 표시지역에서는 녹색 등화에서만 좌회전을 할 수 있다.

20. 좌회전을 하기 위하여 교차로에 진입되어 있을 때 황색등화로 바뀌면 어떻게 하여야 하는가?
① 정지하여 정지선으로 후진한다.
② 그 자리에 정지하여야 한다.
③ 신속히 좌회전하여 교차로 밖으로 진행한다.
④ 좌회전을 중단하고 횡단보도 앞 정지선까지 후진하여야 한다.

21. 정지선이나 횡단보도 및 교차로 직전에서 정지하여야 할 신호의 종류로 옳은 것은?
① 녹색 및 황색등화
② 황색등화의 점멸
③ 황색 및 적색등화
④ 녹색 및 적색등화

22. 교차로에서 적색등화 시 진행할 수 있는 경우는?
① 경찰공무원의 진행신호에 따를 때
② 교통이 한산한 야간운행 시
③ 보행자가 없을 때
④ 앞차를 따라 진행할 때

23. 다른 교통 또는 안전표지의 표시에 주의하면서 진행할 수 있는 신호로 가장 적합한 것은?
① 적색 X표 표시의 등화
② 황색등화 점멸
③ 적색의 등화
④ 녹색 화살표시의 등화

24. 다음 ( )안에 들어갈 알맞은 말은?

"도로를 통행하는 차마의 운전자는 교통안전시설이 표시하는 신호 또는 지시와 교통정리를 위한 경찰공무원 등의 신호 또는 지시가 다른 경우에는 (A)의 (B)에 따라야 한다.

① A-운전자, B-판단
② A-교통안전시설, B-신호 또는 지시
③ A-경찰공무원, B-신호 또는 지시
④ A-교통신호, B-신호

25. 도로교통법상 교통안전시설이나 교통정리요원의 신호가 서로 다른 경우에 우선시 되어야 하는 신호는?
① 신호등의 신호
② 안전표시의 지시
③ 경찰공무원의 수신호
④ 경비업체 관계자의 수신호

26. 고속도로를 제외한 도로에서 위험을 방지하고 교통의 안전과 원활한 소통을 확보하기 위하여 필요 시 구역 또는 구간을 지정하여 자동차의 속도를 제한할 수 있는 자는?
① 경찰서장
② 국토교통부장관
③ 지방경찰청장
④ 도로교통공단이사장

해설〉 지방경찰청장은 도로에서 위험을 방지하고 교통의 안전과 원활한 소통을 확보하기 위하여 필요하다고 인정하는 때에 구역 또는 구간을 지정하여 자동차의 속도를 제한할 수 있다.

27. 도로교통법상 모든 차의 운전자가 반드시 서행하여야 하는 장소에 해당하지 않는 것은?
① 도로가 구부러진 부분
② 비탈길 고갯마루 부근
③ 편도 2차로 이상의 다리 위
④ 가파른 비탈길의 내리막

해설〉 서행하여야 할 장소
① 교통정리를 하고 있지 아니하는 교차로
② 도로가 구부러진 부근
③ 비탈길의 고갯마루 부근
④ 지방경찰청장이 안전표지로 지정한 곳

정답〉 21. ③ 22. ① 23. ② 24. ③ 25. ③ 26. ③ 27. ③

28. 도로교통법상 폭우·폭설·안개 등으로 가시거리가 100m 이내일 때 최고속도의 감속으로 옳은 것은?
① 20%　　② 50%
③ 60%　　④ 80%

29. 도로교통법에서 안전운행을 위해 차속을 제한하고 있는데 악천후 시 최고 속도의 100분의 50으로 감속 운행하여야 할 경우가 아닌 것은?
① 노면이 얼어붙은 때
② 폭우, 폭설, 안개 등으로 가시거리가 100m 이내인 때
③ 비가 내려 노면이 젖어 있을 때
④ 눈이 20mm 이상 쌓인 때

30. 가장 안전한 앞지르기 방법은?
① 좌·우측으로 앞지르기 하면 된다.
② 앞차의 속도와 관계없이 앞지르기를 한다.
③ 반드시 경음기를 울려야 한다.
④ 반대방향의 교통, 전방의 교통 및 후방에 주의를 하고 앞차의 속도에 따라 안전하게 한다.

31. 앞지르기를 할 수 없는 경우에 해당되는 것은?
① 앞차의 좌측에 다른 차가 나란히 진행하고 있을 때
② 앞차가 우측으로 진로를 변경하고 있을 때
③ 앞차가 그 앞차와의 안전거리를 확보하고 있을 때
④ 앞차가 양보신호를 할 때

32. 앞지르기 금지장소가 아닌 것은?
① 터널 안, 앞지르기 금지표지 설치장소
② 버스 정류장부근, 주차금지 구역
③ 경사로의 정상부근, 급경사로의 내리막
④ 교차로, 다리 위, 도로의 구부러진 곳

33. 차로의 순위(일방통행도로는 제외)는?
① 도로의 중앙 좌측으로부터 1차로로 한다.
② 도로의 중앙선으로부터 1차로로 한다.
③ 도로의 우측으로부터 1차로로 한다.
④ 도로의 좌측으로부터 1차로로 한다.
해설 차로의 순위는 도로의 중앙선으로부터 1차로로 한다.

34. 편도 4차로의 일반도로에서 굴삭기와 지게차는 어느 차로로 통행해야 하는가?
① 1차로
② 2차로
③ 1차로 또는 2차로
④ 4차로

35. 도로교통법에서는 교차로, 터널 안, 다리 위 등을 앞지르기 금지장소로 규정하고 있다. 그 외 앞지르기 금지장소를 다음 [보기]에서 모두 고르면?

[보기]
A. 도로의 구부러진 곳
B. 비탈길의 고갯마루 부근
C. 가파른 비탈길의 내리막

① A　　② A, B
③ B, C　　④ A, B, C

36. 차마가 도로의 중앙이나 좌측부분을 통행할 수 있는 경우는 도로 우측부분의 폭이 몇 m에 미달하는 도로에서 앞지르기를 할 때인가?
   ① 2m   ② 3m
   ③ 5m   ④ 6m
   해설〉 차마가 도로의 중앙이나 좌측부분을 통행할 수 있는 경우는 도로 우측부분의 폭이 6m에 미달하는 도로에서 앞지르기를 할 때이다.

37. 편도 4차로 일반도로에서 4차로가 버스전용차로일 때, 건설기계는 어느 차로로 통행하여야 하는가?
   ① 2차로   ② 3차로
   ③ 4차로   ④ 한가한 차로

38. 도로의 중앙을 통행할 수 있는 행렬로 옳은 것은?
   ① 학생의 대열
   ② 말·소를 몰고 가는 사람
   ③ 사회적으로 중요한 행사에 따른 시가행진
   ④ 군부대의 행렬

39. 도로교통 관련법상 차마의 통행을 구분하기 위한 중앙선에 대한 설명으로 옳은 것은?
   ① 백색실선 또는 황색점선으로 되어있다.
   ② 백색실선 또는 백색점선으로 되어있다.
   ③ 황색실선 또는 황색점선으로 되어있다.
   ④ 황색실선 또는 백색점선으로 되어있다.
   해설〉 노면표시의 중앙선은 황색의 실선 및 점선으로 되어있다.

40. 교통안전표지 중 노면표지에서 차마가 일시 정지해야 하는 표시로 옳은 것은?
   ① 황색실선으로 표시한다.
   ② 백색점선으로 표시한다.
   ③ 황색점선으로 표시한다.
   ④ 백색실선으로 표시한다.

41. 편도 1차로인 도로에서 중앙선이 황색실선인 경우의 앞지르기 방법으로 맞는 것은?
   ① 절대로 안 된다.
   ② 아무데서나 할 수 있다.
   ③ 앞차가 있을 때만 할 수 있다.
   ④ 반대 차로에 차량통행이 없을 때 할 수 있다.

42. 도로교통법령상 보도와 차도가 구분된 도로에 중앙선이 설치되어 있는 경우 차마의 통행방법으로 옳은 것은?(단, 도로의 파손 등 특별한 사유는 없다.)
   ① 중앙선 좌측   ② 중앙선 우측
   ③ 보도   ④ 보도의 좌측

43. 차마의 통행방법으로 도로의 중앙이나 좌측부분을 통행할 수 있는 경우로 가장 적합한 것은?
   ① 교통신호가 사주 바뀌어 통행에 불편을 느낄 때
   ② 과속 방지턱이 있어 통행에 불편할 때
   ③ 차량의 혼잡으로 교통소통이 원활하지 않을 때
   ④ 도로의 파손, 도로공사 또는 우측부분을 통행할 수 없을 때

44. 도로에서는 차로별 통행구분에 따라 통행하여야 한다. 위반이 아닌 경우는?
① 왕복 4차선 도로에서 중앙선을 넘어 앞지르기를 하는 행위
② 두 개의 차로를 걸쳐서 운행하는 행위
③ 일방통행도로에서 중앙이나 좌측부분을 통행하는 행위
④ 여러 차로를 연속적으로 가로 지르는 행위

45. 진로변경을 해서는 안 되는 경우는?
① 안전표지(진로변경 제한선)가 설치되어 있을 때
② 시속 50km/h 이상으로 주행할 때
③ 교통이 복잡한 도로일 때
④ 3차로의 도로일 때
해설〉 노면표시의 진로변경 제한선은 백색실선이며, 진로변경을 할 수 없다.

46. 노면표시 중 진로변경 제한선에 대한 설명으로 맞는 것은?
① 황색점선은 진로변경을 할 수 없다.
② 백색점선은 진로변경을 할 수 없다.
③ 황색실선은 진로변경을 할 수 있다.
④ 백색실선은 진로변경을 할 수 없다.

47. 진로를 변경하고자 할 때 운전자가 지켜야 할 사항으로 틀린 것은?
① 신호는 행위가 끝날 때까지 계속하여야 한다.
② 방향지시기로 신호를 한다.
③ 손이나 등화로도 신호를 할 수 있다.
④ 제한속도에 관계없이 최단시간 내에 진로변경을 하여야 한다.

48. 주행 중 진로를 변경하고자 할 때 운전자가 지켜야할 사항으로 틀린 것은?
① 후사경 등으로 주위의 교통상황을 확인한다.
② 신호를 주어 뒤차에게 알린다.
③ 진로를 변경할 때에는 뒤차에 주의할 필요가 없다.
④ 뒤에서 따라오는 차보다 느린 속도로 가려는 경우에는 도로의 우측 가장자리로 피하여 진로를 양보하여야 한다.

49. 도로교통법상에서 운전자가 주행방향 변경 시 신호를 하는 방법으로 틀린 것은?
① 방향전환, 횡단, 유턴, 정지 또는 후진 시 신호를 하여야 한다.
② 신호의 시기 및 방법은 운전자가 편리한 대로 한다.
③ 진로변경 시에는 손이나 등화로서 신호 할 수 있다.
④ 진로변경의 행위가 끝날 때까지 신호를 하여야 한다.

50. 운전자가 진행방향을 변경하려고 할 때 신호를 하여야 할 시기로 옳은 것은? (단, 고속도로 제외)
① 변경하려고 하는 지점의 3m 전에서
② 변경하려고 하는 지점의 10m 전에서
③ 변경하려고 하는 지점의 30m 전에서
④ 특별히 정하여져 있지 않고, 운전자 임의대로
해설〉 진행방향을 변경하려고 할 때 신호를 하여야 할 시기는 변경하려고 하는 지점의 30m 전 이다.

51. 다음 중 통행의 우선순위가 맞는 것은?
① 긴급자동차 → 일반 자동차 → 원동기장치 자전거
② 긴급자동차 → 원동기장치 자전거 → 승용자동차
③ 건설기계 → 원동기장치 자전거 → 승합자동차
④ 승합자동차 → 원동기장치 자전거 → 긴급자동차

52. 출발지 관할 경찰서장이 안전기준을 초과하여 운행할 수 있도록 허가하는 사항에 해당되지 않는 것은?
① 적재중량 ② 운행속도
③ 승차인원 ④ 적재용량
해설 안전기준을 초과하여 운행할 수 있도록 허가하는 사항은 적재중량, 승차인원, 적재용량이다.

53. 승차 또는 적재의 방법과 제한에서 운행상의 안전기준을 넘어서 승차 및 적재가 가능한 경우는?
① 도착지를 관할하는 경찰서장의 허가를 받은 때
② 출발지를 관할하는 경찰서장의 허가를 받은 때
③ 관할 시·군수의 허가를 받은 때
④ 동·읍·면장의 허가를 받는 때
해설 승차인원·적재중량에 관하여 안전기준을 넘어서 운행하고자 하는 경우 출발지를 관할하는 경찰서장의 허가를 받아야 한다.

54. 도로에서 정차를 하고자 할 때의 방법으로 옳은 것은?
① 차체의 전단부가 도로 중앙을 향하도록 비스듬히 정차한다.
② 진행방향의 반대방향으로 정차한다.
③ 차도의 우측 가장자리에 정차한다.
④ 일방통행로에서 좌측 가장자리에 정차한다.

55. 버스정류장 표지판으로부터 몇 m 이내에 정차 및 주차를 해서는 안 되는가?
① 3m ② 5m
③ 8m ④ 10m

56. 안전기준을 초과하는 화물의 적재허가를 받은 자는 그 길이 또는 폭의 양끝에 몇 cm 이상의 빨간 헝겊으로 된 표지를 달아야 하는가?
① 너비 : 15cm, 길이 : 30cm
② 너비 : 20cm, 길이 : 40cm
③ 너비 : 30cm, 길이 : 50cm
④ 너비 : 60cm, 길이 : 90cm

57. 횡단보도로부터 몇 m 이내에 정차 및 주차를 해서는 안 되는가?
① 3m ② 5m
③ 8m ④ 10m

58. 주차 및 정차금지 장소는 건널목의 가장자리로부터 몇 m 이내인 곳인가?
① 50m ② 10m
③ 30m ④ 40m

59. 도로교통법상 도로의 모퉁이로부터 몇 m 이내의 장소에 정차하여서는 안 되는가?
① 2m ② 3m
③ 5m ④ 10m

정답 51.① 52.② 53.② 54.③ 55.④ 56.③ 57.④ 58.② 59.③

60. 도로교통법에 따라 소방용 기계기구가 설치된 곳, 소방용 방화물통, 소화전 또는 소화용 방화물통의 흡수구나 흡수관으로부터 ( ) 이내의 지점에 주차하여서는 아니 된다. ( )안에 들어갈 거리는 ?
① 10m　　② 7m
③ 5m　　④ 3m

61. 5m 이내에 주차만 금지된 장소로 옳은 것은 ?
① 소방용 기계·기구가 설치된 곳
② 소방용 방화물통이 설치된 곳
③ 소화용 방화물통의 흡수구나 흡수관이 설치된 곳
④ 도로공사 구역의 양쪽 가장자리

62. 4차로 이상 고속도로에서 건설기계의 법정 최고속도는 시속 몇 km인가 ?(단, 경찰청장이 일부 구간에 대하여 제한속도를 상향 지정한 경우는 제외한다.)
① 50　　② 60
③ 100　　④ 80

63. 경찰청장이 최고속도를 지정·고시한 노선 또는 구간의 고속도로에서 건설기계 법정 최고속도는 매시 몇 km 인가 ?
① 100　　② 90
③ 80　　④ 60

64. 도로교통법상 4차로 이상 고속도로에서 건설기계의 최저속도는 ?
① 30km/h　　② 40km/h
③ 50km/h　　④ 60km/h

65. 도로운행시의 건설기계의 축하중 및 총중량 제한은 ?
① 윤하중 5톤 초과, 총중량 20톤 초과
② 축하중 10톤 초과, 총중량 20톤 초과
③ 축하중 10톤 초과, 총중량 40톤 초과
④ 윤하중 10톤 초과, 총중량 10톤 초과

해설〉 도로를 운행할 때 건설기계의 축하중 및 총중량 제한은 축하중 10톤 초과, 총중량 40톤 초과이다.

66. 피견인차의 설명으로 가장 옳은 것은 ?
① 자동차로 볼 수 없다.
② 자동차의 일부로 본다.
③ 화물자동차이다.
④ 소형자동차이다.

67. 자동차의 승차정원에 대한 내용으로 맞는 것은 ?
① 등록증에 기재된 인원
② 화물자동차 4명
③ 승용자동차 4명
④ 운전자를 제외한 나머지 인원

68. 다음 중 도로교통법을 위반한 경우는 ?
① 밤에 교통이 빈번한 도로에서 전조등을 계속 하향했다.
② 낮에 어두운 터널 속을 통과할 때 전조등을 켰다.
③ 소방용 방화물통으로부터 10m 지점에 주차하였다.
④ 노면이 얼어붙은 곳에서 최고속도의 20/100을 줄인 속도로 운행하였다.

정답〉 60. ③　61. ④　62. ④　63. ②　64. ③　65. ③　66. ②　67. ①　68. ④

69. 차로가 설치된 도로에서 통행방법 위반으로 옳은 것은?
① 택시가 건설기계를 앞지르기를 하였다.
② 차로를 따라 통행하였다.
③ 경찰관의 지시에 따라 중앙 좌측으로 진행하였다.
④ 두 개의 차로에 걸쳐 운행하였다.

70. 도로교통법에 위반이 되는 행위는?
① 철길건널목 바로 전에 일시정지 하였다.
② 야간에 차가 서로 마주보고 진행할 때 전조등의 광도를 감하였다.
③ 다리 위에서 앞지르기를 하였다.
④ 주간에 방향을 전환할 때 방향지시등을 켰다.

71. 횡단보도에서의 보행자 보호의무 위반 시 받는 처분으로 옳은 것은?
① 면허취소   ② 즉심회부
③ 통고처분   ④ 형사입건

72. 도로교통법상 과태료를 부과할 수 있는 대상자는?
① 운전자가 현장에 없는 주·정차 위반 차의 고용주
② 무면허 운전을 한 운전자와 그 차의 사용자
③ 교통사고를 야기하고 손해배상을 하지 않은 운전자
④ 술에 취한 운전자로 하여금 운전하게 한 버스회사 사장

73. 범칙금 납부통고서를 받은 사람은 며칠 이내에 경찰청장이 지정하는 곳에 납부하여야 하는가?(단, 천재지변이나 그 밖의 부득이한 사유가 있는 경우는 제외한다)
① 5일   ② 10일
③ 15일   ④ 30일

[해설] 범칙금 납부통고서를 받은 사람은 10일이내에 경찰청장이 지정하는 곳에 납부하여야 한다.

74. 도로교통법에 의한 통고처분의 수령을 거부하거나 범칙금을 기간 안에 납부치 못한 자는 어떻게 처리되는가?
① 면허의 효력이 정지된다.
② 면허증이 취소된다.
③ 연기신청을 한다.
④ 즉결 심판에 회부된다.

75. 교통사고 발생 후 벌점기준으로 틀린 것은?
① 중상 1명마다 30점
② 사망 1명마다 90점
③ 경상 1명마다 5점
④ 부상신고 1명마다 2점

76. 운전면허 취소·정지처분에 해당되는 것은?
① 운전 중 중앙선 침범을 하였을 때
② 운전 중 신호위반을 하였을 때
③ 운전 중 과속운전을 하였을 때
④ 운전 중 고의로 교통사고를 일으킨 때

77. 1년간 벌점에 대한 누산점수가 최소 몇 점 이상이면 운전면허가 취소되는가?
① 271   ② 190
③ 121   ④ 201

[해설] 1년간 벌점에 누산점수가 최소 121점 이상이면 운전면허가 취소된다.

정답 ▶ 69. ④ 70. ③ 71. ③ 72. ① 73. ② 74. ④ 75. ① 76. ④ 77. ③

78. 도로교통법상 술에 취한 상태의 기준으로 옳은 것은 ?
   ① 혈중 알코올농도 0.01% 이상
   ② 혈중 알코올농도 0.02% 이상
   ③ 혈중 알코올농도 0.03% 이상
   ④ 혈중 알코올농도 0.1% 이상

79. 술에 만취한 상태(혈중 알코올 농도 0.08% 이상)에서 건설기계를 조종한 자에 대한 면허의 취소·정지처분 내용은?
   ① 면허취소
   ② 면허효력정지 60일
   ③ 면허효력정지 50일
   ④ 면허효력 정지 70일

80. 술에 취한 상태로 타이어식 건설기계를 도로에서 운전하였을 경우 벌금은 ?
   ① 500만원 이하의 벌금
   ② 200만원 이하의 벌금
   ③ 100만원 이하의 벌금
   ④ 300만원 이하의 벌금

81. 교통사고로서 중상의 기준에 해당하는 것은 ?
   ① 1주 이상의 치료를 요하는 부상
   ② 2주 이상의 치료를 요하는 부상
   ③ 3주 이상의 치료를 요하는 부상
   ④ 4주 이상의 치료를 요하는 부상
   해설〉 경상은 3주 미만의 치료를 요하는 부상이고, 중상은 3주 이상의 치료를 요하는 부상이다.

82. 도로명 중 도로구간이 서로 연결되어 있으면서 그 이름이 같은 도로명을 말하는 것은 ?
   ① 유사 도로명   ② 임시 도로명
   ③ 동일 도로명   ④ 기타 도로명

83. 도로교통법령상 총중량 2000kg 미만인 자동차를 총중량이 그의 3배 이상인 자동차로 견인할 때의 속도는 ?(단, 견인하는 차량이 견인자동차가 아닌 경우이다)
   ① 매시 30km 이내
   ② 매시 50km 이내
   ③ 매시 80km 이내
   ④ 매시 100km 이내
   해설〉 총중량 2000kg 미달인 자동차를 그의 3배 이상의 총중량 자동차로 견인할 때의 속도는 매시 30km 이내이다.

84. 도로표지의 판독성과 시인성을 확보하기 위하여 도시지역에서는 도로표지 전방 최소 몇 미터 이내의 가로수 등 장애물을 제거하여야 하며 새로이 식재해서도 안 되는 가 ?
   ① 100m   ② 70m
   ③ 50m   ④ 40m

85. 도로구간을 설정할 때 정하여야 할 사항 중 틀린 것은 ?
   ① 도로구간의 중심선과 끝 지점
   ② 도로구간의 시작지점 및 끝 지점
   ③ 도로구간의 중심점
   ④ 도로구간의 관할 행정구역

86. 도로명 주소법 목적을 바르게 설명한 것은 어느 것인가?
   ① 법에 따라 부여된 도로명, 건물번호 및 상세주소에 의하여 표기하는 주소를 말한다.
   ② 도로명주소, 국가기초구역 및 국가지점번호의 표기·관리·활용과 도로명주소의 부여·사용·관리 등에 관한 사항을 규정함이다.
   ③ 도로명주소를 부여하기 위하여 도로구간마다 부여한 이름을 말한다.
   ④ 법에 따라 부여된 도로명, 건물번호 및 상세주소(상세주소가 있는 경우만 해당한다.)에 의하여 표기하는 주소를 말한다.

87. 다음 그림 방향표지는 방향 또는 방면을 나타내는 표지이다. 고속도로에서 첫 번째 출구감속차로의 시점으로부터 각각 전방 몇 km 지점에 설치하는가?

   ① 3km   ② 2km
   ③ 1km   ④ 150m

88. 도로구간의 시작지점 및 끝 지점 기준으로 틀린 것은?
   ① 강·하천·바다 등의 땅 모양과 땅위 물체, 시·군·구의 경계를 고려할 것
   ② 시작지점부터 끝 지점까지 도로가 연결되어 있을 것
   ③ 서쪽과 동쪽을 잇는 도로는 서쪽을 시작지점으로
   ④ 남쪽과 북쪽을 잇는 도로는 북쪽을 시작지점으로

89. 다음 중 오른쪽 한 방향용 도로명판에 대한 설명으로 틀린 것은?

   ① 전북로 도로 이름을 나타낸다.
   ② "1→"는 현 위치 도로의 시작점이다.
   ③ 전북로는 1번지부터 143번지까지 이다.
   ④ 전북로는 1.43km이다.

   해설> 도로의 폭이 12m 이상 40m 미만이거나 왕복 2차로 이상 8차로 미만인 도로로 전북로는 도로이름. "1→"는 현 위치 도로의 시작점. "143"은 143×10m로 1.43km이다.

90. 다음 중 왼쪽 한 방향용 도로명판에 대한 설명으로 올바른 것은?

   ① "←143"는 현 위치 도로의 시작점이다.
   ② 전북로는 길이 143m이다.
   ③ 전북로의 143번지부터 1번지로 가는 지점이다.
   ④ "←143"는 현 위치는 도로의 끝지점이다.

91. 다음 중 앞쪽 방향용 도로명판에 대한 설명으로 틀린 것은?

① "90→"은 현재 위치는 90번을 가리킨다.
② "90→250"은 남은 거리가 160m이다.
③ "90→250"은 남은 거리가 1.6km이다.
④ 전북로 도로의 중간 지점이다.

92. 다음 그림의 도로 표지판이 의미하는 것으로 올바른 것은?

① 도로명 등을 예고해 주는 도로명 예고 표지이다.
② 도로명 등을 나타내는 도로명 표지이다.
③ 목적지까지 거리를 나타내는 이정표지이다.
④ 교통의 흐름을 명확히 분류하기 위해 진행방향의 차로를 안내하는 표지이다.

93. 다음의 도로 표지판이 의미하는 것으로 맞는 것은?

① 도로명을 나타내는 표지이다.
② 교통의 흐름을 명확히 분류하기 위하여 진행방향의 차로를 안내하는 표지이다.
③ 목적지까지의 거리를 나타내는 이정표지이다.
④ 도로명 등을 예고해 주는 도로명 예고 표지이다.

94. 다음의 양방향용 도로명판에 대한 설명으로 올바른 것은?

① 목적지까지의 거리를 나타내는 이정표지이다.
② 방배로 도로 명판으로 좌측으로 54m, 우측으로 58m거리를 나타낸다.
③ 양방향용 도로명판으로 전방 교차 도로는 방배로를 의미하며, 54는 좌측으로 54번 이하 건물위치, 58은 우측 58번 이상 건물 위치를 의미한다.
④ 도로명 등을 예고해 주는 도로명 예고 표지이다.

95. 도로표지에 노선번호를 표시하는 경우 다음 중 맞지 않은 것은?
① 특별시도·광역시도 또는 시도의 경우 : 백색바탕에 청색글자
② 고속국도·일반국도의 경우 : 청색바탕에 백색글자
③ 지방도의 경우 : 황색바탕에 청색글자
④ 고속국도의 진출입번호를 표시하는 경우 : 청색바탕에 백색글자

96. 3방향 도로명 표지에 대한 설명으로 틀린 것은?

① 시청방향으로 직진하던 차량이 우회전 하는 경우 마포로 방향으로 진입할 수 있다.
② 차량을 직진하는 경우 고가차도로 시청방향으로 갈 수 있다.
③ 시청방향으로 직진하던 차량이 우회전 하는 경우 충정로방향으로 진입할 수 없다.
④ 시청방향으로 직진하던 차량이 우회전 하는 경우 충정로방향으로 진입할 수 있다.

97. 다음 중 지하차도 교차로를 나타내는 표지는?

①

②

③

④

98. 다음 도로 표지판이 나타내는 것으로 틀린 것은?

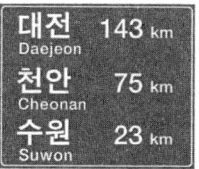

① 고속도로일 경우 목적지 고속도로의 IC에까지 거리를 나타내는 이정표지 이다.
② 국도의 경우는 시청, 구청, 동사무소까지의 거리를 나타내는 이정표지 이다.
③ 대전 IC까지 143km 거리가 남았다.
④ 교통의 흐름을 명확히 분류하기 위하여 진행방향의 차로를 안내하는 차로 지정하는 표지이다.

안전운전 준수

01. 도로교통법에 따라 뒤차에게 앞지르기를 시키려는 때 적절한 신호방법은?
① 오른팔 또는 왼팔을 차체의 왼쪽 또는 오른쪽 밖으로 수평으로 펴서 손을 앞, 뒤로 흔들 것
② 팔을 차체 밖으로 내어 45도 밑으로 펴서 손바닥을 뒤로 향하게 하여 그 팔을 앞, 뒤로 흔들거나 후진등을 켤 것
③ 팔을 차체 밖으로 내어 45도 밑으로 펴거나 제동등을 켤 것
④ 양팔을 모두 차체의 밖으로 내어 크게 흔들 것

해설〉 뒤차에게 앞지르기를 시키려는 때에는 오른팔 또는 왼팔을 차체의 왼쪽 또는 오른쪽 밖으로 수평으로 펴서 손을 앞, 뒤로 흔들 것

02. 교통정리가 행하여지고 있지 않은 교차로에서 차량이 동시에 교차로에 진입한 때의 우선순위로 옳은 것은?
① 소형 차량이 우선한다.
② 우측도로의 차가 우선한다.
③ 좌측도로의 차가 우선한다.
④ 중량이 큰 차량이 우선한다.

03. 일방통행으로 된 도로가 아닌 교차로 또는 그 부근에서 긴급자동차가 접근하였을 때 운전자가 취해야 할 방법으로 옳은 것은?
① 교차로의 우측 가장자리에 일시 정지하여 진로를 양보한다.
② 교차로를 피하여 도로의 우측 가장자리에 일시 정지한다.
③ 서행하면서 앞지르기 하라는 신호를 한다.
④ 그대로 진행방향으로 진행을 계속한다.
해설〉 교차로 또는 그 부근에서 긴급자동차가 접근하였을 때에는 교차로를 피하여 도로의 우측 가장자리에 일시 정지한다.

04. 신호등이 없는 교차로에 좌회전하려는 버스와 그 교차로에 진입하여 직진하고 있는 건설기계가 있을 때 어느 차가 우선권이 있는가?
① 직진하고 있는 건설기계가 우선
② 좌회전하려는 버스가 우선
③ 사람이 많이 탄 차가 우선
④ 형편에 따라서 우선순위가 정해짐

05. 편도 4차로의 경우 교차로 30m 전방에서 우회전을 하려면 몇 차로로 진입통행 해야 하는가?
① 2차로와 3차로로 통행한다.
② 1차로와 2차로로 통행한다.
③ 1차로로 통행한다.
④ 4차로로 통행한다.

06. 교차로 통행방법 설명 중 틀린 것은?
① 교차로 내는 차선이 없으므로 진행방향을 임의로 바꿀 수 있다.
② 좌회전할 때에는 교차로 중심 안쪽으로 서행한다.
③ 교차로에서 직진하려는 차는 이미 교차로에 진입하여 좌회전하고 있는 차의 진로를 방해할 수 없다.
④ 교차로에서 우회전할 때에는 서행하여야 한다.

07. 교차로에서 직진하고자 신호대기 중에 있는 차가 진행신호를 받고 가장 안전하게 통행하는 방법은?
① 진행권리가 부여되었으므로 좌우의 진행차량에는 구애 받지 않는다.
② 직진이 최우선이므로 진행 신호에 무조건 따른다.
③ 신호와 동시에 출발하면 된다.
④ 좌우를 살피며 계속보행 중인 보행자와 진행하는 교통의 흐름에 유의하여 진행한다.

정답〉 02. ② 03. ② 04. ① 05. ④ 06. ① 07. ④

08. 건설기계를 운전하여 교차로에서 우회전을 하려고 할 때 가장 적합한 것은?
① 우회전은 신호가 필요 없으며, 보행자를 피하기 위해 빠른 속도로 진행한다.
② 신호를 행하면서 서행으로 주행하여야 하며, 교통신호에 따라 횡단하는 보행자의 통행을 방해하여서는 아니 된다.
③ 우회전은 언제 어느 곳에서나 할 수 있다.
④ 우회전 신호를 행하면서 빠르게 우회전한다.

09. 차마가 길가의 건물이나 주차장 등에서 도로에 들어가고자 하는 때의 올바른 통행방법은?
① 서행하면서 진행한다.
② 일시정지 후 안전을 확인하면서 서행한다.
③ 경음기를 사용하면서 통과한다.
④ 보행자가 있는 경우는 빨리 통과한다.
[해설] 차마가 주차장 등에서 나올 때 보도를 통과하는 경우에는 일시정지 후 안전을 확인하면서 통과한다.

10. 차마가 도로 이외의 장소에 출입하기 위하여 보도를 횡단하려고 할 때 가장 적절한 통행방법은?
① 보행자가 없으면 빨리 주행한다.
② 보행자가 있어도 차마가 우선 출입한다.
③ 보행자 유무에 구애받지 않는다.
④ 보도 직전에서 일시 정지하여 보행자의 통행을 방해하지 말아야 한다.

11. 차로가 설치되지 아니한 좁은 도로에서 보행자의 옆을 지나는 경우 가장 올바른 방법은?
① 보행자 옆을 속도 내어 감속 없이 빨리 주행한다.
② 경음기를 울리면서 주행한다.
③ 안전거리를 두고 서행한다.
④ 보행자가 멈춰 있을 때는 서행하지 않아도 된다.

12. 동일방향으로 주행하고 있는 전·후 차 간의 안전운전 방법으로 틀린 것은?
① 뒤차는 앞차가 급정지할 때 충돌을 피할 수 있는 필요한 안전거리를 유지한다.
② 뒤에서 따라오는 차량의 속도보다 느린 속도로 진행하려고 할 때에는 진로를 양보한다.
③ 앞차가 다른 차를 앞지르고 있을 때에는 더욱 빠른 속도로 앞지른다.
④ 앞차는 부득이한 경우를 제외하고는 급정지·급감속을 하여서는 안 된다.

13. 신호등이 없는 철길건널목 통과방법 중 옳은 것은?
① 차단기가 올라가 있으면 그대로 통과해도 된다.
② 반드시 일시정지를 한 후 안전을 확인하고 통과한다.
③ 신호등이 진행신호일 경우에도 반드시 일시정지를 하여야 한다.
④ 일시정지를 하지 않아도 좌우를 살피면서 서행으로 통과하면 된다.

정답 08. ② 09. ② 10. ④ 11. ③ 12. ③ 13. ②

14. 일시정지를 하지 않고도 철길건널목을 통과할 수 있는 경우는?

① 차단기가 내려져 있을 때
② 경보기가 울리지 않을 때
③ 앞차가 진행하고 있을 때
④ 신호등이 진행신호 표시일 때

해설 일시정지를 하지 않고도 철길건널목을 통과할 수 있는 경우는 신호등이 진행신호 표시이거나 간수가 진행신호를 하고 있을 때이다.

15. 철길 건널목 통과방법에 대한 설명으로 틀린 것은?

① 철길 건널목에 일시정지 표지가 없을 때는 서행하면서 통과한다.
② 철길 건널목에서는 반드시 일시정지 한 수 안전함을 확인 후에 통과한다.
③ 철길 건널목에서는 앞지르기를 하여서는 안 된다.
④ 철길 건널목 부근에서는 주·정차를 하여서는 안 된다.

16. 도로 교통법상 보행자 보호에 대한 설명으로 맞는 것은?

① 모든 차의 운전자는 보행자가 횡단보도를 통행하고 있을 때에는 그 횡단보도를 통과 후 일시정지 하여 보행자의 횡단을 방해하거나 위험을 주어서는 아니 된다.
② 모든 차의 운전자는 보행자가 횡단보도를 통행하고 있을 때에는 신속히 횡단하도록 한다.
③ 모든 차의 운전자는 보행자가 횡단보도를 통행하고 있을 때에는 그 횡단보도에 정지하여 보행자가 통과 후 진행하도록 한다.
④ 모든 차의 운전자는 보행자가 횡단보도를 통행하고 있을 때에는 그 횡단보도 앞에서 일시 정지하여 보행자의 횡단을 방해하거나 위험을 주어서는 아니 된다.

17. 보기에서 도로교통법상 어린이보호와 관련하여 위험성이 큰 놀이기구로 정하여 운전자가 특별히 주의하여야 할 놀이기구로 지정한 것을 모두 조합한 것은?

[보기]
ㄱ. 킥보드   ㄴ. 롤러스케이트
ㄷ. 인라인스케이트   ㄹ. 스케이트보드
ㅁ. 스노보드

① ㄱ, ㄴ
② ㄱ, ㄴ, ㄷ, ㄹ
③ ㄱ, ㄴ, ㄷ
④ ㄱ, ㄴ, ㄷ, ㄹ, ㅁ

18. 철길건널목 안에서 차가 고장이 나서 운행할 수 없게 된 경우 운전자의 조치사항과 가장 거리가 먼 것은?

① 철도공무 중인 직원이나 경찰공무원에게 즉시 알려 차를 이동하기 위한 필요한 조치를 한다.
② 차를 즉시 건널목 밖으로 이동시킨다.
③ 승객을 하차시켜 즉시 대피시킨다.
④ 현장을 그대로 보존하고 경찰관서로 가서 고장신고를 한다.

정답 ▶ 14. ④ 15. ① 16. ④ 17. ② 18. ④

19. 밤에 도로에서 차를 운행하거나 일시 정지할 때 켜야 할 등화는?
① 전조등, 안개등과 번호등
② 전조등, 차폭등과 미등
③ 전조등, 실내등과 미등
④ 전조등, 제동등과 번호등

20. 밤에 도로에서 차를 운행하는 경우 등의 등화로 틀린 것은?
① 견인되는 차 : 미등, 차폭등 및 번호등
② 원동기장치자전거 : 전조등 및 미등
③ 자동차 : 자동차안전기준에서 정하는 전조등, 차폭등, 미등
④ 자동차등 외의 모든 차 : 지방경찰청장이 정하여 고시하는 등화

해설〉 자동차는 안전기준에서 정하는 전조등, 차폭등, 미등, 번호등과 실내 조명등(실내 조명등은 승합자동차와 여객자동차 운송사업용 승용자동차만 해당)을 켜야 한다.

21. 도로교통법령에 따라 도로를 통행하는 자동차가 야간에 켜야 하는 등화의 구분 중 견인되는 차가 켜야 할 등화는?
① 전조등, 차폭등, 미등
② 미등, 차폭등, 번호등
③ 전조등, 미등, 번호등
④ 전조등, 미등

해설〉 야간에 견인되는 자동차가 켜야 할 등화는 차폭등, 미등, 번호등이다.

22. 야간에 차가 서로 마주보고 진행하는 경우의 등화조작 방법 중 맞는 것은?
① 전조등, 보호등, 실내 조명등을 조작한다.
② 전조등을 켜고 보호등을 끈다.
③ 전조등 불빛을 하향으로 한다.
④ 전조등 불빛을 상향으로 한다.

23. 도로교통법상에서 정의된 긴급자동차가 아닌 것은?
① 응급전신·전화 수리공사에 사용되는 자동차
② 긴급한 경찰업무수행에 사용되는 자동차
③ 위독한 환자의 수혈을 위한 혈액운송 차량
④ 학생운송 전용버스

24. 야간에 자동차를 도로에 정차 또는 주차하였을 때 등화조작으로 가장 적절한 것은?
① 전조등을 켜야 한다.
② 방향지시등을 켜야 한다.
③ 실내등을 켜야 한다.
④ 미등 및 차폭등을 켜야 한다.

25. 도로주행의 일반적인 주의사항으로 틀린 것은?
① 시력이 저하될 수 있으므로 터널진입 전 헤드라이트를 켜고 주행한다.
② 고속주행 시 급 핸들조작, 급브레이크는 옆으로 미끄러지거나 전복될 수 있다.
③ 야간운전은 주간보다 주의력이 양호하며, 속도감이 민감하여 과속우려가 없다.
④ 비 오는 날 고속주행은 수막현상이 생겨 제동효과가 감소된다.

해설〉 야간운전은 주간보다 주의력이 산만하며, 속도감이 둔감하여 과속 우려가 있다.

정답〉 19. ② 20. ③ 21. ② 22. ③ 23. ④ 24. ④ 25. ③

26. 야간에 화물자동차를 도로에서 운행하는 경우 등의 등화로 옳은 것은?
   ① 주차등
   ② 방향지시등 또는 비상등
   ③ 안개등과 미등
   ④ 전조등·차폭등·미등·번호등

27. 고속도로를 운행 중 일 때 안전운전상 준수사항으로 가장 적합한 것은?
   ① 정기점검을 실시 후 운행하여야 한다.
   ② 연료량을 점검하여야 한다.
   ③ 월간 정비점검을 하여야 한다.
   ④ 모든 승차자는 좌석 안전띠를 매도록 하여야 한다.

28. 도로교통법에 따르면 운전자는 자동차 등의 운전 중에는 휴대용 전화를 원칙적으로 사용할 수 없다. 예외적으로 휴대용 전화사용이 가능한 경우로 틀린 것은?
   ① 자동차 등이 정지하고 있는 경우
   ② 저속 건설기계를 운전하는 경우
   ③ 긴급 자동차를 운전하는 경우
   ④ 각종 범죄 및 재해 신고 등 긴급한 필요가 있는 경우

   [해설] 운전 중 휴대전화 사용이 가능한 경우는 자동차 등이 정지해 있는 경우, 긴급자동차를 운전하는 경우, 각종 범죄 및 재해신고 등 긴급을 요하는 경우, 안전운전에 지장을 주지 않는 장치로 대통령령이 정하는 장치를 이용하는 경우

29. 운전자 준수사항에 대한 설명 중 틀린 것은?
   ① 고인 물을 튀게 하여 다른 사람에게 피해를 주어서는 안 된다.
   ② 과로, 질병, 약물의 중독 상태에서 운전하여서는 안 된다.
   ③ 운전석으로부터 떠날 때에는 원동기의 시동을 끄지 말아야 한다.
   ④ 보행자가 안전지대에 있는 때에는 서행하여야 한다.

건설기계관리법

01. 건설기계관리법의 입법목적에 해당되지 않는 것은?
   ① 건설기계의 효율적인 관리를 하기 위함
   ② 건설기계 안전도 확보를 위함
   ③ 건설기계의 규제 및 통제를 하기 위함
   ④ 건설공사의 기계화를 촉진함

02. 건설기계관리법령상 건설기계의 정의를 가장 올바르게 한 것은?
   ① 건설공사에 사용할 수 있는 기계로서 대통령령이 정하는 것을 말한다.
   ② 건설현장에서 운행하는 장비로서 대통령령이 정하는 것을 말한다.
   ③ 건설공사에 사용할 수 있는 기계로서 국토교통부령이 정하는 것을 말한다.
   ④ 건설현장에서 운행하는 장비로서 국토교통부령이 정하는 것을 말한다.

   [해설] 건설기계라 함은 건설공사에 사용할 수 있는 기계로서 대통령령으로 정한 것이다.

정답 ▶ 26. ④ 27. ④ 28. ② 29. ③ 01. ③ 02. ①

03. 건설기계관리법에서 정의한 건설기계 형식을 가장 옳은 것은?
① 엔진구조 및 성능을 말한다.
② 형식 및 규격을 말한다.
③ 성능 및 용량을 말한다.
④ 구조·규격 및 성능 등에 관하여 일정하게 정한 것을 말한다.

해설 건설기계 형식이란 구조·규격 및 성능 등에 관하여 일정하게 정한 것이다.

04. 건설기계관리법령상 건설기계의 총 종류 수는?
① 16종(15종 및 특수건설기계)
② 21종(20종 및 특수건설기계)
③ 27종(26종 및 특수건설기계)
④ 30종(27종 및 특수건설기계)

05. 건설기계 범위에 해당되지 않는 것은?
① 준설선
② 3톤 지게차
③ 항타 및 항발기
④ 자체중량 1톤 미만의 굴삭기

06. 건설기계의 범위에 속하지 않는 것은?
① 공기 토출량이 매분 당 2.83세제곱미터 이상의 이동식인 공기압축기
② 노상안정장치를 가진 자주식인 노상안정기
③ 정지장치를 가진 자주식인 모터그레이더
④ 전동식 솔리드타이어를 부착한 것 중 도로가 아닌 장소에서만 운행하는 지게차

07. 건설기계관리법상 건설기계의 등록신청은 누구에게 하여야 하는가?
① 사용본거지를 관할하는 읍·면장
② 사용본거지를 관할하는 시·도지사
③ 사용본거지를 관할하는 검사대행장
④ 사용본거지를 관할하는 경찰서장

08. 건설기계관리법상 건설기계의 소유자는 건설기계를 취득한 날부터 얼마 이내에 건설기계 등록신청을 해야 하는가?
① 2개월 이내   ② 3개월 이내
③ 6개월 이내   ④ 1년 이내

09. 건설기계 등록신청 시 첨부하지 않아도 되는 서류는?
① 호적등본
② 건설기계 소유자임을 증명하는 서류
③ 건설기계 제작증
④ 건설기계 제원표

10. 건설기계의 수급조절을 위하여 필요한 경우 건설기계 수급조절위원회의 심의를 거친 후 사업용 건설기계의 등록을 2년 이내의 범위에서 일정 기간 제한할 수 있다. 건설기계 수급계획을 마련할 때 반영하는 사항과 가장 거리가 먼 것은?
① 건설 경기(景氣)의 동향과 전망
② 건설기계대여 시장의 동향과 전망
③ 건설기계의 등록 및 가동률 추이
④ 건설기계수출 시장의 추세

해설 건설기계 수급계획을 마련할 때 반영하는 사항은 건설경기(景氣)의 동향과 전망, 건설기계의 등록 및 가동률 추이, 건설기계대여 시장의 동향 및 전망, 그 밖에 대통령령으로 정하는 사항으로서 건설기계 수급계획 수립에 필요한 사항

정답 03. ④ 04. ③ 05. ④ 06. ④ 07. ② 08. ① 09. ① 10. ④

11. 건설기계의 등록 전에 임시운행 사유에 해당되지 않는 것은 ?
   ① 장비 구입 전 이상 유무를 확인하기 위해 1일간 예비운행을 하는 경우
   ② 등록신청을 하기 위하여 건설기계를 등록지로 운행하는 경우
   ③ 수출을 하기 위하여 건설기계를 선적지로 운행하는 경우
   ④ 신개발 건설기계를 시험·연구의 목적으로 운행하는 경우

12. 신개발 건설기계의 시험·연구목적 운행을 제외한 건설기계의 임시운행 기간은 며칠 이내인가 ?
   ① 5일   ② 10일
   ③ 15일   ④ 20일

13. 건설기계의 소유자는 건설기계등록사항에 변경이 있을 때(전시·사변 기타 이에 준하는 비상사태 및 상속 시의 경우는 제외)에는 등록사항의 변경신고를 변경이 있는 날부터 며칠이내에 하여야 하는가 ?
   ① 10일   ② 15일
   ③ 20일   ④ 30일

14. 건설기계 소유자는 등록한 주소지가 다른 시·도로 변경된 경우 어떤 신고를 해야 하는가 ?
   ① 등록사항 변경신고를 하여야 한다.
   ② 등록이전신고를 하여야 한다.
   ③ 건설기계소재지 변동신고를 한다.
   ④ 등록지의 변경 시에는 아무 신고도 하지 않는다.

15. 건설기계 등록사항의 변경 또는 등록이전신고 대상이 아닌 것은 ?
   ① 소유자 변경
   ② 소유자의 주소지 변경
   ③ 건설기계 소재지 변동
   ④ 건설기계의 사용본거지 변경

16. 건설기계에서 등록의 갱정은 어느 때 하는가 ?
   ① 등록을 행한 후에 그 등록에 관하여 착오 또는 누락이 있음을 발견한 때
   ② 등록을 행한 후에 소유권이 이전되었을 때
   ③ 등록을 행한 후에 등록지가 이전되었을 때
   ④ 등록을 행한 후에 소재지가 변동되었을 때

17. 건설기계 등록이 말소되는 사유에 해당하지 않은 것은 ?
   ① 건설기계를 폐기한 때
   ② 건설기계의 구조변경을 했을 때
   ③ 건설기계가 멸실되었을 때
   ④ 건설기계를 수출할 때

18. 건설기계 등록말소 신청서의 첨부서류가 아닌 것은 ?
   ① 건설기계 등록증
   ② 건설기계 검사증
   ③ 건설기계 운행증
   ④ 건설기계의 멸실, 도난 등 말소사유를 확인할 수 있는 서류

정답 ▶ 11. ① 12. ③ 13. ④ 14. ② 15. ③ 16. ① 17. ② 18. ③

19. 건설기계 소유자는 건설기계를 도난당한 날로 부터 얼마 이내에 등록말소를 신청해야 하는 가?
   ① 30일 이내   ② 2개월 이내
   ③ 3개월 이내   ④ 6개월 이내

20. 시·도지사가 저당권이 등록된 건설기계를 말소할 때 미리 그 뜻을 건설기계의 소유자 및 이해관계인에게 통보한 후 몇 개월이 지나지 않으면 등록을 말소할 수 없는 가?
   ① 3개월   ② 1개월
   ③ 12개월   ④ 6개월

21. 건설기계 등록을 말소한 때에는 등록번호표를 며칠 이내에 시·도지사에게 반납하여야 하는 가?
   ① 10일   ② 15일
   ③ 20일   ④ 30일
   [해설] 건설기계 등록번호표는 10일 이내에 시·도지사에게 반납하여야 한다.

22. 건설기계관리법령상 건설기계사업의 종류가 아닌 것은?
   ① 건설기계매매업
   ② 건설기계대여업
   ③ 건설기계폐기업
   ④ 건설기계제작업

23. 시·도지사는 건설기계 등록원부를 건설기계의 등록을 말소한 날부터 몇 년간 보존하여야 하는 가?
   ① 1년   ② 3년
   ③ 5년   ④ 10년
   [해설] 건설기계 등록원부는 건설기계의 등록을 말소한 날부터 10년간 보존하여야 한다.

24. 건설기계 매매업의 등록을 하고자 하는 자의 구비서류로 맞는 것은?
   ① 건설기계 매매업 등록필증
   ② 건설기계보험증서
   ③ 건설기계등록증
   ④ 5천만 원 이상의 하자보증금예치증서 또는 보증보험증서
   [해설] 매매업의 등록을 하고자 하는 자의 구비서류
   ① 사무실의 소유권 또는 사용권이 있음을 증명하는 서류
   ② 주기장소재지를 관할하는 시장·군수·구청장이 발급한 주기장시설보유 확인서
   ③ 5천만 원 이상의 하자보증금예치증서 또는 보증보험증서

25. 건설기계사업을 영위하고자 하는 자는 누구에게 등록하여야 하는 가?
   ① 시·도지사
   ② 전문 건설기계정비업자
   ③ 국토교통부장관
   ④ 건설기계 폐기업자
   [해설] 건설기계사업을 영위하고자 하는 자는 시·도지사에게 등록하여야 한다.

26. 건설기계를 조종할 때 적용받는 법령에 대한 설명으로 가장 적합한 것은?
   ① 건설기계관리법에 대한 적용만 받는다.
   ② 건설기계관리법 외에 도로상을 운행할 때에는 도로교통법 중 일부를 적용받는다.
   ③ 건설기계관리법 및 자동차관리법의 전체 적용을 받는다.
   ④ 도로교통법에 대한 적용만 받는다.

정답) 19. ② 20. ① 21. ① 22. ④ 23. ④ 24. ④ 25. ① 26. ②

27. 건설기계대여업의 등록 시 필요 없는 서류는?
① 주기장시설보유확인서
② 건설기계 소유사실을 증명하는 서류
③ 사무실의 소유권 또는 사용권이 있음을 증명하는 서류
④ 모든 종업원의 신원증명서

28. 건설기계 조종사면허에 관한 사항으로 틀린 것은?
① 자동차운전면허로 운전할 수 있는 건설기계도 있다.
② 면허를 받고자 하는 자는 국·공립병원, 시·도지사가 지정하는 의료기관의 적성검사에 합격하여야 한다.
③ 특수건설기계 조종은 국토교통부장관이 지정하는 면허를 소지하여야 한다.
④ 특수건설기계 조종은 특수조종면허를 받아야 한다.

29. 건설기계 조종사면허에 관한 설명으로 옳은 것은?
① 기중기면허를 소지하면 굴삭기도 조종할 수 있다.
② 건설기계 조종사면허는 국토교통부장관이 발급한다.
③ 콘크리트믹서트럭을 조종하고자 하는 자는 자동차 제1종 대형면허를 받아야 한다.
④ 기중기로 도로를 주행하고자 할 때는 자동차 제1종 대형면허를 받아야 한다.

30. 건설기계 조종사면허에 대한 설명 중 틀린 것은?
① 건설기계를 조종하려는 사람은 시·도지사에게 건설기계 조종사면허를 받아야 한다.
② 건설기계 조종사면허는 국토교통부령으로 정하는 바에 따라 건설기계의 종류별로 받아야 한다.
③ 건설기계 조종사면허를 받으려는 사람은 국가기술자격법에 따른 해당 분야의 기술자격을 취득하고 적성검사에 합격하여야 한다.
④ 건설기계 조종사면허증의 발급, 적성검사의 기준, 그 밖에 건설기계조종사면허에 필요한 사항은 대통령령으로 정한다.

31. 건설기계 조종사면허의 결격사유에 해당되지 않는 것은?
① 18세 미만인 사람
② 정신질환자 또는 뇌전증환자
③ 마약·대마·향정신성의약품 또는 알코올 중독자
④ 파산자로서 복권되지 않은 사람

32. 건설기계관리법상 건설기계조종사는 성명·주민등록번호 및 국적의 변경이 있는 경우, 그 사실이 발생한 날부터 며칠 이내에 기재사항변경신고서를 제출하여야 하는가?
① 15일　　② 20일
③ 25일　　④ 30일

33. 건설기계 조종사 면허증 발급신청 시 첨부하는 서류와 가장 거리가 먼 것은?
① 신체검사서
② 국가기술자격수첩
③ 주민등록표 등본
④ 소형건설기계 조종교육 이수증

34. 도로교통법상 규정한 운전면허를 받아 조종할 수 있는 건설기계가 아닌 것은?
① 타워크레인
② 덤프트럭
③ 콘크리트펌프
④ 콘크리트믹서트럭

35. 건설기계관리법상 소형 건설기계에 포함되지 않는 것은?
① 3톤 미만의 굴삭기
② 5톤 미만의 불도저
③ 천공기
④ 공기압축기

36. 해당 건설기계 운전의 국가기술자격소지자가 건설기계 조종 시 면허를 받지 않고 건설기계를 조종할 경우는?
① 무면허이다.
② 사고 발생 시에만 무면허이다.
③ 도로주행만 하지 않으면 괜찮다.
④ 면허를 가진 것으로 본다.
> [해설] 건설기계 운전의 국가기술자격소지자가 건설기계 조종할 때 면허를 받지 않고 건설기계를 조종할 경우는 무면허이다.

37. 건설기계 조종사의 적성검사에 대한 설명으로 옳은 것은?
① 적성검사는 60세까지만 실시한다.
② 적성검사는 수시 실시한다.
③ 적성검사는 2년마다 실시한다.
④ 적성검사에 합격하여야 면허 취득이 가능하다.
> [해설] 건설기계조종사면허를 받으려는 사람은「국가기술자격법」에 따른 해당 분야의 기술자격을 취득하고 적성검사에 합격하여야 한다.

38. 건설기계조종사의 면허 적성감사 기준으로 틀린 것은?
① 두 눈의 시력이 각각 0.3 이상
② 두 눈을 동시에 뜨고 측정한 시력이 0.7 이상
③ 시각은 150도 이상
④ 청력은 10dB의 소리를 들을 수 있을 것

39. 건설기계관리법령상 건설기계조종사 면허취소 또는 효력정지를 시킬 수 있는 자는?
① 대통령
② 경찰서장
③ 시·도지사
④ 국토교통부장관

40. 건설기계 조종사 면허증의 반납사유에 해당하지 않는 것은?
① 면허가 취소된 때
② 면허의 효력이 정지된 때
③ 건설기계조종을 하지 않을 때
④ 면허증의 재교부를 받은 후 잃어버린 면허증을 발견한 때

정답 33. ③ 34. ① 35. ③ 36. ① 37. ④ 38. ④ 39. ③ 40. ③

41. 건설기계 조종사면허를 취소하거나 정지시킬 수 있는 사유에 해당하지 않는 것은?

① 면허증을 타인에게 대여한 때
② 조종 중 과실로 중대한 사고를 일으킨 때
③ 면허를 부정한 방법으로 취득하였음이 밝혀졌을 때
④ 여행을 목적으로 1개월 이상 해외로 출국하였을 때

42. 건설기계 조종사면허가 취소되었을 경우 그 사유가 발생한 날부터 며칠이내에 면허증을 반납하여야 하는 가?

① 7일 이내   ② 10일 이내
③ 14일 이내   ④ 30일 이내

해설) 건설기계 조종사면허가 취소되었을 경우 그 사유가 발생한 날로부터 10일 이내에 면허증을 반납해야 한다.

43. 시·도지사로부터 등록번호표 제작통지 등에 관한 통지서를 받은 건설기계소유자는 받은 날로부터 며칠이내에 등록번호표 제작자에게 제작신청을 하여야 하는 가?

① 3일   ② 10일
③ 20일   ④ 30일

해설) 시·도지사로부터 등록번호표 제작통지를 받은 건설기계 소유자는 3일 이내에 등록번호표 제작자에게 제작신청을 하여야 한다.

44. 건설기계 등록번호표에 표시되지 않는 것은?

① 기종   ② 등록번호
③ 등록관청   ④ 장비 연식

45. 건설기계 등록번호표에 대한 설명으로 틀린 것은?

① 모든 번호표의 규격은 동일하다.
② 재질은 철판 또는 알루미늄 판이 사용된다.
③ 굴삭기일 경우 기종별 기호표시는 02로 한다.
④ 번호표에 표시되는 문자 및 외곽선은 1.5mm 튀어나와야 한다.

46. 건설기계 등록번호표의 색칠기준으로 틀린 것은?

① 자가용 - 녹색 판에 흰색문자
② 영업용 - 주황색 판에 흰색문자
③ 관용 - 흰색 판에 검은색 문자
④ 수입용 - 적색 판에 흰색 문자

47. 건설기계 등록번호표 중 관용에 해당하는 것은?

① 5001~8999   ② 6001~8999
③ 9001~9999   ④ 1001~4999

48. 건설기계의 기종별 기호 표시방법으로 틀린 것은?

① 01 : 쇄석기   ② 02 : 굴삭기
③ 03 : 로더   ④ 22 : 천공기

49. 건설기계 등록번호표가 02-6543인 것은?

① 로더-영업용
② 굴삭기-영업용
③ 지게차-자가용
④ 덤프트럭-관용

정답▶ 41.④ 42.② 43.① 44.④ 45.① 46.④ 47.③ 48.① 49.②

50. 건설기계등록번호표의 봉인이 떨어졌을 경우에 조치방법으로 올바른 것은?
① 운전자가 즉시 수리한다.
② 관할 시·도지사에게 봉인을 신청한다.
③ 관할 검사소에 봉인을 신청한다.
④ 가까운 카센터에서 신속하게 봉인한다.

해설 › 건설기계등록번호표의 봉인이 떨어졌을 경우에는 관할 시·도지사에게 봉인을 신청한다.

51. 우리나라에서 건설기계에 대한 정기검사를 실시하는 검사업무 대행기관은?
① 대한건설기계 안전관리원
② 자동차 정비업 협회
③ 건설기계 정비업 협회
④ 건설기계 협회

52. 건설기계관리법령상 건설기계 검사의 종류가 아닌 것은?
① 구조변경검사   ② 임시검사
③ 수시검사   ④ 신규 등록검사

53. 등록지를 관할하는 검사대행자가 시행할 수 없는 것은?
① 정기검사   ② 신규등록검사
③ 수시검사   ④ 정비명령

해설 › 정비명령은 검사에 불합격하였을 때 시·도지사가 하는 명령이다.

54. 건설기계관리법령상 건설기계를 검사유효기간이 끝난 후에 계속 운행하고자 할 때는 어느 검사를 받아야 하는가?
① 신규등록검사   ② 계속검사
③ 수시검사   ④ 정기검사

55. 성능이 불량하거나 사고가 자주 발생하는 건설기계의 안전성 등을 점검하기 위하여 실시하는 검사는?
① 예비검사   ② 구조변경검사
③ 수시검사   ④ 정기검사

56. 건설기계의 수시검사대상이 아닌 것은?
① 소유자가 수시검사를 신청한 건설기계
② 사고가 자주 발생하는 건설기계
③ 성능이 불량한 건설기계
④ 구조를 변경한 건설기계

57. 정기 검사대상 건설기계의 정기검사 신청기간으로 옳은 것은?
① 건설기계의 정기검사 유효기간 만료일 전후 45일 이내에 신청한다.
② 건설기계의 정기검사 유효기간 만료일 전 90일 이내에 신청한다.
③ 건설기계의 정기검사 유효기간 만료일 전후 각각 30일 이내에 신청한다.
④ 건설기계의 정기검사 유효기간 만료일 후 60일 이내에 신청한다.

58. 건설기계의 정기검사 신청기간 내에 정기검사를 받은 경우 정기검사 유효기간 시작 일을 바르게 설명한 것은?
① 유효기간에 관계없이 검사를 받은 다음 날부터
② 유효기간 내에 검사를 받은 것은 유효기간 만료일부터
③ 유효기간 내에 검사를 받은 것은 종전 검사유효기간 만료일 다음 날부터
④ 유효기간에 관계없이 검사를 받은 날부터

정답 › 50. ② 51. ① 52. ② 53. ④ 54. ④ 55. ③ 56. ④ 57. ③ 58. ③

59. 정기검사 신청을 받은 검사대행자는 며칠 이내에 검사일시 및 장소를 신청인에게 통지하여야 하는가?
① 20일 ② 15일
③ 5일   ④ 3일

해설) 정기검사 신청을 받은 검사대행자는 5일 이내에 검사일시 및 장소를 신청인에게 통지하여야 한다.

60. 정기검사 유효기간을 1개월 경과한 후에 정기검사를 받은 경우 다음 정기검사 유효기간 산정 기산일은?
① 검사를 받은 날의 다음 날부터
② 검사를 신청한 날부터
③ 종전 검사유효기간 만료일의 다음 날부터
④ 종전 검사신청기간 만료일의 다음 날부터

61. 건설기계의 검사를 연장 받을 수 있는 기간을 잘못 설명한 것은?
① 해외임대를 위하여 일시 반출된 경우 : 반출기간 이내
② 압류된 건설기계의 경우 : 압류기간 이내
③ 건설기계 대여업을 휴지한 경우 : 사업의 개시신고를 하는 때까지
④ 장기간 수리가 필요한 경우 : 소유자가 원하는 기간

62. 건설기계의 정기검사 연기사유에 해당되지 않는 것은?
① 7일 이내의 건설기계정비
② 건설기계의 도난
③ 건설기계의 사고발생
④ 천재지변

63. 시·도지사는 정기검사를 받지 아니한 건설기계의 소유자에게 유효기간이 끝난 날부터 (㉠) 이내에 국토교통부령으로 정하는 바에 따라 (㉡) 이내의 기한을 정하여 정기검사를 받을 것을 최고하여야 한다. (㉠), (㉡)안에 들어갈 말은?
① ㉠ 1개월, ㉡ 3일
② ㉠ 3개월, ㉡ 10일
③ ㉠ 6개월, ㉡ 30일
④ ㉠ 12개월, ㉡ 60일

64. 검사소 이외의 장소에서 출장검사를 받을 수 있는 건설기계에 해당하는 것은?
① 덤프트럭
② 콘크리트믹서트럭
③ 아스팔트살포기
④ 지게차

65. 건설기계의 출장검사가 허용되는 경우가 아닌 것은?
① 도서지역에 있는 건설기계
② 너비가 2.0m를 초과하는 건설기계
③ 최고속도가 시간당 35킬로미터 미만인 건설기계
④ 자체중량이 40톤을 초과하거나 축중이 10톤을 초과하는 건설기계

66. 타이어식 굴삭기의 정기검사 유효기간으로 옳은 것은?
① 1년 ② 2년
③ 3년 ④ 4년

67. 1톤 이상 지게차의 정기검사 유효기간은?
① 6월 ② 1년
③ 2년 ④ 3년

68. 건설기계관리법령상 정기검사 유효기간이 3년인 건설기계는 ?
① 덤프트럭
② 콘크리트믹서트럭
③ 트럭적재식 콘크리트펌프
④ 무한궤도식 굴삭기

해설〉 무한궤도식 굴삭기의 정기검사 유효기간은 3년이다.

69. 건설기계의 정기검사 유효기간이 1년이 되는 것은 신규등록일로 부터 몇 년 이상 경과되었을 때인가 ?
① 5년 ② 10년
③ 15년 ④ 20년

70. 건설기계의 정비명령은 누구에게 하여야 하는 가 ?
① 해당 건설기계 운전자
② 해당 건설기계 검사업자
③ 해당 건설기계 정비업자
④ 해당 건설기계 소유자

71. 보기의 ( )안에 알맞은 것은 ?

[보기]
건설기계소유자가 부득이한 사유로 검사신청기간 내에 검사를 받을 수 없는 경우에는 검사연기사유 증명서류를 시·도지사에게 제출하여야 한다. 검사연기를 허가받으면 검사유효기간은 ( )월 이내로 연장된다.

① 1 ② 2
③ 3 ④ 6

해설〉 정기검사를 연기하는 경우 그 연장기간은 6개월 이내로 한다.

72. 정기검사에 불합격한 건설기계의 정비명령 기간으로 옳은 것은 ?
① 3개월 이내 ② 4개월 이내
③ 5개월 이내 ④ 6개월 이내

73. 건설기계의 제동장치에 대한 정기검사를 면제 받고자 하는 경우 첨부하여야 하는 서류는 ?
① 건설기계 매매업 신고서
② 건설기계 대여업 신고서
③ 건설기계 제동장치 정비확인서
④ 건설기계 폐기업 신고서

74. 건설기계의 제동장치에 대한 정기검사를 면제받기 위한 건설기계 제동장치 정비확인서를 발행 받을 수 있는 곳은 ?
① 건설기계대여회사
② 건설기계정비업자
③ 건설기계부품업자
④ 건설기계매매업자

75. 건설기계관리법령상 건설기계의 구조를 변경할 수 있는 범위에 해당되는 것은?
① 원동기의 형식변경
② 건설기계의 기종변경
③ 육상작업용 건설기계의 규격을 증가시키기 위한 구조변경
④ 육상작업용 건설기계의 적재함 용량을 증가시키기 위한 구조변경

정답〉 67. ③ 68. ④ 69. ④ 70. ④ 71. ④ 72. ④ 73. ③ 74. ② 75. ①

76. 건설기계의 구조변경 가능범위에 속하지 않는 것은?
① 수상작업용 건설기계의 선체의 형식변경
② 적재함 용량증가를 위한 변경
③ 건설기계의 길이, 너비, 높이 변경
④ 조종 장치의 형식변경

77. 건설기계관리법령상 건설기계의 구조변경검사 신청은 주요구조를 변경 또는 개조한 날부터 며칠이내에 하여야 하는가?
① 5일 이내　② 15일 이내
③ 20일 이내　④ 30일 이내

78. 건설기계관리법령상 건설기계정비업의 등록구분으로 옳은 것은?
① 종합 건설기계정비업, 부분 건설기계정비업, 전문 건설기계정비업
② 종합 건설기계정비업, 단종 건설기계정비업, 전문 건설기계정비업
③ 부분 건설기계정비업, 전문 건설기계정비업, 개별 건설기계정비업
④ 부분 건설기계정비업, 단종 건설기계정비업, 전문 건설기계정비업

79. 부분 건설기계정비업의 사업범위로 적당한 것은?
① 프레임 조정, 롤러, 링크, 트랙 슈의 재생을 제외한 차체
② 원동기부의 완전분해 정비
③ 차체부의 완전분해 정비
④ 실린더헤드의 탈착정비

80. 건설기계소유자가 정비 업소에 건설기계 정비를 의뢰한 후 정비업자로부터 정비완료통보를 받고 며칠이내에 찾아가지 않을 때 보관·관리비용을 지불하는가?
① 5일　② 10일
③ 15일　④ 20일

[해설] 건설기계소유자가 정비 업소에 건설기계정비를 의뢰한 후 정비업자로부터 정비완료 통보를 받고 5일 이내에 찾아가지 않을 때 보관·관리비용을 지불하여야 한다.

81. 반드시 건설기계 정비업체에서 정비하여야 하는 것은?
① 오일의 보충
② 배터리의 교환
③ 창유리의 교환
④ 엔진 탈·부착 정비

82. 건설기계의 형식승인은 누가 하는가?
① 국토교통부장관
② 시·도지사
③ 시장·군수 또는 구청장
④ 고용노동부장관

83. 건설기계조종사의 면허취소 사유에 해당되는 것은?
① 고의로 인명피해를 입힌 때
② 과실로 1명 이상을 사망하게 한때
③ 과실로 3명 이상에게 중상을 입힌 때
④ 과실로 10명 이상에게 경상을 입힌 때

84. 건설기계의 형식에 관한 승인을 얻거나 그 형식을 신고한 자의 사후관리 사항으로 틀린 것은?
① 건설기계를 판매한 날부터 12개월 동안 무상으로 건설기계의 정비 및 정비에 필요한 부품을 공급하여야 한다.
② 사후관리 기간 내 일지라도 취급설명서에 따라 관리하지 아니함으로 인하여 발생한 고장 또는 하자는 유상으로 정비하거나 부품을 공급할 수 있다.
③ 사후관리 기간 내 일지라도 정기적으로 교체하여야 하는 부품 또는 소모성 부품에 대하여는 유상으로 공급할 수 있다.
④ 주행거리가 2만km를 초과하거나 가동시간이 2천 시간을 초과하여도 12개월 이내면 무상으로 사후관리 하여야 한다.

해설 12개월 이내에 건설기계의 주행거리가 20,000km(원동기 및 차동장치의 경우에는 40,000km)를 초과하거나 가동시간이 2,000시간을 초과한 때에는 12개월이 경과한 것으로 본다.

85. 건설기계 조종사면허의 취소사유가 아닌 것은?
① 부정한 방법으로 건설기계조종사 면허를 받은 때
② 술에 만취한 상태(혈중 알코올농도 0.08% 이상)에서 건설기계를 조종한 때
③ 건설기계 조종 중 과실로 2명의 사망자가 발생한 때
④ 약물(마약, 대마 등의 환각물질)을 투여한 상태에서 건설기계를 조종한 때

86. 건설기계 조종사면허 정치처분 기간 중 건설기계를 조종한 경우의 정지처분 내용은?
① 면허 취소
② 면허효력정지 60일
③ 면허효력정지 30일
④ 면허효력정지 20일

87. 건설기계의 조종 중 과실로 7명 이상에게 중상을 입힌 때 면허처분 기준은?
① 면허 취소
② 면허 효력정지 30일
③ 면허 효력정지 60일
④ 면허 효력정지 90일

88. 건설기계운전 면허의 효력정지 사유가 발생한 경우, 건설기계관리법상 효력정지 기간으로 옳은 것은?
① 1년 이내
② 6월 이내
③ 5년 이내
④ 3년 이내

해설 면허의 효력정지 사유가 발생한 경우 효력정지 기간은 1년 이내이다.

89. 건설기계의 조종 중 고의 또는 과실로 가스공급시설을 손괴할 경우 조종사면허의 처분기준은?
① 면허효력정지 10일
② 면허효력정지 15일
③ 면허효력정지 25일
④ 면허효력정지 180일

정답 84. ④ 85. ③ 86. ① 87. ① 88. ① 89. ④

90. 건설기계의 조종 중 과실로 사망 1명의 인명피해를 입힌 때 조종사면허 처분기준은 ?
① 면허취소
② 면허효력정지 60일
③ 면허효력정지 45일
④ 면허효력정지 30일

91. 건설기계관리법상 건설기계 운전자의 과실로 경상 6명의 인명피해를 입혔을 때 처분기준은 ?
① 면허효력정지 10일
② 면허효력정지 20일
③ 면허효력정지 30일
④ 면허효력정지 60일
해설▶ 경상 1명마다 면허효력정지 기간이 5일이므로 5일×6 = 30일

92. 과실로 중상 1명의 인명피해를 입힌 건설기계를 조종한 자의 처분기준은 ?
① 면허효력정지 30일
② 면허효력정지 60일
③ 면허 취소
④ 면허효력정지 15일

93. 등록되지 아니한 건설기계를 사용하거나 운행한 자에 대한 벌칙은 ?
① 500원 이하의 벌금
② 1000원 이하의 벌금
③ 1년 이하의 징역 또는 1000만원 이하의 벌금
④ 2년 이하의 징역 또는 2천만원 이하의 벌금

94. 음주상태(혈중 알코올농도 0.03% 이상 0.08% 미만)에서 건설기계를 조종한 자에 대한 면허효력정지 처분기준은 ?
① 20일　② 30일
③ 40일　④ 60일

95. 건설기계 조종사면허를 받지 아니하고 건설기계를 조종한 자에 대한 벌칙기준은?
① 2년 이하의 징역 또는 1천만원 이하의 벌금
② 1년 이하의 징역 또는 1천만원 이하의 벌금
③ 200만원 이하의 벌금
④ 100만원 이하의 벌금

96. 건설기계 조종사면허가 취소되거나 정지처분을 받은 후 건설기계를 계속 조종한 자에 대한 벌칙으로 옳은 것은 ?
① 2년 이하의 징역 또는 1000만원 이하의 벌금
② 1년 이하의 징역 또는 1000만원 이하의 벌금
③ 200만원 이하의 벌금
④ 100만원 이하의 벌금

97. 폐기요청을 받은 건설기계를 폐기하지 아니하거나 등록번호표를 폐기하지 아니한 자에 대한 벌칙은 ?
① 2년 이하의 징역 또는 2천만원 이하의 벌금
② 1년 이하의 징역 또는 1천만원 이하의 벌금
③ 2백만원 이하의 벌금
④ 1백만원 이하의 벌금

정답 90. ③ 91. ③ 92. ④ 93. ④ 94. ④ 95. ② 96. ② 98. ②

98. 건설기계관리법령상 건설기계의 소유자가 건설기계를 도로나 타인의 토지에 계속 버려두어 방치한 자에 대해 적용하는 벌칙은?
① 1000만원 이하의 벌금
② 2000만원 이하의 벌금
③ 1년 이하의 징역 또는 1천만원 이하의 벌금
④ 2년 이하의 징역 또는 2천만원 이하의 벌금

99. 건설기계간리법령상 구조변경검사를 받지 아니한 자에 대한 처벌은?
① 100만원 이하의 벌금
② 1000만원 이하의 벌금
③ 2000만원 이하의 벌금
④ 200만원 이하의 벌금

100. 건설기계관리법상 건설기계 정비명령을 이해하지 아니한 자의 벌금은?
① 5만원 이하
② 10만원 이하
③ 50만원 이하
④ 100만원 이하

101. 건설기계 등록번호표를 가리거나 훼손하여 알아보기 곤란하게 한 자 또는 그러한 건설기계를 운행한 자에게 부과하는 과태료로 옳은 것은?
① 50만원 이하
② 100만원 이하
③ 300만원 이하
④ 1000만원 이하

102. 건설기계관리법령상 국토교통부령으로 정하는 바에 따라 등록번호표를 부착 및 봉인하지 않은 건설기계를 운행하여서는 아니된다. 이를 1차 위반했을 경우의 과태료는?(단, 임시번호표를 부착한 경우는 제외한다.)
① 5만원
② 10만원
③ 50만원
④ 100만원

해설〉 등록번호표를 부착 및 봉인하지 않은 건설기계를 운행하여 이를 1차 위반한 자의 벌칙은 100만원 이하의 과태료

103. 건설기계를 주택가 주변에 세워두어 교통소통을 방해하거나 소음 등으로 주민의 생활환경을 침해한 자에 대한 벌칙은?
① 200만원 이하의 벌금
② 100만원 이하의 벌금
③ 100만원 이하의 과태료
④ 50만원 이하의 과태료

해설〉 건설기계 소유자 또는 점유자의 금지행위를 위반하여 건설기계를 세워 둔 자의 벌칙은 50만 원 이하의 과태료

104. 정기검사 신청기간 만료일부터 30일을 초과하여 건설기계 정기검사를 받은 경우의 과태료는 얼마인가?
① 1만원
② 2만원
③ 3만원
④ 5만원

해설〉 정기검사 신청기간 만료일부터 30일을 초과하여 건설기계 정기검사를 받은 경우의 과태료는 2만원이다.

105. 과태료처분에 대하여 불복이 있는 자는 그 처분의 고지를 빋은 날로부터 며칠 이내에 이의를 제기하여야 하는가?
① 5일
② 10일
③ 20일
④ 30일

해설〉 과태료처분에 대하여 불복이 있는 자는 그 처분의 고지를 받은 날로부터 30일 이내에 이의를 제기하여야 한다.

106. 건설기계 조종사면허의 취소·정지 처분 기준 중 "경상"의 인명피해를 구분하는 판단기준으로 가장 옳은 것은?
   ① 경상 : 1주 미만의 가료를 요하는 진단이 있을 때
   ② 경상 : 2주 이하의 가료를 요하는 진단이 있을 때
   ③ 경상 : 3주 미만의 가료를 요하는 진단이 있을 때
   ④ 경상 : 4주 이하의 가료를 요하는 진단이 있을 때
   해설> 피해의 경중에 따라
   ① 사망 : 72시간 내에 사망한 경우
   ② 중상 : 3주 이상의 치료를 요하는 부상사고
   ③ 경상 : 5일 이상 3주 미만의 치료를 요하는 부상사고

107. 대형 건설기계의 특별표지 중 경고표지판 부착 위치는?
   ① 작업인부가 쉽게 볼 수 있는 곳
   ② 조종실 내부의 조종사가 보기 쉬운 곳
   ③ 교통경찰이 쉽게 볼 수 있는 곳
   ④ 특별 번호판 옆

108. 대형 건설기계에 적용해야 될 내용으로 맞지 않는 것은?
   ① 당해 건설기계의 식별이 쉽도록 전후 범퍼에 특별도색을 하여야 한다.
   ② 최고속도가 35km/h 이상인 경우에는 부착하지 않아도 된다.
   ③ 운전석 내부의 보기 쉬운 곳에 경고표지판을 부착하여야 한다.
   ④ 총중량 30톤, 축중 10톤 미만인 건설기계는 특별표지판 부착대상이 아니다.
   해설> 대형 건설기계에 적용해야 내용은 ①, ③,
   ④항 이외에 최고속도가 35km/h 미만인 경우에는 부착하지 않아도 된다.

109. 건설기계관리법령상 특별 표지판을 부착하여야 할 건설기계의 범위에 해당하지 않는 것은?
   ① 높이가 4m를 초과하는 건설기계
   ② 길이가 10m를 초과하는 건설기계
   ③ 총중량이 40톤을 초과하는 건설기계
   ④ 최소회전반경이 12m를 초과하는 건설기계

110. 타이어식 굴삭기의 최고속도가 최소 몇 km/h 이상일 경우에 조종석 안전띠를 갖추어야 하는가?
   ① 30km/h   ② 40km/h
   ③ 50km/h   ④ 60km/h

111. 건설기계관리법에 따라 최고 주행속도 15km/h 미만의 타이어식 건설기계가 필히 갖추어야 할 조명장치가 아닌 것은?
   ① 전조등   ② 후부반사기
   ③ 비상점멸 표시등 ④ 제동등

112. 건설기계관리법령상 자동차손해배상보장법에 따른 자동차보험에 반드시 가입하여야 하는 건설기계가 아닌 것은?
   ① 타이어식 지게차 ② 타이어식 굴삭기
   ③ 타이어식 기중기 ④ 덤프트럭

113. 건설기계 운전중량 산정 시 조종사 1명의 체중으로 맞는 것은?
   ① 50kg   ② 55kg
   ③ 60kg   ④ 65kg

정답 106. ③ 107. ② 108. ② 109. ② 110. ① 111. ③ 112. ① 113. ④

CHAPTER 07 응급대처

1. 고장시 응급처치

1.1. 고장표시판 설치
　도로교통법에는 고속도로 등에서 자동차 고장이 발생될 경우에 뒤따르는 다른 차에게 이런 사실을 알려주는 서로의 약속된 방법의 하나로 고장자동차의 표지를 설치하도록 규정하고 있다.

1.1.1. 고장표지판 설치·휴대 의무
　도로교통법(이하 "법"이라 한다) 제66조, 제67조 제2항 및 같은 법 시행규칙 제40조 제3항에 의히면 자동차의 운전사는 교봉안전과 원활한 소통확보를 위하여 고장 자동차의 표지를 항상 휴대하여야 하며, 자동차의 운전자는 고장이나 그 밖의 사유로 고속도로 등에서 자동차를 운행할 수 없게 된 때에는 행정안전부령이 정하는 표지를 설치해야 하며, 그 자동차를 고속도로 등 외의 곳으로 이동하는 등의 필요한 조치를 하여야 한다.
　고장 등 부득이한 사유로 운행할 수 없을 때에는 그 자동차를 도로의 우측 가장자리에 정지시키고, 고장자동차로부터 100m(야간 : 200m) 이상 뒤쪽 도로 상에 고장자동차의 표지를 설치하여야 한다. 또한 야간에는 고장자동차의 표지와 함께 사방 500m지점에서 식별할 수 있는 적색의 섬광신호 전기제등 또는 불꽃신호를 추가로 설치하여야 한다.

1.1.2. 위반시 범칙금
　① 미설치(법 제66조 위반) : 승용 40,000원, 승합 50,000원 등

② 미휴대(법 제67조제2항 위반) : 20,000원

1.2. 고장내용 점검

구 분	고장내용 점검 및 고장원인
시동이 꺼졌을 경우	충전장치 불량, 냉각계통 불량, 연료 계통 불량 등
제동장치 불량	브레이크오일 부족, 브레이크 오일 파이프 파손, 디스크 패드 마모, 휠 실린더 누유, 베이퍼록 또는 페이드 현상 등
타이어 펑크	타이어 과팽창(타이어 규정 압력보다 높지 않게 맞춤), 타이어 노화, 타이어에 이물질로 인한 파손 등
전·후진 주행장치 고장	변속기 불량, 앞 구동축 불량, 액슬 장치 불량, 최종 감속 장치 불량 등
유압 라인 불량	리프트 실린더 불량, 유압호스 불량, 피스톤 실 파손, 틸트 실린더 불량, 방향전환 밸브 불량, 유압펌프 불량, 압력조정 밸브 불량, 유압필터 불량 등
조향장치 불량	조향기어 마모, 조향 기어의 백래시가 크다, 조향 기어 링키지 조정 불량, 조향 바퀴 베어링 마모, 피트먼 암이 헐겁다, 아이들 암 부시의 마모, 타이로드의 볼 조인트 마모, 조향 기어 박스 장착부의 풀림 등

1.3. 고장유형별 응급조치

1.3.1. 지게차 응급 견인

① 견인은 단거리 이동을 위한 비상 응급견인이며 지게차는 자동차 전용도로 및 고속도로 운행금지이므로 장거리 이동시는 항상 수송 트럭으로 운반하여야 한다.
② 견인되는 지게차에는 운전자가 핸들과 제동장치를 조작할 수 없으며 탑승자를 허용해서는 안 된다.
③ 견인하는 지게차는 고장난 지게차보다 커야 한다.
④ 고장난 지게차를 경사로 아래로 이동할 때는 충분한 조정과 제동을 얻기 위해 더 큰 견인 지게차로 견인하거나 또는 몇 대의 지게차를 뒤에 연결하여 예기치 못한 구름(롤링)을 방지한다.

1.3.2. 지게차 운행 중 응급조치

① 어떤 경우라도 이상이 발견되었을 때는 즉시 조치를 해야 한다.
② 원인을 확인하고, 정비 조정하여 고장을 미연에 방지하여야 한다.
③ 고장은 여러 가지의 원인이 중복되는 경우도 있으므로 반드시 원리에 의거하여 계통적으로 조정하는 것이 필요하다.

④ 원인이 불명확한 경우에는 가까이에 있는 서비스센터와 상담한 후 대처한다.
⑤ 유압기기와 전기전자 부품의 조정, 분해, 수리는 절대로 하면 안 되고 가까운 서비스센터와 상담한 후 대처한다.

1.3.3. 지게차 고장유형별 응급조치

[1] 마스트 유압라인 고장 시
① 안전 주차 후 후면의 고장 표시판을 설치한 후 포크를 마스트에 고정한다.
② 주차브레이크를 푼다.
③ 주 브레이크를 놓는다.
④ 키 스위치는 OFF한다.
⑤ 전·후진 레버를 중립에 위치한다.
⑥ 지게차에 견인봉을 연결한다.
⑦ 바퀴의 굄목을 들어내고 지게차를 서서히 2km/h 이하로 유지하며 견인한다.

[2] 타이어 펑크 시
① 타이어 펑크 시 안전한 장소에 주차한다.
② 후면 안전거리에 고장 표시판을 설치한다.
③ 타이어를 교환한다.

[3] 제동장치 성능 불량 시
① 제동장치 성능 불량시 안전한 장소에 주차한다.
② 후면 안전거리에 고장 표시판을 설치한다.
③ 브레이크액이 부족한 경우는 보충하고 공기빼기를 실시한다.
④ 브레이크 호스 및 라인이 파손 시에는 서비스센터에 연락하여 교환한다.
⑤ 휠 실린더에서 누유가 있을 시에는 서비스센터에 연락하여 교환한다.
⑥ 디스크 및 패드가 마모된 경우는 서비스센터에 연락하여 교환한다.
⑦ 베이퍼록이 발생하는 경우는 엔진 브레이크를 이용하여 속도를 줄이고, 주차 브레이크를 이용하여 약간씩 제동을 걸어 준다.
⑧ 페이드 현상이 발생하는 경우는 운행을 멈추고 열이 식도록 한다.

2. 교통사고시 대처

2.1. 교통사고 유형별 대처
2.1.1. 사고발생 시의 조치
① 사고 발생 시 즉시 정차한 후 사상자를 구호하고 신고를 해야 한다.
② 차의 운전 등 교통으로 인하여 사람을 사상(死傷)하거나 물건을 손괴(이하 "교통사고"라고 함)한 경우에는 그 차의 운전자나 승무원(이하 "운전자 등"이라 함)은 즉시 정차하여 사상자를 구호하는 등 필요한 조치를 하여야 한다.
③ 차의 운전자 등은 경찰공무원이 현장에 있을 때에는 그 경찰공무원에게, 경찰 공무원이 현장에 없을 때에는 가장 가까운 경찰관서에 지체 없이 사고가 일어난 곳, 사상자 수 및 부상 정도, 손괴한 물건 및 손괴정도, 그 밖의 조치사항 등을 알려야 한다.
④ 신고를 받은 경찰공무원은 부상자의 구호와 그 밖의 교통 위험방지를 위하여 필요하다고 인정하면 경찰공무원이 현장에 도착할 때까지 신고한 운전자 등에게 현장에서 대기할 것을 명할 수 있다.
⑤ 경찰공무원은 교통사고를 낸 차 또는 노면전차의 운전자 등에 대하여 그 현장에서 부상자의 구호와 교통안전을 위하여 필요한 지시를 명할 수 있다.

2.1.2. 사고유형
① 차대차 사고 : 차와 다른 차가 충돌·추돌 또는 접촉한 사고
② 차대사람 사고 : 차가 보행자를 충격한 사고
③ 차량단독 사고 : 운전자, 차, 도로상에 설치된 각종 시설물 또는 자연물이 원인이 되어 차가 스스로 전도·전복·추락·충격한 사고(차량단독 사고 후 그 충격 등으로 다른 차 또는 보행자를 충격한 경우 차량단독 사고로 처리)
④ 건널목 사고 : 철길건널목에서 차와 기차가 충돌한 사고

2.1.3. 사고 유형별 대처
[1] 경미한 접촉사고인 경우
① 자동차에만 문제가 있는 경우로 이럴 땐 사고 당사자들끼리 신속하게 문제를 처리해서 교통 정체를 최대한 줄이는 게 좋다.

② 차를 빼기 전 사고 현장 사진을 상세히 찍고(자동차와 차선, 가로수, 건물, 자동차가 파손된 부위를 여러 각도에서 찍어둔다), 스프레이 페인트 등으로 최종 정차 위치를 표시하는 것이 중요하다.
③ 보험처리 여부와 상대방의 신상을 확인하고, 연락처 및 차종, 번호 등을 메모해야 한다.
④ 합의가 늦어질 경우에는 방해가 되지 않는 곳으로 차를 옮긴다.
⑤ 블랙박스가 있다면 자료를 따로 보관한다.

[2] 사람이 다쳤을 때
① 상대방의 상태를 확인하고 응급처치가 필요한 경우에는 즉시 응급처치를 해야 한다.
② 119와 경찰, 보험사에 연락해서 사고접수를 하고, 목격자가 있다면 목격자의 연락처를 알아두는 것도 중요하다.
③ 보행자와 부딪쳤을 때에는 가벼운 인사 사고라도 주의를 기울인다. 가까운 병원에서 검진을 받게 하고 진료비 영수증을 잘 챙겨 놓아야 한다.
④ 혹시 상대방이 병원에 가지 않겠다고 하더라도 연락처만큼은 꼭 주고받아야 한다. 연락처를 주지 않으면 나중에 뺑소니로 처벌 받을 수 있다.
⑤ 차후 상대방에게 병원에 가야겠다는 연락이 오면 보험으로 처리한다.

[3] 고속도로에서 사고가 났을 때
사고나 고장 등으로 차가 멈춰 선 경우 낮에는 100m 뒤에, 야간에는 200m 뒤에 안전 삼각대를 세워서 다른 차에 위험을 알려야 한다.

2.2. 교통사고 응급조치 및 긴급구호
2.2.1. 부상자 확인 및 판단
① 일차 구조자의 목적은 부상자를 신속히 위험으로부터 대피시키고 필수 응급처치를 하는데 있으므로 섣불리 환자를 움직이거나 전문적 치료를 하려 해서는 안 된다.
② 일단 부상자의 상태를 육안으로 판단하여 의식을 확인하고 차량 밖으로 탈출시킬 수 있는지 차량 밖으로 나오는데 장애는 없는지 확인한다.

③ 순간적인 사고에서 탑승자 외의 부상자가 주변에 방치되어 있을 수 있으므로 주변에 다른 부상자는 없는지 확인해 부상정도와 차량상황을 판단한다.

2.2.2. 환자의 응급조치 및 긴급구호
① 부상자는 되도록 이동시키지 말고 발견된 위치에서 치료해야 무리한 구조로 인한 2차 부상이나 부상악화를 막을 수 있다.
② 의식이 있는 환자의 경우는 뜻밖의 사고와 부상으로 인한 충격으로 극도로 불안한 심리상태이므로 일단 부상자가 쇼크를 일으키지 않도록 안정시킨다.
③ 과다출혈 따위의 심각한 경우만 신속하게 치료에 나서고 연료 누출로 인한 차량폭발 등의 특별히 위급한 상황이 아닌 경우는 전문구조대가 도착할 때까지 현 위치에서 치료하며 흥분하지 않도록 안정시킨다.
④ 의식이 없는 환자의 경우, 특히 주의를 요하며 의식이 없는 환자는 일단 목 부위에 손상이 있다는 가정 하에 응급처치를 해야 한다.
⑤ 반드시 필요한 경우가 아니라면 환자를 움직여서는 안 되며 호흡이 원활해지도록 머리와 목을 손이나 지지도구로 지탱해준다.
⑥ 생명이 위험할 수 있는 심각한 부상이 있나 확인하고 구조대가 올 때까지 출혈이나 골절이 있는지 또 어느 부위인지 부상자의 상태를 계속 관찰한다.
⑦ 부득이하게 환자를 이동시켜야 할 경우는 3인 이상이 각별한 주의 하에 부상자를 움직여야 한다. 한사람은 환자의 어깨를 통해 상체를 받치고 한사람은 다리로 하체를 받치게 하고 나머지 한 사람은 환자의 머리를 지탱해 몸과 방향을 일정하게 유지해줘야 한다.
⑧ 구조대 도착시 정확하게 관찰한 사고 상황과 부상자 상태를 일러주고 구조대의 요청이 있을 시 사고수습과 부상자 이송에 협조하고 현장보존을 위해 나가주길 요청하면 즉시 현장에서 나온다.

2.2.3. 신속한 신고 및 사고현장 안전관리
① 사고가 발생했을 때는 즉각 휴대폰이나 고속도로상의 비상전화를 통해 상황실이나 119 등에 다음 사항을 신속히 신고해야 한다.
　㉮ 신고자와 연락될 전화번호
　㉯ 주변 지형지물이나 도로명을 통한 정확한 사고위치

㉰ 사고의 종류와 심각성
㉱ 부상자의 수와 성별 그리고 추정 연령대
㉲ 부상의 심각성
㉳ 추가로 예측되는 위험요인(연료누출, 가스 등 유해물질 누출, 전신주 파손 등) 등을 명확히 일러줘야 한다.
② 사고발생장소가 지속적인 차량주행이 이뤄지고 있는 도로이므로 사고차량 및 여타 차량의 안전주행을 위한 200m 이상 이격시켜 사고표시판(야간에는 경광등)이나 사고를 수신호로 알릴 차량유도자를 세우고 사고차량의 시동을 끄고 누출됐을지 모를 기름으로부터 화인을 제거하는 등 안전조치가 선행되어야 한다.

2.2.4. 지게차 화재

소화제의 냉각 또는 공기의 차단 등의 효과를 이용하여 지게차 화재 시 장비에 비치된 소화기로 화재 초기 단계에서 진화하여야 한다.

[1] 소화의 방법

① 제거소화 : 연소반응에 관계된 가연물이나 그 주위의 가연물을 제거한다.
② 질식소화 : 연소에 필요한 산소 농도 이하가 되도록 산소를 차단한다.
③ 냉각소화 : 연소하고 있는 가연물로부터 열을 뺏어 연소물을 착화온도 이하로 내리는 것
④ 억제소화 : 연속적인 산화반응, 즉, 연쇄반응을 약화시켜 연소가 계속되는 것을 불가능하게 하여 소화하는 것으로 화학적 작용에 의한 소화방법이다.

[2] 화재의 종류

화재는 연소특성에 따라 A급화재, B급화재, C급화재, D급화재 4종류로 분류한다(국제표준화기구의 ISO 7202 분류기준에 따름).

화재의 분류	분류색상	원인물질	소화방법
일반화재(A급)	백색	일반 가연성 물질에 의한 화재	물 또는 분말소화기
유류가스(B급)	황색	액체연료, 유류	포말소화기, 이산화탄소(탄산가스)
전기화재(C급)	청색	전기, 기계기구	이산화탄화, 특수소화기 사용
금속화재(D급)	회색, 은색	금속	팽창질석, 팽창진주암, 마른 모래(건조사) 등

고장시 응급처치

01. 주간에 고장 등 부득이한 사유로 운행할 수 없을 때에는 그 자동차를 도로의 우측 가장자리에 정지시키고, 고장자동차로부터 몇 m 이상 뒤쪽 도로 상에 고장자동차의 표지를 설치해야 하는 가?
① 100m ② 200m
③ 300m ④ 500m

02. 야간에는 고장자동차의 표지와 함께 사방 몇 m지점에서 식별할 수 있는 적색의 섬광신호 전기제등 또는 불꽃신호를 추가로 설치해야 하는 가?
① 100m ② 200m
③ 300m ④ 500m

03. 도로교통법에는 고속도로 등에서 자동차 고장이 발생될 경우에 뒤따르는 다른 차에게 이런 사실을 알려주는 서로의 약속된 방법의 하나로 고장자동차의 표지를 설치하도록 규정하고 있다. 미설치시 승용차의 범칙금은?
① 20,000원 ② 30,000원
③ 40,000원 ④ 50,000원

04. 다음은 지게차의 응급견인에 대한 사항 중 틀린 것은?

① 장거리 이동시는 항상 수송 트럭으로 운반하여야 한다.
② 견인되는 지게차에는 운전자가 핸들과 제동장치를 조작해야 한다.
③ 견인하는 지게차는 고장 난 지게차 보다 커야 한다.
④ 경사로 아래로 이동할 때는 충분한 조정과 제동을 얻기 위해 더 큰 견인 지게차로 견인하거나 또는 몇 대의 지게차를 뒤에 연결하여 예기치 못한 구름을 방지한다.

05. 지게차 운행 중에 고장이 발생하였다. 응급조치의 내용과 거리가 먼 것은?
① 유압기기와 전기전자 부품의 조정, 분해, 수리는 직접 수리해야 한다.
② 운행 중 작은 이상이라도 발견되면 즉시 조치를 해야 한다.
③ 원인을 확인하고, 정비 조정하여 고장을 미연에 방지하여야 한다.
④ 고장은 여러 가지의 원인이 중복되는 경우도 있으므로 반드시 원리에 의거하여 계통적으로 조정하는 것이 필요하다.

정답 ▶ 01. ① 02. ④ 03. ③ 04. ② 05. ①

06. 운행 중 브레이크에 페이드 현상이 발생했을 때 조치방법으로 맞는 것은?
① 운행을 멈추고 열이 식도록 한다.
② 주차브레이크를 대신 사용한다.
③ 브레이크 페달을 자주 밟아 열을 발생시킨다.
④ 운행속도를 조금 올려준다.

07. 타이어식 건설기계를 길고 급한 경사길을 운전할 때 브레이크를 사용하면 어떤 현상이 생기는 가?
① 파이프는 스팀록, 라이닝은 베이퍼록
② 파이프는 증기패쇄, 라이닝은 스팀록
③ 라이닝은 페이드, 파이프는 베이퍼록
④ 라이닝은 페이드, 파이프는 스팀록

08. 마스트 유압라인 고장으로 견인하려한다. 조치사항으로 틀린 것은?
① 주차 브레이크를 푼다.
② 지게차에 견인봉을 연결하고 지게차를 2km/h 이하로 유지하며 견인한다.
③ 키 스위치는 OFF한다.
④ 전·후진 레버를 전진에 위치한다.

09. 마스트 유압라인 고장으로 견인하려한다. 초치사항으로 적당하지 않은 것은?
① 안전 주차 후 후면의 고장 표시판을 설치한 후 포크를 마스트에 고정한다.
② 키 스위치는 ON한다.
③ 전·후진 레버를 중립에 위치한다.
④ 지게차에 견인봉을 연결한다.

10. 지게차 주행 중 타이어 펑크시 조치사항으로 틀린 것은?
① 타이어 펑크 시 안전한 장소에 주차한다.
② 후면 안전거리에 고장 표시판을 설치한다.
③ 타이어를 교환한다.
④ 펑크 난 타이어에 규정 공기압으로 주입한다.

11. 제동장치 성능불량 시 조치방법으로 틀린 것은?
① 제동장치 성능불량 시 도착지점까지 빨리 주행한다.
② 지게차를 안전한 장소에 주차하고 후면 안전거리에 고장표시판을 설치한다.
③ 브레이크액이 부족한 경우는 보충하고 공기 빼기를 실시한다.
④ 브레이크 호스 및 라인이 파손 시에는 서비스센터에 연락하여 교환한다.

교통사고시 대처

01. 교통사고가 발생하였을 때 가장 먼저 취할 조치는?
① 경찰 공무원에게 신고한 다음 피해자를 구조한다.
② 즉시 사상자를 구호하고 경찰 공무원에게 신고한다.
③ 즉시 피해자 가족에게 알리고 합의한다.
④ 승무원에게 사상자를 알리게 하고 회사에 알린다.

02. 도로교통법상 교통사고에 해당되지 않는 것은?
① 도로운전 중 언덕길에서 추락하여 부상한 사고
② 차고에서 적재하던 화물이 전락하여 사람이 부상한 사고
③ 주행 중 브레이크 고장으로 도로변의 전주를 충돌한 사고
④ 도로주행 중에 화물이 추락하여 사람이 부상한 사고

03. 교통사고로 인하여 사람을 사상하거나 물건을 손괴하는 사고가 발생하였을 때 우선 조치사항으로 가장 적절한 것은?
① 그 차의 운전자는 즉시 경찰서로 가서 사고와 관련된 현황을 신고 조치한다.
② 사고 차를 견인 조치한 후 승무원을 구호하는 등 필요한 조치를 취해야 한다.
③ 사고 차를 운전한 운전자는 물적 피해 정도를 파악하여 즉시 경찰서로 가서 사고 현황을 신고한다.
④ 그 차의 운전자나 그 밖의 승무원은 즉시 정차하여 사상자를 구호하는 등 필요한 조치를 취해야 한다.

04. 교통사고가 발생하였을 때 운전자가 가장 먼저 취해야 할 조치로 적절한 것은?
① 즉시 보험회사에 신고한다.
② 모범운전자에게 신고한다.
③ 즉시 피해자 가족에게 알린다.
④ 즉시 사상자를 구호하고 경찰에 연락한다.

05. 도로교통법령상 도로에서 교통사고로 인하여 사람을 사상한 때 운전자의 조치로 가장 적합한 것은?
① 경찰관을 찾아 신고하는 것이 가장 우선이다.
② 중대한 업무를 수행하는 중인 경우에는 후 조치를 할 수 있다.
③ 즉시 정차하여 사상자를 구호하는 등 필요한 조치를 한다.
④ 경찰서에 출두하여 신고한 다음 사상자를 구호한다.

06. 교통사고 시 사상자가 발생하였을 때, 도로교통법령상 운전자가 즉시 취하여야 할 조치사항 중 가장 옳은 것은?
① 즉시정차 → 신고 → 위해방지
② 즉시정차 → 사상자 구호 → 신고
③ 즉시정차 → 위해방지 → 신고
④ 증인확보 → 정차 → 사상자 구호

07. 경미한 접촉사고인 경우 대처방법으로 틀린 것은?
① 자동차에만 문제가 있는 경우로 이럴 땐 사고 당사자들끼리 신속하게 문제를 처리해서 교통 정체를 최대한 줄이는 게 좋다.
② 차를 안전한 장소로 빼기 전 블랙박스가 설치되어 있으면 사고 현장 사진을 찍을 필요가 없다.
③ 보험처리 여부와 상대방의 신상을 확인하고, 연락처 및 차종, 번호 등을 메모해야 한다.
④ 합의가 늦어질 경우에는 방해가 되지 않는 곳으로 차를 옮긴다.

정답 ▶ 02. ② 03. ④ 04. ④ 05. ③ 06. ② 07. ②

08. 환자의 응급조치 및 긴급구호 방법 중 틀린 것은 ?
① 부득이하게 환자를 이동시켜야 할 경우는 혼자 부상자를 빨리 움직여야 한다.
② 부상자는 되도록 이동시키지 말고 발견된 위치에서 치료해야 무리한 구조로 인한 2차 부상이나 부상악화를 막을 수 있다.
③ 의식이 없는 환자의 경우, 특히 주의를 요하며 의식이 없는 환자는 일단 목 부위에 손상이 있다는 가정 하에 응급처치를 해야 한다.
④ 반드시 필요한 경우가 아니라면 환자를 움직여서는 안 되며 호흡이 원활해지도록 머리와 목을 손이나 지지도구로 지탱해준다.

09. 사고가 발생했을 때는 즉각 휴대폰이나 고속도로상의 비상전화를 통해 상황실이나 119등에 신속히 신고해야 할 사항이 아닌 것은 ?
① 부상자와 연락될 전화번호
② 주변 지형지물이나 도로명을 통한 정확한 사고위치
③ 사고의 종류와 심각성
④ 부상의 심각성

10. 화재가 발생하기 위해서는 3가지 요소가 있는데 모두 맞는 것으로 연결된 것은 ?
① 가연성 물질 – 점화원 – 산소
② 산화물질 – 소화원 – 산소
③ 산화물질 – 점화원 – 질소
④ 가연성 물질 – 소화원 – 산소

11. 다음 중 인화점이 가장 낮은 것은 ?
① 경유   ② 작동유
③ 가솔린   ④ 에틸렌글리콜

12. 안전적 측면에서 인화점이 낮은 연료의 내용으로 맞는 것은 ?
① 화재발생 부분에서 안전하다.
② 화재발생 위험이 있다.
③ 연소상태의 불량 원인이 된다.
④ 압력저하 요인이 발생한다.
해설〉 인화점이 낮은 연료는 화재발생 위험이 있다.

13. 연소조건에 대한 설명으로 틀린 것은 ?
① 산화되기 쉬운 것일수록 타기 쉽다.
② 열전도율이 적은 것일수록 타기 쉽다.
③ 발열량이 적은 것일수록 타기 쉽다.
④ 산소와의 접촉면이 클수록 타기 쉽다.
해설〉 연소조건은 산화되기 쉬운 것일수록, 열전도율이 적은 것일수록, 발열량이 큰 것일수록, 산소와의 접촉면이 클수록 타기 쉽다.

14. 화재예방 조치로서 적합하지 않은 것은?
① 가연성 물질을 인화 장소에 두지 않는다.
② 유류취급 장소에는 방화수를 준비한다.
③ 흡연은 정해진 장소에서만 한다.
④ 화기는 정해진 장소에서만 취급한다.

15. 소화설비 선택 시 고려하여야 할 사항이 아닌 것은 ?
① 작업의 성질
② 작업자의 성격
③ 화재의 성질
④ 작업장의 환경

정답   08. ①   09. ①   10. ①   11. ③   12. ②   13. ③   14. ②   15. ②

16. 가스 및 인화성 액체에 의한 화재예방조치 방법으로 틀린 것은?
① 가연성 가스는 대기 중에 자주 방출시킬 것
② 인화성 액체의 취급은 폭발한계의 범위를 초과한 농도로 할 것
③ 배관 또는 기기에서 가연성 증기의 누출여부를 철저히 점검할 것
④ 화재를 진화하기 위한 방화장치는 위급상황 시 눈에 잘 띄는 곳에 설치할 것

17. 소화설비를 설명한 내용으로 맞지 않는 것은?
① 포말 소화설비는 저온 압축한 질소가스를 방사시켜 화재를 진화한다.
② 분말 소화설비는 미세한 분말 소화제를 화염에 방사시켜 진화시킨다.
③ 물 분무 소화설비는 연소물의 온도를 인화점 이하로 냉각시키는 효과가 있다.
④ 이산화탄소 소화설비는 질식작용에 의해 화염을 진화시킨다.

〔해설〕 포말소화기는 용기 내의 약제가 화합되어 탄산가스가 발생하며, 거품을 발생해서 방사하는 것이며 A, B급 화재에 적합하다.

18. 화재분류에 대한 설명이다. 기호와 설명이 잘 연결된 것은?
① B급 화재 – 전기화재
② C급 화재 – 유류화재
③ D급 화재 – 금속화재
④ E급 화재 – 일반화재

19. 목재, 종이, 석탄 등 일반 가연물의 화재는 어떤 화재로 분류하는가?
① A급 화재   ② B급 화재
③ C급 화재   ④ D급 화재

20. 화재의 분류기준에서 휘발유(액상 또는 기체상의 연료성 화재)로 인해 발생한 화재는?
① A급 화재   ② B급 화재
③ C급 화재   ④ D급 화재

21. B급 화재에 대한 설명으로 옳은 것은?
① 목재, 섬유류 등의 화재로서 일반적으로 냉각소화를 한다.
② 유류 등의 화재로서 일반적으로 질식효과(공기차단)로 소화한다.
③ 전기기기의 화재로서 일반적으로 전기절연성을 갖는 소화제로 소화한다.
④ 금속나트륨 등의 화재로서 일반적으로 건조사를 이용한 질식효과로 소화한다.

22. 유류화재 시 소화용으로 가장 거리가 먼 것은?
① 물   ② 소화기
③ 모래   ④ 흙

23. 작업장에서 휘발유 화재가 일어났을 경우 가장 적합한 소화방법은?
① 물 호스의 사용
② 불의 확대를 막는 덮개의 사용
③ 소다 소화기의 사용
④ 탄산가스 소화기의 사용

정답 ▶ 16. ① 17. ① 18. ③ 19. ① 20. ② 21. ② 22. ① 23. ④

24. 전기시설과 관련된 화재로 분류되는 것은?
① A급 화재　② B급 화재
③ C급 화재　④ D급 화재

25. 다음 중 자연발화성 및 금속성물질이 아닌 것은?
① 탄소　② 나트륨
③ 칼륨　④ 알킬나트륨
해설⟩ 자연발화성 및 금속성물질에는 나트륨, 칼륨, 알킬나트륨이 있다.

26. 금속나트륨이나 금속칼륨 화재의 소화재로서 가장 적합한 것은?
① 물
② 포소화기
③ 건조사
④ 이산화탄소 소화기

27. 소화작업 시 행동요령으로 틀린 것은?
① 카바이드 및 유류에는 물을 뿌린다.
② 가스밸브를 잠그고 전기 스위치를 끈다.
③ 전선에 물을 뿌릴 때는 송선여부를 확인한다.
④ 화재가 일어나면 화재경보를 한다.

28. 소화 작업의 기본요소가 아닌 것은?
① 가연물질을 제거하면 된다.
② 산소를 차단하면 된다.
③ 점화원을 제거시키면 된다.
④ 연료를 기화시키면 된다.

29. 화재발생 시 소화기를 사용하여 소화 작업을 하고 할 때 올바른 방법은?
① 바람을 안고 우측에서 좌측을 향해 실시한다.
② 바람을 등지고 좌측에서 우측을 향해 실시한다.
③ 바람을 안고 아래쪽에서 위쪽을 향해 실시한다.
④ 바람을 등지고 위쪽에서 아래쪽을 향해 실시한다.
해설⟩ 소화기를 사용하여 소화 작업을 할 경우에는 바람을 등지고 위쪽에서 아래쪽을 향해 실시한다.

30. 화재발생 시 초기진화를 위해 소화기를 사용하고자 할 때, 다음 보기에서 소화기 사용방법에 따른 순서로 맞는 것은?

[보기]
a. 안전핀을 뽑는다.
b. 안전핀 걸림 장치를 제거한다.
c. 손잡이를 움켜잡아 분사한다.
d. 노즐을 불이 있는 곳으로 향하게 한다.

① a → b → c → d
② c → a → b → d
③ d → b → c → a
④ b → a → d → c

31. 건설기계에 비치할 가장 적합한 종류의 소화기는?
① A급 화재수학기　② 포말 B소화기
③ ABC소화기　④ 포말소화기

32. 전기화재 시 가장 좋은 소화기는?
① 포말소화기
② 이산화탄소 소화기
③ 중조산식 소화기
④ 산·알칼리 소화기

정답⟩ 24. ③　25. ①　26. ③　27. ①　28. ④　29. ④　30. ④　31. ③　32. ②

33. 전기설비 화재 시 가장 적합하지 않은 소화기는?
① 포말 소화기
② 이산화탄소 소화기
③ 무상강화액 소화기
④ 할로겐화합물 소화기

34. 보통 유류, 전기화재 모두 적용가능하나, 질식작용에 의해 화염을 진화하기 때문에 실내 사용에는 특히 주의를 기울여야 하는 소화기는?
① 모래
② 분말소화기
③ 이산화탄소 소화기
④ C급 화재소화기

35. 화재 및 폭발의 우려가 있는 가스발생장치 작업장에서 지켜야 할 사항으로 맞지 않는 것은?
① 불연성 재료의 사용금지
② 화기의 사용금지
③ 인화성 물질 사용금지
④ 점화의 원인이 될 수 있는 기계 사용금지

36. 화재발생으로 부득이 화염이 있는 곳을 통과할 때의 요령으로 틀린 것은?
① 몸을 낮게 엎드려서 통과한다.
② 물수건으로 입을 막고 통과한다.
③ 머리카락, 얼굴, 발, 손 등을 불과 닿지 않게 한다.
④ 뜨거운 김은 입으로 마시면서 통과한다.

37. 소화하기 힘든 정도로 화재가 진행된 현장에서 제일 먼저 취하여야 할 조치로 가장 올바른 것은?
① 소화기 사용
② 화재신고
③ 인명구조
④ 경찰서에 신고

38. 화상을 입었을 때 응급조치로 가장 적합한 것은?
① 옥도정기를 바른다.
② 메틸알코올에 담근다.
③ 아연화연고를 바르고 붕대를 감는다.
④ 찬물에 담갔다가 아연화연고를 바른다.

정답 ▶ 33. ① 34. ③ 35. ① 36. ④ 37. ③ 38. ④

CHAPTER 08 장비구조

1. 엔진구조 익히기

1.1. 엔진본체의 구조와 기능

1.1.1. 엔진의 정의

엔진이란 열기관(heat engine)으로 열에너지(연료의 연소)를 기계적 에너지(크랭크축의 회전)로 변환시켜주는 장치로 지게차에서는 주로 디젤엔진을 사용한다. 디젤엔진은 공기만을 흡입하고 고온·고압으로 압축한 후 고압의 연료(경유)를 미세한 안개 모양으로 분사시켜 자기(自己)착화시킨다.

[1] 디젤엔진의 장점
 ① 열효율이 높고 연료소비율이 적다.
 ② 인화점이 높아 연료의 취급이 쉽다.
 ③ 점화장치가 없어 고장률이 적다.
 ④ 유해 배기가스 배출량이 적다.
 ⑤ 흡입행정에서 펌핑 손실(pumping loss)을 줄일 수 있다.

[2] 디젤엔진의 단점
 ① 압축과 폭압압력이 커 마력당 무게가 무겁다.
 ② 운전 중 소음과 진동이 크다.
 ③ 엔진 각 부분의 구조가 튼튼해야 한다.

④ 가솔린엔진보다 최고 회전속도가 낮다.
⑤ 예열플러그가 필요하다.

[3] 4행정 사이클 디젤엔진의 작동과정

크랭크축이 2회전할 때 피스톤은 공기흡입 → 공기압축 → 폭발(동력, 연료분사) → 배기의 4행정을 하여 1사이클을 완성한다. 피스톤 행정이란 피스톤이 상사점에서 하사점으로 이동한 거리이다.

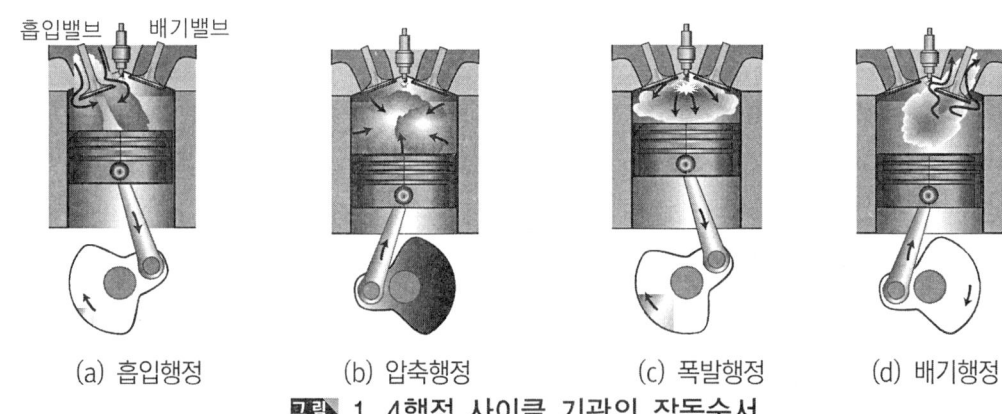

그림 1. 4행정 사이클 기관의 작동순서

(1) 흡입행정

흡입밸브는 열리고 배기밸브는 닫혀있다. 피스톤이 상사점에서 하사점으로 하강함에 따라 부압이 발생하며, 디젤엔진은 실린더 내에는 공기만 흡입된다. 크랭크축은 180°회전한다.

(2) 압축행정

흡입과 배기밸브는 모두 닫혀있으며, 피스톤은 하사점에서 상사점으로 상승한다. 크랭크축은 360°회전한다. 디젤엔진의 압축비가 높은 이유는 공기의 압축열로 자기착화시키기 위함이다. 압축행정시 압축압력이 낮아지는 원인은 다음과 같다.
① 실린더 벽의 과다 마모
② 피스톤 링이 파손 또는 과다 마모
③ 피스톤 링의 탄력부족
④ 헤드개스킷에서 압축가스 누설

⑤ 흡입 또는 배기밸브의 밀착 불량

(3) 폭발(동력)행정(power stroke)

흡입과 배기밸브는 모두 닫혀 있으며, 압축행정 말기에 분사노즐로부터 실린더 내로 연료를 분사하여 연소시켜 동력을 얻는 행정이다. 크랭크축은 540°회전한다. 폭발압력은 디젤엔진은 55~65kgf/cm^2 정도이다. 폭발행정 끝부분 즉 배기행정 초기에 배기밸브가 열려 실린더 내의 압력에 의해서 배기가스가 배기밸브를 통해 스스로 배출되는 현상을 블로다운(blow down)이라 한다.

(4) 배기행정(exhaust stroke)

배기행정은 배기밸브가 열리면서 폭발행정에서 일을 한 연소가스를 실린더 밖으로 배출시키는 행정이다. 이때 피스톤은 하사점에서 상사점으로 올라가며 크랭크축은 720° 회전하여 1사이클을 완료한다.

1.1.2. 실린더헤드(cylinder head)

[1] 실린더헤드의 구조

헤드개스킷을 사이에 두고 실린더블록에 볼트로 설치되며, 피스톤, 실린더와 함께 연소실을 형성한다.

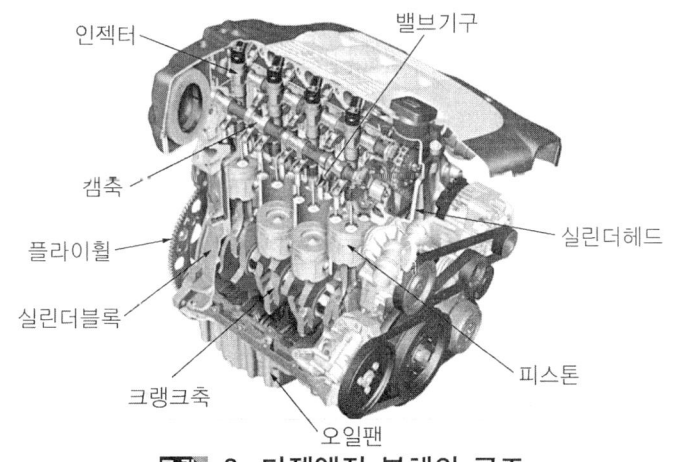

그림 2. 디젤엔진 본체의 구조

[2] 디젤엔진 연소실

① 연소실 모양에 따라 엔진출력, 열효율, 운전 정숙도, 노크발생 빈도 등이 관계된다.
② 연소실의 종류에는 단실식인 직접분사실식과 복실식인 예연소실식, 와류실식, 공기실식 등이 있다.

(1) 연소실의 구비조건

① 압축 끝에서 혼합기의 와류를 형성하는 구조이어야 한다.
② 연소실 내의 표면적이 최소가 되도록 하여야 한다.
③ 돌출부가 없고, 화염 전파거리가 짧아야 한다.
④ 분사된 연료를 가능한 한 짧은 시간 내에 완전연소 시킬 수 있어야 한다.
⑤ 평균유효압력이 높고, 노크발생이 적어야 한다.
⑥ 고속회전에서 연소상태가 좋아야 한다.

(2) 직접분사실식 연소실

피스톤 헤드를 오목하게 하고 연소실을 형성시킨 것이며, 연소실 중 연료소비율이 낮고 연소압력이 가장 높다. 다공형 분사노즐을 사용한다.

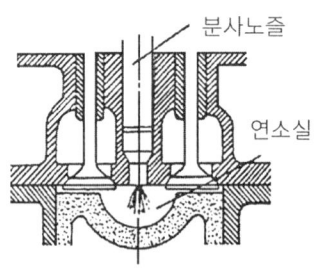

그림 3. 직접분사실식 연소실

1) 직접분사실식 연소실의 장점

① 연료소비율이 작고, 열효율이 높다.
② 실린더헤드의 구조가 간단하다.
③ 연소실 체적에 대한 표면적 비율이 작아 냉각손실이 작다.
④ 엔진 시동이 쉽다.

2) 직접분사실식 연소실의 단점
① 분사압력이 높아 분사펌프와 노즐의 수명이 짧다.
② 사용연료 변화에 매우 민감하여 분사상태가 조금만 달라져도 엔진의 성능이 크게 변화한다.
③ 엔진의 회전속도 및 부하의 변화에 민감하고 노크발생이 쉽다.
④ 질소산화물의 발생률이 크다.
⑤ 다공형 분사노즐을 사용하므로 값이 비싸다.

(3) 예연소실 연소실
  1) 예연소실 연소실의 장점
  ① 사용연료의 변화에 둔감하며, 운전상태가 조용하고, 노크 발생이 적다.
  ② 연료의 분사압력이 낮아 연료장치의 고장이 적고, 수명이 길다.

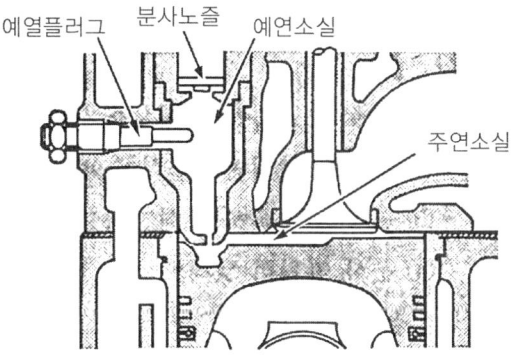

그림 4. 예연소실식 연소실

  2) 예연소실 연소실의 단점
  ① 실린더헤드의 구조가 복잡하고, 연소실 체적에 대한 표면적 비율이 커 냉각손실이 크다.
  ② 연료소비율이 비교적 크다.
  ③ 시동보조장치인 예열플러그가 필요하다.

[3] 헤드 개스킷
  실린더헤드와 블록사이에 삽입되어 압축과 폭발가스의 기밀을 유지하고 냉각수와 엔진오일이 누출되는 것을 방지한다.

1.1.3. 실린더블록(cylinder block)

[1] 일체식 실린더

실린더블록과 같은 재질로 실린더를 일체로 제작한 형식이며, 특징은 강성 및 강도가 크고 냉각수 누출우려가 적으며, 부품수가 적고 무게가 가볍다.

[2] 실린더 라이너

실린더블록과 라이너(실린더)를 별도로 제작한 후 라이너를 실린더블록에 끼우는 형식으로 습식과 건식이 있다. 건설기계 엔진에서 주로 사용하는 습식라이너는 냉각수가 라이너 바깥둘레에 직접접촉하며, 정비할 때 라이너 교환이 쉽고, 냉각효과가 좋은 장점이 있으나 크랭크케이스에 냉각수가 들어갈 우려가 있다.

1.1.4. 피스톤(piston)

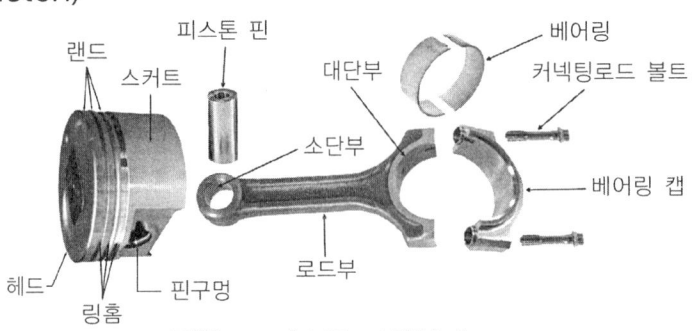

그림 5. 피스톤 어셈블리

[1] 피스톤의 구비조건
  ① 피스톤 중량이 작고, 고온·고압가스에 견딜 것
  ② 블로바이(blow by)가 없을 것
  ③ 열전도율이 크고, 열팽창률이 적을 것

[2] 피스톤 간극
(1) 피스톤 간극이 작을 때의 영향
  ① 열팽창으로 인해 실린더와 피스톤사이에서 고착(소결)이 발생한다.
  ② 피스톤 간극이 적을 때, 엔진오일이 부족할 때, 엔진이 과열되었을 때, 냉각수량이 부족할 경우에 피스톤이 고착(소결)된다.

(2) 피스톤 간극이 클 때의 영향
  ① 엔진 시동성능 저하 및 출력이 감소한다.
  ② 연료가 엔진오일에 떨어져 희석되어 엔진오일의 수명이 단축된다.
  ③ 피스톤 링의 기능저하로 엔진오일이 연소실에 유입되어 오일소비가 많아진다.
  ④ 블로바이에 의해 압축압력이 낮아진다.
  ⑤ 피스톤 슬랩(피스톤이 운동방향을 바꿀 때 실린더 벽에 충격을 주는 현상)이 발생한다.

1.1.5. 피스톤 링(piston ring)
[1] 피스톤 링의 종류
  기밀작용을 하는 압축 링과 오일제어 작용을 하는 오일 링이 있다.

[2] 피스톤 링의 작용
  ① 기밀작용(밀봉작용)
  ② 오일제어 작용(실린더 벽의 오일 긁어내리기 작용)
  ③ 열전도 작용(냉각작용)

[3] 피스톤 링의 구비조건
  ① 열팽창률이 석고, 고온에서도 탄성을 유지할 것
  ② 실린더 벽의 재질보다 다소 경도가 낮을 것
  ③ 실린더 벽에 동일한 압력을 가할 것
  ④ 장시간 사용하여도 피스톤 링 자체나 실린더 마모가 적을 것

[4] 피스톤 링이 마모되었을 때의 영향
  크랭크 케이스 내에 블로바이 현상으로 인한 미연소 가스 및 연소가스가 많아지고, 엔진오일이 연소실로 올라와 연소실에서 연소하며, 배기가스 색은 회백색이 된다.

1.1.6. 크랭크축(crank shaft)
[1] 크랭크축의 구조
  ① 피스톤의 직선운동을 회전운동으로 변환시키는 장치이다.

② 구조 : 메인저널, 크랭크 핀, 크랭크 암, 밸런스 웨이트(평형추)

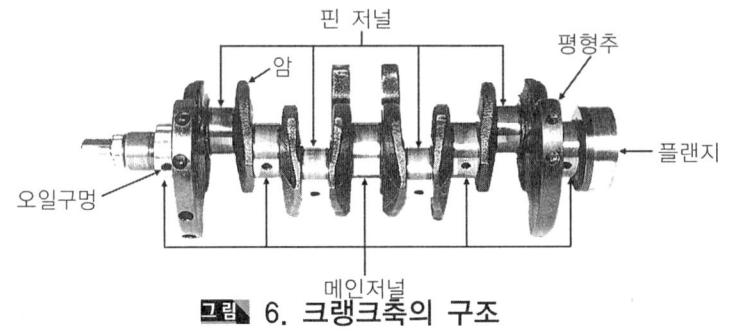

그림 6. 크랭크축의 구조

[2] 크랭크축 비틀림 진동발생의 관계
① 엔진의 주기적인 회전력 작용에 의해 발생한다.
② 크랭크축의 강성이 작고, 엔진의 회전속도가 느릴수록 크다.
③ 엔진의 회전력 변동이 크고, 크랭크축의 길이가 길수록 크다.

1.1.7. 플라이휠(fly wheel)
① 엔진의 맥동적인 회전을 관성력을 이용하여 원활한 회전운동으로 바꾼다.
② 실린더 내에서 폭발이 일어나면 피스톤 → 커넥팅로드 → 크랭크축 → 플라이휠(클러치)순서로 전달된다.

1.1.8. 밸브기구(valve train)
[1] 캠축과 캠(cam shaft & cam)
① 엔진의 밸브 수와 같은 캠이 배열된 축으로 흡입 및 배기밸브를 개폐시키는 작용을 한다.
② 4행정 사이클 엔진의 크랭크축 기어와 캠축기어의 지름비율은 1 : 2이고 회전비율은 2 : 1이다.

[2] 유압식 밸브리프터
　엔진의 작동온도 변화에 관계없이 밸브간극을 0으로 유지시키는 장치이며, 특징은 다음과 같다.
① 밸브간극 조정이 자동으로 된다.

② 밸브개폐 시기가 정확하다.
③ 밸브기구의 내구성이 좋다.
④ 밸브기구의 구조가 복잡하다.
⑤ 윤활장치가 고장이 나면 엔진의 작동이 정지된다.

[3] 밸브(valve)
(1) 밸브의 구비조건
   ① 열에 대한 저항력이 크고, 열전도율이 좋을 것
   ② 무게가 가볍고, 열에 대한 팽창률이 작을 것
   ③ 가스에 견디고, 고온에 잘 견딜 것

(2) 밸브의 구조
   ① 밸브헤드 : 고온·고압가스에 노출되므로 특히 배기밸브는 열부하가 매우 크다.
   ② 밸브 페이스 : 밸브시트(seat)에 밀착되어 연소실 내의 기밀유지 작용을 한다.
   ③ 밸브 스템 : 밸브 가이드 내부를 상하왕복 운동하며 밸브헤드가 받는 열을 가이드를 통해 방출하고, 밸브의 개폐를 돕는다.
   ④ 밸브 가이드 : 밸브의 상하운동 및 시트와 밀착을 바르게 유지하도록 밸브 스템을 안내해 준다.
   ⑤ 밸브 스프링 : 밸브가 닫혀있는 동안 밸브시트와 밸브 페이스를 밀착시켜 기밀이 유지되도록 한다.
   ⑥ 밸브시트 : 밸브 페이스에 밀착되어 연소실의 기밀유지 작용과 밸브헤드의 냉각작용을 한다.

(3) 밸브간극(valve clearance)
   ① 엔진 작동 중 열팽창을 고려하여 로커 암과 밸브 스템 끝 사이에 둔 간극이다.
   ② 밸브간극이 크면 정상 작동온도에서 밸브가 완전히 열리지 못한다.
   ③ 밸브간극이 적으면 밸브가 열려 있는 기간이 길어지므로 실화가 발생할 수 있다.

1.2. 윤활장치의 구조와 기능

1.2.1. 엔진오일의 작용과 구비조건

[1] 엔진오일의 작용
① 마찰감소·마멸방지 및 밀봉(기밀)작용을 한다.
② 열전도(냉각)작용 및 세척(청정)작용을 한다.
③ 완충(응력분산)작용 및 부식방지(방청)작용을 한다.

[2] 엔진오일의 구비조건
① 점도지수가 커 온도와 점도와의 관계가 적당할 것
② 인화점 및 자연발화점이 높을 것
③ 강인한 유막을 형성할 것
④ 응고점이 낮고 비중과 점도가 적당할 것
⑤ 기포발생 및 카본생성에 대한 저항력이 클 것

[3] 오일의 점도와 점도지수
① 점도 : 오일의 끈적끈적한 정도(점성)이며, 오일의 성질 중 가장 중요한 성질이다.
② 점도지수 : 오일의 점도는 온도가 상승하면 점도가 낮아지고, 온도가 낮아지면 점도가 높아지는 성질이 있는데 이 변화 정도를 표시하는 것이다.

1.2.2. 엔진오일의 분류

[1] SAE(미국 자동차 기술협회) 분류
SAE번호로 오일의 점도를 표시하며, 번호가 클수록 점도가 높다.
① 겨울용 엔진오일 : 겨울에는 엔진오일의 유동성이 떨어지기 때문에 점도가 낮아야 한다.
② 봄·가을용 엔진오일 : 봄·가을용은 겨울용보다는 점도가 높고, 여름용보다는 점도가 낮다.
③ 여름용 엔진오일 : 여름용은 기온이 높기 때문에 엔진오일의 점도가 높아야 한다.
④ 범용 엔진오일(다급 엔진오일) : 저온에서 엔진이 시동될 수 있도록 점도가 낮고, 고온에서도 기능을 발휘할 수 있는 엔진오일이다.

[2] API(미국 석유협회) 분류
가솔린엔진용(ML, MM, MS)과 디젤엔진용(DG, DM, DS)으로 구분된다.

1.2.3. 4행정 사이클 엔진의 윤활방식
① 비산식 : 커넥팅로드 대단부에 부착한 주걱(oil dipper)으로 오일 팬 내의 오일을 크랭크축이 회전할 때의 원심력으로 퍼 올려 뿌려준다.
② 압송식 : 캠축으로 구동되는 오일펌프로 오일을 흡입·가압하여 각 윤활부분으로 보낸다.
③ 비산 압송식 : 비산식과 압송식을 조합한 것이며, 최근에 가장 많이 사용한다.
④ 전 압송식 : 피스톤과 피스톤 핀까지 윤활유를 압송하여 윤활하는 방식이다.

1.2.4. 윤활장치의 구성부품
[1] 오일 팬(oil pan) 또는 아래 크랭크 케이스
① 엔진오일 저장용기이며, 오일의 냉각작용도 한다.
② 내부에 섬프(sump)와 격리판(배플)이 설치되어 있고, 외부에는 오일 배출용 드레인 플러그가 있다.

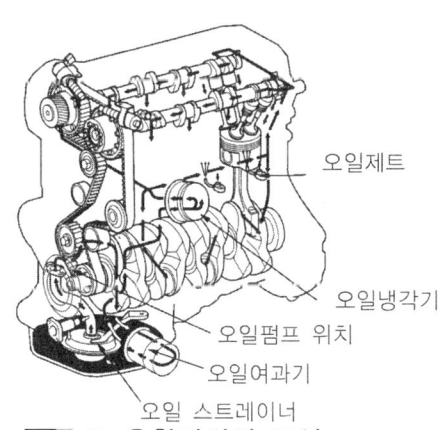

그림 7. 윤활장치의 구성

[2] 오일 스트레이너(oil strainer)
오일펌프로 들어가는 오일을 여과하는 부품이며, 철망으로 제작하여 비교적 큰 입자의 불순물을 여과한다.

[3] 오일펌프(oil pump)
① 엔진이 가동되어야 작동하며, 오일 팬 내의 오일을 흡입, 가압하여 오일여과기를 거쳐 각 윤활부분으로 공급한다.
② 종류에는 기어펌프, 로터리펌프, 플런저펌프, 베인 펌프 등이 있으며 4행정 사이클 엔진에서는 주로 로터리펌프와 기어펌프를 사용한다.

[4] 오일여과기
윤활장치 내를 순환하는 불순물을 제거하며, 엔진오일을 1회 교환할 때 1회 교환한다.

(1) 오일 여과방식
① 분류식 : 오일펌프에 나온 윤활유의 일부만 여과하여 오일 팬으로 보내고, 나머지는 그대로 윤활부분으로 보내는 방식이다.
② 샨트식 : 오일펌프에서 나온 윤활유의 일부만 여과하게 한 방식이지만 여과된 윤활유가 오일 팬으로 되돌아오지 않고, 나머지 여과되지 않은 윤활유와 윤활부분에서 합쳐져 공급된다.
③ 전류식 : 오일펌프에서 나온 오일의 모두를 여과기를 거쳐서 여과된 후 윤활부분으로 가는 방식이다. 또 오일여과기가 막히는 것에 대비하여 여과기 내에 바이패스 밸브를 둔다.

(2) 유압이 높아지는 원인
① 윤활회로의 일부가 막혔을 때
② 엔진오일의 점도가 높을 때
③ 유압조절 밸브(릴리프밸브) 스프링의 장력이 과다할 때
④ 유압조절 밸브가 닫힌 채로 고착되었을 때

(3) 유압이 낮아지는 원인
① 오일 팬 내에 오일이 적을 때
② 커넥팅로드 대단부 베어링과 핀 저널의 간극과 크랭크축 오일틈새가 클 때
③ 오일펌프가 불량할 때
④ 유압조절 밸브가 열린 상태로 고장 났을 때

⑤ 엔진 각 부분의 마모가 심할 때
⑥ 엔진오일에 경유가 혼입되어 점도가 낮아졌을 때

[5] 유압 조절밸브(oil pressure relief valve)

유압이 과도하게 상승하는 것을 방지하여 유압이 일정하게 유지되도록 하는 작용을 한다.

[6] 엔진 오일량 점검방법
① 건설기계를 평탄한 지면에 주차시킨다.
② 엔진을 시동하여 난기운전(워밍업)시킨 후 엔진을 정지한다.
③ 유면표시기를 빼어 묻은 오일을 깨끗이 닦은 후 다시 끼운다.
④ 다시 유면표시기를 빼어 오일이 묻은 부분이 "F(full)"와 "L(low)"선의 중간 이상에 있으면 된다.
⑤ 오일량을 점검할 때 점도도 함께 점검한다.

1.3. 연료장치의 구조와 기능
1.3.1. 디젤엔진 연료
[1] 디젤엔진 연료의 구비조건
① 연소속도가 빠르고, 자연발화점이 낮을 것(착화가 용이할 것)
② 세탄가가 높고, 발열량이 클 것
③ 온도변화에 따른 점도변화가 적을 것
④ 카본의 발생이 적을 것

[2] 연료의 착화성
디젤엔진 연료(경유)의 착화성은 세탄가로 표시한다.

[3] 디젤엔진의 연소과정
착화 지연기간 → 화염 전파기간 → 직접 연소기간 → 후 연소기간으로 이루어진다.

1.3.2. 디젤엔진의 노크(노킹)

착화 지연기간이 길어져 연소실에 누적된 연료가 많아 일시에 연소되어 실린더 내의 압력상승이 급격하게 되어 발생하는 현상이다.

[1] 디젤엔진 노크의 원인
① 착화지연기간 중 연료분사량이 많다.
② 흡기온도 및 압축압력·압축비가 낮다.
③ 연료의 분사압력 및 연소실 및 실린더의 온도가 낮다.
④ 연료의 세탄가가 낮고, 착화지연기간이 길다.
⑤ 분사노즐의 분무상태가 불량하다.

[2] 디젤엔진의 노크 방지방법
① 세탄가가 높은 연료 즉 착화점이 낮은 연료(착화성이 좋은)를 사용한다.
② 착화지연기간을 짧게 한다.
③ 흡기압력과 온도, 연소실 및 실린더 벽의 온도를 높인다.
④ 압축비 및 압축압력과 온도를 높인다.

[3] 디젤엔진의 진동원인
① 연료 분사시기·분사간격이 다르다.
② 각 실린더의 연료 분사압력과 분사량이 다르다.
③ 연료계통 내에 공기가 유입되었다.
④ 4실린더 엔진에서 1개의 분사노즐이 막혔다.
⑤ 피스톤 및 커넥팅로드의 중량차이가 있다.
⑥ 크랭크축에 불균형이 있다.

1.3.3. 디젤엔진 연료장치(분사펌프 사용)

[1] 연료탱크(fuel tank)
연료탱크는 작업 후 연료를 탱크에 가득 채워 두어야 한다. 이유는 다음과 같다.
① 연료탱크 내의 공기 중의 수분이 응축되어 물이 생기는 것을 방지하기 위함이다.
② 연료의 기포방지를 위함이다.

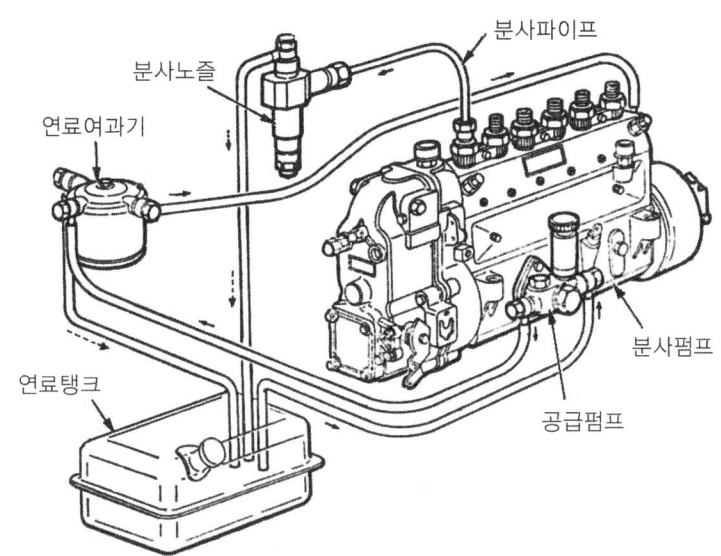

연료공급 순서 : 연료탱크 → 연료공급펌프 → 연료여과기 → 분사펌프 → 분사노즐

그림 8. 디젤엔진 연료장치(분사펌프 사용)의 구조

③ 내일(다음)의 작업을 준비하기 위함이다.

[2] 연료여과기(fuel filter)

연료 중의 수분 및 불순물을 걸러주며, 오버플로 밸브(over flow valve)의 기능은 다음과 같다.
① 연료압력의 지나친 상승을 방지한다.
② 연료여과기 엘리먼트를 보호한다.
③ 공급펌프의 소음발생을 방지한다.
④ 운전 중 연료계통의 공기를 배출한다.

[3] 공급펌프(feed pump)의 작용

연료탱크 내의 연료를 연료여과기를 거쳐 분사펌프의 저압부분으로 공급하며, 연료계통의 공기빼기 작업에 사용하는 프라이밍 펌프(priming pump)를 두고 있다.

(1) 연료장치의 공기빼기
① 연료장치의 공기를 빼는 순서는 공급펌프 → 연료여과기 → 분사펌프이다.

② 연료장치에 공기가 흡입되면 엔진회전이 불량해 진다. 즉 엔진이 부조를 일으킨다.
③ 연료장치의 공기빼기 작업은 연료탱크 내의 연료가 결핍되어 보충한 경우, 연료호스나 파이프 등을 교환한 경우, 연료여과기의 교환, 분사펌프를 탈·부착한 경우 등에 한다.

(2) 엔진 가동 중 시동이 꺼지는 원인
① 연료장치 내에 기포가 있다.
② 연료탱크 내에 오물이 연료장치에 혼입되었다.
③ 연료여과기가 막혔다.   ④ 연료파이프에서 누출이 있다.
⑤ 연료가 결핍되었다.

[4] 분사펌프(injection pump)의 구조

공급펌프에서 보내준 저압의 연료를 압축하여 분사순서에 맞추어 고압의 연료를 분사노즐로 압송시키는 것으로 조속기와 타이머(분사시기를 조절하는 장치)가 설치되어 있다.

(1) 분사펌프 캠축
엔진의 크랭크축 기어로 구동되며, 4행정 사이클 엔진은 크랭크축의 1/2로 회전한다.

(2) 플런저 배럴과 플런저
① 플런저배럴 속을 플런저가 상하 미끄럼운동하여 고압의 연료를 형성하는 부분이다.
② 플런저 유효행정을 크게 하면 연료분사량이 증가한다. 플런저와 배럴의 윤활은 연료(경유)로 한다.

(3) 딜리버리 밸브
연료의 역류(분사노즐에서 분사펌프로의 흐름) 방지, 분사노즐의 후적 방지, 잔압을 유지시킨다.

(4) 조속기(거버너)의 기능
① 엔진의 회전속도나 부하의 변동에 따라 연료분사량을 조정하는 장치이다.

② 연료분사량이 일정하지 않고, 차이가 많으면 연소 폭발음의 차이가 있으며 엔진은 부조(진동)를 한다.

(5) 타이머(분사시기 조절장치)
엔진 회전속도 및 부하에 따라 연료 분사시기를 변화시키는 장치이다.

[5] 분사노즐(인젝터)
(1) 분사노즐의 개요
① 분사펌프에서 보내온 고압의 연료를 미세한 안개 모양으로 연소실 내에 분사한다.
② 밀폐형 노즐의 종류에는 구멍형(직접분사실식에서 사용), 핀틀형 및 스로틀형이 있다.
③ 연료분사의 3대 조건은 무화(안개 모양), 분산(분포), 관통력이다.

(2) 분사노즐의 구비조건
① 고온·고압의 가혹한 조건에서 장기간 사용할 수 있을 것
② 연료의 분사 끝에서 후적(뒤 흘림)이 일어나지 말 것
③ 분무를 연소실의 구석구석까지 뿌려지게 할 것
④ 연료를 미세한 안개 모양으로 쉽게 착화하게 할 것

(3) 분사노즐의 시험
노즐테스터로 점검할 수 있는 항목은 분포(분무)상태, 분사각도, 후적 유무, 분사개시 압력 등이다

1.3.4. 전자제어 디젤엔진 연료장치(커먼레일장치)
[1] 전자제어 디젤엔진의 연료장치
커먼레일 디젤엔진의 연료공급 과정은 연료탱크 → 연료여과기 → 저압 연료펌프 → 고압 연료펌프 → 커먼레일 → 인젝터 순서이다.
① 저압 연료펌프 : 연료펌프 릴레이로부터 전원을 공급받아 고압 연료펌프로 연료를 압송한다.

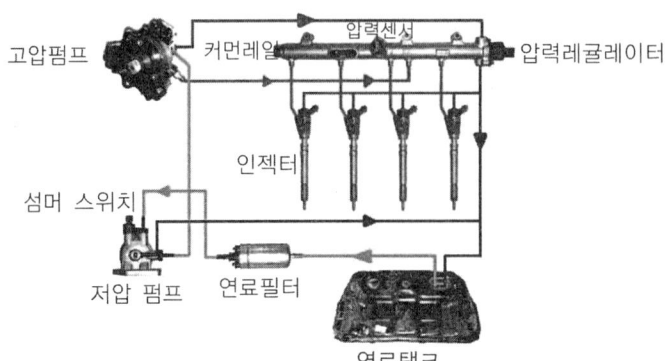

그림 9. 커먼레일 연료공급시스템

② 연료여과기 : 연료 속의 수분 및 이물질을 여과하며, 연료가열 장치가 설치되어 있어 겨울철에 냉각된 엔진을 시동할 때 연료를 가열한다.

③ 고압 연료펌프 : 저압 연료펌프에서 공급된 연료를 고압으로 압축하여 커먼레일로 공급한다.

④ 커먼레일 : 고압 연료펌프에서 공급된 연료를 각 실린더의 인젝터로 분배한다.

⑤ 연료압력 제어밸브 : 커먼레일 내의 연료압력이 규정 값보다 높아지면 열려 연료의 일부를 연료탱크로 복귀시킨다.

⑥ 인젝터 : 고압의 연료를 컴퓨터의 전류제어를 통하여 연소실에 미립형태로 분사한다.

[2] 컴퓨터(ECU)의 입력요소

① 공기유량센서(AFS) : 열막(hot film)방식을 사용한다. 주 기능은 EGR(배기가스 재순환) 피드백 제어이며, 또 다른 기능은 스모그 제한 부스트 압력제어(매연 발생을 감소시키는 제어)이다.

② 흡기온도센서(ATS) : 부특성 서미스터를 사용한다. 연료분사량, 분사시기, 시동할 때 연료분사량 제어 등의 보정신호로 사용된다.

③ 연료온도센서(FTS) : 부특성 서미스터를 사용한다. 연료온도에 따른 연료분사량 보정신호로 사용된다.

④ 수온센서(WTS) : 부특성 서미스터를 사용한다. 엔진온도에 따른 연료분사량을 증감하는 보정신호로 사용되며, 엔진의 온도에 따른 냉각팬 제어신호로도 사용된다.

⑤ 크랭크축 위치센서(CPS) : 크랭크축과 일체로 되어 있는 센서 휠의 돌기를 검출하여 크랭크축의 각도 및 피스톤의 위치, 엔진 회전속도 등을 검출한다.
⑥ 캠 샤프트 포지션 센서(CMPS) : 캠 샤프트의 위치를 검출하여 각 실린더의 정확한 행정을 알 수 있어 연료 분사를 순차적으로 제어한다.
⑦ 가속페달 위치센서(APS) : 운전자가 가속페달을 밟은 정도를 컴퓨터로 전달하는 센서이며, 센서 1에 의해 연료분사량과 분사시기가 결정되고, 센서 2는 센서 1을 감시하는 기능으로 차량의 급출발을 방지하기 위한 것이다.
⑧ 연료압력센서(RPS) : 반도체 피에조소자를 사용한다. 이 센서의 신호를 받아 컴퓨터는 연료분사량 및 분사시기 조정신호로 사용한다.

[3] 컴퓨터(ECU)의 출력요소
① 인젝터 : 고압연료펌프로부터 송출된 연료가 커먼레일을 통하여 인젝터로 공급되며, 연료를 연소실에 직접분사한다. 인젝터의 점검항목은 저항, 연료분사량, 작동음이다.
② EGR밸브 : 엔진에서 배출되는 가스 중 질소산화물(NOx) 배출을 억제하기 위한 밸브이다.

[4] 연료압력이 낮은 원인
① 연료보유량 부족 및 연료펌프 공급압력의 누설
② 연료압력 레귤레이터밸브의 밀착 불량으로 리턴포트 쪽으로 연료 누설
③ 연료펌프 및 연료펌프 내의 체크밸브의 밀착 불량
④ 연료여과기 막힘
⑤ 연료계통에 베이퍼록 발생

1.4. 흡·배기장치의 구조와 기능
1.4.1. 흡기장치
[1] 흡기장치의 구비조건
① 각 실린더에 공기가 균일하게 분배되도록 하여야 한다.
② 공기 충돌을 방지하여야 하며, 굴곡이 있어서는 안 된다.
③ 연소가 촉진되도록 공기에 와류를 일으키도록 해야 한다.

④ 흡입부분에는 돌출부가 없어야 하고, 균일한 분배성을 가져야 한다.
⑤ 전체 회전영역에 걸쳐서 흡입효율이 좋아야 한다.
⑥ 연소속도를 빠르게 해야 한다.

[2] 공기청정기
① 흡입공기 중의 먼지 등의 여과와 흡입공기의 소음을 감소시키며, 통기저항이 크면 엔진의 출력이 저하되고, 연료소비에 영향을 준다.
② 공기청정기가 막히면 배기가스 색은 검은색이 배출되며, 출력은 저하된다.

(1) 건식 공기청정기
① 작은 입자의 먼지나 오물을 여과할 수 있고, 엔진 회전속도의 변동에도 안정된 공기청정 효율을 얻을 수 있다.
② 구조가 간단해 설치 및 분해·조립이 쉽다.
③ 여과망(엘리먼트)은 압축공기로 안쪽에서 바깥쪽으로 불어내어 청소한다.

(2) 습식 공기청정기
① 공기청정기 케이스 밑에는 일정한 양의 엔진오일이 들어 있어 흡입공기는 오일로 적셔진 여과망을 통과시켜 여과시킨다.
② 청정효율은 공기량이 증가할수록 높아지며, 회전속도가 빠르면 효율이 좋고 낮으면 저하된다.
③ 여과망(엘리먼트)은 스틸 울(steel wool)이므로 세척하여 다시 사용한다.

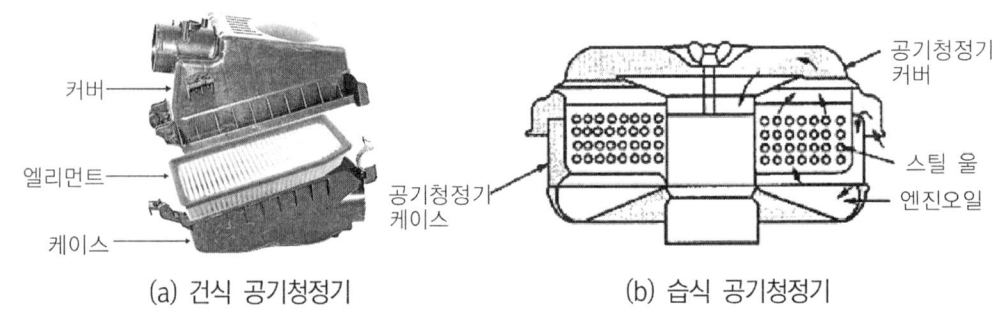

(a) 건식 공기청정기   (b) 습식 공기청정기

그림 10. 공기청정기의 종류

(3) 유조식 공기청정기
   영구적으로 사용할 수 있으며 먼지가 많은 지역에 적합하다.

(4) 원심분리식 공기청정기
   흡입공기를 선회시켜 엘리먼트 이전에서 이물질을 제거한다.

1.4.2. 과급기(터보차저)
[1] 과급기의 개요

과급기는 흡기다기관과 배기다기관사이에 설치되어 엔진의 실린더 내에 공기를 압축하여 공급하는 장치이다. 과급기를 설치하면 엔진의 중량은 10~15% 정도 증가되고, 출력은 35~45% 정도 증가한다. 설치하였을 때 이점은 다음과 같다.
① 구조가 간단하고 설치가 간단하다.
② 동일 배기량에서 출력이 증가하고, 연료소비율이 감소된다.
③ 연소상태가 좋아지므로 압축온도 상승에 따라 착화지연기간이 짧아진다.
④ 연소상태가 양호하기 때문에 비교적 질이 낮은 연료를 사용할 수 있다.
⑤ 고지대에서도 엔진의 출력변화가 적고, 냉각손실이 적다.

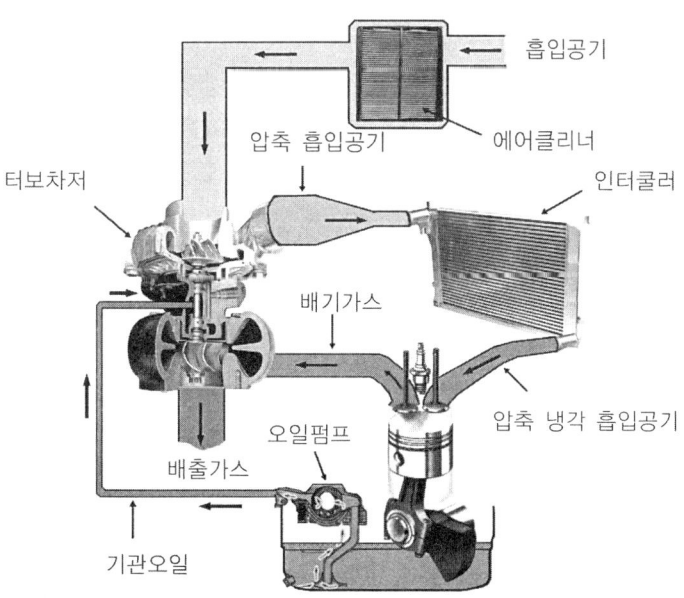

그림 11. 터보차저와 인터쿨러 공기흐름도

[2] 과급기의 작동
① 엔진의 배기가스에 의해 구동되며, 과급기의 터빈 축 베어링에는 엔진오일을 급유한다.
② 배기가스가 터빈을 회전시키면 공기가 흡입되어 디퓨저에 들어간다.
③ 디퓨저에서는 공기의 속도 에너지가 압력 에너지로 바뀌게 된다.
④ 인터쿨러는 과급기가 설치된 디젤엔진에서 급기온도를 낮추어 배출가스를 저감시키는 장치이다.

1.5. 냉각장치의 구조와 기능
1.5.1. 냉각장치의 필요성
① 엔진의 온도는 실린더헤드 물재킷 내의 냉각수 온도로 나타내며 약 75~95℃이다.
② 엔진이 과열하면 금속이 빨리 산화되고, 실린더헤드 등이 변형되기 쉬우며, 엔진오일 점도저하로 유막이 파괴되고, 각 작동부분이 열팽창으로 고착된다.
③ 엔진이 과냉하면 블로바이 현상이 발생하여 압축압력이 저하하고 연료소비량이 증대되며, 엔진의 회전저항이 증가한다.

1.5.2. 수냉식 엔진
[1] 수냉식 엔진의 냉각방식
① 자연 순환방식 : 냉각수를 대류에 의해 순환시켜 냉각한다.
② 강제 순환방식 : 물 펌프로 실린더헤드와 블록에 설치된 물재킷 내에 냉각수를 순환시켜 냉각한다.
③ 압력 순환방식 : 냉각계통을 밀폐시키고, 냉각수가 가열되어 팽창할 때의 압력이 냉각수에 압력을 가하여 냉각수의 비등점을 높여 비등에 의한 손실을 감소시킨다.
④ 밀봉 압력방식 : 라디에이터 캡을 밀봉시킨 후 냉각수의 팽창과 맞먹는 크기의 보조 물탱크를 설치하고 냉각수가 팽창하였을 때 외부로 배출되지 않도록 한다.

[2] 수랭식의 주요구조와 그 기능
(1) 물재킷(워터 자켓, water jacket)
물재킷은 실린더헤드 및 블록에 일체 구조로 된 냉각수가 순환하는 물 통로이다.

그림 12. 수랭식 냉각장치의 구성

(2) 물 펌프
  ① 팬벨트를 통하여 크랭크축에 의해 구동되며, 실린더헤드 및 블록의 물재킷 내로 냉각수를 순환시키는 원심력 펌프이다.
  ② 능력은 송수량으로 표시하며, 효율은 냉각수 온도에 반비례하고 압력에 비례하므로 냉각수에 압력을 가하면 물 펌프의 효율이 증대된다.

(3) 냉각 팬
  ① 냉각 팬이 회전할 때 공기가 불어가는 방향은 라디에이터(방열기) 방향이다.
  ② 전동 팬의 특징
    ㉮ 과열일 때만 작동하고, 정상온도 이하에서는 작동하지 않는다.
    ㉯ 엔진 시동여부에 관계없이 냉각수 온도에 따라 작동하고, 팬벨트가 필요 없다.

(4) 팬벨트
  팬벨트는 각 풀리의 양쪽 경사진 부분에 접촉되어야 하며, 크랭크축 풀리, 발전기 풀리, 물 펌프 풀리 등을 연결 구동한다.
  ① 팬벨트 장력 점검 : 엔진이 정지된 상태에서 벨트의 중심을 엄지손가락으로 눌러서 점검한다.

② 팬벨트 장력이 너무 크면(팽팽하면) : 물 펌프 및 발전기 풀리의 베어링 마멸이 촉진된다.
③ 팬벨트 장력이 너무 작으면(헐거우면) : 소음이 발생하며, 팬벨트의 손상이 촉진, 물 펌프 회전속도가 느려 엔진이 과열, 발전기의 출력이 저하

(5) 라디에이터(방열기)

사용하던 라디에이터와 신품 라디에이터의 냉각수 주입량을 비교했을 때 20% 이상의 차이가 발생했을 때 신품으로 교환해야 한다.

1) 라디에이터의 구조

라디에이터는 위 탱크, 냉각수 주입구, 코어(냉각핀과 수관[튜브]), 아래탱크로 구성되며, 재료는 대부분 알루미늄합금을 사용한다.

2) 구비조건

① 가볍고 작으며, 강도가 클 것
② 단위면적당 방열량이 클 것
③ 공기 흐름저항이 적을 것
④ 냉각수 흐름저항이 적을 것

3) 라디에이터 캡

냉각장치 내의 비등점(비점)을 높이고, 냉각범위를 넓히기 위하여 압력식 캡을 사용한다. 압력식 캡은 압력밸브와 진공밸브로 되어있다.
① 냉각장치 내부압력이 규정보다 높을 때 압력밸브가 열린다.
② 냉각장치 내부압력이 부압이 되면 진공밸브가 열린다.

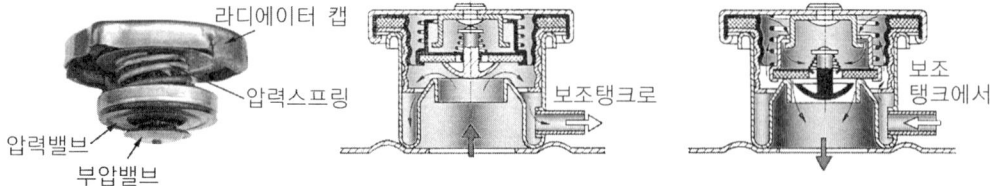

(a) 라디에이터 캡의 구조   (b) 압력이 높을 때   (c) 압력이 낮을 때

그림 13. 라디에이터 캡의 작동

(6) 수온조절기(정온기)
① 실린더헤드 물재킷 출구부분에 설치되어 냉각수 온도에 따라 냉각수 통로를 개폐하여 엔진의 온도를 알맞게 유지한다.
② 종류에는 펠릿형, 벨로즈형, 바이메탈형이 있으나 현재는 펠릿형 만을 사용한다. 펠릿형은 왁스실에 왁스를 넣어 온도가 높아지면 팽창축을 올려 열린다.
③ 수온조절기가 열린 상태로 고장 나면 엔진이 과냉하기 쉽고, 닫힌 상태로 고장나면 과열하고, 열림 온도가 낮으면 엔진의 워밍업(난기운전)시간이 길어지기 쉽다.

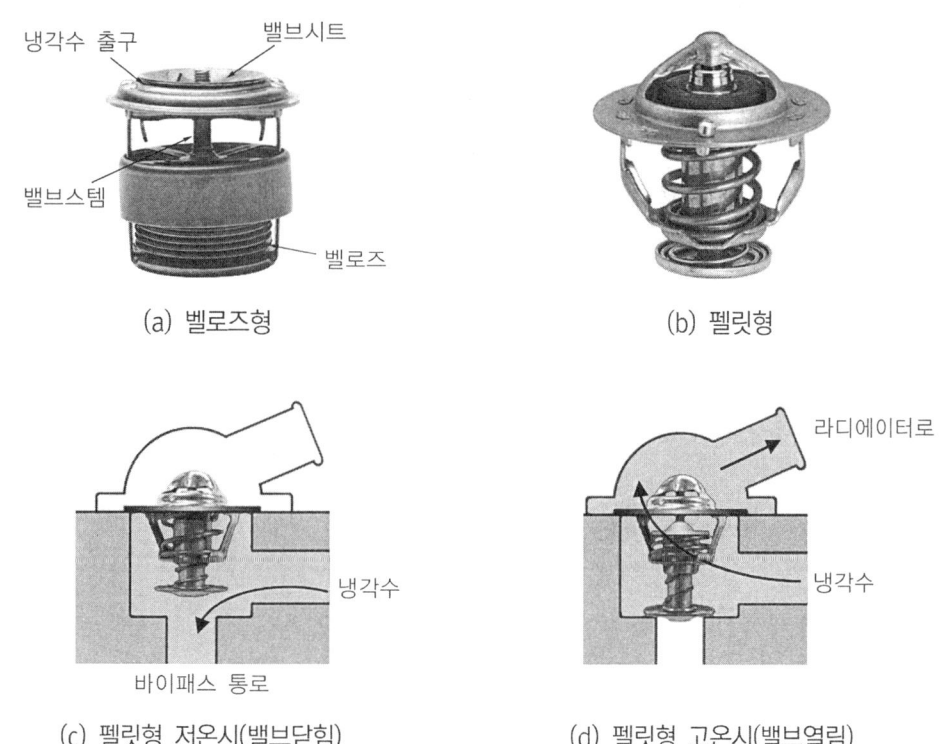

그림 14. 수온조설기

(7) 부동액

메탄올(알코올), 글리세린, 에틸렌글리콜이 있으며, 에틸렌글리콜을 주로 사용한다. 부동액의 구비조건은 다음과 같다.
① 빙점(응고점)은 물보다 낮을 것
② 비등점이 물보다 높을 것
③ 부식성이 없고, 팽창계수가 적을 것

④ 휘발성이 없고, 순환이 잘 될 것
⑤ 물과 혼합이 잘되고, 침전물이 없을 것

[3] 수랭식 엔진의 과열원인
① 팬벨트의 장력이 적거나 파손되었다.
② 냉각 팬이 파손되었다.
③ 라디에이터 호스가 파손되었다.
④ 라디에이터 코어가 20% 이상 막혔다. 신품으로 교환해야 한다.
⑤ 라디에이터 코어가 파손되었거나 오손되었다.
⑥ 물 펌프의 작동이 불량하다.
⑦ 수온조절기(정온기)가 닫힌 채 고장이 났다.
⑧ 수온조절기가 열리는 온도가 너무 높다.
⑨ 물재킷 내에 스케일(물때)이 많이 쌓여 있다.
⑩ 냉각수 양이 부족하다.

2. 전기장치 익히기

2.1. 시동장치의 구조와 기능

2.1.1. 기초 전기

[1] 전기의 기초사항
① 전류 : 단위는 암페어(A)이며, 발열작용, 화학작용, 자기작용 등 3대작용을 한다.
② 전압 : 전류를 흐르게 하는 전기적인 압력이며, 단위는 볼트(V)이다.
③ 저항 : 전자의 움직임을 방해하는 요소이며, 단위는 옴(Ω)이다. 전선의 저항은 길이가 길어지면 커지고, 지름이 커지면 작아진다.
④ 전력 : 전기가 단위 시간 1초 동안에 하는 일의 양을 전력이라 한다.

$$P = IE, \quad P = I^2 R, \quad P = \frac{E^2}{R}$$

P : 전력(W), I : 전류(A), E : 전압(V), R : 저항(Ω)

[2] 옴의 법칙
 ① 도체에 흐르는 전류는 전압에 정비례하고, 그 도체의 저항에는 반비례한다.
 ② 도체의 저항은 도체 길이에 비례하고 단면적에 반비례한다.

$$I = \frac{E}{R}, \quad E = IR, \quad R = \frac{E}{I}$$

I : 전류(A), R : 저항(Ω), E : 전압(E)

[3] 퓨즈(fuse) 및 퓨저블 링크
 퓨즈는 전기장치에서 회로에 직렬로 연결되어 과전류에 의한 화재예방을 위해 사용하는 안전장치 부품이다. 퓨즈의 재질은 납과 주석의 합금이다. 퓨저블 링크(fusible link)는 전기회로 보호장치로 도체 크기의 작은 전선으로 회로에 삽입되어 있으며, 회로 단락되었을 때 용단되어 전원 및 회로를 보호한다.

2.1.2. 축전지

[1] 축전지의 역할
 ① 엔진을 시동할 때 시동장치 전원을 공급한다(가장 중요한 기능).
 ② 발전기가 고장일 때 일시적인 전원을 공급한다.
 ③ 발진기의 출력과 부하의 불균형(언밸런스)를 조정한다.

[2] 축전지의 구비조건
 ① 심한 진동에 견딜 수 있어야 하며, 다루기 쉬워야 한다.
 ② 용량이 크고, 가격이 싸야 한다.
 ③ 소형·경량이고, 수명이 길어야 한다.
 ④ 전해액의 누출방지가 완전해야 한다.
 ⑤ 전기적 절연이 완전해야 한다.

[3] 납산축전지의 구조
(1) 극판
 양극판은 과산화납, 음극판은 해면상납이며 화학적 평형을 고려하여 음극판이 양극판보다 1장 더 많다.

(2) 극판군
 ① 극판군은 셀(cell)이라 부르며, 완전 충전되었을 때 약 2.1V의 기전력이 발생한다.
 ② 12V 축전지의 경우에는 6개의 셀이 직렬로 연결되어 있다.
 ③ 극판의 장수를 늘리면 축전지 용량이 증가하여 이용전류가 많아진다.

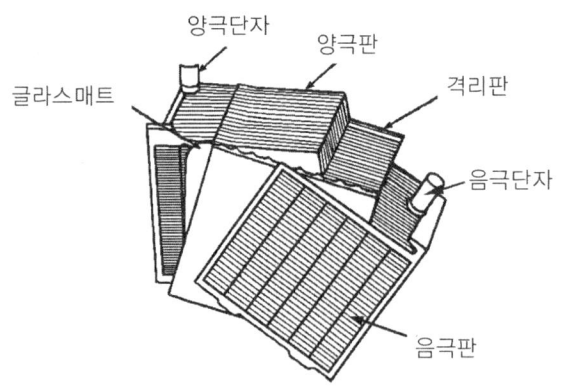

그림 15. 극판군의 구조

(3) 격리판의 구비조건
 양극판과 음극판사이에 끼워져 양쪽 극판의 단락을 방지하는 부품이며, 구비조건은 다음과 같다.
 ① 비전도성일 것
 ② 기계적 강도가 있고, 전해액에 부식되지 않을 것
 ③ 극판에 좋지 못한 물질을 내 뿜지 않을 것
 ④ 다공성이어서 전해액의 확산이 잘 될 것

[4] 전해액(electrolyte)
(1) 전해액의 비중
 ① 전해액은 묽은 황산을 사용하며, 비중은 20℃에서 완전 충전되었을 때 1.280이다.

② 전해액은 온도가 상승하면 비중이 작아지고, 온도가 낮아지면 비중은 커진다.
③ 전해액의 빙점(어는 온도)은 그 전해액의 비중이 내려감에 따라 높아진다.

충전상태	전해액 비중(20℃)
완전충전	1.260~1.280
75% 충전	1.220~1.240
50% 충전	1.190~1.210
25% 충전	1.150~1.170
완전 방전	1.110 이하

(2) 납산 축전지의 화학작용

방전이 진행되면 양극판의 과산화납과 음극판의 해면상납 모두 황산납이 되고, 전해액의 묽은 황산은 물로 변화한다.

[5] 납산축전지의 여러 가지 특성
(1) 방전종지 전압(방전 끝 전압)

축전지의 방전은 어느 한도 내에서 단자 전압이 급격히 저하하며 그 이후는 방전능력이 없어지는 전압으로 1셀 당 1.75V이다. 12V 축전지의 경우 1.75V×6= 10.5V이다.

(2) 축전지 용량
① 축전지 용량의 단위는 AH로 표시한다.
② 용량의 크기를 결정하는 요소는 극판의 크기, 극판의 수, 황산(전해액)의 양 등이다.
③ 용량표시 방법에는 20시간율, 25암페어율, 냉간율이 있다.

(3) 축전지 연결에 따른 용량과 전압의 변화
① 직렬연결 : 같은 축전지 2개 이상을 (+)단자와 다른 축전지의 (-)단자에 서로 연결하는 방식이며, 전압은 연결한 개수만큼 증가되지만 용량은 1개일 때와 같다.
② 병렬연결 : 같은 축전지 2개 이상을 (+)단자를 다른 축전지의 (+)단자에, (-)단자는 (-)단자에 접속하는 방식이며, 용량은 연결한 개수만큼 증가하지만 전압은 1개일 때와 같다.

(4) 납산축전지의 자기방전(자연방전)
　1) 자기방전의 원인
　　① 구조상 부득이 하다(음극판의 작용물질이 황산과의 화학작용으로 황산납이 되기 때문에).
　　② 탈락한 극판 작용물질이 축전지 내부에 퇴적되어 단락되기 때문이다.
　　③ 전해액에 포함된 불순물이 국부전지를 구성하기 때문이다.
　　④ 축전지 커버와 케이스의 표면에서 전기누설 때문이다.

　2) 축전지의 자기방전량
　　① 전해액의 온도와 비중이 높을수록 자기방전량은 크다.
　　② 날짜가 경과할수록 자기방전량은 많아진다.
　　③ 충전 후 시간의 경과에 따라 자기방전량의 비율은 점차 낮아진다.

[6] 납산축전지 충전
(1) 축전지의 보충전 방법
　① 정전류 충전 : 충전시작에서 끝까지 일정한 전류로 충전하는 것이며, 충전전류 범위는 표준 충전전류는 축전지 용량의 10%, 최소 충전전류는 축전지 용량의 5%, 최대 충전전류는 축전지 용량의 20%이다.
　② 정전압 충전 : 충전시작부터 충전이 완료될 때까지 일정한 전압으로 충전
　③ 단별전류 충전 : 충전이 진행됨에 따라 단계적으로 전류를 감소시켜 충전
　④ 급속 충전 : 시간적 여유가 없을 때 급속 충전기를 이용하여 충전하는 방법

(2) 축전지를 충전할 때 주의사항
　① 방전상태로 두지 말고 즉시 충전한다.
　② 충전하는 장소는 반드시 환기장치를 한다.
　③ 충전 중 전해액의 온도를 45℃ 이상으로 상승시키지 않는다.
　④ 양극판 격자의 산화가 촉진되므로 과 충전시켜서는 안 된다.
　⑤ 수소가스가 폭발성 가스이므로 충전 중인 축전지 근처에서 불꽃을 가까이 해서는 안 된다.

⑥ 축전지를 떼어내지 않고 급속충전을 할 경우에는 발전기 다이오드를 보호하기 위해 반드시 축전지와 기동전동기를 연결하는 케이블을 분리한다.

[7] MF축전지(maintenance free battery)

MF축전지는 격자를 저(低)안티몬 합금이나 납-칼슘합금을 사용하여 전해액의 감소나 자기방전량을 줄일 수 있는 무정비 축전지이다. MF 축전지의 특징은 다음과 같다.
① 산소와 수소가스를 다시 증류수로 환원시키는 밀봉 촉매마개를 사용한다.
② 증류수를 점검하거나 보충하지 않아도 된다.
③ 자기방전 비율이 매우 낮다.
④ 장기간 보관이 가능하다.

2.1.3. 시동장치

[1] 기동전동기의 원리

기동전동기의 원리는 플레밍의 왼손법칙을 이용한다. 플레밍 왼손 법칙은 자계내의 도체에 전류를 흐르게 하였을 때 도체에 작용하는 힘의 방향을 나타내는 법칙이다.

[2] 기동전동기의 종류와 특징
① 직권전동기 : 전기자 코일과 계자코일이 직렬로 접속된 것이며, 기동회전력이 크고, 부하가 증가하면 회전속도가 낮아지고 흐르는 전류가 커지는 장점이 있으나 회전속도 변화가 큰 단점이 있다. 엔진 시동으로 사용된다.
② 분권전동기 : 전기자 코일과 계자코일이 병렬로 접속된 것이다.
③ 복권전동기 : 전기자 코일과 계자코일이 직·병렬로 접속된 것이다.

[3] 기동전동기의 구조와 기능

구조는 전기자 코일 및 철심, 정류자, 계자코일 및 계자철심, 브러시와 홀더, 피니언, 오버닝 클러치, 솔레노이드 스위치 등으로 되어있다. 엔진의 플라이휠의 링 기어에 기동전동기의 피니언을 맞물려 크랭크축을 회전시키고, 엔진의 시동이 완료되면 기동전동기 피니언을 플라이휠 링 기어로부터 분리시키며, 플라이휠 링 기어와 기동전동기 피니언의 기어비율은 10~15 : 1 정도이다.

그림 16. 기동전동기의 구조

① 전기자 : 구조는 전기자 철심, 전기자 코일, 축 및 정류자로 구성되어 있고, 축 양끝은 베어링으로 지지되어 자극사이를 회전하며 회전력(토크)을 발생하는 부분이다.
② 오버런닝 클러치 : 기동전동기의 피니언과 엔진 플라이휠 링 기어가 물렸을 때 양 기어의 물림이 풀리는 것을 방지한다. 엔진이 시동된 후에는 기동전동기 피니언이 공회전하여 플라이휠 링 기어에 의해 엔진의 회전력이 기동전동기에 전달되지 않도록 한다.
③ 정류자 : 전기자 코일에 항상 일정한 방향으로 전류가 흐르도록 한다.
④ 계철과 계자철심 : 계철은 자력선의 통로와 기동전동기의 틀이 되는 부분이며, 계자철심은 계자코일에 전기가 흐르면 전자석이 되며, 자속을 잘 통하게 하고, 계자코일을 유지한다.
⑤ 계자코일 : 계자철심에 감겨져 자력을 발생시키는 부분이다.
⑥ 브러시와 브러시 홀더 : 정류자를 통하여 전기자 코일에 전류를 출입시키는 작용을 하며, 4개가 설치된다. 브러시는 본래 길이에서 1/3 이상 마모되면 교환한다.
⑦ 솔레노이드 스위치 : 마그넷 스위치라고도 부르며, 기동전동기의 전자석 스위치이며, 풀인 코일과 홀드인 코일로 되어있다.

[4] 기동전동기의 동력전달방식
① 벤딕스 방식 : 피니언의 관성과 전동기의 고속회전을 이용하여 전동기의 회전력을 엔진에 전달하는 방식으로 오버런닝 클러치가 필요 없다.

② 피니언 섭동방식 : 전자력을 이용하여 피니언의 이동과 스위치를 계폐시킨다.
③ 전기자 섭동방식 : 전기자 중심과 계자중심을 오프셋시켜 자력선이 가까운 거리를 통과하려는 성질을 이용한다.

[5] 기동전동기 다루기
① 기동전동기 연속 사용시간은 10~15초 정도로 한다.
② 엔진이 시동된 후에는 시동스위치를 닫아서는 안 된다.
③ 기동전동기의 회전속도가 규정 이하이면 장시간 연속 운전시켜도 시동되지 않으므로 회전속도에 유의한다.
④ 배선용 케이블이나 굵기가 규정 이하의 것은 사용하지 않는다.

2.1.4. 예열장치

예열장치는 겨울철에 주로 사용하는 것으로 흡기다기관이나 연소실 내의 공기를 미리 가열하여 시동을 쉽도록 하는 장치이다. 즉 엔진에 흡입된 공기온도를 상승시켜 시동을 원활하게 한다.

[1] 예열플러그(glow plug type)방식
예열플러그는 연소실 내의 압축공기를 직접 예열하며 코일형과 실드형이 있다. 실드형 (shield type) 예열플러그의 특징은 다음과 같다.
① 히트코일을 보호 금속튜브 속에 넣은 형식으로, 전류가 흐르면 금속튜브 전체가 적열된다.
② 히트코일이 연소열의 영향을 적게 받는다.
③ 병렬결선이므로 어느 1개가 단선 되어도 다른 것들은 계속 작용한다.

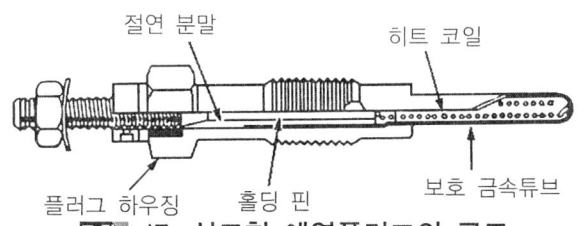

그림 17. 실드형 예열플러그의 구조

④ 적열까지의 시간이 코일형에 비해 조금 길지만 1개당의 발열량이 크고, 열용량이 크다.

[2] 흡기 가열방식

흡기 가열방식에는 흡기히터와 히트레인지가 있으며, 직접분사실식에서 사용한다.

[3] 예열플러그의 단선원인
① 예열시간이 너무 길 때
② 엔진이 과열된 상태에서 빈번한 예열
③ 예열플러그를 규정토크로 조이지 않았을 때
④ 정격이 아닌 예열플러그를 사용했을 때
⑤ 규정이상의 과대전류가 흐를 때

2.2. 충전장치의 구조와 기능

2.2.1. 발전기의 원리

플레밍의 오른손법칙을 발전기의 원리로 사용한다. 건설기계에서는 주로 3상 교류발전기를 사용하며 타려자 방식의 발전기이다.

2.2.2. 교류발전기의 특징
① 고속회전에 잘 견디고, 출력이 크다.
② 저속에서도 충전 가능한 출력전압이 발생한다.
③ 소형·경량이며, 속도변화에 따른 적용 범위가 넓다.
④ 전압조정기만 필요하며, 브러시 수명이 길다.
⑤ 실리콘 다이오드로 정류하므로 전기적 용량이 크다.
⑥ 다이오드를 사용하기 때문에 정류 특성이 좋다.

2.2.3. 교류발전기의 구조
① 스테이터(고정자) : 독립된 3개의 코일이 감겨져 있으며 3상 교류가 유기된다.

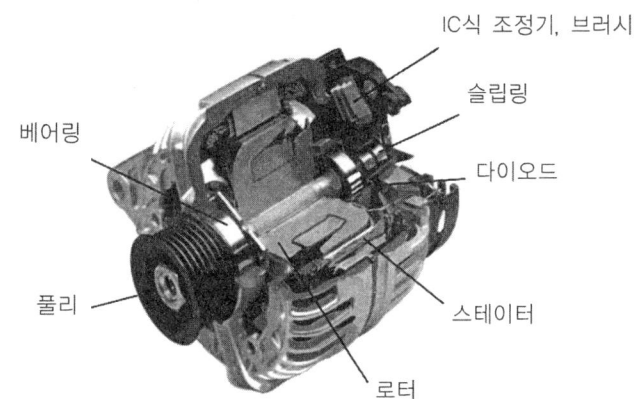

그림 18. 교류발전기의 구조

② 로터(회전자) : 자극편은 코일에 전류가 흐르면 전자석이 되며, 교류발전기 출력은 로터코일의 전류를 조정하여 조정한다.
③ 슬립링 : 브러시와 접촉되어 축전지의 여자전류를 로터코일에 공급한다.
④ 브러시 : 엔드 프레임에 고정되어 로터코일에 축전지 전류를 공급한다.
⑤ 정류기 : 실리콘 다이오드를 정류기로 사용한다. 기능은 스테이터 코일에서 발생한 교류를 직류로 정류하여, 외부로 공급하며, 축전지에서 발전기로 전류가 역류하는 것을 방지한다. 히트싱크는 다이오드를 설치하는 철판이며, 다이오드가 정류를 할 때 다이오드를 냉각시키는 작용을 한다.

2.2.4. IC 전압조정기의 장점
① 배선을 간소화할 수 있다.
② 진동에 의한 전압 변동이 없고, 내구성이 크다.
③ 조정 전압의 정밀도 향상이 크다.
④ 내열성이 크며, 출력을 증대시킬 수 있다.
⑤ 초소형화가 가능하므로 발전기 내에 설치할 수 있다.

2.3. 등화 및 계기장치의 구조와 기능
2.3.1. 조명의 용어
① 광속 : 광원에서 나오는 빛의 다발이며, 단위는 루멘(lumen, 기호는 lm)이다.

② 광도 : 빛의 세기이며, 단위는 칸델라(candle, 기호는 cd)이다.
③ 조도 : 빛을 받는 면의 밝기이며, 단위는 룩스(lux, 기호는 Lx)이다.

2.3.2. 전조등

[1] 실드 빔 전조등

① 반사경에 필라멘트를 붙이고 여기에 렌즈를 녹여 붙인 후 내부에 불활성가스를 넣어 그 자체가 1개의 전구가 되도록 한 방식이다.
② 특징은 대기의 조건에 따라 반사경이 흐려지지 않고, 사용에 따르는 광도의 변화가 적은 장점이 있으나, 필라멘트가 끊어지면 렌즈나 반사경에 이상이 없어도 전조등 전체를 교환하여야 한다.

[2] 세미 실드 빔 전조등

렌즈와 반사경은 녹여 붙였으나 전구는 별개로 설치한 형식으로 필라멘트가 끊어지면 전구만 교환하면 된다. 최근에는 할로겐램프를 주로 사용한다.

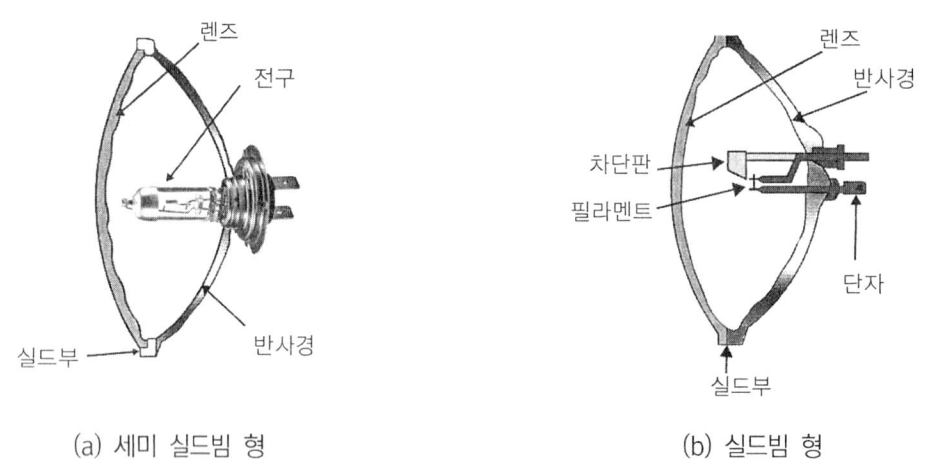

(a) 세미 실드빔 형   (b) 실드빔 형

그림 19. 전조등의 종류

[3] 전조등회로

양쪽의 전조등은 하이 빔(상향등)과 로우 빔(하향등)별로 병렬로 접속되어 있다. 전조등 회로는 퓨즈, 라이트 스위치, 디머스위치로 구성된다.

2.3.3. 방향지시등

[1] 플래셔 유닛
① 방향지시등 전구에 흐르는 전류를 일정한 주기로 단속·점멸하여 램프의 광도를 증감시키는 부품이다.
② 전자 열선방식 플래셔 유닛은 열에 의한 열선의 신축작용을 이용한 것이다.

[2] 좌우 방향 지시등의 점멸횟수가 다른 원인
① 한쪽 전구를 교체할 때 규정용량의 전구를 사용하지 않았을 때
② 전구 1개가 단선되었을 때
③ 한쪽 전구소켓에 녹이 발생하여 전압강하가 있을 때

2.3.4. 계기장치
계기장치의 구비조건은 구조가 간단할 것, 소형이고 경량일 것, 지침을 읽기가 쉬울 것, 가격이 쌀 것
① 속도계 : 속도계에는 지게차의 시간당 주행속도(km/h)를 표시한다.
② 냉각수 온도계 : 온도계는 엔진이 작동하고 있는 동안의 온도를 표시한다.
③ 연료계 : 연료계는 연료탱크 내의 연료보유량을 나타낸다.
④ 연료 경고등 : 연료 경고등은 연료계와 병렬로 형성되어 있으며, 연료보유량이 규정값 이하가 되면 서미스터가 작동하여 경고등이 점등된다.
⑤ 브레이크액 경고등 ; 브레이크 오일탱크 내에 있는 리드 스위치와 뜨개에 의해서 경고등이 작동한다. 이 등은 주차 브레이크 지시등과 공용으로 되어 있다.

3. 전·후진 주행장치 익히기

3.1. 조향장치의 구조와 기능

3.1.1. 조향장치의 원리
주행 중 지게차의 주행방향을 바꾸기 위한 장치이며, 원리는 애커먼-장토방식을 사용한다.

3.1.2. 조향장치의 특성
① 조향조작이 경쾌하고 자유로워야 한다.
② 회전반경이 작아서 좁은 곳에서도 방향 변환을 할 수 있어야 한다.
③ 타이어 및 조향장치의 내구성이 커야 한다.
④ 노면으로부터의 충격이나 원심력 등의 영향을 받지 않아야 한다.
⑤ 조향핸들의 회전과 바퀴 선회차이가 크지 않아야 한다.
⑥ 수명이 길고 다루기나 정비하기가 쉬워야 한다.

3.1.3. 동력 조향장치
[1] 동력 조향장치의 장점
① 굴곡노면에서의 충격을 흡수하여 조향핸들에 전달되는 것을 방지한다.
② 작은 조작력으로 조향조작을 할 수 있다.
③ 조향 기어비를 조작력에 관계없이 선정할 수 있다.
④ 조향핸들의 시미현상을 줄일 수 있다.
⑤ 조향조작이 경쾌하고 신속하다.

[2] 동력 조향장치의 구조
(1) 동력발생 장치(유압발생)
① 오일펌프 : 엔진에 의해 회전하여 유압을 발생한다.
② 유압조절밸브 : 오일펌프에서 발생된 유압을 라인압력으로 일정하게 유지시킨다.
③ 유량조절밸브 : 작동장치에 공급되는 유량을 제어하는 역할을 한다.

(2) 작동장치(유압실린더)
① 유압을 기계적 에너지로 변환시켜 바퀴에 조향력을 발생한다.
② 동력 실린더 : 2개의 실린더로 구성되어 유압이 공급되면 배력작용을 한다.
③ 동력 피스톤 : 배력작용으로 동력실린더를 좌우로 움직여 조향 링키지에 전달한다.
④ 지게차 동력 조향장치에 사용되는 유압실린더는 복동 실린더 더블 로드형이다.

(3) 제어밸브(제어부분)
① 동력발생장치에서 작동 장치로 공급되는 오일통로를 개폐시키는 역할을 한다.

② 조향핸들에 의해 컨트롤밸브가 오일통로를 개폐하여 동력실린더의 작동방향을 제어한다.
③ 유압계통에 고장이 발생된 경우 수동으로 조작할 수 있도록 안전 책 밸브가 설치되어 있다.

3.1.4. 조향바퀴 얼라인먼트

[1] 앞바퀴 얼라인먼트(정렬)의 개요

캠버, 캐스터, 토인, 킹핀 경사각 등이 있으며, 앞바퀴 얼라인먼트의 역할은 다음과 같다.
① 조향핸들의 조작을 확실하게 하고 안전성을 준다.
② 조향핸들에 복원성을 부여한다.
③ 조향핸들의 조작력을 가볍게 한다.
④ 타이어 마멸을 최소로 한다.

[2] 앞바퀴 얼라인먼트 요소의 정의

(1) 캠버(camber)

앞바퀴를 앞에서 보면 바퀴의 윗부분이 아래쪽보다 더 벌어져 있는데 이 벌어진 바퀴의 중심선과 수선사이의 각도를 캠버라 한다. 캠버를 두는 목적은 다음과 같다.
① 조향핸들의 조작을 가볍게 한다.
② 수직방향 하중에 의한 앞 차축의 휨을 방지한다.

(2) 캐스터(caster)

① 앞바퀴를 옆에서 보았을 때 조향축(킹핀)이 수선과 어떤 각도를 두고 설치된다.
② 조향핸들의 복원성 부여 및 조향바퀴에 직진성능을 부여한다.

(3) 토인(toe-in)

앞바퀴를 위에서 아래로 보았을 때 앞쪽이 뒤쪽보다 좁게 되어져 있는 상태이며, 역할은 다음과 같다.
① 조향바퀴를 평행하게 회전시키고, 타이어 이상 마멸을 방지한다.
② 조향바퀴가 옆 방향으로 미끄러지는 것을 방지한다.

③ 조향 링키지 마멸에 따라 토 아웃(toe-out)이 되는 것을 방지한다.
④ 토인은 타이로드의 길이로 조정한다.

3.2. 변속장치의 구조와 기능

3.2.1. 변속기의 필요성
① 회전력을 증대시킨다.
② 엔진을 무부하 상태로 한다.
③ 차량을 후진시키기 위하여 필요하다.

3.2.2. 변속기의 구비조건
① 소형·경량이고, 고장이 없을 것
② 조작이 쉽고 신속할 것
③ 단계가 없이 연속적으로 변속이 될 것
④ 전달효율이 좋을 것

3.2.3. 자동변속기
유체가 완충작용을 하기 때문에 운전 중 소음이 없고, 기계적인 마모가 없어 자동차의 출발이 유연하며, 출발 시 충격에 의해 엔진이 정지되지 않으나 마찰클러치에 비하여 연료의 소비량이 많다.

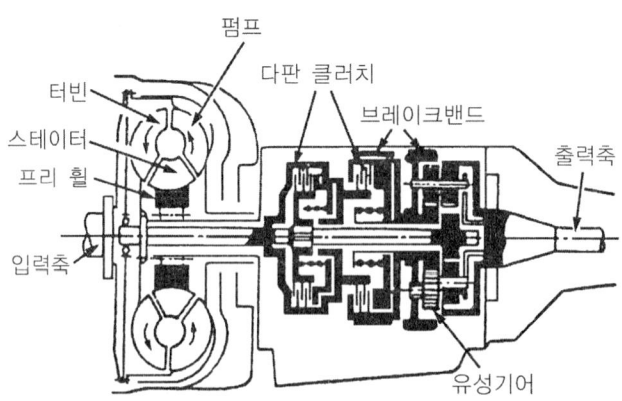

그림 20. 자동변속기의 구조

[1] 유체클러치

펌프는 엔진의 크랭크축에 설치되고, 터빈은 변속기 입력축에 설치되며, 오일의 맴돌이 흐름(와류)을 방지하기 위하여 가이드 링을 설치한다. 펌프와 터빈의 회전속도가 같을 때 토크 변환율은 약 1 : 1이다.

[2] 토크컨버터

(1) 토크컨버터의 구조
① 펌프(임펠러)는 엔진의 크랭크축과 기계적으로 연결되고, 터빈(러너)은 변속기 입력축과 연결되어 펌프, 터빈, 스테이터 등이 상호 운동하여 회전력을 변환시킨다.
② 스테이터는 펌프와 터빈사이의 오일 흐름방향을 바꾸어 회전력을 증대시키며, 오일의 충돌에 의한 효율저하 방지를 위하여 가이드 링이 있다.

(2) 토크컨버터의 성능
토크 변환비율은 2~3 : 1이며, 부하가 걸리면 터빈속도는 느려지고, 터빈의 속도가 느릴 때 토크컨버터의 출력이 가장 크다.

(3) 토크컨버터 오일의 구비조건
① 점도가 낮고, 비중이 클 것
② 빙점이 낮고, 비점이 높을 것
③ 착화점이 높고, 유성이 좋을 것
④ 윤활성과 내산성이 클 것

[3] 유성기어 장치
링 기어, 선 기어, 유성기어, 유성기어 캐리어로 되어있다.

3.3. 동력전달장치의 구조와 기능
3.3.1. 지게차 동력전달 순서
① 클러치식 지게차 : 엔진 → 클러치 → 변속기 → 종감속기어 및 차동기어 장치 → 앞차축 → 앞바퀴
② 전동 지게차 : 축전지 → 제어기구 → 구동모터 → 변속기 → 종감속기어 및 차동기어장치 → 앞바퀴

③ 토크컨버터식 지게차 : 엔진 → 토크컨버터 → 변속기 → 종감속 기어 및 차동장치 → 앞구동축 → 최종감속기 → 차륜
④ 유압조작식 지게차 : 엔진 → 토크컨버터 → 파워시프트 → 변속기 → 차동기어장치 → 앞차축 → 앞바퀴

3.3.2. 드라이브라인(drive line)

[1] 슬립이음(slip joint)
변속기 출력축 스플라인에 설치되어 추진축의 길이변화를 주는 부품이다.

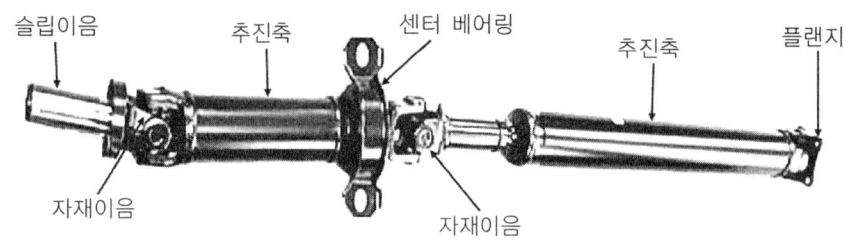

그림 21. 드라이브라인의 구성

[2] 자재이음(유니버설 조인트)
① 변속기와 종 감속기어 사이의 구동각도 변화를 주는 기구이다. 즉 두축 간의 충격 완화와 각도변화를 융통성 있게 동력을 전달하는 기구이다.
② 십자형 자재이음을 많이 사용하는 이유는 구조가 간단하고, 작동이 확실하며, 큰 동력의 전달이 가능하기 때문이다.
③ 십자축 자재이음을 추진축 앞뒤에 두는 이유는 회전 각속도의 변화를 상쇄하기 위함이다.
④ 십자형 자재이음에는 그리스를 급유한다.

3.3.3. 종 감속기어와 차동기어장치

[1] 종 감속기어(final reduction gear)
종 감속기어는 엔진의 동력을 바퀴까지 전달할 때 최종적으로 감속하여 구동력을 증가시켜 전달한다.

[2] 차동기어장치(differential gear system)
① 차동 사이드 기어, 차동 피니언, 피니언 축 및 케이스로 구성되며, 차동 피니언은 차동 사이드 기어와 결합되어 있고, 차동 사이드 기어는 차축과 스플라인으로 결합되어 있다.
② 타이어형 건설기계가 선회할 때 바깥쪽 바퀴의 회전속도를 안쪽 바퀴보다 빠르게 한다.
③ 커브를 돌 때 선회를 원활하게 해주는 작용을 한다. 즉 선회할 때 좌우 구동바퀴의 회전속도를 다르게 한다.
④ 보통 차동기어장치는 노면의 저항을 작게 받는 구동바퀴에 회전속도가 빠르게 될 수 있다.

[3] 종감속비
① 종감속비는 중량, 등판성능, 엔진의 출력, 가속성능 등에 따라 결정된다.
② 종감속비가 크면 등판성능 및 가속성능은 향상된다.
③ 종감속비는 나누어지지 않는 값으로 설정하여 기어의 마멸을 고르게 한다.

[4] 차축
(1) 앞 차축
① 앞 차축은 화물을 적재했을 때 하중을 지지한다.
② 앞 차축은 구동차축으로 프레임에 직접볼트로 조여 설치되어 있다.
③ 앞 차축은 롤링을 하면 적하물이 떨어지기 때문에 현가스프링이 없다.
④ 카운터 밸런스형은 엔진의 동력을 앞바퀴에 전달하는 동력 차축이고, 리치 래그형은 차축이 없고 앞바퀴가 하중을 받는 고정지지의 유동바퀴이다.

(2) 뒤 차축
① 카운터 밸런스형 : 뒤 차축은 조향차축으로 조향각도가 75~80°로 선회반경을 작게 하기 위해 매우 크다. 프레임에 차축의 중심을 센터 핀으로 지지한다.
② 리치 래스형 : 차축이 없고 1개의 뒷바퀴로 구동과 조향을 겸한다. 조향각도는 약 90°로 카운터 밸런스형보다 크다.

3.4. 제동장치의 구조와 기능

3.4.1. 제동장치의 개요
제동장치는 주행속도를 감속시키거나 정지시키기 위한 장치이며, 독립적으로 작동시킬 수 있는 2계통의 제동장치가 있다. 또 경사로에서 정지된 상태를 유지할 수 있는 구조이다.

3.4.2. 제동장치의 구비조건
① 작동이 확실하고, 제동효과가 클 것
② 신뢰성과 내구성이 클 것 　　　③ 점검 및 정비가 쉬울 것

3.4.3. 유압 브레이크(hydraulic brake)
유압 브레이크는 파스칼의 원리를 응용한다.

[1] 유압 브레이크 구조
① 마스터실린더 : 브레이크페달을 밟는 것에 의하여 유압을 발생시키며, 잔압은 마스터실린더 내의 체크밸브에 의해 형성된다. 마스터실린더를 조립할 때 부품의 세척은 브레이크액이나 알코올로 한다.
② 휠 실린더 : 마스터실린더에서 압송된 유압에 의하여 브레이크슈를 드럼에 압착시킨다.
③ 브레이크슈 : 휠 실린더의 피스톤에 의해 드럼과 접촉하여 제동력을 발생하는 부품이며, 라이닝이 리벳이나 접착제로 부착되어 있다.

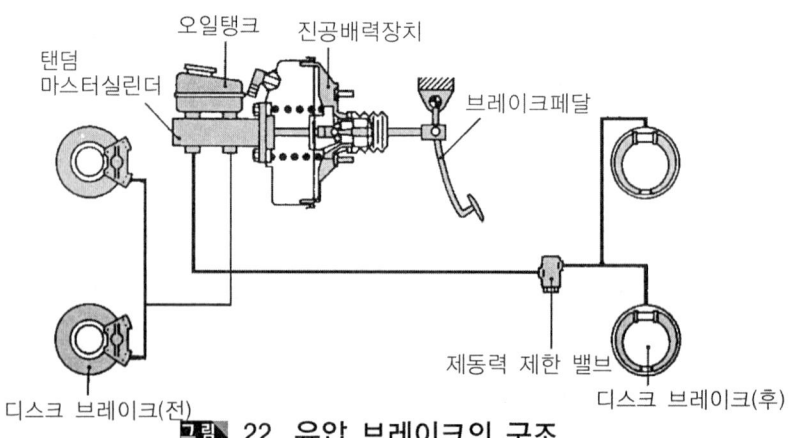

그림 22. 유압 브레이크의 구조

④ 브레이크 드럼 : 휠 허브에 볼트로 설치되어 바퀴와 함께 회전하며, 브레이크슈와의 마찰로 제동을 발생시킨다. 구비조건은 다음과 같다.
　㉮ 내마멸성이 커야 한다.
　㉯ 정적·동적 평형이 잡혀 있어야 한다.
　㉰ 가볍고 강도와 강성이 커야 한다.
　㉱ 냉각이 잘되어야 한다.
⑤ 브레이크 오일(브레이크 액) : 피마자기름에 알코올 등의 용제를 혼합한 식물성 오일이다.

[2] 잔압(잔류압력)을 두는 목적
① 브레이크 작동지연을 방지한다.
② 베이퍼록을 방지한다.
③ 브레이크계통 내에 공기가 침입하는 것을 방지한다.
④ 휠 실린더 내에서 오일이 누출되는 것을 방지한다.

[3] 베이퍼 록(vapor lock)
브레이크 오일이 비등 기화하여 오일의 전달작용을 불가능하게 하는 현상이며 그 원인은 다음과 같다.
① 긴 내리막길에서 과도하게 브레이크를 사용하였다.
② 라이닝과 드럼의 간극 과소로 끌림에 의해 가열되었다.
③ 브레이크액의 변질에 의해 비점이 저하되었다.
④ 브레이크계통 내의 잔압이 저하하였다.
⑤ 경사진 내리막길을 내려갈 때 베이퍼록을 방지하려면 엔진 브레이크를 사용한다.

[4] 페이드 현상
브레이크를 연속하여 자주 사용하면 브레이크드럼이 과열되어, 마찰계수가 떨어지고 브레이크가 잘 듣지 않는 것으로 짧은 시간 내에 반복조작이나, 내리막길을 내려갈 때 브레이크 효과가 나빠지는 현상이며, 방지책은 다음과 같다.
① 브레이크 드럼의 냉각성능을 크게 한다.
② 온도상승에 따른 마찰계수 변화가 작은 라이닝을 사용한다.

③ 브레이크 드럼의 열팽창률이 적은 형상으로 한다.
④ 브레이크 드럼은 열팽창률이 적은 재질을 사용한다.
⑤ 페이드 현상이 발생하면 정차시켜 열이 식도록 한다.

3.4.4. 배력 브레이크(servo brake)
① 유압브레이크에서 제동력을 증대시키기 위해 사용한다.
② 엔진의 흡입행정에서 발생하는 진공(부압)과 대기압 차이를 이용하는 진공 배력방식(하이드로 백)이 있다.
③ 진공 배력장치(하이드로 백)에 고장이 발생하여도 유압 브레이크로 작동한다.

3.4.5. 공기브레이크(air brake)
[1] 공기 브레이크의 장점
① 차량 중량에 제한을 받지 않는다.
② 공기가 다소 누출되어도 제동성능이 현저하게 저하되지 않는다.
③ 베이퍼록 발생 염려가 없다.
④ 페달 밟는 양에 따라 제동력이 제어된다(유압방식은 페달 밟는 힘에 의해 제동력이 비례한다).

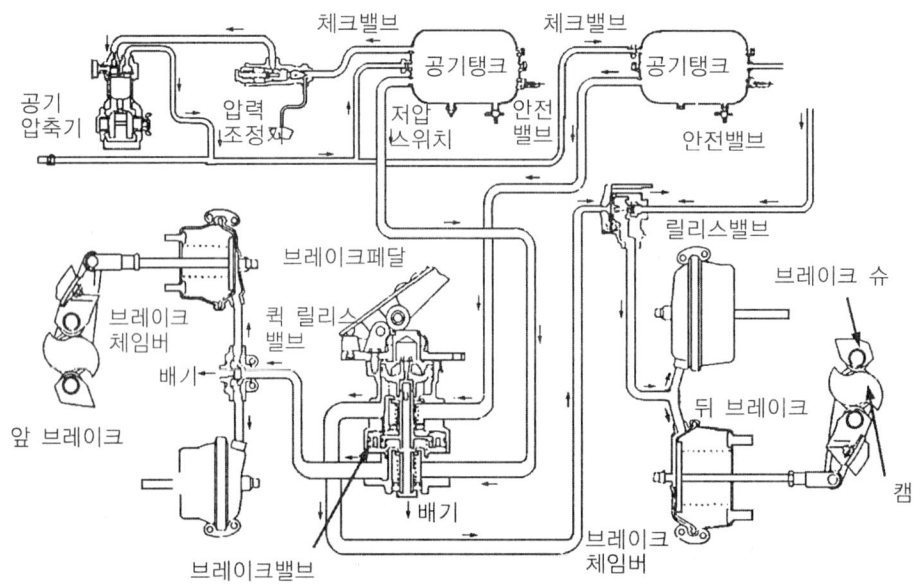

그림 23. 공기 브레이크의 구조

[2] 공기 브레이크의 작동
① 압축공기의 압력을 이용하여 모든 바퀴의 브레이크슈를 드럼에 압착시켜서 제동 작용을 한다.
② 브레이크 페달로 밸브를 개폐시켜 공기량으로 제동력을 조절한다.
③ 브레이크슈를 확장시키는 부품은 캠(cam)이다.

3.4.6. 인칭페달 및 링크

인칭조절 페달은 엔진을 탑재한 지게차의 가장 왼쪽에 있으며, 지게차를 전·후진방향으로 서서히 화물에 접근시키거나 빠른 유압작동으로 신속히 화물을 상승 또는 적재시킬 때 사용하며, 변속기 내부에 설치되어 있다. 인칭조절 페달을 밟으면 엔진의 동력이 차단됨과 동시에 브레이크 장치가 작동한다.

3.5. 주행장치의 구조와 기능

3.5.1. 공기압에 따른 타이어의 종류

고압 타이어, 저압 타이어, 초저압 타이어가 있다.

3.5.2. 타이어의 구조

① 트레드(tread) : 타이어가 직접 노면과 접촉되어 마모에 견디고 적은 슬립으로 견인력을 증대시키는 부분이다.

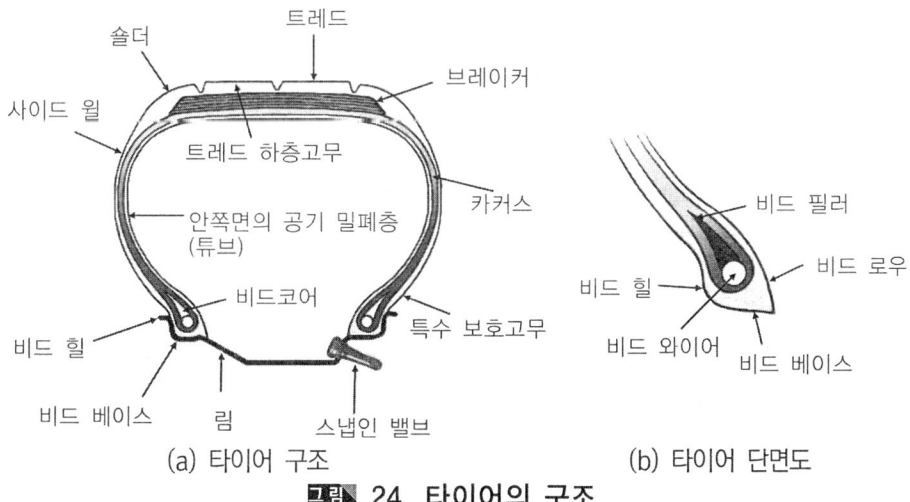

그림 24. 타이어의 구조

② 브레이커(breaker) : 몇 겹의 코드 층을 내열성의 고무로 싼 구조로 되어 있으며, 트레드와 카커스의 분리를 방지하고 노면에서의 완충작용도 한다.
③ 카커스(carcass) : 타이어의 골격을 이루는 부분이며, 공기압력을 견디어 일정한 체적을 유지하고, 하중이나 충격에 따라 변형하여 완충작용을 한다.
④ 비드부분(bead section) : 타이어가 림과 접촉하는 부분이며, 비드부분이 늘어나는 것을 방지하고 타이어가 림에서 빠지는 것을 방지하기 위해 내부에 몇 줄의 피아노선이 원둘레 방향으로 들어 있다.

3.5.3. 타이어의 호칭치수
[1] 고압 타이어
　타이어 바깥지름(inch) × 타이어 폭(inch) - 플라이 수(ply rating)

[2] 저압 타이어
　타이어 폭(inch) - 타이어 안지름(inch) - 플라이 수(9.00-20-14PR에서 9.00은 타이어 폭, 20은 타이어 내경, 14PR은 플라이 수를 의미한다)

4. 유압장치 익히기

4.1. 유압펌프의 구조와 기능
4.1.1. 유압의 개요
[1] 액체의 성질
　① 공기는 압력을 가하면 압축되지만 액체는 압축되지 않는다.
　② 액체는 힘과 운동을 전달할 수 있다.
　③ 액체는 힘을 증대시키거나 감소시킬 수도 있다.

[2] 유압장치의 정의
　유압장치는 유압유의 압력에너지(유압)를 이용하여 기계적인 일을 하도록 하는 기계이다. 유압장치의 구성요소는 유압 구동장치(엔진 또는 전동기), 유압발생장치(유압펌프), 유압제어 장치(유압제어 밸브)이다.

[3] 유압장치의 장·단점
(1) 유압장치의 장점
   ① 힘의 전달 및 증폭과 연속적 제어가 용이하다.
   ② 운동방향을 쉽게 변경할 수 있고, 에너지 축적이 가능하다.
   ③ 작은 동력원으로 큰 힘을 낼 수 있고, 정확한 위치제어가 가능하다.
   ④ 무단변속이 가능하고 작동이 원활하다.
   ⑤ 원격제어가 가능하고, 속도제어가 용이하다.
   ⑥ 윤활성, 내마멸성, 방청성이 좋다.
   ⑦ 과부하 방지가 간단하고 정확하다.

(2) 유압장치의 단점
   ① 유압유 온도의 영향에 따라 정밀한 속도와 제어가 곤란하다.
   ② 유압유의 온도에 따라서 점도가 변하므로 기계의 속도가 변한다.
   ③ 회로구성이 어렵고 누설되는 경우가 있다.
   ④ 유압유는 가연성이 있어 화재에 위험하다.
   ⑤ 폐유에 의해 주변 환경이 오염될 수 있다.
   ⑥ 에너지의 손실이 크고, 관로를 연결하는 곳에서 유압유가 누출될 우려가 있다.
   ⑦ 고압사용으로 인한 위험성 및 이물질에 민감하다.
   ⑧ 구조가 복잡하므로 고장원인의 발견이 어렵나.

4.1.2. 유압펌프
[1] 유압펌프의 개요
   ① 동력원(엔진 플라이휠, 전동기 등)로부터의 기계적인 에너지를 이용하여 유압유에 압력에너지를 부여하는 장치이다.
   ② 동력원과 커플링으로 직결되어 있어 동력원이 회전하는 동안에는 항상 회전하여 오일탱크 내의 유압유를 흡입하여 제어밸브(control valve)로 송유(토출)한다.
   ③ 종류에는 기어펌프, 베인 펌프, 피스톤(플런저)펌프, 나사펌프, 트로코이드 펌프 등이 있다.
   ④ 정용량형은 토출유량을 변화시키려면 펌프의 회전속도를 바꾸어야 하는 형식이다.

⑤ 가변용량형은 작동 중 유압펌프의 회전속도를 바꾸지 않고도 토출유량을 변환시킬 수 있는 형식이다.

[2] 유압펌프의 토출유량

유압펌프의 용량은 주어진 압력과 그 때의 토출유량으로 표시하며, 토출유량이란 유압펌프가 단위시간당 토출하는 유압유의 체적이다. 토출유량의 단위는 LPM(L/min)이나 GPM(gallon per minute)을 사용한다.

[3] 기어펌프(gear pump)

외접기어 펌프와 내접기어 펌프가 있으며, 회전속도에 따라 흐름용량(유량)이 변화하는 정용량형이다.

(1) 기어펌프의 장점
① 흡입성능이 우수해 유압유의 기포발생이 적다.
② 소형이며 구조가 간단해 제작이 용이하다.
③ 가혹한 조건에 잘 견디고, 고속회전이 가능하다.

(2) 기어펌프의 단점
① 수명이 비교적 짧고, 토출유량의 맥동이 커 소음과 진동이 크다.
② 효율이 낮고, 대용량 및 초고압 유압펌프로 하기가 어렵다.

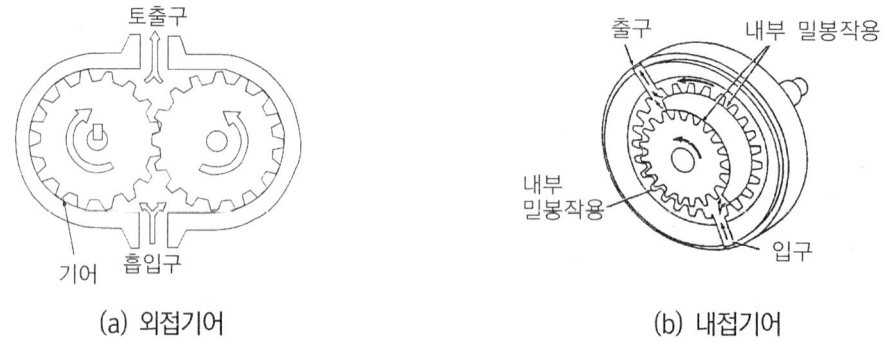

(a) 외접기어 (b) 내접기어

그림 25. 기어펌프

(3) 외접기어 펌프의 폐입(폐쇄)현상
  ① 토출된 유압유 일부가 입구 쪽으로 귀환하여 토출유량 감소, 축 동력증가 및 케이싱 마모, 기포발생 등의 원인을 유발하는 현상이다.
  ② 소음과 진동의 원인이 되며, 폐입된 부분의 유압유는 압축이나 팽창을 받는다.
  ③ 기어 측면에 접하는 펌프 측판(side plate)에 릴리프 홈을 만들어 방지한다.

[4] 베인펌프(vane pump)
(1) 베인펌프의 개요
  ① 캠링(케이스), 로터(회전자), 베인(날개)으로 구성되고, 정용량형과 가변용량형이 있으며, 회전력(torque)이 안정되어 있다.
  ② 로터를 회전시키면 베인과 캠링(케이싱)의 내벽과 밀착된 상태가 되므로 기밀을 유지하게 된다.

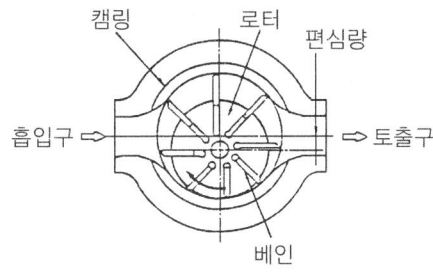

그림 26. 베인펌프

(2) 베인펌프의 장점
  ① 구조가 간단하고 성능이 좋으며, 토출압력의 맥동과 소음이 적다.
  ② 소형·경량이며, 베인의 마모에 의한 압력저하가 발생하지 않는다.
  ③ 수리 및 관리가 쉽고, 수명이 길며 장시간 안정된 성능을 발휘할 수 있다.

(3) 베인펌프의 단점
  ① 유압유의 점도에 제한을 받는다.
  ② 제작할 때 높은 정밀도가 요구된다.
  ③ 유압유의 오염에 주의해야 하며, 흡입 진공도가 허용한도 이하이어야 한다.

[5] 플런저(피스톤)펌프(plunger or piston pump)

(1) 플런저펌프의 개요
① 구동축이 회전운동을 하면 플런저(피스톤)가 실린더 내를 왕복운동을 하면서 펌프 작용을 한다.
② 맥동적 출력을 하지만 다른 유압펌프에 비하여 최고압력의 토출이 가능하고, 효율에서도 전체 압력범위가 높다.

(2) 플런저펌프의 장점
① 플런저(피스톤)가 직선운동을 한다.
② 축은 회전 또는 왕복운동을 한다.
③ 가변용량에 적합하다. 즉 토출유량의 변화범위가 크다.

(3) 플런저펌프의 단점
① 가격이 비싸고, 구조가 복잡하여 수리가 어렵다.
② 베어링에 가해지는 부하가 크다.

(4) 플런저펌프의 분류
① 액시얼형 플런저펌프(axial type plunger pump) : 플런저를 유압펌프 축과 평행하게 설치하며, 플런저(피스톤)가 경사판에 연결되어 회전한다. 경사판의 기능은 유압펌프의 용량조절이며, 유압펌프 중에서 발생유압이 가장 높다.

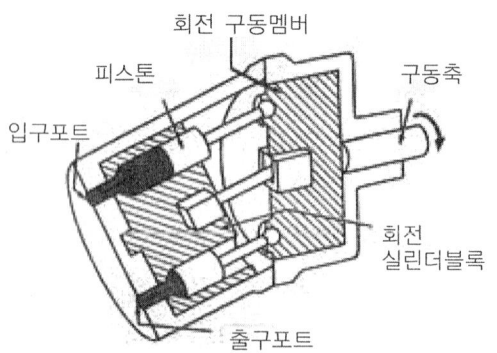

그림 27. 플런저펌프(액시얼형)

② 레이디얼형 플런저펌프(radial type plunger pump) : 플런저가 유압펌프 축에 직각으로 즉 반지름 방향으로 배열되어 있다. 기본 작동은 간단하지만 구조가 복잡하다.

4.2. 유압실린더 및 모터 구조와 기능

액추에이터(actuator)는 유압유의 압력에너지(힘)를 기계적 에너지(일)로 변환시키는 작용을 하는 장치이다. 유압펌프를 통하여 송출된 유압에너지를 직선운동이나 회전운동을 통하여 기계적 일을 하는 장치이며, 종류에는 유압실린더와 유압모터가 있다.

4.2.1. 유압실린더(hydraulic cylinder)

① 실린더, 피스톤, 피스톤 로드로 구성된 직선 왕복운동을 하는 액추에이터이다.
② 종류에는 단동실린더, 복동 실린더(싱글 로드형과 더블 로드형), 다단 실린더, 램형 실린더 등이 있다.
③ 단동 실린더형은 한쪽 방향에 대해서만 유효한 일을 하고, 복귀는 중력이나 복귀스프링에 의한다.
④ 복동 실린더형은 피스톤의 양쪽에 유압유를 교대로 공급하여 양방향의 운동을 유압으로 작동시킨다.
⑤ 지지방식에는 푸트형, 플랜지형, 트러니언형, 클레비스형이 있다.
⑥ 쿠션기구는 실린더의 피스톤이 고속으로 왕복 운동할 때 행정의 끝에서 피스톤이 커버에 충돌하여 발생하는 충격을 흡수하고, 그 충격력에 의해서 발생하는 유압회로의 악영향이나 유압기기의 손상을 방지하기 위해서 설치한다.

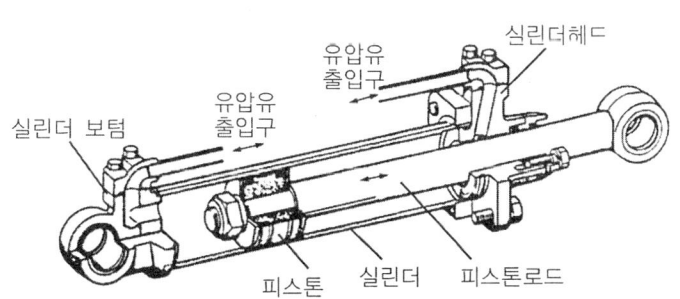

그림 28. 유압실린더의 구조(복동형)

4.2.2. 유압모터(hydraulic motor)

유압 에너지에 의해 연속적으로 회전운동하여 기계적인 일을 하는 장치이다. 종류에는 기어 모터, 베인 모터, 플런저 모터가 있다.

[1] 유압모터의 장점
① 넓은 범위의 무단변속이 용이하다.
② 소형·경량으로 큰 출력을 낼 수 있다.
③ 자동 원격조작이 가능하고 작동이 신속·정확하다.
④ 정·역회전 변화가 가능하다.
⑤ 구조가 간단하며, 과부하에 대해 안전하다.
⑥ 회전체의 관성이 작아 응답성이 빠르다.
⑦ 회전속도나 방향의 제어가 용이하다.
⑧ 전동모터에 비하여 급속정지가 쉽다.

[2] 유압모터의 단점
① 유압유에 먼지나 공기가 침입하지 않도록 특히 보수에 주의해야 한다.
② 유압유의 점도변화에 의하여 유압모터의 사용에 제약이 있다.
③ 공기와 먼지 등이 침투하면 성능에 영향을 준다.
④ 유압유는 인화하기 쉽다.

4.3. 컨트롤밸브의 구조와 기능

제어밸브(control valve)는 유압유의 압력, 유량 또는 방향을 제어하는 밸브의 총칭이다. 일의 크기를 결정하는 압력제어 밸브, 일의 속도를 결정하는 유량제어 밸브, 일의 방향을 결정하는 방향제어 밸브가 있다.

4.3.1. 압력제어밸브
① 유압회로 중 유압을 일정하게 유지하거나 최고압력을 제한하는 밸브이다.
② 종류에는 릴리프밸브, 감압(리듀싱)밸브, 시퀀스 밸브, 무부하(언로더) 밸브, 카운터밸런스 밸브 등이 있다.

[1] 릴리프밸브(relief valve)
　① 유압펌프 출구와 제어밸브 입구사이 즉, 유압펌프와 방향제어밸브 사이에 설치된다.
　② 유압장치 내의 압력을 일정하게 유지하고, 최고압력을 제한하며 회로를 보호하며, 과부하 방지와 유압기기의 보호를 위하여 최고압력을 규제한다.

[2] 감압(리듀싱, reducing valve)밸브
　회로일부의 압력을 릴리프밸브의 설정압력 이하로 하고 싶을 때 사용한다. 즉 유압회로에서 메인 유압보다 낮은 압력으로 유압 액추에이터를 동작시키고자 할 때 사용한다.
　상시개방(열림) 상태로 되어 있다가 출구(2차 쪽)의 압력이 감압밸브의 설정압력보다 높아지면 밸브가 작용하여 유압회로를 닫는다. 입구(1차 쪽)의 주 회로에서 출구(2차 쪽)의 감압회로로 유압유가 흐른다.

[3] 시퀀스밸브(sequence valve)
　유압원에서의 주회로부터 유압 실린더 등이 2개 이상의 분기회로를 가질 때, 각 유압 실린더를 일정한 순서로 순차적으로 작동시킨다. 즉 유압실린더나 모터의 작동순서를 결정한다.

[4] 무부하 밸브(언로드 밸브, unloader valve)
　① 유압회로 내의 압력이 설정압력에 도달하면 유입펌프에서 도출된 유압유를 전부 오일탱크로 회송시켜 유압펌프를 무부하로 운전시키는데 사용한다.
　② 고압·소용량, 저압·대용량 유압펌프를 조합 운전할 경우 회로 내의 압력이 설정압력에 도달하면 저압 대용량 유압펌프의 토출유량을 오일탱크로 귀환시키는 작용을 한다.
　③ 유압장치에서 2개의 유압펌프를 사용할 때 펌프의 전체 송출량을 필요로 하지 않을 경우, 동력의 절감과 유온상승을 방지한다.

[5] 카운터밸런스 밸브(counter balance valve)
　체크밸브가 내장되는 밸브이며, 유압회로의 한방향의 흐름에 대해서는 설정된 배압을 생기게 하고, 다른 방향의 흐름은 자유롭게 흐르도록 한다. 즉 중력 및 자체중량에 의한 자유낙하 등을 방지하기 위하여 회로에 배압을 유지한다.

[6] 크랭킹 압력과 채터링
① 크랭킹 압력 : 릴리프밸브에서 포핏밸브를 밀어 올려 유압유가 흐르기 시작할 때의 압력이다.
② 채터링(chattering) : 릴리프밸브의 볼(ball)이 밸브의 시트를 때려 소음을 발생시키는 현상이다.

4.3.2. 유량제어밸브

[1] 유량제어 제어밸브의 기능
유량제어 밸브는 작동체(유압실린더, 유압모터)의 작동속도를 바꾸어준다.

[2] 유량제어밸브의 종류
① 교축밸브(throttle valve) : 밸브 내의 통로면적을 외부로부터 바꾸어 유압유의 통로에 저항을 부여하여 유량을 조정한다.
② 오리피스 밸브(orifice valve) : 유압유가 통하는 작은 지름의 구멍으로 비교적 소량의 유량측정 등에 사용된다.
③ 분류밸브(low dividing valve) : 2개 이상의 액추에이터에 동일한 유량을 분배하여 작동속도를 동기 시키는 경우에 사용한다.
④ 니들밸브(needle valve) : 밸브보디가 바늘모양으로 되어, 노즐 또는 내경이 작은 파이프 속의 유량을 조절한다.
⑤ 속도제어 밸브(speed control valve) : 액추에이터의 작동속도를 제어하기 위하여 사용하며, 가변 교축밸브와 체크밸브를 병렬로 설치하여 유압유를 한쪽 방향으로는 자유흐름으로 하고 반대방향으로는 제어흐름이 되도록 한다.
⑥ 급속 배기밸브(quick exhaust valve) : 입구와 출구, 배기구멍에 3개의 포트가 있는 밸브이다. 입구유량에 비해 배기유량이 매우 크다.
⑦ 스톱밸브(stop valve) : 유압유의 흐름방향과 평행하게 개폐되는 밸브이다.
⑧ 스로틀 체크밸브(throttle check valve) : 한쪽에서의 흐름은 교축이고 반대방향에서의 흐름은 자유롭다.

4.3.3. 방향제어밸브
[1] 방향제어밸브의 기능
유압유의 흐름방향을 변환하며, 유압유의 흐름방향을 한쪽으로만 허용한다. 즉 유압실린더나 유압모터의 작동방향을 바꾸는데 사용한다.

[2] 방향제어밸브의 종류
① 스풀밸브(spool valve) : 액추에이터의 방향전환 밸브이며, 원통형 슬리브 면에 내접하여 축 방향으로 이동하여 유압회로를 개폐하는 형식의 밸브이다. 즉 유압유의 흐름방향을 바꾸기 위해 사용한다.
② 체크밸브(check valve) : 유압회로에서 역류를 방지하고 회로내의 잔류압력을 유지한다. 즉 유압유의 흐름을 한쪽으로만 허용하고 반대방향의 흐름을 제어한다.
③ 셔틀밸브(shuttle valve) : 2개 이상의 입구와 1개의 출구가 설치되어 있으며, 출구가 최고 압력의 입구를 선택하는 기능을 가진 밸브이다.

4.3.4. 디셀러레이션 밸브(deceleration valve)
유압실린더를 행정 최종 단에서 실린더의 작동속도를 감속하여 서서히 정지시키고자 할 때 사용하며, 일반적으로 캠(cam)으로 조작된다.

4.4. 유압탱크의 구조와 기능
4.4.1. 오일탱크의 구조
① 오일탱크는 유압유를 저장하는 장치이며, 주입구 캡, 유면계, 배플(격판), 스트레이너, 드레인 플러그 등으로 되어있다.
② 유압펌프의 흡입구멍은 오일탱크 가장 밑면과 어느 정도 공간을 두고 설치하며, 유압펌프 흡입구멍에는 스트레이너를 설치한다.
③ 유압펌프 흡입구멍과 탱크로의 귀환구멍(복귀구멍)사이에는 격판(baffle plate)을 설치한다.
④ 유압펌프 흡입구멍은 탱크로의 귀환구멍(복귀구멍)으로부터 가능한 멀리 떨어진 위치에 설치한다.

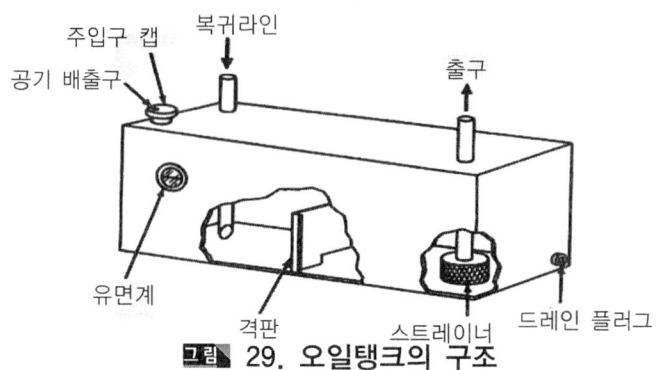

그림 29. 오일탱크의 구조

4.4.2. 오일탱크의 기능
① 유압장치 내의 필요한 유량을 확보(유압유 저장)한다.
② 격판(배플)에 의한 기포발생 방지 및 제거 및 유압유의 출렁거림을 방지한다.
③ 스트레이너 설치로 회로 내 불순물 혼입을 방지한다.
④ 유압유 중의 이물질을 분리하는 작용을 한다.
⑤ 오일탱크 외벽의 방열에 의한 적정온도를 유지한다.
⑥ 유압유 수명을 연장하는 역할을 한다.

4.4.3. 오일탱크의 구비조건
① 드레인 플러그(배출밸브) 및 유면계를 설치한다.
② 흡입관과 복귀관사이에 격판(배플)을 설치하여야 한다.
③ 적당한 크기의 주유구 및 스트레이너를 설치한다.
④ 유면은 적정위치 "F(full)"에 가깝게 유지하여야 한다.
⑤ 발생한 열을 방산할 수 있어야 한다.
⑥ 공기 및 수분 등의 이물질을 분리할 수 있어야 한다.
⑦ 유압유에 이물질이 유입되지 않도록 밀폐되어야 한다.
⑧ 오일탱크의 크기는 중력에 의하여 복귀되는 장치 내의 모든 유압유 받아들일 수 있는 크기로 하여야 한다(유압펌프 토출유량의 2~3배가 표준이다).

4.5. 유압유(작동유)
4.5.1. 액체의 성질
[1] 파스칼(pascal)의 원리
  ① 밀폐된 용기 내의 한 부분에 가해진 압력은 액체 내의 모든 부분에 동일한 압력으로 전달된다.
  ② 정지된 액체의 한 점에 있어서의 압력의 크기는 모든 방향에 대하여 동일하다.
  ③ 정지된 액체에 접하고 있는 면에 가해진 압력은 그 면에 수직으로 작용한다.

[2] 압력
  ① 단위면적에 작용하는 힘, 즉 압력= 가해진 힘 ÷ 단면적이며, 단위는 kgf/cm^2, PSI, Pa(kPa, MPa), mmHg, bar, atm, mAq 등을 사용한다.
  ② 압력에 영향을 주는 요소는 유압유의 유량, 유압유의 점도, 관로직경의 크기이다.

[3] 유량
  ① 단위시간에 이동하는 유압유의 체적. 즉 계통 내에서 이동되는 유압유의 양이다.
  ② 단위는 GPM(gallon per minute) 또는 LPM(L/min, liter per minute)을 사용한다.

4.5.2. 유압유의 점도
 점도는 점성의 정도를 나타내는 척도이며, 유압유의 성질 중 가장 중요하다. 유압유의 점도는 온도가 상승하면 저하되고, 온도가 내려가면 높아진다. 유압유에 점도가 서로 다른 2종류의 오일을 혼합하면 열화 현상을 촉진시킨다.

[1] 유압유의 점도가 높을 때의 영향
  ① 유압은 높아지므로 유동저항이 커져 압력손실이 증가한다.
  ② 내부마찰이 증가하고, 압력이 상승한다.
  ③ 동력손실이 증가하여 기계효율이 감소한다.
  ④ 열 발생의 원인이 될 수 있다.

[2] 유압유의 점도가 낮을 때의 영향
① 유압장치(회로)내의 압력이 저하된다.
② 유압펌프의 효율이 저하된다.
③ 유압실린더, 유압모터 및 제어밸브에서 누출현상이 발생한다.
④ 유압실린더 및 유압모터의 작동속도가 늦어진다.

4.5.3. 유압유의 구비조건
① 인화점 및 발화점이 높고, 내열성이 클 것
② 기포분리 성능(소포성)이 클 것
③ 체적탄성계수 및 점도지수가 클 것
④ 적절한 유동성과 점성을 지니고 있을 것
⑤ 압축성, 밀도, 열팽창계수가 작을 것
⑥ 화학적 안정성이 클 것. 즉, 산화안정성이 좋을 것

4.5.4. 유압유 첨가제
산화방지제, 유성향상제, 마모방지제, 소포제(거품 방지제), 유동점 강하제, 점도지수 향상제 등이 있다.
① 산화방지제 : 산의 생성을 억제함과 동시에 금속표면에 부식억제 피막을 형성하여 산화 물질이 금속에 직접 접촉하는 것을 방지한다.
② 유성향상제 : 금속사이의 마찰을 방지하기 위한 방안으로 마찰계수를 저하시키기 위하여 사용한다.

4.5.5. 유압유에 수분이 미치는 영향
유압유에 수분이 생성되는 주원인은 공기혼입 때문이며, 유압유에 수분이 유입되었을 때의 영향은 다음과 같다.
① 유압유의 산화와 열화를 촉진시키고, 내마모성을 저하시킨다.
② 유압유의 윤활성 및 방청성을 저하시킨다.
③ 수분함유 여부는 가열한 철판 위에 유압유를 떨어뜨려 점검한다.

4.5.6. 유압유 열화 판정방법
① 점도상태 및 색깔의 변화나 수분, 침전물의 유무로 확인한다.
② 흔들었을 때 생기는 거품이 없어지는 양상을 확인한다.
③ 자극적인 악취유무로 확인(냄새로 확인)한다.
④ 유압유 교환을 판단하는 조건은 점도의 변화, 색깔의 변화, 수분의 함량여부이다.

4.5.7. 유압유의 온도
유압유의 정상작동 온도범위는 40~80℃ 정도이다.

[1] 유압장치의 열 발생원인
① 유압유의 양이 부족하다.
② 유압유의 점도가 너무 높아 내부마찰이 발생하고 있다.
③ 릴리프밸브가 닫힌 상태로 고장이 발생하여 작동압력이 너무 높다.
④ 유압회로 내에서 캐비테이션(공동현상)이 발생된다.
⑤ 오일냉각기의 냉각핀이 오손되었다.

[2] 유압유가 과열되었을 때의 영향
① 점도저하에 의해 누출되기 쉽고, 열화를 촉진한다.
② 유압장치가 열 변형되기 쉽고, 효율이 저하한다.
③ 유압장치의 작동불량 현상이 발생하고, 유압유의 산화작용을 촉진한다.
④ 기계적인 마모가 발생할 수 있다.

4.5.8. 유압장치의 이상 현상
[1] 캐비테이션(cavitation)
  공동현상이라고도 하며, 유압이 진공에 가까워짐으로서 저압부분에서 기포가 발생하며, 기포가 파괴되어 국부적인 고압이나 소음과 진동이 발생하고, 양정과 효율이 저하되는 현상이다. 캐비테이션 방지방법은 다음과 같다.
① 점도가 알맞은 유압유를 사용한다.
② 흡입구의 양정을 1m 이하로 한다.

③ 유압펌프의 운전속도를 규정 속도이상으로 하지 않는다.
④ 흡입관의 굵기는 유압펌프 본체의 연결구 크기와 같은 것을 사용한다.
⑤ 캐비테이션이 발생하면 일정압력을 유지시켜야 한다.

[2] 서지압력(surge pressure)
① 과도적으로 발생하는 이상 압력의 최댓값이다.
② 유압회로 내의 밸브를 갑자기 닫았을 때, 유압유의 속도에너지가 압력에너지로 변하면서 일시적으로 큰 압력증가가 생기는 현상이다.

[3] 유압 실린더의 숨 돌리기 현상
① 유압유의 공급이 부족할 때 발생한다.
② 피스톤 작동이 불안정하게 된다.
③ 작동시간의 지연이 생긴다.
④ 서지압력이 발생한다.

4.6. 기타 부속장치
4.6.1. 어큐뮬레이터(축압기, accumulator)
① 유압펌프에서 발생한 유압을 저장하고, 맥동을 소멸시키고 유압에너지의 저장, 충격흡수, 압력보상, 체적변화 보상, 유압회로 보호, 일정압력 유지, 보조 동력원으로 사용 등이다.
② 블래더형 어큐뮬레이터(축압기)의 고무주머니 내에는 질소가스를 주입한다.

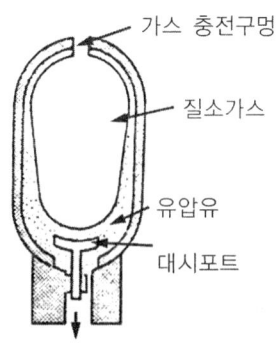

그림 30. 블래더형 어큐뮬레이터의 구조

4.6.2. 오일여과기(oil filter)
① 오일여과기는 금속의 마모된 찌꺼기나 카본 덩어리 등의 이물질을 제거하는 장치이며, 종류에는 흡입여과기, 고압여과기, 저압여과기 등이 있다.
② 스트레이너는 유압펌프의 흡입 쪽에 설치되어 여과작용을 한다.
③ 여과입도가 너무 조밀하면(여과 입도수가 높으면) 공동현상(캐비테이션)이 발생한다.
④ 유압장치의 수명연장을 위한 가장 중요한 요소는 오일 및 오일여과기의 점검 및 교환이다.

4.6.3. 오일 냉각기(oil cooler)
① 유압유의 양은 정상인데 유압장치가 과열하면 가장 먼저 오일냉각기를 점검한다.
② 구비조건은 촉매작용이 없을 것, 오일 흐름에 저항이 작을 것, 온도조정이 잘 될 것, 정비 및 청소하기가 편리할 것 등이다.
③ 수냉식 오일 냉각기는 냉각수를 이용하여 유압유 온도를 항상 적정한 온도로 유지하며, 소형으로 냉각능력은 크지만 고장이 발생하면 유압유 중에 물이 혼입될 우려가 있다.

4.6.4. 유압호스
① 플렉시블 호스는 내구성이 강하고 삭동 및 움직임이 있는 곳에 사용하기 적합하다.
② 가장 큰 압력에 견딜 수 있는 것은 나선 와이어 블레이드 호스이다.

4.6.5. 오일 실(oil seal)
유압유의 누출을 방지하는 부품이며, 유압유가 누출되면 오일 실(seal)을 점검한다. O 링은 유압기기의 고정부위에서 유압유의 누출을 방지하며, 구비조건은 다음과 같다.
① 탄성이 양호하고, 압축변형이 적을 것
② 정밀가공 면을 손상시키지 않을 것
③ 내압성과 내열성이 클 것
④ 설치하기가 쉬울 것
⑤ 피로강도가 크고, 비중이 적을 것

4.6.6. 유압회로

[1] 유압의 기본회로

유압의 기본회로에는 오픈(개방)회로, 클로즈(밀폐)회로, 병렬회로, 직렬회로, 탠덤회로 등이 있다.

(1) 언로드 회로

일하던 도중에 유압펌프 유량이 필요하지 않게 되었을 때 유압유를 저압으로 탱크에 귀환시킨다.

(2) 속도제어 회로

유압회로에서 유량제어를 통하여 작업속도를 조절하는 방식에는 미터인 회로, 미터 아웃 회로, 블리드 오프 회로, 카운터밸런스 회로 등이 있다.

① 미터-인 회로(meter-in circuit) : 액추에이터의 입구 쪽 관로에 유량제어밸브를 직렬로 설치하여 작동유의 유량을 제어함으로서 액추에이터의 속도를 제어한다.

② 미터-아웃 회로(meter-out circuit) : 액추에이터의 출구 쪽 관로에 설치한 유량제어 밸브로 유량을 제어하여 액추에이터의 속도를 제어한다.

③ 블리드 오프 회로 : 유량제어밸브를 액추에이터와 병렬로 설치하여 유압펌프 토출 유량 중 일정한 양을 오일탱크로 되돌리므로 릴리프밸브에서 과잉압력을 줄일 필요가 없는 장점이 있으나 부하변동이 급격한 경우에는 정확한 유량제어가 곤란하다.

[2] 유압 기호

(1) 유압장치의 기호 회로도에 사용되는 유압기호의 표시방법

① 기호에는 흐름의 방향을 표시한다.
② 각 기기의 기호는 정상상태 또는 중립상태를 표시한다.
③ 오해의 위험이 없는 경우에는 기호를 회전하거나 뒤집어도 된다.
④ 기호에는 각 기기의 구조나 작용압력을 표시하지 않는다.
⑤ 기호가 없어도 바르게 이해할 수 있는 경우에는 드레인 관로를 생략해도 된다.

(2) 기호 회로도

1) 관로 접속의 기호

주 관로		통기 관로	
파일럿 관로		출구	
드레인 관로		고정 스로틀	
관로의 접속		금속 이음	
플렉시블 관로		기계식의 연결	
관로의 교차		신호 전달로	
탱크에 연결되는 관로			

2) 유압펌프와 모터의 기호

정용량형 유압펌프		정용량형 유압모터	
가변 용량형 유입핌프		가변 용량형 유압모터	

3) 실린더 및 압력 제어밸브와 조작방식 기호

단동 실린더 스프링 없음		릴리프밸브	
복동 실린더 싱글로드형		액압밸브(릴리프) 없음 언로드 붙임	
차동 실린더			

4) 기타 기호

체크밸브		압력계	
압력 스위치		온도계	
어큐뮬레이터		유압계 순간 지시식	
전동기		흐름의 방향, 유체의 출입구	
유압 동력원		조립 유닛	
필터 배수기 없음		조정 가능한 경우	
냉각기		압력원	

[3] 플러싱
유압장치 내에 슬러지 등이 생겼을 때 이것을 용해하여 장치 내를 깨끗이 하는 작업이다.

5. 작업장치 익히기

지게차는 비교적 가벼운 화물을 짧은 거리를 운반(100m 이내)하거나 적재 및 적하하며, 앞바퀴 구동, 뒷바퀴 조향형식이다. 지게차 작업 장치에 따른 분류는 다음과 같다.

5.1. 지게차의 종류
5.1.1. 동력원에 의한 분류
[1] 디젤엔진식
디젤엔진에 의하여 구동되는 것으로서 카운터웨이트형 지게차의 가장 일반적인 형태이다. 배기가스가 분출되며 소음이 크고 동절기에 예열이 일부 필요하다. 실내작업에 부적합하다.

[2] LPG/가솔린 엔진식

LPG/가솔린 엔진에 의하여 구동되는 것으로서 카운터웨이트형 지게차에 널리 사용되고 있다. 유해 배기가스가 디젤엔진식에 비하여 상대적으로 적다. 기동성이 좋고 야외작업에서 경량물의 적재 및 적하작업에 주로 사용한다.

[3] 전동식

축전지(Battery)를 동력원으로 이용하는 지게차이다. 유해 배기가스가 발생하지 않고 소음이 적으며 보수유지비가 적게 들고 운전조작이 쉬운 장점이 있으나 배터리 용량에 한계가 있기 때문에 장시간 연속 작업시는 일정시간마다 배터리를 교체해 주어야 하는 단점도 있다. 창고 안, 트럭터미널, 냉동 창고 등 실내작업에서 많이 사용되고 있다.

5.1.2. 작업용도에 따른 분류

[1] 하이 마스트(high mast)

① 2단 마스트 : 2단 마스트는 마스트가 2단으로 되어 있는 가장 일반적인 지게차이다. 포크의 승강이 빠르고 높은 능률을 발휘할 수 있다.

② 3단 마스트 : 3단 마스트는 마스트가 3단으로 되어있어 높은 장소에서의 적재·적하 작업에 유리하다.

[2] 로드 스태빌라이저(load stabilizer)

로드 스태빌라이저는 깨지기 쉬운 화물이나 불안전한 화물의 낙하를 방지하기 위하여 포크상단에 상하 작동할 수 있는 압력판을 부착한 것이다.

[3] 사이드 시프트 마스트(side shift mast)

사이드 시프트 마스트는 방향을 바꾸지 않고도 백레스트와 포크를 좌우로 움직여 지게차 중심에서 벗어난 팔레트(pallet)의 화물을 용이하게 적재·적하작업을 할 수 있다.

[4] 블록 클램프(block clamp)

블록 클램프는 집게작업을 할 수 있는 장치를 지닌 것이다.

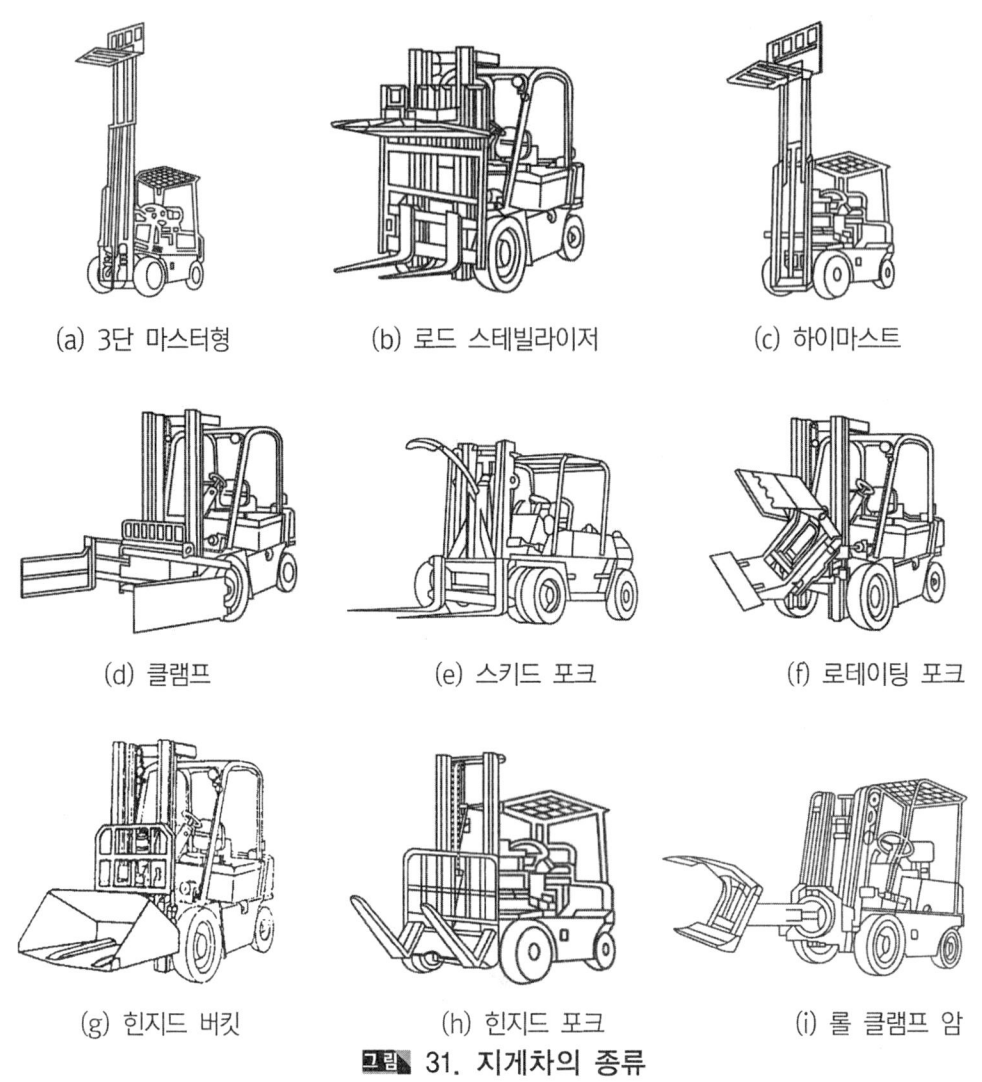

(a) 3단 마스터형   (b) 로드 스테빌라이저   (c) 하이마스트
(d) 클램프   (e) 스키드 포크   (f) 로테이팅 포크
(g) 힌지드 버킷   (h) 힌지드 포크   (i) 롤 클램프 암

그림 31. 지게차의 종류

[5] 로테이팅 클램프(rotating clamp)

　로테이팅 클램프는 원추형 화물을 조이거나 회전시켜 운반 또는 적재하는데 적합하다.

[6] 힌지드 버킷(hinged bucket)

　힌지드 버킷은 석탄, 소금, 비료, 모래 등 흘러내리기 쉬운 화물의 운반용이다.

[7] 힌지드 포크(hinged fork)

　힌지드 포크는 둥근 목재, 파이프 등의 화물을 운반 및 적재하는데 적합하다.

[8] 롤 클램프 암(roll clamp arm)

롤 클램프 암은 긴 암(long arm)의 끝부분이 둥근(roll)형태의 화물을 취급할 수 있도록 클램프 암을 설치한 것으로 컨테이너 안쪽이나 포크가 닿지 않는 작업범위에 있는 둥근 형태의 화물을 취급한다.

5.1.3. 타이어의 종류에 따른 분류

[1] 공기압 타이어(Pneumatic Tire)식

타이어 속에 공기를 주입하여 사용하는 일반적인 타이어를 장착한 지게차이다. 비교적 노면이 나쁜 곳에서도 사용이 용이한 범용성을 갖추고 있으나 타이어 단면적이 크기 때문에 좁은 구내에서의 사용에는 불리하다.

[2] 쿠션 타이어(Cushion Tire)식

공기압 타이어 대신 통고무로 만든 쿠션 타이어를 장착한 지게차이다. 동일외경의 공기압 타이어보다도 큰 하중에 견딜 수 있다. 험로에서는 승차감이 나빠 사용되지 않으나, 포장이 잘 되어 있는 실내작업에서는 능률이 좋다. 쿠션 또는 솔리드 타이어를 장착한 전동지게차는 건설기계관리법에 의해 건설기계로 등록할 필요가 없다.

[3] 좌승식 지게차

좌석을 구비하고 있는 지게차이다. 카운터웨이트형 지게차 대부분여기에 해딩하며 리치형의 경우에도 일부 좌승식이 채택된다.

그림 32. 좌승식 지게차

그림 33. 입승식 지게차

[4] 입승식 지게차

좌석없이 선 채로 작업하도록 설계된 지게차이다. 리치형 지게차의 대부분이 입승식이나, 카운터웨이트형에도 일부 채택되고 있다. 좌승식에 비하여 차체를 콤팩트하게 설계할 수 있으며 회전반경 등의 작업범위를 줄일 수 있는 장점이 있다.

5.2. 지게차 작업장치의 구성

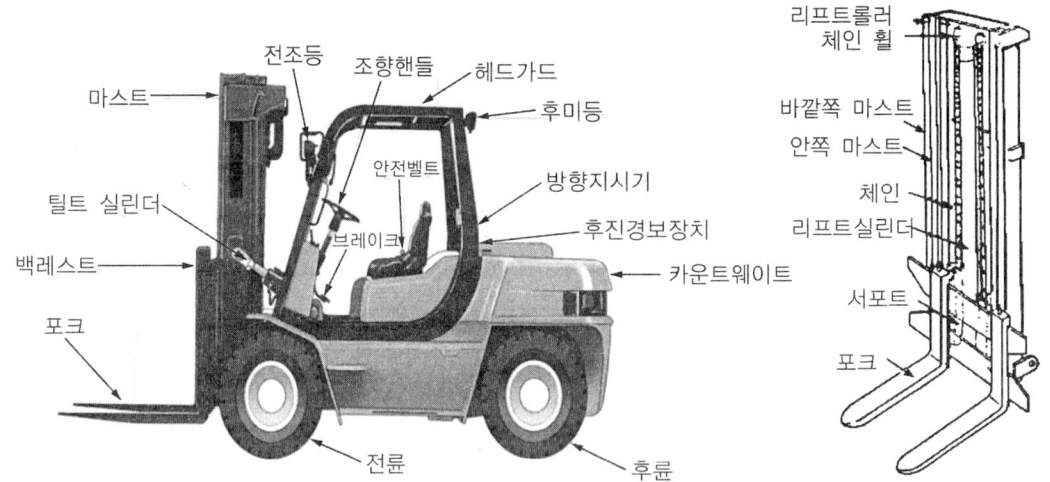

그림 34. 지게차의 구조 그림 35. 작업장치의 구성

5.2.1. 마스트(mast)의 구조와 기능

① 마스트는 백레스트가 가이드 롤러(또는 리프트 롤러)를 통하여 상·하 미끄럼운동을 할 수 있는 레일이다.
② 마스트는 유압 피스톤에 의하여 앞뒤로 기울일 수 있도록 되어 있다.
③ 바깥쪽 마스트는 안쪽 마스트의 레일 역할을 한다. 안쪽마스트는 리프트 브래킷이 오르내리기 때문에 레일의 역할을 한다.
④ 마스트는 지게차의 수직을 구성하는 요소로서 하물의 이동높이를 결정하는 기능을 가진다. 마스트의 최대 인상높이가 2.9m~3.3m인 경우를 표준 마스트라 하고 그 이하인 것을 Low 마스트, 그 이상은 High 마스트라고 한다. 특히 마스트의 상승 없이 포크의 상승이 가능한 것을 자유인상 마스트라고 한다.

5.2.2. 체인의 구조와 기능

리프트 체인(트랜스퍼 체인)은 포크의 좌우수평 높이조정 및 리프트 실린더와 함께 포크의 상하작용을 도와준다. 리프트 체인의 한쪽은 바깥쪽 마스터 스트랩에 고정되고 다른 한쪽은 로드의 상단 가로축의 스프로켓을 지나서 포크 캐리지(핑거로드)에 고정된다. 리프트 체인의 길이는 핑거보드 롤러의 위치로 조정한다. 리프트 체인은 엔진오일을 주유한다.

5.2.3. 포크의 구조와 기능

포크는 L자형의 2개로 되어 있으며, 핑거보드에 체결되어 화물을 받쳐 드는 부분이다. 포크의 간격은 팔레트 폭의 1/2~3/4 정도가 좋다.

5.2.4. 가이드의 구조와 기능

지게차 포크 가이드는 포크를 이용하여 다른 짐을 이동할 목적으로 사용하기 위해서 필요하다.

5.2.5. 조작 레버장치의 구조와 기능

① 리프트 레버 : 레버를 당기면 포크가 상승하고 밀면 하강한다.
② 틸트 레버 : 레버를 밀면 마스트가 앞으로 기울어지고 당기면 운전자 몸 쪽으로 기울어진다.
③ 전·후진 레버 : 레버를 앞으로 밀면 전진하고, 당기면 후진한다.

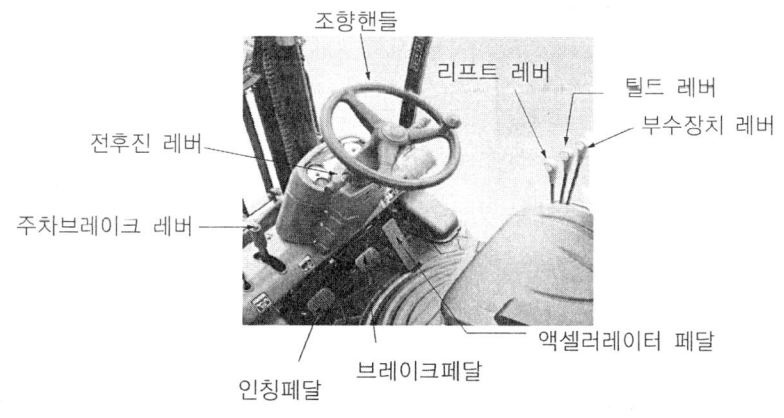

그림 36. 조작레버장치

④ 부수장치 레버 : 리프트 레버와 틸트 레버를 제외한 부수장치를 설치한 경우 설치되는 레버이다(예 : 포크 포지셔너 레버-포크사이의 간격을 조정하는 레버).

⑤ 인칭 조절 페달 : 지게차를 전·후진 방향으로 서서히 화물을 접근시키거나 빠른 유압의 작동으로 신속히 화물을 상승 또는 적재시킬 때 사용한다.

5.2.6. 기타 지게차의 구조와 기능

[1] 백레스트(back rest)

백레스트는 포크 위에 올려진 화물이 후방으로 낙하하는 것을 방지하기 위한 짐받이틀을 말한다. 최대하중을 적재한 상태에서 마스트를 뒤쪽으로 기울여도 변형 또는 파손이 없어야 한다.

[2] 핑거보드(finger board)

핑거보드는 포크가 설치되는 부분으로 백레스트에 지지되며, 리프트 체인의 한쪽 끝

[3] 틸트 실린더(tilt cylinder)

틸트 실린더는 마스트를 전경 또는 후경시키는 작용을 하며 마스트와 프레임사이에 설치된 2개의 복동식 유압실린더 이다.

[4] 리프트 실린더(lift cylinder)

리프트 실린더는 포크를 상승 및 하강시키는 작용을 하며, 포크를 상승시킬 때에만 유압이 가해지고, 하강할 때에는 포크 및 적재물의 자체중량에 의하는 단동 실린더 방식이다.

[5] 평형추(카운터 웨이트 : counter weight)

평형추는 맨 뒤쪽에 설치되어 차체 앞쪽에 화물을 실었을 때 쏠리는 것을 방지해 준다.

출제예상문제

엔진구조 익히기

[엔진본체의 구조와 기능]

01. 열에너지를 기계적 에너지로 변환시켜 주는 장치는?
① 펌프 ② 모터
③ 엔진 ④ 밸브

02. 디젤엔진의 특성으로 가장 거리가 먼 것은?
① 연료소비율이 적고 열효율이 높다.
② 예열플러그가 필요 없다.
③ 연료의 인화점이 높아서 화재의 위험성이 적다.
④ 전기점화장치가 없어 고장률이 적다.

03. 디젤엔진과 관계없는 설명은?
① 경유를 연료로 사용한다.
② 점화장치 내에 배전기가 있다.
③ 압축 착화한다.
④ 압축비가 가솔린기관보다 높다.

04. 4행정 엔진에서 1사이클을 완료할 때 크랭크축은 몇 회전 하는가?
① 1회전 ② 2회전
③ 3회전 ④ 4회전

05. 엔진에서 피스톤의 행정이란?
① 피스톤의 길이
② 실린더 벽의 상하 길이
③ 상사점과 하사점과의 총면적
④ 상사점과 하사점과의 거리

06. 디젤엔진의 순환운동 순서로 맞는 것은?
① 공기압축 → 가스폭발 → 공기흡입 → 배기 → 점화
② 연료흡입 → 연료분사 → 공기압축 → 착화연소 → 연소·배기
③ 공기흡입 → 공기압축 → 연소·배기 → 연료분사 → 착화연소
④ 공기흡입 → 공기압축 → 연료분사 → 착화연소 → 배기

   해설 ▷ 디젤엔진의 순환운동 순서는 공기흡입 → 공기압축 → 연료분사 → 착화연소 → 배기이다.

07. 4행정 사이클 엔진의 행정순서로 맞는 것은?
① 압축 → 동력 → 흡입 → 배기
② 흡입 → 동력 → 압축 → 배기
③ 압축 → 흡입 → 동력 → 배기
④ 흡입 → 압축 → 동력 → 배기

08. 4행정 디젤엔진에서 흡입행정 시 실린더 내에 흡입되는 것은?
① 혼합기 ② 공기
③ 스파크 ④ 연료

정답 ▶ 01. ③ 02. ② 03. ② 04. ② 05. ④ 06. ④ 07. ④ 08. ②

09. 디젤엔진의 압축비가 높은 이유는 ?
① 연료의 무화를 양호하게 하기 위하여
② 공기의 압축열로 착화시키기 위하여
③ 기관과열과 진동을 적게 하기 위하여
④ 연료의 분사를 높게 하기 위하여

10. 실린더의 압축압력이 저하하는 주요 원인으로 틀린 것은 ?
① 실린더 벽의 마멸
② 피스톤 링의 탄력부족
③ 헤드 개스킷 파손에 의한 누설
④ 연소실 내부의 카본누적

11. 4행정 사이클 디젤엔진의 동력행정에 관한 설명으로 틀린 것은 ?
① 분사시기의 진각에는 연료의 착화 늦음이 고려된다.
② 연료는 분사됨과 동시에 연소를 시작한다.
③ 연료분사 시작점은 회전속도에 따라 진각 된다.
④ 피스톤이 상사점에 도달하기 전 소요의 각도범위 내에서 분사를 시작한다.

12. 공기만을 실린더 내로 흡입하여 고압축비로 압축한 다음 압축열에 연료를 분사하는 작동원리의 디젤엔진은 ?
① 압축 착화기관　② 전기 점화기관
③ 외연기관　　　 ④ 제트기관

13. 4행정 사이클 엔진에서 흡기밸브와 배기밸브가 모두 닫혀 있는 행정은 ?
① 흡입행정, 압축행정
② 압축행정, 동력행정
③ 폭발행정, 배기행정
④ 배기행정, 흡입행정

14. 엔진에서 폭발행정 말기에 배기가스가 실린더 내의 압력에 의해 배기밸브를 통해 배출되는 현상은 ?
① 블로바이(blow by)
② 블로 백(block back)
③ 블로 다운(blow down)
④ 블로 업(blow up)

15. 2행정 사이클 디젤엔진의 흡입과 배기행정에 관한 설명으로 틀린 것은 ?
① 압력이 낮아진 나머지 연소가스가 압출되어 실린더 내는 와류를 동반한 새로운 공기로 가득 차게 된다.
② 연소가스가 자체의 압력에 의해 배출되는 것을 블로바이라고 한다.
③ 동력행정의 끝 부분에서 배기밸브가 열리고 연소가스가 자체의 압력으로 배출이 시작된다.
④ 피스톤이 하강하여 소기포트가 열리면 예압된 공기가 실린더 내로 유입된다.

16. 2행정 사이클 엔진에만 해당되는 과정(행정)은 ?
① 흡입　　　　② 압축
③ 동력　　　　④ 소기

해설 소기행정이란 잔류 배기가스를 내보내고 새로운 공기를 실린더 내에 공급하는 것이며, 2행정 사이클 엔진에만 해당되는 과정(행정)이다.

정답 09. ② 10. ④ 11. ② 12. ① 13. ② 14. ③ 15. ② 16. ④

17. 2행정 디젤엔진의 소기방식에 속하지 않은 것은?
① 루프 소기식   ② 횡단 소기식
③ 복류 소기식   ④ 단류 소기식

18. 디젤엔진에서 실화할 때 나타나는 현상으로 옳은 것은?
① 엔진이 과냉한다.
② 엔진회전이 불량해진다.
③ 연료소비가 감소한다.
④ 냉각수가 유출된다.
해설〉실화란 실린더 수가 많은 엔진에서 1개 이상의 실린더 내에서 폭발이 일어나지 못하는 현상이며, 실화가 일어나면 엔진의 회전이 불량해진다.

19. 디젤엔진의 연소실 형상과 관련이 적은 것은?
① 엔진출력   ② 열효율
③ 공전속도   ④ 운전 정숙도
해설〉엔진의 연소실 모양에 따라 엔진출력, 열효율, 운전정숙도, 노크발생 빈도 등이 관련된다.

20. 디젤엔진의 연소실은 열효율이 높은 구조이어야 하는데 잘못 설명된 것은?
① 압축비를 높인다.
② 연소실이 구조를 간단히 한다.
③ 열효율을 높이면 연료소비율도 증가한다.
④ 연소실 벽의 온도를 높인다.
해설〉열효율을 높이면 연료소비율도 감소한다.

21. 보기에 나타낸 것은 엔진에서 어느 구성 부품을 형태에 따라 구분한 것인가?

[보기]
직접분사식, 예연소실식
와류실식,   공기실식

① 연료분사장치   ② 연소실
③ 점화장치   ④ 동력전달장치

22. 연소실과 연소의 구비조건이 아닌 것은?
① 분사된 연료를 가능한 한 긴 시간 동안 완전연소 시킬 것
② 평균 유효압력이 높을 것
③ 고속회전에서 연소상태가 좋을 것
④ 노크발생이 적을 것
해설〉연소실은 분사된 연료를 가능한 한 짧은 시간 내에 완전연소 시킬 것

23. 엔진 연소실이 갖추어야 할 구비조건으로 틀린 것은?
① 압축 끝에서 혼합기의 와류를 형성하는 구조이어야 한다.
② 연소실 내의 표면적은 최대가 되도록 한다.
③ 화염전파 거리가 짧아야 한다.
④ 돌출부가 없어야 한다.

24. 디젤엔진에서 직접분사실식 장점이 아닌 것은?
① 연료소비량이 적다.
② 냉각손실이 적다.
③ 연료계통의 연료누출 염려가 적다.
④ 구조가 간단하여 열효율이 높다.
해설〉직접분사실식은 분사압력이 가장 높아 분사펌프와 노즐의 수명이 짧고, 연료계통의 연료누출 염려가 큰 단점이 있다.

정답 17. ③ 18. ② 19. ③ 20. ③ 21. ② 22. ① 23. ② 24. ③

25. 디젤엔진의 연소실 중 연료소비율이 낮으며 연소압력이 가장 높은 연소실 형식은?
① 예연소실식 ② 와류실식
③ 직접분사실식 ④ 공기실식

26. 예연소실식 연소실에 대한 설명으로 가장 거리가 먼 것은?
① 예열플러그가 필요하다.
② 사용연료의 변화에 민감하다.
③ 예연소실은 주연소실보다 작다.
④ 분사압력이 낮다.

27. 실린더헤드와 블록사이에 삽입하여 압축과 폭발가스의 기밀을 유지하고 냉각수와 엔진오일이 누출되는 것을 방지하는 역할을 하는 것은?
① 헤드 워터재킷 ② 헤드 볼트
③ 헤드 오일통로 ④ 헤드 개스킷

28. 실린더헤드 개스킷에 대한 구비조건으로 틀린 것은?
① 기밀유지가 좋을 것
② 내열성과 내압성이 있을 것
③ 복원성이 적을 것
④ 강도가 적당할 것
해설 헤드 개스킷은 기밀유지가 좋을 것, 냉각수 및 엔진오일이 새지 않을 것, 내열성과 내압성이 클 것, 복원성이 있고, 강도가 적당할 것

29. 실린더 헤드개스킷이 손상되었을 때 일어나는 현상으로 가장 옳은 것은?
① 엔진오일의 압력이 높아진다.
② 피스톤 링의 작동이 느려진다.
③ 압축압력과 폭발압력이 낮아진다.
④ 피스톤이 가벼워진다.
해설 헤드개스킷이 손상되면 압축가스가 누출되므로 압축압력과 폭발압력이 낮아진다.

30. 엔진에서 사용되는 일체식 실린더의 특징이 아닌 것은?
① 냉각수 누출 우려가 적다.
② 라이너 형식보다 내마모성이 높다.
③ 부품수가 적고 중량이 가볍다.
④ 강성 및 강도가 크다.

31. 냉각수가 라이너 바깥둘레에 직접 접촉하고, 정비 시 라이너 교환이 쉬우며, 냉각효과가 좋으나, 크랭크케이스에 냉각수가 들어갈 수 있는 단점을 가진 것은?
① 진공 라이너 ② 건식 라이너
③ 유압 라이너 ④ 습식 라이너

32. 엔진에서 실린더 마모가 가장 큰 부분은?
① 실린더 아랫부분
② 실린더 윗부분
③ 실린더 중간부분
④ 실린더 연소실 부분
해설 실린더 벽의 마멸은 윗부분(상사점 부근)이 가장 크다.

33. 실린더의 내경이 행정보다 작은 엔진을 무엇이라고 하는가?
① 스퀘어 기관 ② 단행정 기관
③ 장행정 기관 ④ 정방행정 기관
해설 장 행정기관은 실린더 내경이 피스톤 행정보다 작은 형식이다.

정답 25. ③ 26. ② 27. ④ 28. ③ 29. ③ 30. ② 31. ④ 32. ② 33. ③

34. 엔진의 실린더 수가 많을 때의 장점이 아닌 것은 ?
① 기관의 진동이 적다.
② 저속회전이 용이하고 큰 동력을 얻을 수 있다.
③ 연료소비가 적고 큰 동력을 얻을 수 있다.
④ 가속이 원활하고 신속하다.

35. 디젤엔진에서 실린더가 마모되었을 때 발생할 수 있는 현상이 아닌 것은 ?
① 윤활유 소비량 증가
② 연료소비량 증가
③ 압축압력의 증가
④ 블로바이(blow-by)가스의 배출증가

36. 피스톤의 구비조건으로 틀린 것은 ?
① 고온·고압에 견딜 것
② 열전도가 잘될 것
③ 열팽창률이 적을 것
④ 피스톤 중량이 클 것

37. 피스톤의 형상에 의한 종류 중에 측압부의 스커트부분을 떼어내 경량화하여 고속엔진에 많이 사용되는 피스톤은 무엇인가 ?
① 솔리드 피스톤
② 풀스커트 피스톤
③ 스플릿 피스톤
④ 슬리퍼 피스톤
해설 슬리퍼 피스톤은 측압부의 스커트 부분을 떼어내 경량화 하여 고속엔진에 많이 사용한다.

38. 엔진의 피스톤이 고착되는 원인으로 틀린 것은 ?
① 냉각수량이 부족할 때
② 엔진오일이 부족하였을 때
③ 엔진이 과열되었을 때
④ 압축압력이 너무 높을 때

39. 엔진의 피스톤 링에 대한 설명 중 틀린 것은 ?
① 압축 링과 오일 링이 있다.
② 기밀유지의 역할을 한다.
③ 연료분사를 좋게 한다.
④ 열전도작용을 한다.

40. 보기에서 피스톤과 실린더 벽사이의 간극이 클 때 미치는 영향을 모두 나타낸 것은 ?

[보기]
a. 마찰열에 의해 소결되기 쉽다.
b. 블로바이에 의해 압축압력이 낮아진다.
c. 피스톤 링의 기능저하로 인하여 오일이 연소실에 유입되어 오일소비가 많아진다.
d. 피스톤 슬랩 현상이 발생되며, 엔진 출력이 저하된다.

① a, b, c   ② c, d
③ b, c, d   ④ a, b, c, d

41. 피스톤 링의 구비조건으로 틀린 것은 ?
① 열팽창률이 적을 것
② 고온에서도 탄성을 유지할 것
③ 링 이음부의 압력을 크게 할 것
④ 피스톤 링이나 실린더 마모가 적을 것
해설 링 이음부의 압력이 크면 피스톤 링 이음부가 파손되기 쉽다.

정답 ▶ 34. ③ 35. ③ 36. ④ 37. ④ 38. ④ 39. ③ 40. ③ 41. ③

42. 디젤엔진에서 피스톤 링의 3대 작용과 거리가 먼 것은?
    ① 응력분산작용   ② 기밀작용
    ③ 오일제어 작용 ④ 열전도작용

43. 엔진오일이 연소실로 올라오는 주된 이유는?
    ① 피스톤 링 마모
    ② 피스톤 핀 마모
    ③ 커넥팅로드 마모
    ④ 크랭크축 마모

44. 엔진에서 크랭크축의 역할은?
    ① 원활한 직선운동을 하는 장치이다.
    ② 엔진의 진동을 줄이는 장치이다.
    ③ 직선운동을 회전운동으로 변환시키는 장치이다.
    ④ 상하운동을 좌우운동으로 변환시키는 장치이다.

45. 엔진에서 크랭크축(crank shaft)의 구성품이 아닌 것은?
    ① 크랭크 암(crank arm)
    ② 크랭크 핀(crank pin)
    ③ 저널(journal)
    ④ 플라이휠(fly wheel)

46. 크랭크축은 플라이휠을 통하여 동력을 전달해 주는 역할을 하는데 회전균형을 위해 크랭크 암에 설치되어 있는 것은?
    ① 저널   ② 크랭크 핀
    ③ 크랭크 베어링   ④ 밸런스 웨이트
    해설〉 밸런스 웨이트(평형추)는 크랭크축의 회전균형을 위하여 크랭크 암에 설치되어 있다.

47. 크랭크축의 위상각이 180°이고 5개의 메인 베어링에 의해 크랭크케이스에 지지되는 엔진은?
    ① 2실린더 엔진
    ② 3실린더 엔진
    ③ 4실린더 엔진
    ④ 5실린더 엔진
    해설〉 4실린더 엔진은 크랭크축의 위상각이 180°이고 5개의 메인베어링에 의해 크랭크케이스에 지지된다.

48. 크랭크축의 비틀림 진동에 대한 설명으로 틀린 것은?
    ① 각 실린더의 회전력 변동이 클수록 커진다.
    ② 크랭크축이 길수록 커진다.
    ③ 강성이 클수록 커진다.
    ④ 회전부분의 질량이 클수록 커진다.

49. 엔진의 크랭크축 베어링의 구비조건으로 틀린 것은?
    ① 마찰계수가 클 것
    ② 내피로성이 클 것
    ③ 매입성이 있을 것
    ④ 추종유동성이 있을 것
    해설〉 크랭크축 베어링의 구비조건은 하중부담 능력 및 매입성이 있을 것, 내부식성 및 내피로성이 있을 것, 마찰계수가 적고, 추종유동성이 있을 것, 길들임성이 좋을 것

50. 엔진의 맥동적인 회전 관성력을 원활한 회전으로 바꾸어주는 역할을 하는 것은?
    ① 크랭크축   ② 피스톤
    ③ 플라이휠   ④ 커넥팅로드

정답〉 42. ① 43. ① 44. ③ 45. ④ 46. ④ 47. ③ 48. ③ 49. ① 50. ③

51. 엔진의 동력을 전달하는 계통의 순서를 바르게 나타낸 것은?
① 피스톤 → 커넥팅로드 → 클러치 → 크랭크축
② 피스톤 → 클러치 → 크랭크축 → 커넥팅로드
③ 피스톤 → 크랭크축 → 커넥팅로드 → 클러치
④ 피스톤 → 커넥팅로드 → 크랭크축 → 클러치

52. 4행정 엔진에서 크랭크축 기어와 캠축기어와의 지름의 비 및 회전비는 각각 얼마인가?
① 1 : 2 및 2 : 1
② 2 : 1 및 2 : 1
③ 1 : 2 및 1 : 2
④ 2 : 1 및 1 : 2

53. 유압식 밸브 리프터의 장점이 아닌 것은?
① 밸브간극 조정은 자동으로 조절된다.
② 밸브 개폐시기가 정확하다.
③ 밸브구조가 간단하다.
④ 밸브기구의 내구성이 좋다.

54. 흡·배기밸브의 구비조건이 아닌 것은?
① 열전도율이 좋을 것
② 열에 대한 팽창률이 적을 것
③ 열에 대한 저항력이 적을 것
④ 가스에 견디고 고온에 잘 견딜 것

55. 엔진의 밸브장치 중 밸브가이드 내부를 상하 왕복운동하며 밸브헤드가 받는 열을 가이드를 통해 방출하고, 밸브의 개폐를 돕는 부품의 명칭은?
① 밸브시트
② 밸브 스템
③ 밸브 페이스
④ 밸브 스템 엔드

56. 엔진의 밸브가 닫혀있는 동안 밸브시트와 밸브 페이스를 밀착시켜 기밀이 유지되도록 하는 것은?
① 밸브 리테이너 ② 밸브 가이드
③ 밸브 스템   ④ 밸브 스프링

57. 밸브간극이 작을 때 일어나는 현상으로 가장 적당한 것은?
① 엔진이 과열된다.
② 밸브시트의 마모가 심하다.
③ 밸브가 적게 열리고 닫히기는 꽉 닫힌다.
④ 실화가 일어날 수 있다.

58. 엔진의 밸브간극이 너무 클 때 발생하는 현상에 관한 설명으로 올바른 것은?
① 정상온도에서 밸브가 확실하게 닫히지 않는다.
② 밸브스프링의 장력이 약해진다.
③ 푸시로드가 변형된다.
④ 정상온도에서 밸브가 완전히 개방되지 않는다.
해설 밸브간극이 너무 크면 소음이 발생하며, 정상온도에서 밸브가 완전히 개방되지 않는다.

정답 51. ④ 52. ① 53. ③ 54. ③ 55. ② 56. ④ 57. ④ 58. ④

59. 건설기계 엔진의 압축압력 측정방법으로 틀린 것은?
① 습식시험을 먼저하고 건식시험을 나중에 한다.
② 배터리의 충전상태를 점검한다.
③ 엔진을 정상온도로 작동시킨다.
④ 엔진의 분사노즐(또는 점화플러그)은 모두 제거한다.

해설〉습식시험이란 건식시험을 한 후 밸브불량, 실린더 벽 및 피스톤링, 헤드개스킷 불량 등의 상태를 판단하기 위하여 분사노즐 설치구멍으로 엔진오일을 10cc 정도 넣고 1분 후에 다시 하는 시험이다.

[윤활장치의 구조와 기능]

01. 엔진오일의 작용에 해당되지 않는 것은?
① 오일제거작용   ② 냉각작용
③ 응력분산작용   ④ 방청 작용

02. 실린더와 피스톤사이에 유막을 형성하여 압축 및 연소가스가 누설되지 않도록 기밀을 유지하는 작용으로 옳은 것은?
① 밀봉작용   ② 감마작용
③ 냉각작용   ④ 방청작용

해설〉밀봉작용은 기밀작용이라고도 하며, 실린더와 피스톤사이에 유막을 형성하여 압축 및 연소가스가 누설되지 않도록 기밀을 유지한다.

03. 엔진 윤활유의 구비조건이 아닌 것은?
① 점도가 적당할 것
② 청정력이 클 것
③ 비중이 적당할 것
④ 응고점이 높을 것

04. 엔진오일 구비조건 중 높으면 좋은 것은?
① 응고점과 비등점
② 발화점과 응고점
③ 인화점과 발화점
④ 유동점과 인화점

05. 엔진에 사용되는 윤활유의 성질 중 가장 중요한 것은?
① 온도   ② 점도
③ 습도   ④ 건도

06. 온도에 따르는 점도변화 정도를 표시하는 것은?
① 점도지수   ② 점화
③ 점도분포   ④ 윤활성

07. 엔진오일의 점도지수가 작은 경우 온도 변화에 따른 점도변화는?
① 온도에 따른 점도변화가 작다.
② 온도에 따른 점도변화가 크다.
③ 점도가 수시로 변화한다.
④ 온도와 점도는 무관하다.

해설〉점도지수가 작으면 온도에 따른 점도변화가 크다.

08. 엔진에 사용되는 윤활유 사용방법으로 옳은 것은?
① 계절과 윤활유 SAE번호는 관계가 없다.
② 겨울은 여름보다 SAE번호가 큰 윤활유를 사용한다.
③ SAE번호는 일정하다.
④ 여름용은 겨울용보다 SAE번호가 크다.

해설〉여름에는 SAE번호 큰 윤활유(점도가 높은)를 사용하고, 겨울에는 점도가 낮은 (SAE번호가 작은) 오일을 사용한다.

정답〉 59. ① 01. ① 02. ① 03. ④ 04. ③ 05. ② 06. ① 07. ② 08. ④

09. 다음 엔진오일 중 오일점도가 가장 높은 것은?
① SAE #40   ② SAE #30
③ SAE #20   ④ SAE #10

10. 겨울철에 사용하는 엔진오일의 점도는 어떤 것이 좋은가?
① 계절에 관계없이 점도는 동일해야 한다.
② 겨울철 오일점도가 높아야 한다.
③ 겨울철 오일점도가 낮아야 한다.
④ 오일은 점도와는 아무런 관계가 없다.

11. 윤활유 점도가 기준보다 높은 것을 사용했을 때의 현상으로 맞는 것은?
① 좁은 공간에 잘 스며들어 충분한 윤활이 된다.
② 엔진 시동을 할 때 필요 이상의 동력이 소모된다.
③ 점차 묽어지기 때문에 경제적이다.
④ 겨울철에 특히 사용하기 좋다.
해설 윤활유 점도가 기준보다 높은 것을 사용하면 점도가 높아져서 윤활유 공급이 원활하지 못하게 되며, 엔진을 시동할 때 동력이 많이 소모된다.

12. 윤활유 첨가제가 아닌 것은?
① 점도지수 향상제 ② 청정분산제
③ 기포 방지제   ④ 에틸렌글리콜
해설 윤활유 첨가제에는 부식방지제, 유동점강하제, 극압윤활제, 청정분산제, 산화방지제, 점도지수 향상제, 기포방지제, 유성향상제, 형광염료 등이 있다.

13. 윤활유에 첨가하는 첨가제의 사용목적으로 틀린 것은?

① 유성을 향상시킨다.
② 산화를 방지한다.
③ 점도지수를 향상시킨다.
④ 응고점을 높게 한다.

14. 엔진의 윤활방식 중 주로 4행정 사이클 엔진에 많이 사용되고 있는 윤활방식은?
① 혼합식, 압력식, 편심식
② 혼합식, 압력식, 중력식
③ 편심식, 비산식, 비산 압송식
④ 비산식, 압송식, 비산 압송식

15. 엔진의 윤활방식 중 오일펌프 급유하는 방식은?
① 비산식   ② 압송식
③ 분사식   ④ 비산분무식

16. 일반적으로 엔진에 많이 사용되는 윤활 방법은?
① 수 급유식   ② 적하 급유식
③ 비산압송 급유식 ④ 분무 급유식

17. 4행정 사이클 엔진의 윤활방식 중 피스톤과 피스톤 핀까지 윤활유를 압송하여 윤활하는 방식은?
① 전 압력식   ② 전 압송식
③ 전 비산식   ④ 압송 비산식

18. 엔진의 주요 윤활부분이 아닌 것은?
① 실린더   ② 플라이휠
③ 피스톤 링   ④ 크랭크 저널
해설 수동변속기를 탑재한 경우에는 플라이휠 뒷면에 클러치가 설치되므로 윤활을 해서는 안 된다.

정답 09. ① 10. ③ 11. ② 12. ④ 13. ④ 14. ④ 15. ② 16. ③ 17. ② 18. ②

19. 엔진 윤활에 필요한 엔진오일이 저장되어 있는 곳으로 옳은 것은?
① 스트레이너 ② 섬프
③ 오일 팬 ④ 오일필터

20. 오일 팬(oil pan)에 대한 설명으로 틀린 것은?
① 엔진오일 저장용기이다.
② 오일의 온도를 높인다.
③ 내부에 격리판이 설치되어 있다.
④ 오일 드레인 플러그가 있다.

21. 오일 스트레이너(oil strainer)에 대한 설명으로 바르지 못한 것은?
① 고정식과 부동식이 있으며 일반적으로 고정식이 많이 사용되고 있다.
② 불순물로 인하여 여과망이 막힐 때에는 오일이 통할 수 있도록 바이패스 밸브가 설치된 것도 있다.
③ 보통 철망으로 만들어져 있으며 비교적 큰 입자의 불순물을 여과한다.
④ 오일필터에 있는 오일을 여과하여 각 윤활부로 보낸다.
  [해설] 오일 스트레이너는 오일펌프로 들어가는 오일을 여과하는 부품이며, 일반적으로 철망으로 제작하여 비교적 큰 입자의 불순물을 여과한다.

22. 디젤엔진에서 오일을 가압하여 윤활부에 공급하는 역할을 하는 것은?
① 냉각수 펌프 ② 진공펌프
③ 공기압축 펌프 ④ 오일펌프

23. 오일펌프(기계식)의 작동에 관한 내용으로 맞는 것은?
① 항상 작동된다.
② 엔진이 가동되어야 작동한다.
③ 운전석에서 따로 작동시켜야 한다.
④ 전기장치가 작동되었을 때 작동을 시작한다.

24. 건설기계의 엔진에서 오일펌프가 하는 주 기능은?
① 오일의 여과기능이다.
② 오일의 속도를 조절한다.
③ 오일의 압력을 만들어 준다.
④ 오일 양을 조절한다.

25. 오일 팬에 있는 오일을 흡입하여 기관의 각 운동부분에 압송하는 오일펌프로 가장 많이 사용되는 것은?
① 피스톤 펌프, 나사펌프, 원심펌프
② 나사펌프, 원심펌프, 기어펌프
③ 기어펌프, 원심펌프, 베인 펌프
④ 로터리 펌프, 기어펌프, 베인 펌프

26. 4행정 사이클 엔진에 주로 사용되고 있는 오일펌프는?
① 원심식과 플런저식
② 기어식과 플런저식
③ 로터리식과 기어식
④ 로터리식과 나사식

27. 디젤엔진의 윤활장치에서 오일여과기의 역할은?
① 오일의 역순환 방지작용
② 오일에 필요한 방청작용
③ 오일에 포함된 불순물 제거작용
④ 오일계통에 압력증대 작용

정답 ▶ 19. ③ 20. ② 21. ④ 22. ④ 23. ② 24. ③ 25. ④ 26. ③ 27. ③

28. 엔진에 사용되는 여과장치가 아닌 것은?
 ① 공기청정기
 ② 오일필터
 ③ 오일 스트레이너
 ④ 인젝션 타이머

29. 엔진의 윤활장치에서 엔진오일의 여과방식이 아닌 것은?
 ① 전류식　② 샨트식
 ③ 합류식　④ 분류식

30. 윤활유 공급펌프에서 공급된 윤활유 전부가 엔진 오일필터를 거쳐 윤활부로 가는 방식은?
 ① 분류식　② 자력식
 ③ 전류식　④ 샨트식

31. 윤활장치에서 바이패스밸브의 작동주기로 옳은 것은?
 ① 오일이 오염되었을 때 작동
 ② 오일필터가 막혔을 때 작동
 ③ 오일이 과냉되었을 때 작동
 ④ 엔진 시동 시 항상 작동
 해설〉 오일여과기가 막히는 것을 대비하여 바이패스 밸브를 설치한다.

32. 엔진에 사용되는 오일여과기에 대한 사항으로 틀린 것은?
 ① 여과기가 막히면 유압이 높아진다.
 ② 엘리먼트는 물로 깨끗이 세척한 후 압축공기로 다시 청소하여 사용한다.
 ③ 여과능력이 불량하면 부품의 마모가 빠르다.
 ④ 작업조건이 나쁘면 교환 시기를 빨리

한다.

33. 엔진에 사용하는 오일여과기의 적절한 교환시기로 맞는 것은?
 ① 윤활유 1회 교환 시 2회 교환한다.
 ② 윤활유 1회 교환 시 1회 교환한다.
 ③ 윤활유 2회 교환 시 1회 교환한다.
 ④ 윤활유 3회 교환 시 1회 교환한다.

34. 오일압력이 낮은 것과 관계없는 것은?
 ① 커넥팅로드 대단부 베어링과 핀 저널의 간극이 클 때
 ② 실린더 벽과 피스톤 간극이 클 때
 ③ 각 마찰부분 윤활간극이 마모되었을 때
 ④ 엔진오일에 경유가 혼입되었을 때
 해설〉 실린더 벽과 피스톤 간극이 크면 압축압력이 저하하고, 엔진오일의 소모가 많아진다.

35. 디젤엔진의 엔진오일 압력이 규정 이상으로 높아질 수 있는 원인은?
 ① 엔진오일에 연료가 희석되었다.
 ② 엔진오일의 점도가 지나치게 낮다.
 ③ 엔진오일의 점도가 지나치게 높다.
 ④ 엔진의 회전속도가 낮다.

36. 그림과 같은 경고등의 의미는?

 ① 엔진오일 압력경고등
 ② 와셔액 부족 경고등
 ③ 브레이크액 누유 경고등
 ④ 냉각수 온도경고등

37. 엔진 오일압력 경고등이 켜지는 경우가 아닌 것은?
① 엔진을 급가속 시켰을 때
② 오일이 부족할 때
③ 오일필터가 막혔을 때
④ 오일회로가 막혔을 때

해설〉 오일압력 경고등이 켜지는 경우는 엔진오일이 누출되어 부족할 때, 오일필터 및 오일회로가 막혔을 때

38. 건설기계로 작업 시 계기판에서 오일경고등이 점등되었을 때 우선 조치사항으로 적합한 것은?
① 엔진을 분해한다.
② 즉시 시동을 끄고 오일계통을 점검한다.
③ 엔진오일을 교환하고 운전한다.
④ 냉각수를 보충하고 운전한다.

해설〉 오일경고등이 점등되면 즉시 엔진의 시동을 끄고 오일계통을 점검한다.

39. 엔진오일을 점검하는 방법으로 틀린 것은?
① 유면표시기를 사용한다.
② 오일의 색과 점도를 확인한다.
③ 끈적끈적하지 않아야 한다.
④ 검은색은 교환시기가 경과한 것이다.

40. 엔진의 오일레벨 게이지에 관한 설명으로 틀린 것은?
① 윤활유 레벨을 점검할 때 사용한다.
② 윤활유를 육안검사 시에도 활용한다.
③ 엔진의 오일 팬에 있는 오일을 점검하는 것이다.
④ 반드시 엔진 작동 중에 점검해야 한다.

41. 엔진 오일량 점검에서 오일게이지에 상한선(Full)과 하한선(Low)표시가 되어 있을 때 가장 적합한 것은?
① Low 표시에 있어야 한다.
② Low와 Full 표시사이에서 Low에 가까이 있으면 좋다.
③ Low와 Full 표시사이에서 Full에 가까이 있으면 좋다.
④ Full 표시 이상이 되어야 한다.

42. 엔진의 윤활유 소모가 많아질 수 있는 원인으로 옳은 것은?
① 비산과 압력   ② 비산과 희석
③ 연소와 누설   ④ 희석과 혼합

해설〉 윤활유의 소비가 증대되는 2가지 원인은 "연소와 누설" 이다.

43. 엔진오일이 많이 소비되는 원인이 아닌 것은?
① 피스톤 링의 마모가 심할 때
② 실린더의 마모가 심할 때
③ 엔진의 압축압력이 높을 때
④ 밸브가이드의 마모가 심할 때

해설〉 엔진오일이 많이 소비되는 원인은 피스톤 링 및 실린더의 마모가 심할 때, 크랭크축 오일 실이 마모되었거나 파손되었을 때, 밸브 스템과 가이드사이의 간극이 클 때, 밸브가이드의 오일 실이 불량할 때

44. 엔진에서 오일의 온도가 상승되는 원인이 아닌 것은?
① 과부하 상태에서 연속작업
② 오일 냉각기의 불량
③ 오일의 점도가 부적당할 때
④ 유량의 과다

정답〉 37.① 38.② 39.③ 40.④ 41.③ 42.③ 43.③ 44.④

45. 사용 중인 엔진오일을 점검하였더니 오일량이 처음량보다 증가하였다. 원인에 해당될 수 있는 것은?
① 냉각수 혼입   ② 산화물 혼입
③ 오일필터 막힘 ④ 배기가스 유입

해설〉 엔진오일에 냉각수가 혼입되면 오일량이 처음량보다 증가한다.

46. 엔진의 윤활유를 교환 후 윤활유 압력이 높아졌다면 그 원인으로 가장 적당한 것은?
① 오일의 점도가 낮은 것으로 교환하였다.
② 오일점도가 높은 것으로 교환하였다.
③ 엔진오일 교환 시 연료가 흡입되었다.
④ 오일회로 내 누설이 발생하였다.

해설〉 점도가 높은 오일을 사용하면 윤활유 압력이 높아진다.

47. 엔진에 작동 중인 엔진오일에 가장 많이 포함된 이물질은?
① 유입먼지   ② 금속분말
③ 산화물   ④ 카본(carbon)

해설〉 사용 중인 엔진오일에 가장 많이 포함된 이물질은 카본이다.

48. 엔진오일에 대한 설명 중 가장 알맞은 것은?
① 엔진오일에는 거품이 많이 들어있는 것이 좋다.
② 엔진오일 순환상태는 오일레벨 게이지로 확인한다.
③ 겨울보다 여름에는 점도가 높은 오일을 사용한다.
④ 엔진을 시동 후 유압경고등이 꺼지면 엔진을 멈추고 점검한다.

해설〉 ① 엔진오일에는 거품이 없어야 한다.
② 엔진오일 순환상태는 유압계로 확인한다.
③ 엔진을 시동 후 유압경고등이 켜지면 엔진가동을 멈추고 점검한다.

49. 엔진오일이 공급되는 곳이 아닌 것은?
① 피스톤   ② 크랭크축
③ 습식 공기청정기 ④ 차동기어장치

해설〉 차동기어장치는 타이어형 건설기계가 선회할 때 바깥쪽 바퀴의 회전속도를 안쪽 바퀴보다 빠르게 하여 선회를 원활하게 해주는 장치이며, 기어오일을 주유한다.

[연료장치의 구조와 기능]

01. 디젤엔진에 사용되는 연료의 구비조건으로 옳은 것은?
① 점도가 높고 약간의 수분이 섞여 있을 것
② 황의 함유량이 클 것
③ 착화점이 높을 것
④ 발열량이 클 것

해설〉 디젤엔진 연료(경유) 발열량이 크고 연소속도가 빠를 것, 점도가 적당하고 수분이 섞여 있지 않을 것, 황의 함유량이 적을 것, 착화점이 낮을 것

02. 엔진의 연료장치에서 희박한 혼합비가 미치는 영향으로 옳은 것은?
① 시동이 쉬워진다.
② 저속 및 공전이 원활하다.
③ 연소속도가 빠르다.
④ 출력(동력)의 감소를 가져온다.

해설〉 혼합비가 희박하면 엔진 시동이 어렵고, 저속운전이 불량해지며, 연소속도가 느려 엔진의 출력이 저하한다.

03. 연료의 세탄가와 가장 밀접한 관련이 있는 것은?
① 열효율　　② 폭발압력
③ 착화성　　④ 인화성

04. 엔진에서 열효율이 높다는 의미는?
① 일정한 연료소비로서 큰 출력을 얻는 것이다.
② 연료가 완전 연소하지 않는 것이다.
③ 엔진의 온도가 표준보다 높은 것이다.
④ 부조가 없고 진동이 적은 것이다.
해설〉 열효율이 높다는 것은 일정한 연료소비로서 큰 출력을 얻는 것이다.

05. 연료취급에 관한 설명으로 가장 거리가 먼 것은?
① 연료주입은 운전 중에 하는 것이 효과적이다.
② 연료주입 시 물이나 먼지 등의 불순물이 혼합되지 않도록 주의한다.
③ 정기적으로 드레인콕을 열어 연료탱크 내의 수분을 제거한다.
④ 연료를 취급할 때에는 화기에 주의한다.

06. 디젤엔진 연소과정에서 연소 4단계와 거리가 먼 것은?
① 전기 연소기간(전 연소기간)
② 화염 전파기간(폭발 연소시간)
③ 직접 연소기간(제어 연소시간)
④ 후기 연소기간(후 연소시간)

07. 디젤엔진 연소과정 중 연소실 내에 분사된 연료가 착화될 때까지의 지연되는 기간으로 옳은 것은?
① 직접 연소기간　　② 화염 전파기간
③ 착화 지연기간　　④ 후 연소시간
해설〉 착화 지연기간은 연소실 내에 분사된 연료가 착화될 때까지의 지연되는 기간으로 약 1/1000~4/1000초 정도이다.

08. 디젤엔진 연소과정에서 착화 늦음 원인과 가장 거리가 먼 것은?
① 연료의 미립도
② 연료의 압력
③ 연료의 착화성
④ 공기의 와류상태
해설〉 착화늦음은 연료의 미립도, 연료의 착화성, 공기의 와류상태, 엔진의 온도 등에 관계된다.

09. 착화 지연기간이 길어져 실린더 내에 연소 및 압력상승이 급격하게 일어나는 현상은?
① 디젤 노크　　② 조기점화
③ 가솔린 노크　　④ 정상연소

10. 디젤엔진에서 노킹을 일으키는 원인으로 맞는 것은?
① 흡입공기의 온도가 높을 때
② 착화 지연기간이 짧을 때
③ 연료에 공기가 혼입되었을 때
④ 연소실에 누적된 연료가 많아 일시에 연소할 때

11. 디젤엔진의 노킹발생 원인과 가장 거리가 먼 것은?
① 착화기간 중 분사량이 많다.
② 노즐의 분무상태가 불량하다.
③ 세탄가가 높은 연료를 사용하였다.
④ 엔진이 과도하게 냉각 되어있다.

정답 03. ③　04. ①　05. ①　06. ①　07. ③　08. ②　09. ①　10. ④　11. ③

12. 디젤엔진의 노크 방지방법으로 틀린 것은?
① 세탄가각 높은 연료를 사용한다.
② 압축비를 높게 한다.
③ 흡기압력을 높게 한다.
④ 실린더 벽의 온도를 낮춘다.

13. 노킹이 발생되었을 때 디젤엔진에 미치는 영향이 아닌 것은?
① 배기가스의 온도가 상승한다.
② 연소실 온도가 상승한다.
③ 엔진에 손상이 발생할 수 있다.
④ 출력이 저하된다.
해설 > 노킹이 발생되면
① 엔진 회전속도(rpm)가 낮아지고, 출력이 저하한다.
② 엔진이 과열되기 쉽고, 흡기효율이 저하한다.
③ 실린더 벽과 피스톤에 손상이 발생할 수 있다.

14. 디젤엔진에서 발생하는 진동의 억제대책이 아닌 것은?
① 플라이휠
② 캠 샤프트
③ 밸런스 샤프트
④ 댐퍼 풀리
해설 > 캠 샤프트는 크랭크축으로 구동되며, 흡입과 배기밸브를 개폐한다.

15. 디젤엔진에서 발생하는 진동의 원인이 아닌 것은?
① 프로펠러 샤프트의 불균형
② 분사시기의 불균형
③ 분사량의 불균형
④ 분사압력의 불균형

16. 디젤엔진 연료장치의 구성부품이 아닌 것은?
① 예열플러그
② 분사노즐
③ 연료공급펌프
④ 연료여과기

17. 디젤엔진의 연료탱크에서 분사노즐까지 연료의 순환 순서로 맞는 것은?
① 연료탱크 → 연료공급펌프 → 분사펌프 → 연료필터 → 분사노즐
② 연료탱크 → 연료필터 → 분사펌프 → 연료공급펌프 → 분사노즐
③ 연료탱크 → 연료공급펌프 → 연료필터 → 분사펌프 → 분사노즐
④ 연료탱크 → 분사펌프 → 연료필터 → 연료공급펌프 → 분사노즐

18. 건설기계작업 후 탱크에 연료를 가득 채워주는 이유와 가장 관련이 적은 것은?
① 다음의 작업을 준비하기 위해서
② 연료의 기포방지를 위해서
③ 연료탱크에 수분이 생기는 것을 방지하기 위해서
④ 연료의 압력을 높이기 위해서

19. 디젤엔진의 연료계통에서 응축수가 생기면 시동이 어렵게 되는데 이 응축수는 어느 계절에 가장 많이 생기는가?
① 봄   ② 여름
③ 가을   ④ 겨울
해설 > 연료계통의 응축수는 주로 겨울에 가장 많이 발생한다.

정답 > 12. ④ 13. ① 14. ② 15. ① 16. ① 17. ③ 18. ④ 19. ④

20. 건설기계 운전자가 연료탱크의 배출 콕을 열었다가 잠그는 작업을 하고 있다면, 무엇을 배출하기 위한 예방정비 작업인가?
① 공기   ② 유압오일
③ 엔진오일   ④ 수분과 오물

해설) 연료탱크의 배출 콕(드레인 플러그)을 열었다가 잠그는 것은 수분과 오물을 배출하기 위함이다.

21. 디젤엔진 연료여과기의 구성부품이 아닌 것은?
① 오버플로 밸브(over flow valve)
② 드레인 플러그(drain plug)
③ 여과망
④ 프라이밍 펌프(priming pump)

해설) 연료여과기의 구조는 보디, 엘리먼트, 중심 파이프, 커버, 오버플로 밸브, 드레인 플러그 등으로 되어있으며 엘리먼트는 여과지(paper)를 주로 사용한다.

22. 디젤엔진 연료여과기에 설치된 오버플로 밸브(over flow valve)의 기능이 아닌 것은?
① 여과기 각 부분 보호
② 연료공급펌프 소음발생 억제
③ 운전 중 공기배출 작용
④ 인젝터의 연료분사시기 제어

23. 디젤엔진 연료장치에서 연료필터의 공기를 배출하기 위해 설치되어 있는 것으로 가장 적합한 것은?
① 벤트플러그   ② 오버플로 밸브
③ 코어플러그   ④ 글로플러그

해설) ① 벤트플러그 : 공기를 배출하기 위해 사용하는 플러그
② 드레인 플러그 : 액체를 배출하기 위해 사용하는 플러그

24. 연료탱크의 연료를 분사펌프 저압부까지 공급하는 것은?
① 연료공급펌프   ② 연료분사펌프
③ 인젝션펌프   ④ 로터리펌프

25. 디젤엔진 연료장치의 분사펌프에서 프라이밍 펌프의 사용 시기는?
① 출력을 증가시키고자 할 때
② 연료계통의 공기배출을 할 때
③ 연료의 양을 가감할 때
④ 연료의 분사압력을 측정할 때

26. 디젤엔진 연료장치에서 공기를 뺄 수 있는 부분이 아닌 것은?
① 분사노즐 상단의 피팅 부분
② 분사펌프의 에어 브리드 스크루
③ 연료여과기의 벤트플러그
④ 연료탱크의 드레인 플러그

27. 디젤엔진에서 연료라인에 공기가 혼입되었을 때의 현상으로 가장 적절한 것은?
① 분사압력이 높아진다.
② 디젤노크가 일어난다.
③ 연료분사량이 많아진다.
④ 엔진 부조현상이 발생된다.

28. 디젤엔진에서 연료장치 공기빼기 순서로 옳은 것은?
① 공급펌프 → 연료여과기 → 분사펌프
② 공급펌프 → 분사펌프 → 연료여과기
③ 연료여과기 → 공급펌프 → 분사펌프
④ 연료여과기 → 분사펌프 → 공급펌프

정답 20. ④ 21. ④ 22. ④ 23. ① 24. ① 25. ② 26. ④ 27. ④ 28. ①

29. 디젤엔진 연료라인에 공기빼기를 하여야 하는 경우가 아닌 것은?
① 예열이 안 되어 예열플러그를 교환한 경우
② 연료호스나 파이프 등을 교환한 경우
③ 연료탱크 내의 연료가 결핍되어 보충한 경우
④ 연료필터의 교환, 분사펌프를 탈·부착한 경우

30. 프라이밍 펌프를 이용하여 디젤엔진 연료장치 내에 있는 공기를 배출하기 어려운 곳은?
① 공급펌프 ② 연료필터
③ 분사펌프 ④ 분사노즐

31. 건설기계가 현장에서 작업 중 각종계기는 정상인데 엔진부조가 발생한다면 우선 점검해 볼 계통은?
① 연료계통 ② 충전계통
③ 윤활계통 ④ 냉각계통

32. 디젤엔진에서 부조발생의 원인이 아닌 것은?
① 발전기 고장
② 거버너 작용불량
③ 분사시기 조정불량
④ 연료의 압송불량

33. 디젤엔진에서 주행 중 시동이 꺼지는 경우로 틀린 것은?
① 연료필터가 막혔을 때
② 분사파이프 내에 기포가 있을 때
③ 연료파이프에 누설이 있을 때
④ 플라이밍 펌프가 작동하지 않을 때

34. 디젤엔진에서 연료를 압축하여 분사순서에 맞게 노즐로 압송시키는 장치는?
① 연료분사펌프 ② 연료공급펌프
③ 프라이밍펌프 ④ 유압펌프

35. 디젤엔진의 연료분사펌프에서 연료분사량 조정은?
① 컨트롤 슬리브와 피니언의 관계위치를 변화하여 조정
② 프라이밍 펌프를 조정
③ 플런저 스프링의 장력조정
④ 리밋 슬리브를 조정

해설〉 각 실린더 별로 연료분사량에 차이가 있으면 분사펌프 내의 컨트롤 슬리브와 피니언의 관계위치를 변화하여 조정한다.

36. 디젤엔진 인젝션펌프에서 딜리버리밸브의 기능으로 틀린 것은?
① 역류방지 ② 후적방지
③ 잔압 유지 ④ 유량조정

37. 엔진의 부하에 따라 자동적으로 분사량을 가감하여 최고 회전속도를 제어하는 것은?
① 플런저펌프 ② 캠축
③ 거버너 ④ 타이머

38. 디젤엔진에서 회전속도에 따라 연료의 분사시기를 조절하는 장치는?
① 과급기 ② 기화기
③ 타이머 ④ 조속기

정답〉 29.① 30.④ 31.① 32.① 33.④ 34.① 35.① 36.④ 37.③ 38.③

39. 디젤엔진에서 인젝터 간 연료분사량이 일정하지 않을 때 나타나는 현상은?
① 연료 분사량에 관계없이 엔진은 순조로운 회전을 한다.
② 연료소비에는 관계가 있으나 엔진 회전에는 영향은 미치지 않는다.
③ 연소 폭발음의 차이가 있으며 엔진은 부조를 하게 된다.
④ 출력은 향상되나 엔진은 부조를 하게 된다.
[해설] 인젝터 간 연료분사량이 일정하지 않으면 연소 폭발음의 차이가 있으며 엔진은 부조를 일으킨다.

40. 디젤엔진만이 가지고 있는 부품은?
① 분사노즐 ② 오일펌프
③ 물 펌프 ④ 연료펌프

41. 엔진에서 연료펌프로부터 보내진 고압의 연료를 미세한 안개모양으로 연소실에 분사하는 부품은?
① 분사노즐 ② 커먼레일
③ 분사펌프 ④ 공급펌프

42. 디젤엔진 노즐(nozzle)의 연료분사 3대 요건이 아닌 것은?
① 무화 ② 관통력
③ 착화 ④ 분포

43. 디젤엔진에 사용하는 분사노즐의 종류에 속하지 않는 것은?
① 핀틀(pintle)형
② 스로틀(throttle)형
③ 홀(hole)형
④ 싱글 포인트(single point)형

44. 직접분사식에 가장 적합한 노즐은?
① 구멍형 노즐 ② 핀틀형 노즐
③ 스로틀형 노즐 ④ 개방형 노즐

45. 분사노즐시험기로 점검할 수 있는 것은?
① 분사개시 압력과 분사속도를 점검할 수 있다.
② 분포상태와 플런저의 성능을 점검할 수 있다.
③ 분사개시 압력과 후적을 점검할 수 있다.
④ 분포상태와 분사량을 점검할 수 있다.

46. 커먼레일 디젤엔진의 연료장치 구성부품이 아닌 것은?
① 분사펌프 ② 커먼레일
③ 고압펌프 ④ 인젝터

47. 커먼레일 연료분사장치의 저압계통이 아닌 것은?
① 1차 연료공급펌프
② 연료 스트레이너
③ 연료여과기
④ 커먼레일
[해설] 커먼레일은 고압 연료펌프로부터 이송된 고압의 연료를 저장하는 부품으로 인젝터가 설치되어 있어 모든 실린더에 공통으로 연료를 공급하는데 사용된다.

48. 인젝터의 점검항목이 아닌 것은?
① 저항 ② 작동온도
③ 분사량 ④ 작동음

정답 ▶ 39. ③ 40. ① 41. ① 42. ③ 43. ④ 44. ① 45. ③ 46. ① 47. ④ 48. ②

49. 커먼레일 디젤엔진의 전자제어계통에서 입력요소가 아닌 것은?
① 연료온도 센서
② 연료압력 센서
③ 연료압력 제한밸브
④ 축전지 전압

50. 커먼레일 디젤엔진의 압력제한밸브에 대한 설명 중 틀린 것은?
① 연료압력이 높으면 연료의 일부분이 연료탱크로 되돌아간다.
② 커먼레일과 같은 라인에 설치되어 있다.
③ 기계식 밸브가 많이 사용된다.
④ 운전조건에 따라 커먼레일의 압력을 제어한다.
해설 압력제한밸브는 커먼레일에 설치되어 커먼레일 내의 연료압력이 규정 값보다 높아지면 열려 연료의 일부를 연료탱크로 복귀시킨다.

51. 커먼레일방식 디젤엔진에서 크랭킹은 되는데 엔진이 시동되지 않는다. 점검부위로 틀린 것은?
① 인젝터
② 커먼레일 압력
③ 연료탱크 유량
④ 분사펌프 딜리버리밸브
해설 분사펌프 딜리버리밸브는 기계제어 분사장치에서 사용한다.

52. 엔진에서 연료압력이 너무 낮은 원인이 아닌 것은?
① 연료펌프의 공급압력이 누설되었다.
② 연료압력 레귤레이터에 있는 밸브의 밀착이 불량하여 리턴포트 쪽으로 연료가 누설되었다.
③ 연료필터가 막혔다.
④ 리턴호스에서 연료가 누설된다.
해설 리턴호스는 엔진에서 사용하고 남은 연료가 연료탱크로 복귀하는 호스이므로 연료압력에는 영향을 주지 않는다.

53. 커먼레일 디젤엔진의 연료압력센서(RPS)에 대한 설명 중 맞지 않는 것은?
① RPS의 신호를 받아 연료분사량을 조정하는 신호로 사용한다.
② RPS의 신호를 받아 연료 분사시기를 조정하는 신호로 사용한다.
③ 반도체 피에조 소자방식이다.
④ 이 센서가 고장이면 시동이 꺼진다.

54. 커먼레일 디젤엔진의 공기유량센서(AFS)로 많이 사용되는 방식은?
① 칼만와류방식
② 열막방식
③ 베인방식
④ 피토관방식

55. 커먼레일 디젤엔진의 공기유량 센서(AFS)에 대한 설명 중 맞지 않는 것은?
① EGR 피드백제어 기능을 주로 한다.
② 열막방식을 사용한다.
③ 연료량 제어기능을 주로 한다.
④ 스모그 제한 부스터 압력제어용으로 사용한다.

56. 커먼레일 디젤엔진의 흡기온도센서(ATS)에 대한 설명으로 틀린 것은?
① 주로 냉각팬 제어신호로 사용된다.
② 연료량 제어 보정신호로 사용된다.
③ 분사시기 제어 보정신호로 사용된다.
④ 부특성 서미스터이다.

정답 49. ③ 50. ③ 51. ④ 52. ④ 53. ④ 54. ② 55. ③ 56. ①

57. 전자제어 디젤엔진의 회전을 감지하여 분사순서와 분사시기를 결정하는 센서는?
① 가속페달 센서
② 냉각수 온도센서
③ 엔진오일 온도센서
④ 크랭크축 센서

58. 커먼레일 디젤엔진의 센서에 대한 설명이 아닌 것은?
① 연료온도센서는 연료온도에 따른 연료량 보정신호로 사용된다.
② 크랭크 포지션센서는 밸브개폐시기를 감지한다.
③ 수온센서는 엔진의 온도에 따른 냉각팬 제어신호로 사용된다.
④ 수온센서는 엔진온도에 따른 연료량을 증감하는 보정신호로 사용된다.

59. 커먼레일 디젤엔진의 연료장치에서 출력요소는?
① 공기유량센서
② 인젝터
③ 엔진 ECU
④ 브레이크 스위치

60. 커먼레일 디젤엔진의 가속페달 포지션 센서에 대한 설명 중 맞지 않는 것은?
① 가속페달 포지션 센서는 운전자의 의지를 전달하는 센서이다.
② 가속페달 포지션 센서 2는 센서 1을 검사하는 센서이다.
③ 가속페달 포지션 센서 3은 연료 온도에 따른 연료량 보정신호를 한다.
④ 가속페달 포지션 센서 1은 연료량과 분사시기를 결정한다.

61. 엔진의 운전 상태를 감시하고 고장진단 할 수 있는 기능은?
① 윤활기능
② 제동기능
③ 조향기능
④ 자기진단기능

해설〉 자기진단기능이란 엔진의 운전 상태를 감시하고 고장진단 할 수 있는 기능이다.

62. 전자제어 디젤 분사장치에서 연료를 제어하기 위해 센서로부터 각종 정보(가속페달의 위치, 엔진속도, 분사시기, 흡기, 냉각수, 연료온도 등)를 입력받아 전기적 출력신호로 변환하는 것은?
① 컨트롤 로드 액추에이터
② 전자제어 유닛(ECU)
③ 컨트롤 슬리브 액추에이터
④ 자기진단(self diagnosis)

해설〉 전자제어유닛(ECU)은 전자제어 엔진에서 연료를 제어하기 위해 센서로부터 각종 정보를 입력받아 전기적 출력신호로 변환하는 것이다.

[흡·배기장치의 구조와 기능]

01. 흡기장치의 구비조건으로 틀린 것은?
① 전 회전영역에 걸쳐서 흡입효율이 좋아야 한다.
② 균일한 분배성을 가져야 한다.
③ 흡입부에 와류가 발생할 수 있는 돌출부를 설치해야 한다.
④ 연소속도를 빠르게 해야 한다.

정답〉 57. ④ 58. ② 59. ② 60. ③ 61. ④ 62. ② 01. ③

02. 엔진에서 공기청정기의 설치목적으로 옳은 것은?
① 연료의 여과와 가압작용
② 공기의 가압작용
③ 공기의 여과와 소음방지
④ 연료의 여과와 소음방지

03. 엔진 공기청정기의 통기저항을 설명한 것으로 틀린 것은?
① 저항이 적어야 한다.
② 저항이 커야 한다.
③ 엔진출력에 영향을 준다.
④ 연료소비에 영향을 준다.

04. 건식 공기청정기의 장점이 아닌 것은?
① 설치 또는 분해 · 조립이 간단하다.
② 작은 입자의 먼지나 오물을 여과할 수 있다.
③ 구조가 간단하고 여과망을 세척하여 사용할 수 있다.
④ 엔진 회전속도의 변동에도 안정된 공기청정 효율을 얻을 수 있다.

05. 디젤엔진에 사용되는 공기청정기의 내용으로 틀린 것은?
① 공기청정기는 실린더 마멸과 관계없다.
② 공기청정기가 막히면 배기색은 흑색이 된다.
③ 공기청정기가 막히면 출력이 감소한다.
④ 공기청정기가 막히면 연소가 나빠진다.
해설〉 공기청정기가 막히면 실린더 내로의 공기공급 부족으로 불완전 연소가 일어나 실린더 마멸을 촉진한다.

06. 에어클리너가 막혔을 때 발생되는 현상으로 가장 적합한 것은?
① 배기색은 무색이며, 출력은 정상이다.
② 배기색은 흰색, 출력은 증가한다.
③ 배기색은 검은색이며, 출력은 저하된다.
④ 배기색은 흰색이며, 출력은 저하된다.

07. 건식 공기청정기 세척방법으로 가장 적합한 것은?
① 압축공기로 안에서 밖으로 불어낸다.
② 압축공기로 밖에서 안으로 불어낸다.
③ 압축오일로 안에서 밖으로 불어낸다.
④ 압축오일로 밖에서 안으로 불어낸다.

08. 습식 공기청정기에 대한 설명이 아닌 것은?
① 청정효율은 공기량이 증가할수록 높아지며, 회전속도가 빠르면 효율이 좋아진다.
② 흡입공기는 오일로 적셔진 여과망을 통과시켜 여과시킨다.
③ 공기청정기 케이스 밑에는 일정한 양의 오일이 들어 있다.
④ 공기청정기는 일정시간 사용 후 무조건 신품으로 교환해야 한다.

09. 공기청정기의 종류 중 특히 먼지가 많은 지역에 적합한 공기청정기는?
① 건식   ② 유조식
③ 복합식   ④ 습식

정답〉 02. ③ 03. ② 04. ③ 05. ① 06. ③ 07. ① 08. ④ 09. ②

10. 흡입공기를 선회시켜 엘리먼트 이전에서 이물질이 제거되게 하는 에어클리너 방식은?
① 습식
② 건식
③ 원심 분리식
④ 비스키 무수식

11. 소음기나 배기관 내부에 많은 양의 카본이 부착되면 배압은 어떻게 되는 가?
① 낮아진다.
② 저속에서는 높아졌다가 고속에서는 낮아진다.
③ 높아진다.
④ 영향을 미치지 않는다.
해설 소음기나 배기관 내부에 많은 양의 카본이 부착되면 배압은 높아진다.

12. 엔진에서 배기상태가 불량하여 배압이 높을 때 발생하는 현상과 관련 없는 것은?
① 엔진이 과열된다.
② 냉각수 온도가 내려간다.
③ 엔진의 출력이 감소된다.
④ 피스톤의 운동을 방해한다.
해설 배압이 높으면 엔진이 과열하므로 냉각수 온도가 올라가고, 피스톤의 운동을 방해하므로 엔진의 출력이 감소된다.

13. 보기에서 머플러(소음기)와 관련된 설명이 모두 올바르게 조합된 것은?

[보기]
a. 카본이 많이 끼면 엔진이 과열되는 원인이 될 수 있다.
b. 머플러가 손상되어 구멍이 나면 배기 소음이 커진다.
c. 카본이 쌓이면 엔진 출력이 떨어진다.
d. 배기가스의 압력을 높여서 열효율을 증가시킨다.

① a, c, d
② a, b, c
③ a, b, d
④ b, c, d

14. 연소 시 발생하는 질소산화물(Nox)의 발생원인과 가장 밀접한 관계가 있는 것은?
① 높은 연소온도
② 가속불량
③ 흡입공기 부족
④ 소염 경계층
해설 질소산화물(Nox)의 발생 원인은 높은 연소온도 때문이다.

15. 국내에서 디젤엔진에 규제하는 배출가스는?
① 탄화수소
② 매연
③ 일산화탄소
④ 공기과잉율(λ)

16. 디젤엔진 운전 중 흑색의 배기가스를 배출하는 원인으로 틀린 것은?
① 공기청정기 막힘
② 압축불량
③ 노즐불량
④ 오일 팬 내 유량과다

17. 배기가스의 색과 엔진의 상태를 표시한 것으로 틀린 것은?
① 검은색 – 농후한 혼합비
② 무색 – 정상
③ 백색 또는 회색 – 윤활유의 연소
④ 황색 – 공기청정기의 막힘

정답 10. ③ 11. ③ 12. ② 13. ② 14. ① 15. ② 16. ④ 17. ④

18. 디젤엔진의 배기량이 일정한 상태에서 연소실에 강압적으로 많은 공기를 공급하여 흡입효율을 높이고 출력과 토크를 증대시키기 위한 장치는?
① 과급기　　② 에어 컴프레서
③ 연료압축기　④ 냉각 압축펌프

19. 터보차저에 대한 설명 중 틀린 것은?
① 흡기관과 배기관사이에 설치된다.
② 과급기라고도 한다.
③ 배기가스 배출을 위한 일종의 블로워(blower)이다.
④ 엔진출력을 증가시킨다.

20. 디젤엔진의 과급기에 대한 설명으로 틀린 것은?
① 흡입공기에 압력을 가해 엔진에 공기를 공급한다.
② 체적효율을 높이기 위해 인터쿨러를 사용한다.
③ 배기터빈 과급기는 주로 원심식이 가장 많이 사용된다.
④ 과급기를 설치하면 엔진중량과 출력이 감소된다.

21. 디젤엔진에서 과급기를 사용하는 이유로 맞지 않는 것은?
① 체적효율 증대
② 냉각효율 증대
③ 출력증대
④ 회전력 증대

22. 디젤엔진에 과급기를 설치하였을 때 장점이 아닌 것은?
① 동일 배기량에서 출력이 감소하고, 연료소비율이 증가된다.
② 냉각손실이 적으며 높은 지대에서도 엔진의 출력변화가 적다.
③ 연소상태가 좋아지므로 압축온도 상승에 따라 착화지연이 짧아진다.
④ 연소상태가 양호하기 때문에 비교적 질이 낮은 연료를 사용할 수 있다.

23. 터보식 과급기의 작동상태에 대한 설명으로 틀린 것은?
① 디퓨저에서 공기의 압력에너지가 속도에너지로 바뀌게 된다.
② 배기가스가 임펠러를 회전시키면 공기가 흡입되어 디퓨저에 들어간다.
③ 디퓨저에서는 공기의 속도에너지가 압력에너지로 바뀌게 된다.
④ 압축공기가 각 실린더의 밸브가 열릴 때마다 들어가 충전효율이 증대된다.

24. 터보차저를 구동하는 것으로 가장 적합한 것은?
① 엔진의 열
② 엔진의 배기가스
③ 엔진의 흡입가스
④ 엔진의 여유동력

25. 배기터빈 과급기에서 터빈축 베어링의 윤활방법으로 옳은 것은?
① 엔진오일을 급유
② 오일리스 베어링 사용
③ 그리스로 윤활
④ 기어오일을 급유

정답　18. ①　19. ③　20. ④　21. ②　22. ①　23. ①　24. ②　25. ①

26. 디젤엔진에서 급기온도를 낮추어 배출가스를 저감시키는 장치는?
① 인터쿨러(inter cooler)
② 라디에이터(radiator)
③ 쿨링팬(cooling fan)
④ 유닛 인젝터(unit injector)

[냉각장치의 구조와 기능]

01. 공랭식 엔진의 냉각장치에서 볼 수 있는 것은?
① 물 펌프   ② 코어플러그
③ 수온조절기 ④ 냉각핀

해설〉 공랭식 엔진은 실린더헤드와 블록과 같이 과열되기 쉬운 부분에 냉각핀을 두고 냉각시킨다.

02. 엔진 내부의 연소를 통해 일어나는 열에너지가 기계적 에너지로 바뀌면서 뜨거워진 엔진을 물로 냉각하는 방식으로 옳은 것은?
① 수냉식   ② 공랭식
③ 유냉식   ④ 가스 순환식

03. 엔진의 온도를 측정하기 위해 냉각수의 수온을 측정하는 곳으로 가장 적절한 곳은?
① 실린더헤드 물재킷 부분
② 엔진 크랭크케이스 내부
③ 라디에이터 하부
④ 수온조절기 내부

04. 엔진작동에 필요한 냉각수 온도의 최적 조건 범위에 해당되는 것은?
① 0~5℃   ② 10~45℃
③ 75~95℃ ④ 110~120℃

05. 엔진 과열 시 일어나는 현상이 아닌 것은?
① 각 작동부분이 열팽창으로 고착될 수 있다.
② 윤활유 점도저하로 유막이 파괴될 수 있다.
③ 금속이 빨리 산화되고 변형되기 쉽다.
④ 연료소비율이 줄고, 효율이 향상된다.

06. 디젤엔진의 과냉 시 발생할 수 있는 사항으로 틀린 것은?
① 압축압력이 저하된다.
② 블로바이 현상이 발생된다.
③ 연료소비량이 증대된다.
④ 엔진의 회전저항이 감소한다.

07. 엔진의 냉각장치에 해당하지 않는 부품은?
① 팬 및 벨트   ② 릴리프밸브
③ 수온조절기   ④ 방열기

해설〉 릴리프밸브는 윤활장치나 유압장치에서 유압을 규정 값으로 제어한다.

08. 가압식 라디에이터의 장점으로 틀린 것은?
① 방열기를 적게 할 수 있다.
② 냉각수의 비등점을 높일 수 있다.
③ 냉각수의 순환속도가 빠르다.
④ 냉각장치의 효율을 높일 수 있다.

해설〉 가압방식 라디에이터의 장점은 방열기를 작게 할 수 있고, 냉각수의 비등점을 높여 비등에 의한 손실을 줄일 수 있으며, 냉각수 손실이 적어 보충횟수를 줄일 수 있고, 냉각장치의 열효율이 향상된다.

09. 건설기계용 디젤엔진의 냉각장치 방식에 속하지 않는 것은?
① 강제순환식 ② 압력순환식
③ 진공순환식 ④ 자연순환식

10. 엔진에 온도를 일정하게 유지하기 위해 설치된 물 통로에 해당되는 것은?
① 오일 팬 ② 밸브
③ 워터 자켓 ④ 실린더헤드

11. 물 펌프에 대한 설명으로 틀린 것은?
① 주로 원심펌프를 사용한다.
② 구동은 벨트를 통하여 크랭크축에 의해서 구동된다.
③ 냉각수에 압력을 가하면 물 펌프의 효율은 증대된다.
④ 펌프효율은 냉각수 온도에 비례한다.

12. 냉각수 순환용 물 펌프가 고장났을 때 엔진에 나타날 수 있는 현상은?
① 엔진 과열
② 시동불능
③ 축전지의 비중저하
④ 발전기 작동불능
해설〉 물 펌프가 고장나면 냉각수가 순환하지 못하여 엔진과열의 원인이 된다.

13. 엔진의 냉각 팬이 회전할 때 공기가 불어가는 방향은?
① 회전방향 ② 상부방향
③ 하부방향 ④ 방열기 방향

14. 냉각장치에 사용되는 전동 팬에 대한 설명으로 틀린 것은?

① 냉각수 온도에 따라 작동한다.
② 정상온도 이하에서는 작동하지 않고 과열일 때 작동한다.
③ 엔진이 시동되면 동시에 회전한다.
④ 팬벨트는 필요 없다.

15. 팬벨트와 연결되지 않은 것은?
① 발전기 풀리
② 엔진 오일펌프 풀리
③ 워터펌프 풀리
④ 크랭크축 풀리

16. 팬벨트에 대한 점검과정으로 적합하지 않은 것은?
① 팬벨트는 눌러(약 10kgf)처짐이 13~20mm 정도로 한다.
② 팬벨트는 풀리의 밑 부분에 접촉되어야 한다.
③ 팬벨트 조정은 발전기를 움직이면서 조정한다.
④ 팬벨트가 너무 헐거우면 엔진 과열의 원인이 된다.
해설〉 팬벨트는 풀리의 양쪽 경사진 부분에 접촉되어야 미끄러지지 않는다.

17. 엔진에서 팬벨트 장력 점검방법으로 맞는 것은?
① 벨트길이 측정게이지로 측정점검
② 정지된 상태에서 벨트의 중심을 엄지손가락으로 눌러서 점검
③ 엔진을 가동한 후 텐셔너를 이용하여 점검
④ 발전기의 고정 볼트를 느슨하게 하여 점검

정답 09. ③ 10. ③ 11. ④ 12. ① 13. ④ 14. ③ 15. ② 16. ② 17. ②

18. 냉각 팬의 벨트유격이 너무 작을 때 일어나는 현상은?
   ① 발전기의 과충전이 발생된다.
   ② 강한 텐션으로 벨트가 절단된다.
   ③ 엔진 과열의 원인이 된다.
   ④ 점화시기가 빨라진다.

19. 건설기계 엔진에 있는 팬벨트의 장력이 약할 때 생기는 현상으로 맞는 것은?
   ① 발전기 출력이 저하될 수 있다.
   ② 물 펌프 베어링이 조기에 손상된다.
   ③ 엔진이 과냉된다.
   ④ 엔진이 부조를 일으킨다.

20. 엔진에서 팬벨트 및 발전기 벨트의 장력이 너무 강할 경우에 발생될 수 있는 현상은?
   ① 발전기 베어링이 손상될 수 있다.
   ② 엔진의 밸브장치가 손상될 수 있다.
   ③ 충전부족 현상이 생긴다.
   ④ 엔진이 과열된다.

21. 냉각장치에 사용되는 라디에이터의 구성품이 아닌 것은?
   ① 냉각수 주입구   ② 냉각핀
   ③ 코어   ④ 물재킷

22. 라디에이터(radiator)에 대한 설명으로 틀린 것은?
   ① 라디에이터 재료 대부분은 알루미늄 합금이 사용된다.
   ② 단위 면적당 방열량이 커야 한다.
   ③ 냉각효율을 높이기 위해 방열 핀이 설치된다.
   ④ 공기흐름 저항이 커야 냉각효율이 높다.

23. 라디에이터(radiator)를 다운플로 형식(down type)과 크로스플로 형식(cross flow type)으로 구분하는 기준은?
   ① 공기가 흐르는 방향에 따라
   ② 라디에이터 크기에 따라
   ③ 라디에이터의 설치위치에 따라
   ④ 냉각수가 흐르는 방향에 따라

24. 사용하던 라디에이터와 신품 라디에이터의 냉각수 주입량을 비교했을 때 신품으로 교환해야 할 시점은?
   ① 10% 이상의 차이가 발생했을 때
   ② 20% 이상의 차이가 발생했을 때
   ③ 30% 이상의 차이가 발생했을 때
   ④ 40% 이상의 차이가 발생했을 때

25. 라디에이터 내의 냉각수가 누출되는 경우 발생하는 현상은?
   ① 냉각수 비등점이 높아진다.
   ② 냉각수 순환이 불량해진다.
   ③ 엔진이 과열한다.
   ④ 엔진이 과냉한다.

26. 냉각장치에서 냉각수의 비등점을 높이기 위한 장치는?
   ① 진공식 캡   ② 방열기
   ③ 압력식 캡   ④ 정온기

27. 엔진 방열기에 연결된 보조탱크의 역할을 설명한 것으로 가장 적합하지 않은 것은?
① 냉각수의 체적팽창을 흡수한다.
② 냉각수 온도를 적절하게 조절한다.
③ 오버플로(over flow)되어도 증기만 방출된다.
④ 장기간 냉각수 보충이 필요 없다.

해설〉 방열기에 연결된 보조탱크의 역할은 냉각수의 체적팽창을 흡수하므로 오버플로 되어도 증기만 방출되며, 장기간 냉각수 보충이 필요 없다.

28. 압력식 라디에이터 캡에 있는 밸브는?
① 입력밸브와 진공밸브
② 압력밸브와 진공밸브
③ 입구밸브와 출구밸브
④ 압력밸브와 메인밸브

29. 압력식 라디에이터 캡에 대한 설명으로 옳은 것은?
① 냉각장치 내부압력이 규정보다 낮을 때 공기밸브는 열린다.
② 냉각장치 내부압력이 규정보다 높을 때 진공밸브는 열린다.
③ 냉각장치 내부압력이 부압이 되면 진공밸브는 열린다.
④ 냉각장치 내부압력이 부압이 되면 공기밸브는 열린다.

30. 밀봉 압력식 냉각방식에서 보조탱크 내의 냉각수가 라디에이터로 빨려 들어갈 때 개방되는 압력 캡의 밸브는?
① 릴리프밸브   ② 진공밸브
③ 압력밸브   ④ 리듀싱 밸브

해설〉 밀봉 압력식 냉각방식에서 보조탱크 내의 냉각수가 라디에이터로 빨려 들어갈 때 진공밸브가 개방된다.

31. 라디에이터 캡의 스프링이 파손되는 경우 발생하는 현상은?
① 냉각수 비등점이 높아진다.
② 냉각수 순환이 불량해진다.
③ 냉각수 순환이 빨라진다.
④ 냉각수 비등점이 낮아진다.

해설〉 압력밸브의 주작용은 냉각수의 비등점을 상승시키는 것이므로 압력밸브 스프링이 파손되거나 장력이 약해지면 비등점이 낮아져 엔진이 과열되기 쉽다.

32. 엔진의 온도를 항상 일정하게 유지하기 위하여 냉각계통에 설치되는 것은?
① 크랭크축 풀리   ② 물 펌프 풀리
③ 수온조절기   ④ 벨트 조절기

33. 디젤엔진에서 냉각수의 온도에 따라 냉각수 통로를 개폐하는 수온조절기가 설치되는 곳으로 적당한 곳은?
① 라디에이터 상부
② 라디에이터 하부
③ 실린더블록 물재킷 입구부분
④ 실린더헤드 물재킷 출구부분

34. 수온조절기의 종류가 아닌 것은?
① 벨로즈 형식   ② 펠릿 형식
③ 바이메탈 형식   ④ 마몬 형식

35. 현재 가장 많이 사용되고 있는 수온조절기의 형식은?
① 펠릿형   ② 바이메탈형
③ 벨로즈형   ④ 블래더형

정답 27.② 28.② 29.③ 30.② 31.④ 32.③ 33.④ 34.④ 35.①

36. 왁스실에 왁스를 넣어 온도가 높아지면 팽창 축을 올려 열리는 온도조절기는?
① 벨로즈형　② 펠릿형
③ 바이패스형　④ 바이메탈형

37. 엔진의 수온조절기에 있는 바이패스(by pass)회로의 기능은?
① 냉각수 온도를 제어한다.
② 냉각 팬의 속도를 제어한다.
③ 냉각수의 압력을 제어한다.
④ 냉각수를 여과시킨다.

38. 엔진의 냉각장치에서 수온조절기의 열림 온도가 낮을 때 발생하는 현상은?
① 방열기 내의 압력이 높아진다.
② 엔진이 과열되기 쉽다.
③ 엔진의 워밍업 시간이 길어진다.
④ 물 펌프에 과부하가 발생한다.

39. 디젤엔진을 시동시킨 후 충분한 시간이 지났는데도 냉각수 온도가 정상적으로 상승하지 않을 경우 그 고장의 원인이 될 수 있는 것은?
① 냉각 팬벨트의 헐거움
② 수온조절기가 열린 채 고장
③ 물 펌프의 고장
④ 라디에이터 코어의 막힘

해설〉 엔진을 시동시킨 후 충분한 시간이 지났는데도 냉각수 온도가 정상적으로 상승하지 않는 원인은 수온조절기 열린 상태로 고장 난 경우이다.

40. 건설기계 운전 시 계기판에서 냉각수량 경고등이 점등되었다. 그 원인으로 가장 거리가 먼 것은?

① 냉각수량이 부족할 때
② 냉각계통의 물 호스가 파손되었을 때
③ 라디에이터 캡이 열린 채 운행하였을 때
④ 냉각수 통로에 스케일(물때)이 많이 퇴적되었을 때

해설〉 냉각수 경고등은 라디에이터 내에 냉각수가 부족할 때 점등되며, 냉각수 통로에 스케일(물때)이 많이 퇴적되면 엔진이 과열한다.

41. 건설기계 작업 시 계기판에서 냉각수 경고등이 점등되었을 때 운전자로서 가장 적절한 조치는?
① 오일량을 점검한다.
② 작업이 모두 끝나면 곧바로 냉각수를 보충한다.
③ 라디에이터를 교환한다.
④ 작업을 중지하고 점검 및 정비를 받는다.

해설〉 냉각수 경고등이 점등되면 작업을 중지하고 냉각수량 점검 및 냉각계통의 정비를 받는다.

42. 건설기계 엔진에서 부동액으로 사용할 수 없는 것은?
① 메탄　② 알코올
③ 글리세린　④ 에틸렌글리콜

43. 엔진에서 라디에이터의 방열기 캡을 열어 냉각수를 점검하였더니 엔진오일이 떠 있다면 그 원인은?
① 피스톤 링과 실린더 마모
② 밸브간극 과다
③ 압축압력이 높아 역화 현상발생
④ 실린더헤드개스킷 파손

해설〉 방열기에 기름이 떠 있는 원인은 실린더헤드 개스킷 파손, 헤드볼트 풀림 또는 파손, 수랭식 오일쿨러에서의 누출 때문이다.

정답〉 36. ② 37. ① 38. ③ 39. ② 40. ④ 41. ④ 42. ① 43. ④

44. 부동액이 구비하여야할 조건이 아닌 것은?
① 물과 쉽게 혼합될 것
② 침전물의 발생이 없을 것
③ 부식성이 없을 것
④ 비등점이 물보다 낮을 것

45. 냉각장치에서 냉각수가 줄어든다. 원인과 정비방법으로 틀린 것은?
① 워터펌프 불량 : 조정
② 서머스타트 하우징 불량 : 개스킷 및 하우징 교체
③ 히터 혹은 라디에이터 호스불량 : 수리 및 부품교환
④ 라디에이터 캡 불량 : 부품교환
해설) 워터펌프가 불량하면 교환한다.

46. 냉각장치에서 소음이 발생하는 원인으로 틀린 것은?
① 수온조절기 불량
② 팬벨트 장력 헐거움
③ 냉각 팬 조립 불량
④ 물 펌프 베어링 마모

47. 냉각장치에 대하여 설명한 것 중 틀린 것은?
① 냉각수 온도가 너무 낮으면 엔진의 운전상태가 나빠진다.
② 각 장치 내부의 세척에는 가성소다를 섞은 물을 사용한다.
③ 엔진과열의 원인은 서모스탯의 고장으로 냉각수 순환이 빠른 경우이다.
④ 각 작치 내부에 물때가 끼면 엔진과열의 원인이 된다.

해설) 엔진과열의 원인은 서머스탯(수온조절기)의 고장으로 냉각수 순환이 느린 경우이다.

48. 냉각수에 엔진오일이 혼합되는 원인으로 가장 적합한 것은?
① 물 펌프 마모
② 수온조절기 파손
③ 방열기 코어 파손
④ 헤드개스킷 파손

49. 작업 중 엔진온도가 급상승하였을 때 가장 먼저 점검하여야 할 것은?
① 윤활유 점도지수
② 크랭크축 베어링 상태
③ 부동액 점도
④ 냉각수의 양
해설) 작업 중 엔진온도가 급상승하면 냉각수의 양을 가장 먼저 점검한다.

50. 수냉식 엔진이 과열되는 원인으로 틀린 것은?
① 방열기의 코어가 20% 이상 막혔을 때
② 규정보다 높은 온도에서 수온조절기가 열릴 때
③ 수온조절기가 열린 채로 고정되었을 때
④ 규정보다 적게 냉각수를 넣었을 때

51. 동절기에 엔진이 동파되는 원인으로 맞는 것은?
① 냉각수가 얼어서
② 기동전동기가 얼어서
③ 발전장치가 얼어서
④ 엔진오일이 얼어서
해설) 동절기에 엔진이 동파되는 원인은 냉각수가 얼면 체적이 늘어나기 때문이다.

정답 44. ④ 45. ① 46. ① 47. ③ 48. ④ 49. ④ 50. ③ 51. ①

52. 건설기계 운전작업 중 온도게이지가 "H" 위치에 근접되어 있다. 운전자가 취해야 할 조치로 가장 알맞은 것은?
① 작업을 계속해도 무방하다.
② 잠시작업을 중단하고 휴식을 취한 후 다시 작업한다.
③ 윤활유를 즉시 보충하고 계속 작업한다.
④ 작업을 중단하고 냉각수 계통을 점검한다.

전기장치 익히기

[기초 전기]

01. 전기가 이동하지 않고 물질에 정지하고 있는 전기는?
① 동전기   ② 정전기
③ 직류전기   ④ 교류전기
해설〉 정전기란 전기가 이동하지 않고 물질에 정지하고 있는 전기이다.

02. 전류의 3대 작용이 아닌 것은?
① 발열작용   ② 자기작용
③ 원심작용   ④ 화학작용

03. 전류의 크기를 측정하는 단위로 맞는 것은?
① V   ② A
③ R   ④ K

04. 전압(voltage)에 대한 설명으로 적당한 것은?
① 자유전자가 도선을 통하여 흐르는 것을 말한다.
② 전기적인 높이 즉 전기적인 압력을 말한다.
③ 물질에 전류가 흐를 수 있는 정도를 나타낸다.
④ 도체의 저항에 의해 발생되는 열을 나타낸다.

05. 도체 내의 전류의 흐름을 방해하는 성질은?
① 전하   ② 전류
③ 전압   ④ 저항

06. 도체에도 물질내부의 원자와 충돌하는 고유저항이 있다. 고유저항과 관련이 없는 것은?
① 물질의 모양
② 자유전자의 수
③ 원자핵의 구조 또는 온도
④ 물질의 색깔
해설〉 물질의 고유저항은 재질・모양・자유전자의 수・원자핵의 구조 또는 온도에 따라서 변화한다.

07. 전선의 저항에 대한 설명 중 맞는 것은?
① 전선이 길어지면 저항이 감소한다.
② 전선의 지름이 커지면 저항이 감소한다.
③ 모든 전선의 저항은 같다.
④ 전선의 저항은 전선의 단면적과 관계없다.

08. 축전기에 저장되는 전기량(Q, 쿨롱)을 설명한 것으로 틀린 것은?
① 금속판사이의 거리에 반비례한다.
② 절연체의 절연도에 비례한다.
③ 금속판의 면적에 비례한다.
④ 정전용량은 가해지는 전압에 반비례한다.
해설〉 축전기의 용량은 가해지는 전압에 정비례한다.

09. 옴의 법칙에 대한 설명으로 옳은 것은?
① 도체에 흐르는 전류는 도체의 저항에 정비례한다.
② 도체의 저항은 도체 길이에 비례한다.
③ 도체의 저항은 도체에 가해진 전압에 반비례한다.
④ 도체에 흐르는 전류는 도체의 전압에 반비례한다.

10. 전기장치에서 접촉저항이 발생하는 개소 중 가장 거리가 것은?
① 배선 중간지점   ② 스위치 접점
③ 축전지 터미널   ④ 배선 커넥터
해설〉 접촉저항은 스위치 접점, 배선의 커넥터, 축전지 단자(터미널) 등에서 발생하기 쉽다.

11. 전압·전류 및 저항에 대한 설명으로 옳은 것은?
① 직렬회로에서 전류와 저항은 비례 관계이다.
② 직렬회로에서 분압된 전압의 합은 전원전압과 같다.
③ 직렬회로에서 전압과 전류는 반비례 관계이다.
④ 직렬회로에서 전압과 저항은 반비례 관계이다.
해설〉 직렬회로는 전압이 나누어져 저항속을 흐른다. 즉, 각 저항에 가해지는 전압의 합은 전원전압과 같다.

12. 건설기계에서 사용되는 전기장치에서 과전류에 의한 화재예방을 위해 사용하는 부품으로 가장 적절한 것은?
① 콘덴서   ② 저항기
③ 퓨즈   ④ 전파방지기

13. 퓨즈에 대한 설명 중 틀린 것은?
① 퓨즈는 정격용량을 사용한다.
② 퓨즈용량은 A로 표시한다.
③ 퓨즈는 가는 구리선으로 대용된다.
④ 퓨즈는 표면이 산화되면 끊어지기 쉽다.

14. 전기장치 회로에 사용하는 퓨즈의 재질로 적합한 것은?
① 스틸합금   ② 구리합금
③ 알루미늄합금 ④ 납과 주석합금

15. 전기회로에서 퓨즈의 설치방법은?
① 직렬   ② 병렬
③ 직·병렬   ④ 상관없다.

16. 퓨즈의 접촉이 나쁠 때 나타나는 현상으로 옳은 것은?
① 연결부의 저항이 떨어진다.
② 전류의 흐름이 높아진다.
③ 연결부가 끊어진다.
④ 연결부가 튼튼해진다.

정답 08. ④ 09. ② 10. ① 11. ② 12. ③ 13. ③ 14. ④ 15. ① 16. ③

17. 건설기계의 전기회로의 보호 장치로 맞는 것은?
① 안전밸브   ② 퓨저블 링크
③ 캠버   ④ 턴 시그널 램프

18. 빛을 받으면 전류가 흐르지만 빛이 없으면 전류가 흐르지 않는 전기소자는?
① 발광 다이오드
② 포토다이오드
③ 제너 다이오드
④ PN접합 다이오드

[해설] 포토다이오드
　　　접합부분에 빛을 받으면 빛에 의해 자유전자가 되어 전자가 이동하며, 역방향으로 전기가 흐른다.

19. 트랜지스터에 대한 일반적인 특성으로 틀린 것은?
① 고온·고전압에 강하다.
② 내부전압 강하가 적다.
③ 수명이 길다.
④ 소형·경량이다.

[해설] 반도체는 고온(150℃ 이상 되면 파손되기 쉽다)·고전압에 약하다.

[축전지]

01. 납산축전지에 관한 설명으로 틀린 것은?
① 엔진시동 시 전기적 에너지를 화학적 에너지로 바꾸어 공급한다.
② 엔진시동 시 화학적 에너지를 전기적 에너지로 바꾸어 공급한다.
③ 전압은 셀의 개수와 셀 1개당의 전압으로 결정된다.
④ 음극판이 양극판보다 1장 더 적다.

[해설] 축전지는 화학적 에너지를 전기적 에너지로 바꾸어 공급한다.

02. 축전지의 역할을 설명한 것으로 틀린 것은?
① 기동장치의 전기적 부하를 담당한다.
② 발전기 출력과 부하와의 언밸런스를 조정한다.
③ 엔진 시동 시 전기적 에너지를 화학적 에너지로 바꾼다.
④ 발전기 고장 시 주행을 확보하기 위한 전원으로 작동한다.

03. 건설기계 엔진에 사용되는 축전지의 가장 중요한 역할은?
① 주행 중 점화장치에 전류를 공급한다.
② 주행 중 등화장치에 전류를 공급한다.
③ 주행 중 발생하는 전기부하를 담당한다.
④ 기동장치의 전기적 부하를 담당한다.

04. 축전지의 구비조건으로 가장 거리가 먼 것은?
① 축전지의 용량이 클 것
② 전기적 절연이 완전할 것
③ 가급적 크고, 다루기 쉬울 것
④ 전해액의 누출방지가 완전할 것

05. 건설기계에 사용되는 12V 납산축전지의 구성은?
① 셀(cell) 3개를 병렬로 접속
② 셀(cell) 3개를 직렬로 접속
③ 셀(cell) 6개를 병렬로 접속
④ 셀(cell) 6개를 직렬로 접속

정답 17. ② 18. ② 19. ① 01. ① 02. ③ 03. ④ 04. ③ 05. ④

06. 축전지 격리판의 구비조건으로 틀린 것은?
① 기계적 강도가 있을 것
② 다공성이고 전해액에 부식되지 않을 것
③ 극판에 좋지 않은 물질을 내뿜지 않을 것
④ 전도성이 좋으며 전해액의 확산이 잘 될 것

07. 축전지의 케이스와 커버를 청소할 때 사용하는 용액으로 가장 옳은 것은?
① 비누와 물 ② 소금과 물
③ 소다와 물 ④ 오일과 가솔린
해설 축전지커버나 케이스의 청소는 소다와 물 또는 암모니아수를 사용한다.

08. 건설기계에 사용되는 납산축전지에 대한 내용 중 맞지 않는 것은?
① 음(-)극판이 양(+)극판보다 1장 더 많다.
② 격리판은 비전도성이며 다공성이어야 한다.
③ 축전지 케이스 하단에 엘리먼트 레스트 공간을 두어 단락을 방지한다.
④ (+)단자기둥은 (-)단자기둥보다 가늘고 회색이다.

09. 축전지(battery) 내부에 들어가는 것이 아닌 것은?
① 단자기둥(터미널) ② 음극판
③ 양극판 ④ 격리판

10. 납산축전지의 전해액으로 알맞은 것은?
① 순수한 물 ② 과산화납
③ 해면상납 ④ 묽은 황산

11. 20℃에서 완전충전 시 축전지의 전해액 비중은?
① 2.260 ② 0.128
③ 1.280 ④ 0.0007

12. 전해액 충전 시 20℃일 때 비중으로 틀린 것은?
① 25% : 1.150~1.170
② 50% : 1.190~1.210
③ 75% : 1.220~1.260
④ 완전충전 : 1.260~1.280

13. 축전지 전해액에 관한 내용으로 옳지 않은 것은?
① 전해액의 온도가 1℃ 변화함에 따라 비중은 0.0007씩 변한다.
② 온도가 올라가면 비중은 올라가고 온도가 내려가면 비중이 내려간다.
③ 전해액은 증류수에 황산을 혼합하여 희석시킨 묽은 황산이다.
④ 축전지 전해액 점검은 비중계로 한다.

14. 납산축전지의 전해액을 만들 때 황산과 증류수의 혼합방법에 대한 설명으로 틀린 것은?
① 조금씩 혼합하며, 잘 저어서 냉각시킨다.
② 증류수에 황산을 부어 혼합한다.
③ 전기가 잘 통하는 금속제 용기를 사용하여 혼합한다.
④ 추운지방인 경우 온도가 표준온도일 때 비중이 1.280 되게 측정하면서 작업을 끝낸다.
해설 전해액을 만들 때에는 질그릇 등의 절연체인 용기를 준비한다.

정답 06. ④ 07. ③ 08. ④ 09. ① 10. ④ 11. ③ 12. ③ 13. ② 14. ③

15. 납산축전지의 충전상태를 판단할 수 있는 계기로 옳은 것은?
  ① 온도계   ② 습도계
  ③ 점도계   ④ 비중계
  해설 비중계로 전해액의 비중을 측정하면 축전지 충전여부를 판단할 수 있다.

16. 납산축전지를 오랫동안 방전상태로 방치하면 사용하지 못하게 되는 원인은?
  ① 극판이 영구황산납이 되기 때문이다.
  ② 극판에 산화납이 형성되기 때문이다.
  ③ 극판에 수소가 형성되기 때문이다.
  ④ 극판에 녹이 슬기 때문이다.
  해설 납산축전지를 오랫동안 방전상태로 두면 극판이 영구 황산납이 되어 사용하지 못하게 된다.

17. 축전지 설페이션(유화)의 원인이 아닌 것은?
  ① 방전상태로 장시간 방치
  ② 전해액 양의 부족
  ③ 과충전인 경우
  ④ 전해액 속의 과도한 황산함유
  해설 축전지를 과다 방전상태로 방치해 두면 설페이션이 발생한다.

18. 축전지의 온도가 내려갈 때 발생되는 현상이 아닌 것은?
  ① 비중이 상승한다.
  ② 전류가 커진다.
  ③ 용량이 저하한다.
  ④ 전압이 저하한다.
  해설 축전지의 온도가 내려가면 비중은 상승하나, 용량, 전류, 전압이 모두 저하된다.

19. 전해액의 빙점은 그 전해액의 비중이 내려감에 따라 어떻게 되는가?
  ① 낮은 곳에 머문다.
  ② 낮아진다.
  ③ 변화가 없다.
  ④ 높아진다.

20. 배터리에서 셀 커넥터와 터미널의 설명이 아닌 것은?
  ① 셀 커넥터는 납 합금으로 되었다.
  ② 양극판이 음극판의 수보다 1장 더 적다.
  ③ 색깔로 구분되어 있는 것은 (-)가 적색으로 되어있다.
  ④ 배터리 내의 각각의 셀을 직렬로 연결하기 위한 것이다.

21. 축전지의 양극과 음극단자의 구별하는 방법으로 틀린 것은?
  ① 양극은 적색, 음극은 흑색이다.
  ② 양극단자에 (+), 음극단자에는 (-)의 기호가 있다.
  ③ 양극단자에 포지티브(positive), 음극단자에 네거티브(negative)라고 표기되어있다.
  ④ 양극단자의 직경이 음극단자의 직경보다 작다.
  해설 양극단자의 직경이 음극단자의 직경보다 굵다.

22. 축전지 터미널에 부식이 발생하였을 때 나타나는 현상과 가장 거리가 먼 것은?
  ① 기동전동기의 회전력이 작아진다.
  ② 엔진 크랭킹이 잘되지 않는다.
  ③ 전압강하가 발생된다.
  ④ 시동스위치가 손상된다.
  해설 축전지 터미널에 부식이 발생하면 전압강하가 발생되어 기동전동기의 회전력이 작아져 엔진 크랭킹이 잘되지 않는다.

정답 15. ④ 16. ① 17. ③ 18. ② 19. ④ 20. ③ 21. ④ 22. ④

23. 납산축전지 터미널에 녹이 발생했을 때의 조치방법으로 가장 적합한 것은?
① 물걸레로 닦아내고 더 조인다.
② 녹을 닦은 후 고정시키고 소량의 그리스를 상부에 도포한다.
③ (+)와 (-)터미널을 서로 교환한다.
④ 녹슬지 않게 엔진오일을 도포하고 확실히 더 조인다.

해설〉 터미널(단자)에 녹이 발생하였으면 녹을 닦은 후 고정시키고 소량의 그리스를 상부에 도포한다.

24. 건설기계의 축전지 케이블 탈거에 대한 설명으로 옳은 것은?
① 절연되어 있는 케이블을 먼저 탈거한다.
② 아무 케이블이나 먼저 탈거한다.
③ "(+)"케이블을 먼저 탈거한다.
④ 접지되어 있는 케이블을 먼저 탈거한다.

해설〉 축전지에서 케이블을 탈거할 때에는 먼저 접지케이블을 탈거한다.

25. 축전지를 교환 및 장착할 때 연결순서로 맞는 것은?
① (+)나 (-)선 중 편리한 것부터 연결하면 된다.
② 축전지의 (-)선을 먼저 부착하고, (+)선을 나중에 부착한다.
③ 축전지의 (+), (-)선을 동시에 부착한다.
④ 축전지의 (+)선을 먼저 부착하고, (-)선을 나중에 부착한다.

26. 납산축전지의 충·방전상태를 나타낸 것이 아닌 것은?
① 축전지가 방전되면 양극판은 과산화납이 황산납으로 된다.
② 축전지가 방전되면 전해액은 묽은 황산이 물로 변하여 비중이 낮아진다.
③ 축전지가 충전되면 음극판은 황산납이 해면상납으로 된다.
④ 축전지가 충전되면 양극판에서 수소를, 음극판에서 산소를 발생시킨다.

해설〉 납산축전지가 충전되면 양극판에서 산소를, 음극판에서 수소를 발생시킨다.

27. 축전지에서 방전 중일 때의 화학작용을 설명하였다. 틀린 것은?
① 음극판 : 해면상납 → 황산납
② 전해액 : 묽은 황산 → 물
③ 격리판 : 황산납 → 물
④ 양극판 : 과산화납 → 황산납

28. 축전지의 방전종지 전압에 대한 설명이 잘못된 것은?
① 축전지의 방전 끝(한계) 전압을 말한다.
② 한 셀 당 1.7~1.8V 이하로 방전되는 것을 말한다.
③ 방전종지 전압 이하로 방전시키면 축전지의 성능이 저하된다.
④ 20시간율 전류로 방전하였을 경우 방전종지 전압은 한 셀 당 2.1V이다.

29. 축전지의 방전은 어느 한도 내에서 단자전압이 급격히 저하하며 그 이후는 방전능력이 없어지게 된다. 이때의 전압을 ( )이라고 한다. ( )에 들어갈 용어로 옳은 것은?
① 충전전압　　② 방전전압
③ 방전 종지전압　④ 누전전압

정답〉 23. ② 24. ④ 25. ④ 26. ④ 27. ③ 28. ④ 29. ③

30. 12V용 납산축전지의 방전 종지전압은?
   ① 12V   ② 10.5V
   ③ 7.5V   ④ 1.75V

31. 건설기계에 사용되는 축전지의 용량 단위는?
   ① Ah   ② PS
   ③ kW   ④ kV

32. 축전지의 용량(전류)에 영향을 주는 요소로 틀린 것은?
   ① 극판의 수   ② 극판의 크기
   ③ 전해액의 양   ④ 냉간율

33. 축전지의 용량 표시방법이 아닌 것은?
   ① 25시간율   ② 25암페어율
   ③ 냉간율   ④ 20시간율

34. 그림과 같이 12V용 축전지 2개를 사용하여 24V용 건설기계를 시동하고자 할 때 연결 방법으로 옳은 것은?

    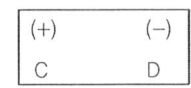

   ① B - D   ② A - C
   ③ A - B   ④ B - C

35. 같은 축전지 2개를 직렬로 접속하면 어떻게 되는가?
   ① 전압은 2배가 되고, 용량은 같다.
   ② 전압은 같고, 용량은 2배가된다.
   ③ 전압과 용량은 변화가 없다.
   ④ 전압과 용량 모두 2배가된다.

36. 건설기계에 사용되는 12볼트(V) 80암페어(A) 축전지 2개를 직렬연결하면 전압과 전류는?
   ① 24볼트(V) 160암페어(A)가 된다.
   ② 12볼트(V) 160암페어(A)가 된다.
   ③ 24볼트(V) 80암페어(A)가 된다.
   ④ 12볼트(V) 80암페어(A)가 된다.

37. 같은 용량·같은 전압의 축전지를 병렬로 연결하였을 때 맞는 것은?
   ① 용량과 전압은 일정하다.
   ② 용량과 전압이 2배로 된다.
   ③ 용량은 한 개일 때와 같으나 전압은 2배로 된다.
   ④ 용량은 2배이고 전압은 한 개일 때와 같다.

38. 건설기계에 사용되는 12볼트(V) 80암페어(A) 축전지 2개를 병렬로 연결하면 전압과 전류는?
   ① 12볼트(V), 160암페어(A)가 된다.
   ② 24볼트(V), 80암페어(A)가 된다.
   ③ 12볼트(V), 80암페어(A)가 된다.
   ④ 24볼트(V), 160암페어(A)가 된다.

39. 충전된 축전지라도 방치해두면 사용하지 않아도 조금씩 자연 방전하여 용량이 감소하는 현상은?
   ① 화학방전   ② 자기방전
   ③ 강제방전   ④ 급속방전
   해설〉 자기방전이란 충전된 축전지라도 방치해두면 사용하지 않아도 조금씩 자연 방전하여 용량이 감소하는 현상이다.

정답〉 30. ② 31. ① 32. ④ 33. ① 34. ④ 35. ① 36. ③ 37. ④ 38. ① 39. ②

40. 축전지의 수명을 단축하는 요인들이 아닌 것은?
① 전해액의 부족으로 극판의 노출로 인한 설페이션
② 전해액에 불순물이 많이 함유된 경우
③ 내부에서 극판이 단락 또는 탈락이 된 경우
④ 단자기둥의 굵기가 서로 다른 경우

해설 축전지의 수명을 단축하는 요인은 전해액의 부족으로 극판의 노출로 인한 설페이션, 전해액에 불순물이 많이 함유된 경우, 내부에서 극판이 단락 또는 탈락이 된 경우이다.

41. 배터리의 자기방전 원인에 대한 설명으로 틀린 것은?
① 배터리의 구조상 부득이하다.
② 이탈된 작용물질이 극판의 아래 부분에 퇴적되어 있다.
③ 배터리 케이스의 표면에서 전기누설이 없다.
④ 전해액 중에 불순물이 혼입되어 있다.

42. 충전된 축전지를 방치 시 자기방진의 원인과 가장 거리가 먼 것은?
① 양극판 작용물질 입자가 축전지 내부에 단락으로 인한 방전
② 격리판이 설치되어 방전
③ 전해액 내에 포함된 불순물에 의해 방전
④ 음극판의 작용물질이 황산과 화학작용으로 방전

43. 축전지의 자기 방전량 설명으로 적합하지 않은 것은?
① 전해액의 온도가 높을수록 자기 방전량은 작아진다.
② 전해액의 비중이 높을수록 자기 방전량은 크다.
③ 날짜가 경과할수록 자기 방전량은 많아진다.
④ 충전 후 시간의 경과에 따라 자기 방전량의 비율은 점차 낮아진다.

44. 축전지의 소비된 전기에너지를 보충하기 위한 충전방법이 아닌 것은?
① 정전류 충전   ② 정전압 충전
③ 급속충전   ④ 초 충전

45. 축전지를 충전기에 의해 충전 시 정전류 충전범위로 틀린 것은?
① 최대 충전전류 : 축전지 용량의 20%
② 최소 충전전류 : 축전지 용량의 5%
③ 최대 충전전류 : 축전지 용량의 50%
④ 표준 충전전류 : 축전지 용량의 10%

46. 축전지의 충전에서 충전말기에 전류가 거의 흐르지 않기 때문에 충전능률이 우수하며 가스발생이 거의 없으나 충전초기에 많은 전류가 흘러 축전지 수명에 영향을 주는 단점이 있는 충전방법은?
① 정전류 충전   ② 정전압 충전
③ 단별전류 충전 ④ 급속충전

해설 정전압 충전은 충전시작에서부터 충전이 완료될 때까지 일정한 전압으로 충전하는 방법이며, 축전지의 충전에서 충전말기에 전류가 거의 흐르지 않기 때문에 충전능률이 우수하며 가스발생이 거의 없으나 충전초기에 많은 전류가 흘러 축전지 수명에 영향을 주는 단점이 있다.

정답 40. ④ 41. ③ 42. ② 43. ① 44. ④ 45. ③ 46. ②

47. 납산축전지의 충전 중 주의사항으로 틀린 것은?
① 차상에서 충전할 때는 배터리 접지(-)를 분리할 것
② 전해액의 온도는 45℃ 이상을 유지할 것
③ 충전 중 축전지에 충격을 가하지 말 것
④ 통풍이 잘되는 곳에서 충전할 것

48. 급속충전을 할 때 주의사항으로 옳지 않은 것은?
① 충전시간은 가급적 짧아야 한다.
② 충전 중인 축전지에 충격을 가하지 않는다.
③ 통풍이 잘되는 곳에서 충전한다.
④ 축전지가 차량에 설치된 상태로 충전한다.

49. 건설기계에 장착된 축전지를 급속충전할 때 축전지의 접지케이블을 분리시키는 이유는?
① 과충전을 방지하기 위해
② 발전기의 다이오드를 보호하기 위해
③ 시동스위치를 보호하기 위해
④ 기동전동기를 보호하기 위해

50. 축전지가 낮은 충전율로 충전되는 이유가 아닌 것은?
① 축전지의 노후
② 레귤레이터의 고장
③ 전해액 비중의 과다
④ 발전기의 고장
해설▶ 전해액 비중이 과다하면 과충전 될 우려가 있다.

51. 축전지가 완전충전이 제대로 되지 않는다. 그 원인이 아닌 것은?
① 배터리 극판 손상
② 배터리 어스선 접속이완
③ 본선(B+) 연결부분 접속이완
④ 발전기 브러시 스프링 장력과다

52. 납산축전지를 충전할 때 화기를 가까이 하면 위험한 이유는?
① 수소가스가 폭발성가스이기 때문에
② 산소가스가 폭발성가스이기 때문에
③ 수소가스가 조연성가스이기 때문에
④ 산소가스가 인화성가스이기 때문에

53. 축전지가 과충전일 경우 발생되는 현상으로 틀린 것은?
① 전해액이 갈색을 띠고 있다.
② 양극판 격자가 산화된다.
③ 양극단자 쪽의 셀 커버가 볼록하게 부풀어 있다.
④ 축전지에 지나치게 많은 물이 생성된다.
해설▶ 축전지가 방전되면 전해액이 물로 변화한다.

54. 납산축전지에 증류수를 자주 보충시켜야 한다면 그 원인에 해당될 수 있는 것은?
① 충전부족이다.
② 극판이 황산화 되었다.
③ 과충전되고 있다.
④ 과방전되고 있다.
해설▶ 납산축전지에 증류수를 자주 보충시켜야 하는 원인은 과충전되기 때문이다.

정답▶ 47. ② 48. ④ 49. ② 50. ③ 51. ④ 52. ① 53. ④ 54. ③

55. 축전지 전해액이 자연 감소되었을 때 보충에 가장 적합한 것은?
① 증류수 ② 황산
③ 경수 ④ 수돗물

해설 › 축전지 전해액이 자연 감소되었을 경우에는 증류수를 보충한다.

56. 축전지의 전해액이 빨리 줄어든다. 그 원인과 가장 거리가 먼 것은?
① 축전지 케이스가 손상된 경우
② 과충전이 되는 경우
③ 비중이 낮은 경우
④ 전압조정기가 불량인 경우

해설 › 축전지의 전해액이 빨리 줄어드는 원인은 축전지 케이스가 손상된 경우, 전압조정기의 불량으로 과충전이 되는 경우이다.

57. 동절기 축전지 관리요령으로 틀린 것은?
① 충전이 불량하면 전해액이 결빙될 수 있으므로 완전충전 시킨다.
② 시동을 쉽게 하기 위하여 축전지를 보온시킨다.
③ 전해액 수준이 낮으면 운전 후 즉시 증류수를 보충한다.
④ 전해액 수준이 낮으면 운전시작 전 아침에 증류수를 보충한다.

58. 납산축전지에 대한 설명으로 옳은 것은?
① 전해액이 자연 감소된 축전지의 경우 증류수를 보충하면 된다.
② 축전지의 방전이 계속되면 전압은 낮아지고, 전해액의 비중은 높아지게 된다.
③ 축전지의 용량을 크게 하려면 별도의 축전지를 직렬로 연결하면 된다.
④ 축전지를 보관할 때에는 되도록 방전시키는 것이 좋다.

59. 시동키를 뽑은 상태로 주차했음에도 배터리에서 방전되는 전류를 뜻하는 것은?
① 충전전류 ② 암전류
③ 시동전류 ④ 발전전류

해설 › 암전류란 시동키를 뽑은 상태로 주차했음에도 배터리에서 방전되는 전류이다.

60. 납산축전지에 대한 설명으로 틀린 것은?
① 화학에너지를 전기에너지로 변환하는 것이다.
② 완전방전 시에만 재충전한다.
③ 전압은 셀의 수에 의해 결정된다.
④ 전해액 면이 낮아지면 증류수를 보충하여야 한다.

61. MF(maintenance free)축전지에 대한 설명으로 적합하지 않는 것은?
① 격자의 재질은 납과 칼슘합금이다.
② 무보수용 배터리다.
③ 밀봉 촉매마개를 사용한다.
④ 증류수는 매 15일마다 보충한다.

[시동장치]

01. 건설기계에 사용되는 전기장치 중 플레밍의 왼손법칙이 적용된 부품은?
① 발전기 ② 점화코일
③ 릴레이 ④ 시동전동기

02. 건설기계에 주로 사용되는 기동전동기로 맞는 것은?
① 직류 분권전동기 ② 직류 직권전동기
③ 직류 복권전동기 ④ 교류전동기

03. 전동기의 종류와 특성 설명으로 틀린 것은?
① 직권전동기는 계자코일과 전기자 코일이 직렬로 연결된 것이다.
② 분권전동기는 계자코일과 전기자 코일이 병렬로 연결된 것이다.
③ 복권전동기는 직권전동기와 분권전동기 특성을 합한 것이다.
④ 내연기관에서는 순간적으로 강한 토크가 요구되는 복권전동기가 주로 사용된다.

04. 직권식 기동전동기의 전기자 코일과 계자코일의 연결이 맞는 것은?
① 병렬로 연결되어 있다.
② 직렬로 연결되어 있다.
③ 직렬·병렬로 연결되어 있다.
④ 계자코일은 직렬, 전기자 코일은 병렬로 연결되어 있다.

05. 직류 직권전동기에 대한 설명 중 틀린 것은?
① 기동 회전력이 분권전동기에 비해 크다.
② 부하에 따른 회전속도의 변화가 크다.
③ 부하를 크게 하면 회전속도는 낮아진다.
④ 부하에 관계없이 회전속도가 일정하다.

06. 전기자 코일, 정류자, 계자코일, 브러시 등으로 구성되어 엔진을 가동시킬 때 사용되는 것으로 맞는 것은?
① 발전기   ② 기동전동기
③ 오일펌프   ④ 액추에이터

07. 건설기계 기동전동기의 주요부품으로 틀린 것은?
① 전기자(아마추어)
② 계자코일 및 계자철심
③ 방열판(히트 싱크)
④ 브러시 및 브러시 홀더

08. 기동전동기의 기능으로 틀린 것은?
① 엔진을 구동시킬 때 사용한다.
② 플라이휠의 링 기어에 기동전동기 피니언을 맞물려 크랭크축을 회전시킨다.
③ 축전지와 각부 전장품에 전기를 공급한다.
④ 엔진의 시동이 완료되면 피니언을 링 기어로부터 분리시킨다.

09. 엔진 시동 시 전류의 흐름으로 옳은 것은?
① 축전지 → 전기자 코일 → 정류자 → 브러시 → 계자코일
② 축전지 → 계자코일 → 브러시 → 정류자 → 전기자 코일
③ 축전지 → 전기자 코일 → 브러시 → 정류자 → 계자코일
④ 축전지 → 계자코일 → 정류자 → 브러시 → 전기자 코일

해설 엔진을 시동할 때 기동전동기에 전류가 흐르는 순서는 축전지 → 계자코일 → 브러시 → 정류자 → 전기자 코일이다.

10. 기동전동기에서 토크를 발생하는 부분은?
① 계자코일
② 솔레노이드스위치
③ 전기자 코일
④ 계철

11. 기동전동기에서 전기자 철심을 여러 층으로 겹쳐서 만드는 이유는?
① 자력선 감소
② 소형 경량화
③ 맴돌이 전류감소
④ 온도상승 촉진

해설 전기자 철심을 두께 0.35~1.0mm의 얇은 철판을 각각 절연하여 겹쳐 만든 이유는 자력선을 잘 통과시키고, 맴돌이 전류를 감소시키기 위함이다.

12. 기동전동기 전기자 코일에 항상 일정한 방향으로 전류가 흐르도록 하기 위해 설치한 것은?
① 다이오드 ② 슬립링
③ 로터   ④ 정류자

13. 기동전동기의 브러시는 본래 길이의 얼마정도 마모되면 교환 하는가?
① $\frac{1}{10}$ 이상   ② $\frac{1}{3}$ 이상
③ $\frac{1}{5}$ 이상   ④ $\frac{1}{4}$ 이상

14. 기동전동기 구성부품 중 자력선을 형성하는 것은?
① 전기자   ② 계자코일
③ 슬립링   ④ 브러시

15. 엔진이 기동된 다음에는 피니언이 공회전하여 링 기어에 의해 엔진의 회전력이 기동전동기에 전달되지 않도록 하여 엔진의 회전력이 기동전동기에 전달되지 않도록 하는 장치는?
① 피니언
② 전기자
③ 오버런링 클러치
④ 정류자

16. 기동전동기에서 마그네틱 스위치는?
① 전자석 스위치이다.
② 전류 조절기이다.
③ 전압 조절기이다.
④ 저항 조절기이다.

17. 시동장치에서 스타트 릴레이의 설치목적으로 틀린 것은?
① 축전지 충전을 용이하게 한다.
② 회로에 충분한 전류가 공급될 수 있도록 하여 크랭킹이 원활하게 한다.
③ 엔진 시동을 용이하게 한다.
④ 키스위치(시동스위치)를 보호한다.

해설 스타트 릴레이는 회로에 충분한 전류가 공급될 수 있도록 하여 크랭킹이 원활하게(시동을 용이하게)하며, 키스위치(시동스위치)를 보호한다.

18. 기동전동기의 피니언을 엔진의 링 기어에 물리게 하는 방법이 아닌 것은?
① 피니언 섭동식
② 벤딕스식
③ 전기자 섭동식
④ 오버런닝 클러치식

정답 10. ③ 11. ③ 12. ④ 13. ② 14. ② 15. ③ 16. ② 17. ① 18. ④

19. 기동전동기 동력전달기구인 벤딕스식의 설명으로 적합한 것은 ?
① 전자력을 이용하여 피니언의 이동과 스위치를 계폐시킨다.
② 피니언의 관성과 전동기의 고속회전을 이용하여 전동기의 회전력을 엔진에 전달한다.
③ 오버러닝 클러치가 필요하다.
④ 전기자 중심과 계자중심을 오프셋 시켜 자력선이 가까운 거리를 통과하려는 성질을 이용하였다.

20. 건설기계의 기동장치 취급 시 주의사항으로 틀린 것은 ?
① 엔진이 시동된 상태에서 기동스위치를 켜서는 안 된다.
② 기동전동기의 회전속도가 규정이하이면 오랜 시간 연속 회전시켜도 시동이 되지 않으므로 회전속도에 유의해야 한다.
③ 기동전동기의 연속 사용기간은 3분 정도로 한다.
④ 전선 굵기는 규정이하의 것을 사용하면 안 된다.

21. 기동전동기 피니언을 플라이휠 링 기어에 물려 엔진을 크랭킹시킬 수 있는 점화스위치 위치는 ?
① ON위치　　② ACC위치
③ OFF위치　　④ ST위치

해설〉 ST(시동)위치는 기동전동기 피니언을 플라이휠 링 기어에 물려 엔진을 크랭킹하는 점화 스위치의 위치이다.

22. 엔진이 기동되었는데도 시동스위치를 계속 ON위치로 할 때 미치는 영향으로 가장 알맞은 것은 ?
① 크랭크축 저널이 마멸된다.
② 클러치 디스크가 마멸된다.
③ 기동전동기의 수명이 단축된다.
④ 엔진의 수명이 단축된다.

23. 엔진에 사용되는 시동모터가 회전이 안 되거나 회전력이 약한 원인이 아닌 것은?
① 시동스위치의 접촉이 불량하다.
② 배터리단자와 터미널의 접촉이 나쁘다.
③ 브러시가 정류자에 잘 밀착되어 있다.
④ 축전지 전압이 낮다.

해설〉 기동전동기 브러시스프링 장력이 약해 정류자와의 밀착이 불량하면 기동전동기(시동모터)가 회전하지 못한다.

24. 기동전동기가 회전하지 않는 원인으로 틀린 것은 ?
① 배선과 스위치가 손상되었다.
② 기동전동기의 피니언이 손상되었다.
③ 배터리의 용량이 작다.
④ 기동전동기가 소손되었다.

해설〉 기동전동기의 피니언이 손상되어도 다른 부분이 정상이면 회전을 한다.

25. 기동전동기의 시험과 관계없는 것은 ?
① 부하시험
② 무부하 시험
③ 관성시험
④ 저항시험

해설〉 기동전동기의 시험 항목에는 회전력(부하)시험, 무부하 시험, 저항시험 등이 있다.

정답〉 19. ② 20. ③ 21. ④ 22. ③ 23. ③ 24. ② 25. ③

26. 시동스위치를 시동(ST)위치로 했을 때 솔레노이드스위치는 작동되나 기동전동기는 작동되지 않는 원인으로 틀린 것은?
① 축전지 방전으로 전류용량 부족
② 시동스위치 불량
③ 엔진 내부 피스톤 고착
④ 기동전동기 브러시 손상

해설 시동스위치를 시동위치로 했을 때 솔레노이드 스위치는 작동되나 기동전동기가 작동되지 않은 원인은 축전지 용량의 과다방전, 엔진내부 피스톤 고착, 전기자 코일 또는 계자 코일의 개회로(단선) 등이다.

27. 겨울철에 디젤엔진 기동전동기의 크랭킹 회전수가 저하되는 원인으로 틀린 것은?
① 엔진오일의 점도가 상승
② 온도에 의한 축전지의 용량 감소
③ 점화스위치의 저항증가
④ 기온저하로 기동부하 증가

28. 기동전동기는 정상 회전하지만 피니언이 링 기어와 물리지 않을 경우 고장원인이 아닌 것은?
① 전동기축의 스플라인 접동부가 불량일 때
② 기동전동기의 클러치 피니언의 앞 끝이 마모되었을 때
③ 마그네틱 스위치의 플런저가 튀어나오는 위치가 틀릴 때
④ 정류자 상태가 불량할 때

[예열장치]

01. 디젤엔진의 냉간 시 시동을 돕기 위해 설치된 부품으로 맞는 것은?
① 히트레인지(예열플러그)
② 발전기
③ 디퓨저
④ 과급 장치

해설 디젤엔진의 시동보조 장치에는 예열장치, 흡기가열장치(흡기히터와 히트레인지), 실린더 감압장치, 연소촉진제 공급 장치 등이 있다.

02. 디젤엔진에서만 해당되는 회로는?
① 예열플러그 회로 ② 시동회로
③ 충전회로   ④ 등화회로

03. 동절기에 주로 사용하는 것으로, 디젤엔진에 흡입된 공기온도를 상승시켜 시동을 원활하게 하는 장치는?
① 고압 분사장치   ② 연료장치
③ 충전장치   ④ 예열장치

04. 디젤엔진의 예열장치에서 연소실 내의 압축공기를 직접 예열하는 형식은?
① 히트릴레이식   ② 예열플러그식
③ 흡기히터식   ④ 히트레인지식

05. 디젤엔진 예열장치에서 코일형 예열플러그와 비교한 실드형 예열플러그의 설명 중 틀린 것은?
① 발열량이 크고 열용량도 크다.
② 예열플러그들 사이의 회로는 병렬로 결선되어 있다.
③ 기계적 강도 및 가스에 의한 부식에 약하다.
④ 예열플러그 하나가 단선되어도 나머지는 작동된다.

정답 26. ② 27. ③ 28. ④ 01. ① 02. ① 03. ④ 04. ② 05. ③

06. 예열플러그가 스위치 ON 후 15~20초에서 완전히 가열되었을 경우의 설명으로 옳은 것은 ?
① 정상상태이다.
② 접지되었다.
③ 단락되었다.
④ 다른 플러그가 모두 단선되었다.
해설 예열플러그가 15~20초에서 완전히 가열된 경우는 정상상태이다.

07. 6기통 디젤엔진의 병렬로 연결된 예열플러그 중 3번 기통의 예열플러그가 단선되었을 때 나타나는 현상에 대한 설명으로 옳은 것은 ?
① 2번과 4번의 예열플러그도 작동이 안 된다.
② 3번 실린더 예열플러그만 작동이 안 된다.
③ 축전지 용량의 배가 방전된다.
④ 예열플러그 전체가 작동이 안 된다.

08. 디젤엔진의 전기 가열식 예열장치에서 예열 진행의 3단계로 틀린 것은 ?
① 프리 글로우
② 스타트 글로우
③ 포스트 글로우
④ 컷 글로우
해설 디젤엔진의 전기 가열식 예열장치에서 예열 진행의 3단계는 프리 글로우, 스타트 글로우, 포스트 글로우이다.

09. 디젤엔진에서 예열플러그가 단선되는 원인으로 틀린 것은 ?
① 너무 짧은 예열시간
② 규정이상의 과대전류 흐름
③ 엔진의 과열상태에서 잦은 예열
④ 예열플러그 설치할 때 조임 불량

10. 예열장치의 고장원인이 아닌 것은 ?
① 가열시간이 너무 길면 자체 발열에 의해 단선된다.
② 접지가 불량하면 전류의 흐름이 적어 발열이 충분하지 못하다.
③ 규정 이상의 전류가 흐르면 단선되는 고장의 원인이 된다.
④ 예열 릴레이가 회로를 차단하면 예열플러그가 단선된다.
해설 예열 릴레이의 기능은 예열시킬 때에는 예열플러그로만 축전지 전류를 공급하고, 시동할 때에는 기동전동기로만 전류를 공급하는 부품이다.

11. 예열플러그를 빼서 보았더니 심하게 오염되어 있다. 그 원인으로 가장 적합한 것은 ?
① 불완전 연소 또는 노킹
② 엔진의 과열
③ 예열플러그의 용량과다
④ 냉각수 부족
해설 예열플러그가 심하게 오염되는 경우는 불완전 연소 또는 노킹이 발생하였기 때문이다.

12. 글로우 플러그를 설치하지 않아도 되는 연소실은 ?(단, 전자제어 커먼레일은 제외)
① 직접분사실식
② 와류실식
③ 공기실식
④ 예연소실식
해설 직접분사실식에서는 시동 보조장치로 흡기 다기관에 흡기 가열장치(흡기 히터와 히트 레인지)를 설치한다.

정답 ▶ 06. ① 07. ② 08. ④ 09. ① 10. ④ 11. ① 12. ①

13. 디젤엔진의 연소실 방식에서 흡기가열식 예열장치를 사용하는 것은?
① 직접분사식   ② 예연소실식
③ 와류실식   ④ 공기실식

[충전장치]

01. 플레밍의 오른손법칙이 적용되어 사용되는 부품은?
① 발전기   ② 기동전동기
③ 점화코일   ④ 릴레이

02. 자계 속에서 도체를 움직일 때 도체에 발생하는 기전력의 방향을 설명할 수 있는 플레밍의 오른손법칙에서 엄지손가락의 방향은?
① 자력선 방향이다.
② 전류의 방향이다.
③ 역기전압의 방향이다.
④ 도체의 운동방향이다.
해설 플레밍의 오른손법칙에서 엄지손가락의 방향은 도체의 운동방향이다.

03. 「유도 기전력의 방향은 코일 내의 자속의 변화를 방해하려는 방향으로 발생한다.」는 법칙은?
① 플레밍의 왼손법칙
② 플레밍의 오른손법칙
③ 렌츠의 법칙
④ 자기유도 법칙
해설 렌츠의 법칙은 전자유도에 관한 법칙으로 유도 기전력은 코일 내의 자속의 변화를 방해하는 방향으로 발생된다는 법칙이다.

04. 충전장치의 개요에 대한 설명으로 틀린 것은?
① 건설기계의 전원을 공급하는 것은 발전기와 축전지이다.
② 발전량이 부하량보다 적을 경우에는 축전지가 전원으로 사용된다.
③ 축전지는 발전기가 충전시킨다.
④ 발전량이 부하량보다 많을 경우에는 축전지의 전원이 사용된다.

05. 축전지 및 발전기에 대한 설명으로 옳은 것은?
① 시동 전 전원은 발전기이다.
② 시동 후 전원은 배터리이다.
③ 시동 전과 후 모두 전력은 배터리로부터 공급된다.
④ 발전하지 못해도 배터리로만 운행이 가능하다.

06. 건설기계의 충전장치에서 가장 많이 사용하고 있는 발전기는?
① 단상 교류발전기
② 3상 교류발전기
③ 직류발전기
④ 와전류 발전기

07. 충전장치에서 발전기는 어떤 축과 연동되어 구동되는가?
① 크랭크축
② 캠축
③ 추진축
④ 변속기 입력축
해설 발전기는 크랭크축에 의해 구동된다.

정답 13.① 01.① 02.④ 03.③ 04.④ 05.④ 06.② 07.①

08. 교류(AC) 발전기의 특성이 아닌 것은?
① 저속에서도 충전성능이 우수하다.
② 소형 경량이고 출력도 크다.
③ 소모 부품이 적고 내구성이 우수하며 고속회전에 견딘다.
④ 전압조정기, 전류조정기, 컷 아웃 릴레이로 구성된다.

09. 교류발전기의 설명으로 틀린 것은?
① 철심에 코일을 감아 사용한다.
② 두 개의 슬립링을 사용한다.
③ 전자석을 사용한다.
④ 영구자석을 사용한다.
해설 교류발전기는 스테이터와 로터철심에 코일을 감아 사용하며, 브러시로부터 여자전류를 공급 받는 2개의 슬립링이 있고, 전자석을 사용한다.

10. 교류발전기의 설명으로 틀린 것은?
① 타려자 방식의 발전기이다.
② 고정된 스테이터에서 전류가 생성된다.
③ 정류자와 브러시가 정류작용을 한다.
④ 발전기 조정기는 전압조정기만 필요하다.

11. 교류발전기의 부품이 아닌 것은?
① 다이오드   ② 슬립링
③ 스테이터 코일   ④ 전류조정기

12. 교류발전기의 유도전류는 어디에서 발생하는가?
① 로터   ② 전기자
③ 계자코일 ④ 스테이터

13. 교류발전기에서 회전하는 구성품이 아닌 것은?
① 로터 코일   ② 슬립링
③ 브러시   ④ 로터 코어

14. 교류발전기에서 회전체에 해당하는 것은?
① 스테이터   ② 브러시
③ 엔드프레임 ④ 로터

15. AC발전기에서 전류가 흐를 때 전자석이 되는 것은?
① 계자철심   ② 로터
③ 스테이터 철심 ④ 아마추어

16. 충전장치에서 교류발전기는 무엇을 변화시켜 충전출력을 조정하는가?
① 회전속도
② 로터코일 전류
③ 브러시 위치
④ 스테이터 전류

17. 교류발전기에서 마모성 부품은 어느 것인가?
① 스테이터   ② 다이오드
③ 슬립링   ④ 엔드프레임
해설 슬립링은 브러시와 접촉되어 회전하므로 마모된다.

18. 교류발전기의 구성부품으로 교류를 직류로 변환하는 구성품은?
① 스테이터 ② 로터
③ 정류기   ④ 콘덴서

정답 08.④ 09.④ 10.③ 11.④ 12.④ 13.③ 14.④ 15.② 16.② 17.③ 18.③

19. 교류발전기에서 교류를 직류로 바꾸는 것을 정류라고 하며, 대부분의 교류 발전기에는 정류성능이 우수한 (　)을 이용하여 정류한다. (　)에 맞는 말은 ?
① 트랜지스터
② 실리콘 다이오드
③ 사이리스터
④ 서미스터

20. 교류발전기의 다이오드가 하는 역할은?
① 전류를 조정하고, 교류를 정류한다.
② 전압을 조정하고, 교류를 정류한다.
③ 교류를 정류하고, 역류를 방지한다.
④ 여자전류를 조정하고, 역류를 방지한다.

21. 교류발전기에서 높은 전압으로부터 다이오드를 보호하는 구성품은 어느 것인가?
① 콘덴서　　② 필드코일
③ 정류기　　④ 로터

해설 〉 콘덴서는 교류발전기에서 높은 전압으로부터 다이오드를 보호한다.

22. 교류발전기에 사용되는 반도체인 다이오드를 냉각하기 위한 것은 ?
① 냉각튜브
② 유체클러치
③ 히트싱크
④ 엔드프레임에 설치된 오일장치

23. 충전장치에서 축전지 전압이 낮을 때의 원인으로 틀린 것은 ?
① 조정 전압이 낮을 때
② 다이오드가 단락되었을 때
③ 축전지 케이블 접속이 불량할 때
④ 충전회로에 부하가 적을 때

해설 〉 충전 불량의 원인은 충전회로의 부하가 클 때이다.

24. 건설기계의 발전기가 충전작용을 하지 못하는 경우에 점검사항이 아닌 것은 ?
① 레귤레이터
② 솔레노이드스위치
③ 발전기 구동벨트
④ 충전회로

25. 작동 중인 교류발전기에서 작동 중 소음 발생의 원인으로 가장 거리가 먼 것은 ?
① 베어링이 손상되었다.
② 벨트장력이 약하다.
③ 고정 볼트가 풀렸다.
④ 축전지가 방전되었다.

해설 〉 교류발전기가 작동 중일 때 소음이 발생하는 원인은 발전기 베어링의 손상, 구동벨트의 장력이 약화, 고정 볼트 풀림 등이다.

26. 충전장치에서 IC 전압조정기의 장점으로 틀린 것은 ?
① 조정전압 정밀도 향상이 크다.
② 내열성이 크며 출력을 증대시킬 수 있다.
③ 진동에 의한 전압변동이 크고, 내구성이 우수하다.
④ 초소형화가 가능하므로 발전기 내에 설치할 수 있다.

정답 〉 19. ② 20. ③ 21. ① 22. ③ 23. ④ 24. ② 25. ④ 26. ③

27. 운전 중 운전석 계기판에 그림과 같은 등이 갑자기 점등되었다. 무슨 표시인가?

① 배터리 완전충전 표시등
② 전원차단 경고등
③ 전기 계통 작동 표시등
④ 충전경고등

28. 운전 중 갑자기 계기판에 충전경고등이 점등되었다. 그 현상으로 맞는 것은?
① 정상적으로 충전이 되고 있음을 나타낸다.
② 충전이 되지 않고 있음을 나타낸다.
③ 충전계통에 이상이 없음을 나타낸다.
④ 주기적으로 점등되었다가 소등되는 것이다.

해설〉 계기판에 충전경고등이 점등되면 충전이 되지 않고 있음을 나타낸다.

29. 충전경고등 점검은 언제 하는 것이 가장 적당한가?
① 엔진 가동전과 가동 중
② 주간 및 월간점검 시
③ 엔진 가동 중에만
④ 엔진 정지 시

30. 엔진 정지 상태에서 계기판 전류계의 지침이 정상에서 (-)방향을 지시하고 있다. 그 원인이 아닌 것은?
① 전조등 스위치가 점등위치에서 방전되고 있다.
② 배선에서 누전되고 있다.
③ 엔진 예열장치를 동작시키고 있다.
④ 발전기에서 축전지로 충전되고 있다.

해설〉 발전기에서 축전지로 충전되면 전류계 지침은 (+)방향을 지시한다.

[등화 및 계기장치의 구조와 기능]

01. 전기회로에 대한 설명 중 틀린 것은?
① 절연불량은 절연물의 균열, 물, 오물 등에 의해 절연이 파괴되는 현상을 말하며, 이때 전류가 차단된다.
② 노출된 전선이 다른 전선과 접촉하는 것을 단락이라 한다.
③ 접촉 불량은 스위치의 접점이 녹거나 단자에 녹이 발생하여 저항 값이 증가하는 것을 말한다.
④ 회로가 절단되거나 커넥터의 결합이 해제되어 회로가 끊어진 상태를 단선이라 한다.

해설〉 절연불량은 절연물의 균열, 물, 오물 등에 의해 절연이 파괴되는 현상이며, 이때 전류가 누전된다.

02. 차량에 사용되는 계기의 장점으로 틀린 것은?
① 구조가 복잡할 것
② 소형이고 경량일 것
③ 지침을 읽기가 쉬울 것
④ 가격이 쌀 것

03. 다음 중 광속의 단위는?
① 칸델라   ② 럭스
③ 루멘   ④ 와트

04. 배선 회로도에서 표시된 0.85RW의 "R" 은 무엇을 나타내는 가 ?
① 단면적　　　② 바탕색
③ 줄 색　　　　④ 전선의 재료
해설 0.85RW
0.85 : 전선의 단면적, R : 바탕색, W : 줄 색

05. 배선의 색과 기호에서 파랑색(Blue)의 기호는 ?
① B　　　　② R
③ L　　　　④ G

06. 전기장치의 배선작업에서 작업 시작 전에 다음 중 가장 먼저 조치하여야 할 사항은 ?
① 배터리 비중을 측정한다.
② 고압케이블을 제거한다.
③ 점화스위치를 끈다.
④ 접지선을 제거한다.
해설 배선작업 시작하기 전에 먼저 축전지 접지선을 탈착한다.

07. 건설기계의 전조등 성능을 유지하기 위하여 가장 좋은 방법은 ?
① 단선으로 한다.
② 복선식으로 한다.
③ 축전지와 직결시킨다.
④ 굵은 선으로 살아 끼운다.
해설 복선식은 접지 쪽에도 전선을 사용하는 것으로 주로 전조등과 같이 큰 전류가 흐르는 회로에서 사용한다.

08. 전조등 형식 중 내부에 불활성 가스가 들어 있으며, 광도의 변화가 적은 것은?
① 로우 빔식　　　② 하이 빔식
③ 실드 빔식　　　④ 세미 실드 빔식

09. 헤드라이트에서 세미 실드빔 형은 ?
① 렌즈·반사경 및 전구를 분리하여 교환이 가능한 것
② 렌즈·반사경 및 전구가 일체인 것
③ 렌즈와 반사경은 일체이고, 전구는 교환이 가능한 것
④ 렌즈와 반사경을 분리하여 제작한 것

10. 전조등 회로의 구성부품으로 틀린 것은?
① 전조등 릴레이　　② 전조등 스위치
③ 디머 스위치　　　④ 플래셔 유닛

11. 전조등의 구성부품으로 틀린 것은 ?
① 전구　　　② 렌즈
③ 반사경　　④ 플래셔 유닛

12. 전조등의 좌우 램프 간 회로에 대한 설명으로 맞는 것은 ?
① 직렬 또는 병렬로 되어있다.
② 병렬과 직렬로 되어있다.
③ 병렬로 되어있다.
④ 직렬로 되어있다.

13. 야간작업 시 헤드라이트가 한쪽만 점등되었다. 고장원인으로 가장 거리가 먼 것은 ?
① 헤드라이트 스위치 불량
② 전구 접지불량
③ 한쪽 회로의 퓨즈 단선
④ 전구 불량

정답 04.②　05.③　06.④　07.②　08.③　09.③　10.④　11.④　12.③　13.①

14. 방향지시등 전구에 흐르는 전류를 일정한 주기로 단속·점멸하여 램프의 광도를 증감시키는 것은?
① 디머 스위치
② 플래셔 유닛
③ 파일럿 유닛
④ 방향지시기 스위치

15. 방향지시등에 대한 설명으로 틀린 것은?
① 램프를 점멸시키거나 광도를 증감시킨다.
② 전자열선식 플래셔 유닛은 전압에 의한 열선의 차단작용을 이용한 것이다.
③ 점멸은 플래셔 유닛을 사용하여 램프에 흐르는 전류를 일정한 주기로 단속 점멸한다.
④ 중앙에 있는 전자석과 이 전자석에 의해 끌어 당겨지는 2조의 가동접점으로 구성되어 있다.

16. 방향지시등 스위치를 작동할 때 한쪽은 정상이고, 다른 한쪽은 점멸작용이 정상과 다르게(빠르게, 느리게, 작동불량) 작용한다. 고장원인이 아닌 것은?
① 전구 1개가 단선되었을 때
② 전구를 교체하면서 규정용량의 전구를 사용하지 않았을 때
③ 플래셔 유닛이 고장 났을 때
④ 한쪽 전구소켓에 녹이 발생하여 전압 강하가 있을 때

17. 한쪽의 방향지시등만 점멸속도가 빠른 원인으로 옳은 것은?
① 전조등 배선접촉 불량
② 플래셔 유닛 고장
③ 한쪽 램프의 단선
④ 비상등 스위치 고장

18. 방향지시등이나 제동등의 작동확인은 언제 하는가?
① 운행 전   ② 운행 중
③ 운행 후   ④ 일몰 직전

19. 등화장치 설명 중 내용이 잘못된 것은?
① 후진등은 변속기 시프트레버를 후진위치로 넣으면 점등된다.
② 방향지시등은 방향지시등의 신호가 운전석에서 확인되지 않아도 된다.
③ 번호등은 단독으로 점멸되는 회로가 있어서는 안 된다.
④ 제동등은 브레이크페달을 밟았을 때 점등된다.

20. 건설기계의 등화장치 종류 중에서 조명용 등화가 아닌 것은?
① 전조등   ② 안개등
③ 번호등   ④ 후진등

21. 경음기 스위치를 작동하지 않았는데 경음기가 계속 울리고 있다면 그 원인은?
① 경음기 릴레이의 접점이 융착
② 배터리의 과충전
③ 경음기 접지선이 단선
④ 경음기 전원 공급선이 단선

해설〉 경음기 릴레이의 접점이 융착되면 경음기 스위치를 작동하지 않아도 경음기가 계속 울린다.

정답 ▶ 14. ② 15. ② 16. ③ 17. ③ 18. ① 19. ② 20. ③ 21. ①

22. 에어컨장치에서 환경보존을 위한 대체물질로 신 냉매가스에 해당되는 것은?
① R-12 ② R-22
③ R-12a ④ R-134a

해설〉 에어컨장치에서 사용하는 신 냉매가스는 R-134a이다.

23. 라디에이터 앞쪽에 설치되며, 고온·고압의 기체냉매를 응축시켜 액화상태로 변화시키는 것은?
① 압축기 ② 응축기
③ 건조기 ④ 증발기

해설〉 응축기(condenser)는 고온·고압의 기체냉매를 냉각에 의해 액체냉매 상태로 변화시킨다.

24. 디젤엔진의 전기장치에 없는 것은?
① 스파크플러그
② 글로플러그
③ 축전지
④ 솔레노이드 스위치

전·후진 주행장치 익히기

[조향장치의 구조와 기능]

01. 다음 중 환향장치가 하는 역할은?
① 제동을 쉽게 하는 장치이다.
② 분사압력 증대장치이다.
③ 분사시기를 조절하는 장치이다.
④ 건설기계의 진행방향을 바꾸는 장치이다.

해설〉 환향(조향)장치는 건설기계의 진행방향을 바꾸는 장치이다.

02. 조향장치의 특성에 관한 설명 중 틀린 것은?
① 조향조작이 경쾌하고 자유로워야 한다.
② 회전반경이 되도록 커야 한다.
③ 타이어 및 조향장치의 내구성이 커야 한다.
④ 노면으로부터의 충격이나 원심력 등의 영향을 받지 않아야 한다.

03. 휠 구동식의 건설기계에서 기계식 조향장치에 사용되는 구성부품이 아닌 것은?
① 하이포이드 기어 ② 타이로드 엔드
③ 섹터 기어 ④ 웜 기어

해설〉 하이포이드기어는 종감속기어에서 사용한다.

04. 동력 조향장치의 장점으로 적합하지 않은 것은?
① 작은 조작력으로 조향조작을 할 수 있다.
② 조향기어비는 조작력에 관계없이 선정할 수 있다.
③ 굴곡노면에서의 충격을 흡수하여 조향핸들에 전달되는 것을 방지한다.
④ 조작이 미숙하면 엔진이 자동으로 정지된다.

05. 유압식 조향장치의 조향핸들 조작이 무거운 원인으로 틀린 것은?
① 유압이 낮다.
② 오일이 부족하다.
③ 유압 계통에 공기가 혼입되었다.
④ 펌프의 회전이 빠르다.

해설〉 동력조향 핸들의 조작이 무거운 원인은 유압이 낮을 때, 오일이 부족할 때, 유압 계통에 공기가 혼입되었을 때, 오일펌프의 회전이 느릴 때, 오일펌프 벨트파손, 오일호스 파손 등이다.

정답〉 22. ④ 23. ② 24. ① 01. ④ 02. ② 03. ① 04. ④ 05. ④

06. 타이어식 건설기계의 동력 조향장치 구성을 열거한 것이다. 적당치 않은 것은?
① 유압펌프
② 복동 유압실린더
③ 제어밸브
④ 하이포이드 피니언

07. 타이어식 건설기계의 조향 휠이 정상보다 돌리기 힘들 때의 원인으로 틀린 것은?
① 파워스티어링 오일부족
② 파워스티어링 오일펌프 벨트파손
③ 파워스티어링 오일호스 파손
④ 파워스티어링 오일에 공기제거

08. 조향핸들의 유격이 커지는 원인과 관계없는 것은?
① 피트먼 암의 헐거움
② 타이어 공기압 과대
③ 조향기어, 링키지 조정불량
④ 앞바퀴 베어링 과대 마모

09. 타이어식 건설기계에서 주행 중 조향핸들이 한쪽으로 쏠리는 원인이 아닌 것은?
① 타이어 공기압 불균일
② 브레이크 라이닝 간극 조정불량
③ 베이퍼록 현상 발생
④ 휠 얼라인먼트 조정불량
해설〉 베이퍼록 현상은 연료장치나 제동장치 등에서 발생하기 쉽다.

10. 주행 중 특정속도에서 조향핸들의 떨림이 발생되는 원인으로 틀린 것은?
① 타이어 좌우 공기압이 틀림
② 타이어 사이즈와 휠 사이즈가 틀림
③ 타이어 휠 밸런스가 맞지 않음
④ 타이어 또는 휠 불량
해설〉 주행 중 특정속도에서 조향핸들의 떨림이 발생되는 원인은 타이어 사이즈와 휠 사이즈가 틀림, 타이어 휠 밸런스가 맞지 않음, 타이어 또는 휠 불량 때문이다.

11. 조향기어 백래시가 클 경우 발생될 수 있는 현상으로 가장 적절한 것은?
① 조향각도가 커진다.
② 조향핸들의 유격이 커진다.
③ 핸들이 한쪽으로 쏠린다.
④ 조향핸들의 축 방향 유격이 커진다.
해설〉 조향기어 백래시가 크면(기어가 마모되면) 조향핸들의 유격이 커진다.

12. 조향기구 장치에서 앞 액슬과 조향너클을 연결하는 것은?
① 킹핀   ② 타이로드
③ 드래그 링크   ④ 스티어링 암
해설〉 앞 액슬과 조향너클을 연결하는 것을 킹핀이라 한다.

13. 타이어식 건설기계에서 조향바퀴의 얼라인먼트의 요소와 관계없는 것은?
① 캠버   ② 부스터
③ 토인   ④ 캐스터

14. 앞바퀴 정렬요소 중 캠버의 필요성에 대한 설명으로 거리가 먼 것은?
① 앞차축의 휨을 적게 한다.
② 조향 휠의 조작을 가볍게 한다.
③ 조향 시 바퀴의 복원력이 발생한다.
④ 토(Toe)와 관련성이 있다.

정답 06.④ 07.④ 08.② 09.③ 10.① 11.② 12.① 13.② 14.③

15. 타이어식 건설기계에서 앞바퀴 정렬의 역할과 거리가 먼 것은?
① 브레이크의 수명을 길게 한다.
② 타이어 마모를 최소로 한다.
③ 방향 안정성을 준다.
④ 조향핸들의 조작을 작은 힘으로 쉽게 할 수 있다.

16. 타이어식 건설기계의 휠 얼라인먼트에서 토인의 필요성이 아닌 것은?
① 조향바퀴의 방향성을 준다.
② 타이어 이상마멸을 방지한다.
③ 조향바퀴를 평행하게 회전시킨다.
④ 바퀴가 옆 방향으로 미끄러지는 것을 방지한다.

17. 타이어식 건설기계에서 조향바퀴의 토인을 조정하는 것은?
① 핸들 ② 타이로드
③ 웜 기어 ④ 드래그 링크

[변속장치의 구조와 기능]

01. 엔진과 변속기사이에 설치되어 동력의 차단 및 전달의 기능을 하는 것은?
① 변속기 ② 클러치
③ 추진축 ④ 차축
해설〉 클러치는 엔진과 변속기사이에 부착되어 있으며, 동력전달장치로 전달되는 엔진의 동력을 연결하거나 차단하는 장치이다.

02. 클러치의 필요성으로 틀린 것은?
① 전·후진을 위해
② 관성운동을 하기 위해
③ 기어변속 시 기관의 동력을 차단하기 위해
④ 엔진시동 시 엔진을 무부하 상태로 하기 위해

03. 클러치의 구비조건으로 틀린 것은?
① 단속작용이 확실하며 조작이 쉬워야 한다.
② 회전부분의 평형이 좋아야 한다.
③ 방열이 잘되고 과열되지 않아야 한다.
④ 회전부분의 관성력이 커야 한다.
해설〉 클러치는 회전부분의 관성력이 작아야 한다.

04. 플라이휠과 압력판사이에 설치되어 있으며, 변속기 입력축을 통해 변속기에 동력을 전달하는 것은?
① 압력판 ② 클러치 디스크
③ 릴리스 레버 ④ 릴리스 포크
해설〉 클러치 디스크(클러치판)는 플라이휠과 압력판 사이에 설치되어 있으며 변속기 입력축을 통하여 변속기로 동력을 전달한다.

05. 수동변속기가 장착된 건설기계의 동력전달장치에서 클러치판은 어떤 축의 스플라인에 끼어져 있는 가?
① 추진축 ② 차동기어 장치
③ 크랭크축 ④ 변속기 입력축
해설〉 클러치판은 변속기 입력축의 스플라인에 끼어져 있다.

06. 클러치 디스크의 편 마멸, 변형, 파손 등의 방지를 위해 설치하는 스프링은?
① 쿠션 스프링 ② 댐퍼 스프링
③ 편심 스프링 ④ 압력 스프링
해설〉 쿠션 스프링은 클러치판의 변형·편마모 및 파손을 방지한다.

정답〉 15. ① 16. ① 17. ② 01. ② 02. ① 03. ④ 04. ② 05. ④ 06. ①

07. 클러치 디스크 구조에서 댐퍼 스프링 작용으로 옳은 것은?
① 클러치 작용 시 회전력을 증가시킨다.
② 클러치 디스크의 마멸을 방지한다.
③ 압력판의 마멸을 방지한다.
④ 클러치 작용 시 회전충격을 흡수한다.
해설〉 댐퍼 스프링은 비틀림 코일스프링 또는 토션 스프링이라고 하며 클러치가 작동할 때 회전충격을 흡수한다.

08. 클러치 라이닝의 구비조건 중 틀린 것은?
① 내마멸성, 내열성이 적을 것
② 알맞은 마찰계수를 갖출 것
③ 온도에 의한 변화가 적을 것
④ 내식성이 클 것
해설〉 클러치 라이닝은 내마멸성, 내열성이 클 것

09. 클러치에서 압력판의 역할로 맞는 것은?
① 클러치판을 밀어서 플라이휠에 압착시키는 역할을 한다.
② 제동역할을 위해 설치한다.
③ 릴리스 베어링의 회전을 용이하게 한다.
④ 엔진의 동력을 받아 속도를 조절한다.
해설〉 클러치의 압력판은 클러치판을 밀어서 플라이휠에 압착시키는 역할을 한다.

10. 엔진의 플라이휠과 항상 같이 회전하는 부품은?
① 압력판   ② 릴리스 베어링
③ 클러치 축   ④ 디스크
해설〉 클러치 압력판과 플라이휠은 항상 같이 회전하므로 동적평형이 잘 잡혀 있어야 한다.

11. 클러치 스프링의 장력이 약하면 일어날 수 있는 현상으로 가장 적합한 것은?
① 유격이 커진다.
② 클러치판이 변형된다.
③ 클러치가 파손된다.
④ 클러치가 미끄러진다.
해설〉 클러치 스프링의 장력이 약하면 클러치가 미끄러진다.

12. 기계식 변속기의 클러치에서 릴리스 베어링과 릴리스 레버가 분리되어 있을 때로 맞는 것은?
① 클러치가 연결되어 있을 때
② 접촉하면 안 되는 것으로 분리되어 있을 때
③ 클러치가 분리되어 있을 때
④ 클러치가 연결, 분리되어 있을 때
해설〉 클러치가 연결되어 있을 때 릴리스 베어링과 릴리스 레버는 분리되어 있다.

13. 클러치페달에 대한 설명으로 틀린 것은?
① 펜턴트식과 플로어식이 있다.
② 페달 자유유격은 일반적으로 20~30mm 정도로 조정한다.
③ 클러치판이 마모될수록 자유유격이 커져서 미끄러지는 현상이 발생한다.
④ 클러치가 완전히 끊긴 상태에서도 발판과 페달과의 간격은 20mm 이상 확보해야 한다.
해설〉 클러치판이 마모되면 페달의 자유유격이 작아져 미끄러진다.

14. 클러치 페달의 자유간극 조정방법은 ?
① 클러치 링키지 로드로 조정
② 클러치 베어링을 움직여서 조정
③ 클러치 스프링 장력으로 조정
④ 클러치 페달 리턴스프링 장력으로 조정
해설〉 클러치 페달의 자유간극은 클러치 링키지 로드로 조정한다.

15. 클러치에 대한 설명으로 틀린 것은 ?
① 기계식 클러치는 수동식 변속기에 사용된다.
② 클러치 용량이 너무 크면 엔진이 정지하거나 동력전달 시 충격이 일어나기 쉽다.
③ 엔진 회전력보다 클러치 용량이 적어야 한다.
④ 클러치 용량이 너무 적으면 클러치가 미끄러진다.
해설〉 엔진 회전력보다 클러치 용량이 적으면 클러치가 미끄러진다.

16. 클러치의 용량은 엔진 회전력의 몇 배이며 이보다 클 때 나타나는 현상은 ?
① 1.5~2.5배 정도이며 클러치가 엔진 플라이휠에서 분리될 때 충격이 오기 쉽다.
② 1.5~2.5배 정도이며 클러치가 엔진 플라이휠에 접속될 때 엔진이 정지되기 쉽다.
③ 3.5~4.5배 정도이며 압력판이 엔진 플라이휠에 접속될 때 엔진이 정지되기 쉽다.
④ 3.5~4.5배 정도이며 압력판이 엔진 플라이휠에서 분리될 때 엔진이 정지되기 쉽다.
해설〉 클러치 용량은 엔진 회전력의 1.5~2.5배 정도이며, 용량이 크면 클러치가 엔진 플라이휠에 접속될 때 엔진이 정지되기 쉽다.

17. 클러치가 미끄러지는 원인과 관계없는 것은?
① 클러치 면에 오일이 묻었다.
② 플라이휠 면이 마모되었다.
③ 클러치 페달의 유격이 없다.
④ 토션 스프링이 불량하다.
해설〉 토션 스프링이 불량하면 클러치판이 플라이휠 면에 접촉할 때 회전충격이 발생한다.

18. 기계식 변속기가 설치된 건설기계에서 출발 시 진동을 일으키는 원인으로 가장 적합한 것은 ?
① 릴리스 레버가 마멸되었다.
② 릴리스 레버의 높이가 같지 않다.
③ 페달 리턴스프링이 강하다.
④ 클러치 스프링이 강하다.
해설〉 릴리스 레버의 높이가 다르면 출발할 때 진동이 발생한다.

19. 수동식 변속기가 장착된 건설기계에서 경사로 주행 시 엔진 회전수는 상승하지만 경사로를 오를 수 없을 때 점검방법으로 맞는 것은 ?
① 엔진을 수리한다.
② 클러치 페달의 유격을 점검한다.
③ 릴리스 베어링에 주유한다.
④ 변속레버를 조정한다.
해설〉 수동변속기가 장착된 건설기계가 경사로를 주행할 때 엔진 회전수는 상승하지만 경사로를 오르지 못하는 경우는 클러치가 미끄러지고 있으므로 클러치 페달의 유격을 점검한다.

정답 14. ① 15. ③ 16. ② 17. ④ 18. ② 19. ②

20. 동력전달장치에서 클러치의 고장과 관계 없는 것은?
① 클러치 압력판 스프링 손상
② 클러치 면의 마멸
③ 플라이휠 링 기어의 마멸
④ 릴리스 레버의 조정불량

21. 클러치 페달을 밟을 때 클러치에서 소음이 나는 원인으로 맞는 것은?
① 디스크 페이싱에 오일이 묻었을 때
② 릴리스 베어링이 윤활부족 및 파손 시
③ 디스크 페이싱 과도한 마모 시
④ 릴리스 레버 높이가 서로 틀릴 경우
해설〉 릴리스 베어링이 파손되었거나 윤활이 부족하면 클러치 페달을 밟으면 소음이 난다.

22. 변속기의 필요성과 관계가 없는 것은?
① 시동 시 장비를 무부하 상태로 한다.
② 엔진의 회전력을 증대시킨다.
③ 장비의 후진 시 필요로 한다.
④ 환향을 빠르게 한다.

23. 변속기의 구비조건으로 틀린 것은?
① 전달효율이 적을 것
② 변속조작이 용이할 것
③ 소형, 경량일 것
④ 단계가 없이 연속적인 변속조작이 가능할 것

24. 변속기에서 기어 빠짐을 방지하는 것은?
① 셀렉터
② 인터록 볼
③ 로킹 볼
④ 싱크로나이저 링
해설〉 수동변속기에서 로킹 볼은 기어가 빠지는 것을 방지한다.

25. 수동변속기가 장착된 건설기계에서 기어의 이중 물림을 방지하는 장치는?
① 인젝션 장치
② 인터쿨러 장치
③ 인터록 장치
④ 인터널 기어장치
해설〉 인터록 장치는 변속 중 기어가 이중으로 물리는 것을 방지한다.

26. 수동변속기가 장착된 건설기계에서 주행 중 기어가 빠지는 원인이 아닌 것은?
① 기어의 물림이 덜 물렸을 때
② 기어의 마모가 심할 때
③ 클러치의 마모가 심할 때
④ 변속기 록 장치가 불량할 때
해설〉 클러치의 마모가 심하면 클러치가 미끄러지는 원인이 된다.

27. 수동식 변속기가 장착된 건설기계에서 기어의 이상 소음이 발생하는 이유가 아닌 것은?
① 기어 백래시가 과다
② 변속기의 오일부족
③ 변속기 베어링의 마모
④ 웜과 웜기어의 마모
해설〉 변속기에서 소음이 발생하는 원인은 변속기 베어링의 마모, 변속기 기어의 마모, 기어의 백래시 과다, 변속기 오일의 부족 및 점도가 낮아진 경우이다.

정답 20. ③ 21. ② 22. ④ 23. ① 24. ③ 25. ③ 26. ③ 27. ④

28. 수동변속기에서 변속할 때 기어가 끌리는 소음이 발생하는 원인으로 맞는 것은?
① 클러치가 유격이 너무 클 때
② 변속기 출력축의 속도계 구동기어 마모
③ 클러치판의 마모
④ 브레이크 라이닝의 마모
해설》 클러치 페달의 유격이 크면 변속할 때 기어가 끌리는 소음이 발생한다.

29. 토크컨버터에 대한 설명으로 맞는 것은?
① 구성부품 중 펌프(임펠러)는 변속기 입력축과 기계적으로 연결되어 있다.
② 펌프, 터빈, 스테이터 등이 상호운동하여 회전력을 변환시킨다.
③ 엔진속도가 일정한 상태에서 건설기계의 속도가 줄어들면 토크는 감소한다.
④ 구성품 중 터빈은 엔진의 크랭크축과 기계적으로 연결되어 구동된다.

30. 동력전달장치에서 토크컨버터에 대한 설명 중 틀린 것은?
① 조작이 용이하고 엔진에 무리가 없다.
② 기계적인 충격을 흡수하여 엔진의 수명을 연장한다.
③ 부하에 따라 자동적으로 변속한다.
④ 일정 이상의 과부하가 걸리면 엔진이 정지한다.
해설》 토크컨버터는 일정 이상의 과부하가 걸려도 엔진이 정지하지 않는다.

31. 자동변속기에서 토크컨버터의 설명으로 틀린 것은?
① 토크컨버터의 회전력 변환율은 3~5 : 1이다.
② 오일의 충돌에 의한 효율저하 방지를 위하여 가이드 링이 있다.
③ 마찰클러치에 비해 연료소비율이 더 높다.
④ 펌프, 터빈, 스테이터로 구성되어 있다.

32. 토크컨버터의 동력전달 매체로 맞는 것은?
① 기어   ② 유체
③ 벨트   ④ 클러치판
해설》 토크컨버터의 동력전달 매체는 유체(오일)이다.

33. 토크컨버터의 기본 구성품이 아닌 것은?
① 펌프   ② 터빈
③ 스테이터   ④ 터보

34. 엔진과 직결되어 같은 회전수로 회전하는 토크컨버터의 구성품은?
① 터빈   ② 펌프
③ 스테이터   ④ 변속기 출력축
해설》 토크컨버터의 펌프는 엔진의 크랭크축에, 터빈은 변속기 입력축과 연결되어 있다.

35. 토크컨버터에서 오일의 흐름방향을 바꾸어 주는 것은?
① 펌프   ② 터빈
③ 변속기축   ④ 스테이터

36. 토크컨버터의 출력이 가장 큰 경우?(단, 엔진속도는 일정함)
① 항상 일정함
② 변환비가 1 : 1일 경우
③ 터빈의 속도가 느릴 때
④ 임펠러의 속도가 느릴 때

정답》 28. ① 29. ② 30. ④ 31. ① 32. ② 33. ④ 34. ② 35. ④ 36. ③

37. 토크컨버터에서 회전력이 최댓값이 될 때를 무엇이라 하는 가 ?
① 토크 변환비   ② 회전력
③ 스톨 포인트   ④ 유체충돌 손실비

해설〉 스톨 포인트란 토크컨버터의 터빈이 회전하지 않을 때 펌프에서 전달되는 회전력으로 펌프의 회전수와 터빈의 회전비율이 0으로 회전력이 최대인 점이다.

38. 건설기계에 부하가 걸릴 때 토크컨버터의 터빈속도는 어떻게 되는 가 ?
① 빨라진다.   ② 느려진다.
③ 일정하다.   ④ 관계없다.

해설〉 건설기계에 부하가 걸리면 토크컨버터의 터빈속도는 느려진다.

39. 토크변환기에 사용되는 오일의 구비조건으로 틀린 것은 ?
① 착화점이 낮을 것
② 비중이 클 것
③ 비점이 높을 것
④ 점도가 낮을 것

40. 자동변속기에서 변속레버에 의해 작동되며, 중립, 전진, 후진, 고속, 저속의 선택에 따라 오일통로를 변환시키는 밸브는?
① 거버너밸브   ② 시프트밸브
③ 매뉴얼밸브   ④ 스로틀밸브

해설〉 매뉴얼밸브는 변속레버에 의해 작동되며, 중립, 전진, 후진, 고속, 저속의 선택에 따라 오일통로를 변환시킨다.

41. 유성기어 장치의 구성요소가 바르게 된 것은 ?
① 평 기어, 유성기어, 후진기어, 링 기어
② 선 기어, 유성기어, 래크기어, 링 기어
③ 링 기어 스퍼기어, 유성기어 캐리어, 선 기어
④ 선 기어, 유성기어, 유성기어 캐리어, 링 기어

42. 자동변속기가 장착된 건설기계의 모든 변속단에서 출력이 떨어질 경우 점검해야 할 항목과 거리가 먼 것은 ?
① 토크컨버터 고장
② 오일의 부족
③ 엔진고장으로 출력부족
④ 추진축 휨

43. 자동변속기의 메인압력이 떨어지는 이유가 아닌 것은 ?
① 클러치판 마모
② 오일펌프 내 공기생성
③ 오일필터 막힘
④ 오일부족

해설〉 자동변속기의 메인압력이 떨어지는 이유는 오일펌프 내 공기생성, 오일필터 막힘, 오일부족 등이다.

44. 자동변속기의 과열원인이 아닌 것은 ?
① 메인압력이 높다.
② 과부하 운전을 계속하였다.
③ 오일이 규정량보다 많다.
④ 변속기 오일쿨러가 막혔다.

해설〉 자동변속기가 과열되는 원인은 오일이 부족하다.

정답〉 37. ③ 38. ② 39. ① 40. ③ 41. ④ 42. ④ 43. ① 44. ③

[동력전달장치의 구조와 기능]

01. 슬립이음과 자재이음을 설치하는 곳은?
① 드라이브 라인 ② 종감속 기어
③ 차동기어 ④ 유성기어

02. 휠 형식 건설기계의 동력전달장치에서 슬립이음이 변화를 가능하게 하는 것은?
① 축의 길이 ② 회전속도
③ 드라이브 각 ④ 축의 진동

03. 추진축의 각도변화를 가능하게 하는 이음은?
① 자재이음 ② 슬립이음
③ 플랜지 이음 ④ 등속이음

04. 유니버설 조인트 중에서 훅형(십자형)조인트가 가장 많이 사용되는 이유가 아닌 것은?
① 구조가 간단하다.
② 급유가 불필요하다.
③ 큰 동력의 전달이 가능하다.
④ 작동이 확실하다.

05. 십자축 자재이음을 추진축 앞뒤에 둔 이유를 가장 적합하게 설명한 것은?
① 추진축의 진동을 방지하기 위하여
② 회전 각속도의 변화를 상쇄하기 위하여
③ 추진축의 굽음을 방지하기 위하여
④ 길이의 변화를 다소 가능케 하기 위하여

06. 타이어식 건설기계의 동력전달장치에서 추진축의 밸런스 웨이트에 대한 설명으로 맞는 것은?
① 추진축의 비틀림을 방지한다.
② 추진축의 회전수를 높인다.
③ 변속조작 시 변속을 용이하게 한다.
④ 추진축의 회전 시 진동을 방지한다.

해설 밸런스 웨이트는 추진축이 회전할 때 진동을 방지한다.

07. 타이어식 건설기계에서 추진축의 스플라인부가 마모되면 어떤 현상이 발생하는가?
① 차동기어의 물림이 불량하다.
② 클러치 페달의 유격이 크다.
③ 가속 시 미끄럼 현상이 발생한다.
④ 주행 중 소음이 나고 차체에 진동이 있다.

해설 추진축의 스플라인부분이 마모되면 주행 중 소음이 나고 차체에 진동이 발생한다.

08. 타이어식 건설기계의 동력전달 계통에서 최종적으로 구동력 증가시키는 것은?
① 트랙 모터 ② 종감속 기어
③ 스프로켓 ④ 변속기

09. 종감속비에 대한 설명으로 맞지 않는 것은?
① 종감속비는 링 기어 잇수를 구동피니언 잇수로 나눈 값이다.
② 종감속비가 크면 가속성능이 향상된다.
③ 종감속비가 적으면 등판능력이 향상된다.
④ 종감속비는 나누어서 떨어지지 않는 값으로 한다.

정답 01. ① 02. ① 03. ① 04. ② 05. ② 06. ④ 07. ④ 08. ② 09. ③

10. 종감속기어 장치에서 서로 물리고 있는 기어 사이의 틈새를 가리키는 것으로 가장 적합한 것은?
① 토크 ② 백래시
③ 플랭크 ④ 디퍼렌셜

해설> 백래시란 서로 물리고 있는 기어 사이의 틈새이다.

11. 하부추진체가 휠로 되어 있는 건설기계가 커브를 돌 때 선회를 원활하게 해주는 장치는?
① 변속기 ② 차동장치
③ 최종 구동장치 ④ 트랜스퍼케이스

12. 동력전달장치에 사용되는 차동기어장치에 대한 설명으로 틀린 것은?
① 선회할 때 좌·우 구동바퀴의 회전속도를 다르게 한다.
② 선회할 때 바깥쪽 바퀴의 회전속도를 증대시킨다.
③ 보통 차동기어장치는 노면의 저항을 작게 받는 구동바퀴가 더 많이 회전하도록 한다.
④ 엔진의 회전력을 크게 하여 구동바퀴에 전달한다.

13. 차축의 스플라인부는 차동장치의 어느 기어와 결합되어 있는가?
① 차동 피니언 기어
② 링 기어
③ 차동사이드 기어
④ 구동 피니언 기어

14. 액슬축의 종류가 아닌 것은?
① 반부동식 ② 3/4부동식
③ 1/2 부동식 ④ 전부동식

해설> 액슬 축(차축) 지지방식에는 전부동식, 반부동식, 3/4부동식이 있다.

[제동장치의 구조와 기능]

01. 제동장치의 기능을 설명한 것으로 틀린 것은?
① 속도를 감속시키거나 정지시키기 위한 장치이다.
② 독립적으로 작동시킬 수 있는 2계통의 제동장치가 있다.
③ 급제동 시 노면으로부터 발생되는 충격을 흡수하는 장치이다.
④ 경사로에서 정지된 상태를 유지할 수 있는 구조이다.

02. 타이어식 건설기계에서 유압식 제동장치의 구성부품이 아닌 것은?
① 휠 실린더
② 에어 컴프레서
③ 마스터실린더
④ 오일 리저브 탱크

03. 유압 브레이크에서 잔압을 유지시키는 것은?
① 부스터 ② 실린더
③ 체크밸브 ④ 피스톤 스프링

04. 제동장치의 마스터실린더 조립 시 무엇으로 세척하는 것이 좋은가?
① 브레이크 액 ② 석유
③ 솔벤트 ④ 경유

05. 내리막길에서 제동장치를 자주사용 시 브레이크 오일이 비등하여 송유압력의 전달 작용이 불가능하게 되는 현상은?
① 페이드 현상
② 베이퍼록 현상
③ 사이클링 현상
④ 브레이크 록 현상

06. 타이어식 건설기계의 브레이크 파이프 내에 베이퍼 록이 생기는 원인이다. 관계 없는 것은?
① 드럼의 과열
② 지나친 브레이크 조작
③ 잔압의 저하
④ 라이닝과 드럼의 간극 과대

07. 브레이크 드럼이 갖추어야 할 조건으로 틀린 것은?
① 내마멸성이 적어야 한다.
② 정적·동적 평형이 잡혀 있어야 한다.
③ 가볍고 강도와 강성이 커야 한다.
④ 냉각이 잘되어야 한다.

08. 타이어식 건설기계에서 브레이크를 연속하여 자주 사용하면 브레이크드럼이 과열되어, 마찰계수가 떨어지며, 브레이크가 잘 듣지 않는 것으로서 짧은 시간 내에 반복조작이나, 내리막길을 내려갈 때 브레이크 효과가 나빠지는 현상은?
① 노킹현상
② 페이드 현상
③ 하이드로플래닝 현상
④ 채팅 현상

09. 진공식 제동 배력장치의 설명 중에서 옳은 것은?
① 진공밸브가 새면 브레이크가 전혀 작동되지 않는다.
② 릴레이밸브의 다이어프램이 파손되면 브레이크가 작동되지 않는다.
③ 릴레이밸브 피스톤 컵이 파손되어도 브레이크는 작동된다.
④ 하이드로릭 피스톤의 체크 볼이 밀착 불량이면 브레이크가 작동되지 않는다.

10. 제동장치의 페이드 현상 방지책으로 틀린 것은?
① 드럼의 냉각성능을 크게 한다.
② 드럼은 열팽창률이 적은 재질을 사용한다.
③ 온도상승에 따른 마찰계수 변화가 큰 라이닝을 사용한다.
④ 드럼의 열팽창률이 적은 형상으로 한다.

11. 브레이크에서 하이드로 백에 관한 설명으로 틀린 것은?
① 대기압과 흡기다기관 부압과의 차를 이용하였다.
② 하이드로 백에 고장이 나면 브레이크가 전혀 작동하지 않는다.
③ 외부에 누출이 없는데도 브레이크 작동이 나빠지는 것은 하이드로 백 고장일 수도 있다.
④ 하이드로백은 브레이크계통에 설치되어 있다.

정답 05. ② 06. ④ 07. ① 08. ② 09. ③ 10. ③ 11. ②

12. 브레이크가 잘 작동되지 않을 때의 원인으로 가장 거리가 먼 것은?
① 라이닝에 오일이 묻었을 때
② 휠 실린더 오일이 누출되었을 때
③ 브레이크 페달 자유간극이 작을 때
④ 브레이크 드럼의 간극이 클 때
해설〉 브레이크페달의 자유간극이 작으면 급제동되기 쉽다.

13. 유압식 브레이크장치에서 제동페달이 리턴 되지 않는 원인에 해당되는 것은?
① 진공 체크밸브 불량
② 파이프 내의 공기의 침입
③ 브레이크 오일점도가 낮기 때문
④ 마스터실린더의 리턴구멍 막힘
해설〉 마스터실린더의 리턴구멍 막히면 제동이 풀리지 않는다.

14. 드럼 브레이크구조에서 브레이크 작동 시 조향핸들이 한쪽으로 쏠리는 원인이 아닌 것은?
① 타이어 공기압이 고르지 않다.
② 한쪽 휠 실린더 작동이 불량하다.
③ 브레이크 라이닝 간극이 불량하다.
④ 마스터실린더 체크밸브 작용이 불량하다.
해설〉 브레이크를 작동시킬 때 조향핸들이 한쪽으로 쏠리는 원인은 타이어 공기압이 고르지 않을 때, 한쪽 휠 실린더 작동이 불량할 때, 한쪽 브레이크 라이닝 간극이 불량할 때 등이다.

15. 공기 브레이크의 장점으로 틀린 것은?
① 차량중량에 제한을 받지 않는다.
② 베이퍼록 발생이 없다.
③ 페달을 밟는 양에 따라 제동력이 조절된다.
④ 공기가 다소 누출되면 제동성능에 현저한 차이가 있다.

16. 공기 브레이크에서 브레이크슈를 직접 작동시키는 것은?
① 릴레이밸브 ② 브레이크페달
③ 캠 ④ 유압

17. 공기 브레이크장치의 구성부품 중 틀린 것은?
① 브레이크밸브 ② 마스터실린더
③ 공기탱크 ④ 릴레이밸브
해설〉 공기 브레이크는 공기압축기, 압력조정기와 언로드밸브, 공기탱크, 브레이크밸브, 퀵 릴리스밸브, 릴레이밸브, 슬랙 조정기, 브레이크 챔버, 캠, 브레이크슈, 브레이크 드럼으로 구성된다.

18. 제동장치 중 주브레이크에 속하지 않는 것은?
① 유압식 브레이크
② 배력식 브레이크
③ 공기식 브레이크
④ 배기 브레이크

[주행장치의 구조와 기능]

01. 타이어 림에 대한 설명 중 틀린 것은?
① 경미한 균열은 용접하여 재사용한다.
② 변형 시 교환한다.
③ 경미한 균열도 교환한다.
④ 손상 또는 마모 시 교환한다.
해설〉 타이어 림에 경미한 균열이 발생하였더라도 교환하여야 한다.

02. 사용압력에 따른 타이어의 분류에 속하지 않는 것은 ?
① 고압타이어 ② 초 고압타이어
③ 저압타이어 ④ 초 저압타이어

03. 타이어의 구조에서 직접노면과 접촉되어 마모에 견디고 적은 슬립으로 견인력을 증대시키는 곳의 명칭은 ?
① 트레드(tread)
② 브레이커(breaker)
③ 카커스(carcass)
④ 비드(bead)

04. 타이어에서 몇 겹의 코드 층을 내열성의 고무로 싼 구조로 되어있으며, 트레드와 카커스의 분리를 방지하고 노면에서의 완충작용도 하는 부분은 ?
① 카커스 ② 트레드
③ 비드 ④ 브레이커

05. 타이어에서 고무로 피복된 코드를 여러 겹으로 겹친 층에 해당되며 타이어 골격을 이루는 부분은 ?
① 카커스(carcass)부
② 트레드(tread)부
③ 숄더(should)부
④ 비드(bead)부

06. 내부에는 고 탄소강의 강선(피아노 선)을 묶으므로 넣고 고무로 피복한 림 상태의 보강 부위로 타이어가 림에 견고하게 고정시키는 역할을 하는 부분은 ?
① 카커스(carcass)부
② 비드(bead)부
③ 숄더(should)부
④ 트레드(tread)부

07. 타이어식 건설기계에 부착된 부품을 확인하였더니 13.00-24-18PR로 명기되어 있었다. 다음 중 어느 것에 해당되는가?
① 유압펌프 ② 엔진 일련번호
③ 타이어 규격 ④ 시동모터 용량

08. 건설기계에 사용되는 저압타이어 호칭치수 표시는 ?
① 타이어의 외경 - 타이어의 폭 - 플라이 수
② 타이어의 폭 - 타이어의 내경 - 플라이 수
③ 타이어의 폭 - 림의 지름
④ 타이어의 내경 - 타이어의 폭 - 플라이 수

09. 타이어식 건설기계 주행 중 발생할 수도 있는 히트 세퍼레이션 현상에 대한 설명으로 맞는 것은 ?
① 물에 젖은 노면을 고속으로 달리면 타이어와 노면사이에 수막이 생기는 현상
② 고속으로 주행 중 타이어가 터져버리는 현상
③ 고속주행 시 차체가 좌·우로 밀리는 현상
④ 고속 주행할 때 타이어 공기압이 낮아져 타이어가 찌그러지는 현상

해설〉 히트 세퍼레이션(heat separation) 현상이란 고속으로 주행할 때 열에 의해 타이어의 고무나 코드가 용해 및 분리되어 터지는 현상이다.

정답 ▶ 02. ② 03. ① 04. ④ 05. ① 06. ② 07. ③ 08. ② 09. ②

10. 타이어에 11.00-20-12PR이란 표시 중 "11.00"이 나타내는 것은?
① 타이어 외경을 인치로 표시한 것
② 타이어 폭을 센티미터로 표시한 것
③ 타이어 내경을 인치로 표시한 것
④ 타이어 폭을 인치로 표시한 것

유압장치 익히기

[유압펌프의 구조와 기능]

01. 유압장치의 기본적인 구성요소가 아닌 것은?
① 유압발생장치
② 유압 재순환장치
③ 유압제어장치
④ 유압 구동장치

02. 유압장치의 구성요소 중 유압발생장치가 아닌 것은?
① 유압펌프
② 엔진 또는 전기모터
③ 오일탱크
④ 유압 실린더

해설 유압 실린더는 유압펌프에서 공급된 유압유에 의해 작동한다.

03. 유압장치의 구성요소가 아닌 것은?
① 제어밸브   ② 오일탱크
③ 유압펌프   ④ 자동변속기

04. 원동기(내연엔진, 전동기 등)로부터의 기계적인 에너지를 이용하여 작동유에 유체에너지를 부여해 주는 유압기기는?
① 유압탱크   ② 유압펌프
③ 유압밸브   ④ 유압스위치

05. 건설기계의 유압펌프는 무엇에 의해 구동되는가?
① 엔진의 플라이휠에 의해 구동된다.
② 엔진의 캠축에 의해 구동된다.
③ 전동기에 의해 구동된다.
④ 에어 컴프레서에 의해 구동된다.

06. 유압장치에 사용되는 펌프가 아닌 것은?
① 기어펌프   ② 원심펌프
③ 베인펌프   ④ 플런저펌프

07. 유압기기에서 회전펌프가 아닌 것은?
① 기어펌프   ② 피스톤펌프
③ 베인 펌프 ④ 나사펌프

08. 유압펌프에 대한 설명으로 가장 거리가 먼 것은?
① 오일을 흡입하여 컨트롤밸브(control valve)로 송유(토출)한다.
② 엔진 또는 전기모터의 동력으로 구동된다.
③ 벨트에 의해서만 구동된다.
④ 동력원이 회전하는 동안에는 항상 회전한다.

09. 유압펌프 중 토출유량을 변화시킬 수 있는 것은?
① 가변 토출량형   ② 고정 토출량형
③ 회전 토출량형   ④ 수평 토출량형

정답 10.④ 01.② 02.④ 03.④ 04.② 05.① 06.② 07.② 08.③ 09.①

10. 그림과 같이 2개의 기어와 케이싱으로 구성되어 오일을 토출하는 펌프는?

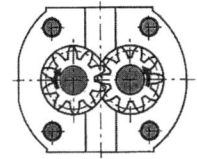

① 내접 기어펌프
② 외접 기어펌프
③ 스크루 기어펌프
④ 트로코이드 기어펌프

11. 기어펌프(gear pump)에 대한 설명으로 모두 맞는 것은?

[보기]
ㄱ. 정용량 펌프이다.
ㄴ. 가변용량 펌프이다.
ㄷ. 제작이 용이하다.
ㄹ. 다른 펌프에 비해 소음이 크다.

① ㄱ, ㄴ, ㄷ
② ㄱ, ㄴ, ㄹ
③ ㄴ, ㄷ, ㄹ
④ ㄱ, ㄷ, ㄹ

12. 기어펌프의 특징이 아닌 것은?
① 구조가 간단하다.
② 유압 작동유의 오염에 비교적 강한 편이다.
③ 플런저펌프에 비해 효율이 떨어진다.
④ 가변용량형 펌프로 적당하다.

13. 기어펌프의 장·단점이 아닌 것은?
① 소형이며 구조가 간단하다.
② 피스톤펌프에 비해 흡입력이 나쁘다.
③ 피스톤펌프에 비해 수명이 짧고 진동소음이 크다.
④ 초고압에는 사용이 곤란하다.

14. 외접형 기어펌프에서 보기의 특징이 나타내는 현상은?

토출된 유량 일부가 입구 쪽으로 귀환하여 토출량 감소, 축동력 증가 및 케이싱 마모 등의 원인을 유발하는 현상

① 폐입 현상
② 공동현상
③ 숨 돌리기 현상
④ 열화촉진 현상

15. 기어형식 유압펌프에 폐쇄작용이 생기면 어떤 현상이 생길 수 있는가?
① 기름의 토출
② 기포의 발생
③ 기어진동의 소멸
④ 출력의 증가

16. 외접형 기어펌프의 폐입현상에 대한 설명으로 틀린 것은?
① 폐입현상은 소음과 진동의 원인이 된다.
② 폐입된 부분의 기름은 압축이나 팽창을 받는다.
③ 보통 기어 측면에 접하는 펌프 측판(side plate)에 릴리프 홈을 만들어 방지한다.
④ 펌프의 압력, 유량, 회전수 등이 주기적으로 변동해서 발생하는 진동현상이다.

17. 날개로 펌핑 동작을 하며, 소음과 진동이 적은 유압펌프는?
① 기어 펌프
② 플런저 펌프
③ 베인 펌프
④ 나사 펌프

해설〉베인 펌프는 원통형 캠링 안에 편심된 로터가 들어 있으며 로터에는 홈이 있고, 그 홈 속에 판 모양의 베인(날개)가 끼워져 자유롭게 작동유가 출입할 수 있도록 되어있다.

18. 베인 펌프의 펌핑 작용과 관련되는 주요 구성요소만 나열한 것은?
① 배플, 베인, 캠링
② 베인, 캠링, 로터
③ 캠링, 로터, 스풀
④ 로터, 스풀, 배플

19. 베인 펌프의 일반적인 특징이 아닌 것은?
① 대용량, 고속 가변형에 적합하지만 수명이 짧다.
② 맥동과 소음이 적다.
③ 간단하고 성능이 좋다.
④ 소형, 경량이다.

20. 기어펌프에 비해 플런저펌프의 특징이 아닌 것은?
① 효율이 높다.
② 최고 토출압력이 높다.
③ 구조가 복잡하다.
④ 수명이 짧다.

해설〉 플런저(피스톤)펌프는 최고 토출압력, 평균 효율이 높고, 고압 대출력에 적합하며, 수명이 긴 장점이 있으나 구조가 복잡한 단점이 있다.

21. 플런저 유압펌프의 특징이 아닌 것은?
① 구동축이 회전운동을 한다.
② 플런저가 회전운동을 한다.
③ 가변용량형과 정용량형이 있다.
④ 기어펌프에 비해 최고압력이 높다.

22. 유압펌프에서 경사판의 각을 조정하여 토출유량을 변환시키는 펌프는?

① 기어펌프　　　② 로터리펌프
③ 베인 펌프　　　④ 플런저펌프

해설〉 액시얼형 플런저펌프는 경사판의 각도를 조정하여 토출유량(펌프용량)을 변환시킨다.

23. 피스톤식 유압펌프에서 회전경사판의 기능으로 가장 적합한 것은?
① 펌프압력을 조정
② 펌프출구의 개·폐
③ 펌프용량을 조정
④ 펌프 회전속도를 조정

24. 유압펌프에서 토출압력이 가장 높은 것은?
① 베인 펌프
② 기어펌프
③ 액시얼 플런저 펌프
④ 레이디얼 플런저 펌프

25. 유압펌프의 용량을 나타내는 방법은?
① 주어진 압력과 그 때의 오일무게로 표시
② 주어진 속도와 그 때의 토출압력으로 표시
③ 주어진 압력과 그 때의 토출량으로 표시
④ 주어진 속도와 그 때의 점도로 표시

26. 유압펌프의 토출량을 표시하는 단위로 옳은 것은?
① L/min　　　　② kgf·m
③ kgf/cm^2　　④ kW 또는 PS

해설〉 유압펌프 토출량 단위는 GPM(gallon per minute) 또는 LPM(L/min, liter per minute)을 사용

정답〉 18. ②　19. ①　20. ④　21. ②　22. ④　23. ③　24. ③　25. ③　26. ①

27. 유압펌프가 작동 중 소음이 발생할 때의 원인으로 틀린 것은?

① 펌프 축의 편심오차가 크다.
② 펌프 흡입관 접합부로부터 공기가 유입된다.
③ 릴리프밸브 출구에서 오일이 배출되고 있다.
④ 스트레이너가 막혀 흡입용량이 너무 작아졌다.

해설 유압펌프에서 소음이 발생하는 원인
유압유의 양이 부족하거나 공기가 들어 있을 때, 유압유 점도가 너무 높을 때, 스트레이너가 막혀 흡입용량이 작아졌을 때, 유압펌프의 베어링이 마모되었을 때, 유압펌프 흡입관 접합부로부터 공기가 유입될 때, 유압펌프 축의 편심오차가 클 때, 유압펌프의 회전속도가 너무 빠를 때

28. 유압펌프에서 흐름(flow : 유량)에 대해 저항(제한)이 생기면?

① 펌프 회전수의 증가 원인이 된다.
② 압력형성의 원인이 된다.
③ 밸브 작동속도의 증가 원인이 된다.
④ 오일흐름의 증가 원인이 된다.

해설 유압펌프에서 흐름(flow; 유량)에 대해 저항(제한)이 생기면 압력형성의 원인이 된다.

29. 유압펌프가 오일을 토출하지 않을 때의 원인으로 틀린 것은?

① 오일탱크의 유면이 낮다.
② 흡입관으로 공기가 유입된다.
③ 토출측 배관 체결볼트가 이완되었다.
④ 오일이 부족하다.

해설 유압펌프가 유압유를 토출하지 않을 때의 원인 : 유압펌프 회전속도가 너무 낮을 때, 흡입관 또는 스트레이너가 막혔을 때, 유압펌프의 회전방향이 반대로 되어 있을 때, 유압펌프 입구에서 공기를 흡입할 때, 유압유의 양이 부족할 때, 유압유의 점도가 너무 높을 때

30. 유압펌프 내의 내부누설은 무엇에 반비례하여 증가하는가?

① 작동유의 오염 ② 작동유의 점도
③ 작동유의 압력 ④ 작동유의 온도

해설 유압펌프 내의 내부누설은 작동유의 점도에 반비례하여 증가한다.

31. 유압펌프의 작동유 유출여부 점검방법에 해당하지 않는 것은?

① 정상작동 온도로 난기운전을 실시하여 점검하는 것이 좋다.
② 고정 볼트가 풀린 경우에는 추가 조임을 한다.
③ 작동유 유출점검은 운전자가 관심을 가지고 점검하여야 한다.
④ 하우징에 균열이 발생되면 패킹을 교환한다.

해설 하우징에 균열이 발생되면 하우징을 교환하거나 수리한다.

[유압실린더 및 모터의 구조와 기능]

01. 일반적으로 캠(cam)으로 조작되는 유압밸브로써 액추에이터의 속도를 서서히 감속시키는 밸브는?

① 디셀러레이션 밸브
② 카운터밸런스 밸브
③ 방향제어밸브
④ 프레필 밸브

해설 디셀러레이션 밸브는 캠(cam)으로 조작되는 유압밸브이며 액추에이터의 속도를 서서히 감속시킬 때 사용한다.

정답 ▶ 27. ③ 28. ② 29. ③ 30. ② 31. ④ 01. ①

02. 유압실린더의 행정 최종 단에서 실린더의 속도를 감속하여 서서히 정지시키고자 할 때 사용되는 밸브는 ?
① 프레필 밸브
② 디콤프레션 밸브
③ 디셀러레이션 밸브
④ 셔틀 밸브

03. 유압장치에 사용되는 밸브부품의 세척유로 가장 적절한 것은 ?
① 엔진오일　② 물
③ 경유　　　④ 합성세제
해설 밸브부품은 솔벤트나 경유로 세척한다.

04. 유압펌프에서 발생된 유체 에너지를 이용하여 직선운동이나 회전운동을 하는 유압기기는 ?
① 오일 쿨러　② 제어밸브
③ 액추에이터　④ 어큐뮬레이터

05. 유압장치에서 액추에이터의 종류에 속하지 않는 것은 ?
① 감압밸브　② 유압 실린더
③ 유압모터　④ 플런저 모터
해설 액추에이터에는 직선운동을 하는 유압 실린더와 회전운동을 하는 유압모터가 있다.

06. 유압모터와 유압 실린더의 설명으로 맞는 것은 ?
① 모터는 회전운동, 실린더는 직선운동을 한다.
② 둘 다 왕복운동을 한다.
③ 둘 다 회전운동을 한다.
④ 모터는 직선운동, 실린더는 회전운동을 한다.

07. 유압 실린더의 주요 구성품이 아닌 것은?
① 피스톤 로드　② 피스톤
③ 실린더　　　④ 커넥팅로드

08. 유압 실린더의 종류에 해당하지 않는 것은 ?
① 단동 실린더　② 복동 실린더
③ 다단 실린더　④ 회전 실린더

09. 유압 실린더 중 피스톤의 양쪽에 유압유를 교대로 공급하여 양방향의 운동을 유압으로 작동시키는 형식은 ?
① 단동식　② 복동식
③ 다동식　④ 편동식

10. 유압 실린더의 지지방식이 아닌 것은 ?
① 유니언형　② 푸트형
③ 트러니언형　④ 플랜지형

11. 보기 중 유압실린더에서 발생되는 피스톤 자연하강 현상(cylinder drift)의 발생 원인으로 모두 맞는 것은 ?

[보기]
ㄱ. 작동압력이 높을 때
ㄴ. 실린더 내부 마모
ㄷ. 컨트롤밸브의 스풀 마모
ㄹ. 릴리프밸브의 불량

① ㄱ, ㄴ, ㄷ　② ㄱ, ㄴ, ㄹ
③ ㄴ, ㄷ, ㄹ　④ ㄱ, ㄷ, ㄹ
해설 실린더의 과도한 자연 낙하현상은 작동압력이 낮을 때 발생한다.

정답 02. ③　03. ③　04. ③　05. ①　06. ①　07. ④　08. ④　09. ②　10. ①　11. ③

12. 유압실린더에서 피스톤행정이 끝날 때 발생하는 충격을 흡수하기 위해 설치하는 장치는?
① 쿠션기구　② 압력보상 장치
③ 서보밸브　④ 스로틀밸브

13. 유압실린더의 움직임이 느리거나 불규칙할 때의 원인이 아닌 것은?
① 피스톤 링이 마모되었다.
② 유압유의 점도가 너무 높다.
③ 회로 내에 공기가 혼입되고 있다.
④ 체크밸브의 방향이 반대로 설치되어 있다.
[해설] 유압실린더의 움직임이 느리거나 불규칙 한 원인은 피스톤 링이 마모되었을 때, 유압유의 점도가 너무 높을 때, 회로 내에 공기가 혼입되고 있을 때이다.

14. 유압실린더를 교환하였을 경우 조치해야 할 작업으로 가장 거리가 먼 것은?
① 오일필터 교환
② 공기빼기 작업
③ 누유 점검
④ 시운전하여 작동상태 점검
[해설] 액추에이터(작업 장치)를 교환하였으면 엔진을 시동하여 공회전 시킨 후 작동상태의 점검, 공기빼기 작업, 누유점검, 오일보충을 한다.

15. 유압장치에서 작동유압 에너지에 의해 연속적으로 회전운동 함으로서 기계적인 일을 하는 것은?
① 유압모터
② 유압 실린더
③ 유압제어 밸브
④ 유압탱크

16. 유압모터의 회전력이 변화하는 것에 영향을 미치는 것은?
① 유압유 압력
② 유량
③ 유압유 점도
④ 유압유 온도
[해설] 유압모터의 회전력 변화에 영향을 미치는 것은 유압유 압력이다.

17. 유압모터를 선택할 때 고려사항과 가장 거리가 먼 것은?
① 동력　② 부하
③ 효율　④ 점도

18. 유압모터의 종류에 포함되지 않는 것은?
① 기어형　② 베인형
③ 플런저형　④ 터빈형

19. 유압모터의 장점이 아닌 것은?
① 관성력이 크며, 소음이 크다.
② 전동모터에 비하여 급속정지가 쉽다.
③ 광범위한 무단변속을 얻을 수 있다.
④ 작동이 신속·정확하다.

20. 유압모터의 특징 중 거리가 가장 먼 것은?
① 무단변속이 가능하다.
② 속도나 방향의 제어가 용이하다.
③ 작동유의 점도변화에 의하여 유압모터의 사용에 제약이 있다.
④ 작동유가 인화되기 어렵다.

정답　12. ①　13. ④　14. ①　15. ①　16. ①　17. ④　18. ④　19. ①　20. ④

21. 유압장치에서 기어모터의 장점이 아닌 것은?
① 가격이 싸다.
② 구조가 간단하다.
③ 소음과 진동이 작다.
④ 먼지나 이물질이 많은 곳에서도 사용이 가능하다.

해설〉 기어모터는 토크변동이 크고, 효율이 낮으며, 소음과 진동이 큰 단점이 있다.

22. 플런저가 구동축의 직각방향으로 설치되어 있는 유압모터는?
① 캠형 플런저 모터
② 액시얼형 플런저 모터
③ 블래더형 플런저 모터
④ 레이디얼형 플런저 모터

해설〉 레이디얼형 플런저 모터는 플런저가 구동축의 직각방향으로 설치되어 있다.

23. 유압모터의 회전속도가 느리다. 그 원인과 관계없는 것은?
① 설정압력이 규정압력보다 낮다.
② 유량이 규정량보다 부족하다.
③ 유압 밸런스 밸브가 불량하다.
④ 유압모터 하우징 고정 볼트를 토크렌치로 조였다.

해설〉 유압모터의 회전속도가 느린 원인은 각 작동부의 마모 또는 파손, 유압유의 유입량 부족, 유압유의 내부누설, 설정압력이 규정압력보다 낮을 때, 유압밸런스 밸브의 불량 등이다.

24. 유압모터와 연결된 감속기의 오일수준을 점검할 때의 유의사항으로 틀린 것은?
① 오일이 정상온도일 때 오일수준을 점검해야 한다.
② 오일량은 영하(-)의 온도상태에서 가득 채워야 한다.
③ 오일수준을 점검하기 전에 항상 오일수준 게이지 주변을 깨끗하게 청소한다.
④ 오일량이 너무 적으면 모터 유닛이 올바르게 작동하지 않거나 손상될 수 있으므로 오일량은 항상 정량유지가 필요하다.

[컨트롤밸브의 구조와 기능]

01. 유체의 압력, 유량 또는 방향을 제어하는 밸브의 총칭은?
① 안전밸브   ② 제어밸브
③ 감압밸브   ④ 축압기

02. 보기에서 유압회로에 사용되는 제어밸브가 모두 나열된 것은?

[보기]
ㄱ. 압력제어밸브
ㄴ. 속도제어밸브
ㄷ. 유량제어밸브
ㄹ. 방향제어밸브

① ㄱ, ㄴ, ㄷ   ② ㄱ, ㄴ, ㄹ
③ ㄴ, ㄷ, ㄹ   ④ ㄱ, ㄷ, ㄹ

03. 유압회로 내의 압력이 설정압력에 도달하면 유압펌프에 토출된 오일의 일부 또는 전량을 직접 탱크로 돌려보내 회로의 압력을 설정 값으로 유지하는 밸브는?
① 시퀀스밸브   ② 릴리프밸브
③ 언로드밸브   ④ 체크밸브

04. 유압유의 압력을 제어하는 밸브가 아닌 것은?
① 릴리프밸브   ② 체크밸브
③ 리듀싱밸브   ④ 시퀀스밸브

05. 릴리프밸브에서 포핏밸브를 밀어 올려 기름이 흐르기 시작할 때의 압력은?
① 설정압력   ② 허용압력
③ 크랭킹압력   ④ 전량압력

해설 크랭킹압력이란 릴리프밸브에서 포핏밸브를 밀어 올려 기름이 흐르기 시작할 때의 압력이다.

06. 릴리프밸브(Relief valve)에서 볼(ball)이 밸브의 시트(seat)를 때려 소음을 발생시키는 현상은?
① 채터링(chattering) 현상
② 베이퍼 록(vapor lock) 현상
③ 페이드(fade) 현상
④ 노킹(knocking) 현상

07. 유압장치에서 릴리프밸브가 설치되는 위치는?
① 유압펌프와 오일탱크 사이
② 오일여과기와 오일탱크 사이
③ 유압펌프와 제어밸브 사이
④ 유압 실린더와 오일여과기 사이

08. 유압으로 작동되는 작업 장치에서 작업 중 힘이 떨어질 때의 원인과 가장 밀접한 밸브는?
① 메인 릴리프밸브
② 체크(check)밸브
③ 방향전환 밸브
④ 메이크업 밸브

해설 유압으로 작동되는 작업 장치에서 작업 중 힘이 떨어지면 메인 릴리프밸브를 점검한다.

09. 압력제어밸브 중 상시 닫혀 있다가 일정 조건이 되면 열려 작동하는 밸브가 아닌 것은?
① 감압밸브   ② 무부하 밸브
③ 릴리프 밸브   ④ 시퀀스 밸브

해설 감압밸브는 상시 개방 상태로 있다가 유압이 설정압력 이상으로 높아지면 닫힌다.

10. 유압회로에서 어떤 부분회로의 압력을 주회로의 압력보다 저압으로 해서 사용하고자 할 때 사용하는 밸브는?
① 릴리프 밸브   ② 리듀싱 밸브
③ 체크밸브   ④ 카운터밸런스밸브

11. 감압(리듀싱)밸브에 대한 설명으로 틀린 것은?
① 상시 폐쇄상태로 되어있다.
② 입구(1차 쪽)의 주 회로에서 출구(2차 쪽)의 감압회로로 유압유가 흐른다.
③ 유압장치에서 회로일부의 압력을 릴리프밸브의 설정압력 이하로 하고 싶을 때 사용한다.
④ 출구(2차 쪽)의 압력이 감압밸브의 설정압력보다 높아지면 밸브가 작용하여 유로를 닫는다.

12. 순차 작동 밸브라고도 하며, 각 유압실린더를 일정한 순서로 순차 작동시키고자 할 때 사용하는 것은?
① 릴리프밸브   ② 감압밸브
③ 시퀀스밸브   ④ 언로드 밸브

정답 04. ②　05. ③　06. ①　07. ③　08. ①　09. ①　10. ②　11. ①　12. ③

13. 2개 이상의 분기회로를 갖는 회로 내에서 작동순서를 회로의 압력 등에 의하여 제어하는 밸브는?
① 체크밸브　　　② 시퀀스밸브
③ 한계밸브　　　④ 서보밸브

14. 유압회로 내의 압력이 설정압력에 도달하면 펌프에서 토출된 오일을 전부탱크로 회송시켜 펌프를 무부하로 운전시키는데 사용하는 밸브는?
① 체크밸브
② 시퀀스 밸브
③ 언로드 밸브
④ 카운터밸런스 밸브

15. 고압·소용량, 저압·대용량 펌프를 조합 운전할 경우 회로 내의 압력이 설정압력에 도달하면 저압 대용량 펌프의 토출량을 기름탱크로 귀환시키는데 사용하는 밸브는?
① 무부하 밸브　　② 카운터밸런스밸브
③ 체크밸브　　　　④ 시퀀스 밸브

16. 체크밸브가 내장되는 밸브로서 유압회로의 한방향의 흐름에 대해서는 설정된 배압을 생기게 하고, 다른 방향의 흐름은 자유롭게 흐르도록 한 밸브는?
① 셔틀밸브
② 언로더 밸브
③ 슬로리턴 밸브
④ 카운터밸런스 밸브

17. 유압장치에서 작동체의 속도를 바꿔주는 밸브는?
① 압력제어 밸브　　② 유량제어 밸브
③ 방향제어 밸브　　④ 체크밸브

18. 유압실린더 등의 중력에 의한 자유낙하를 방지하기 위해 배압을 유지하는 압력제어 밸브는?
① 감압밸브
② 시퀀스 밸브
③ 언로드 밸브
④ 카운터 밸런스 밸브

19. 유압기기의 작동속도를 높이기 위해 무엇을 변화시켜야 하는가?
① 유압모터의 크기를 작게 한다.
② 유압펌프의 토출압력을 높인다.
③ 유압모터의 압력을 높인다.
④ 유압펌프의 토출유량을 증가시킨다.
해설〉 유압기기의 작동속도를 높이려면 유압펌프의 토출유량을 증가시킨다.

20. 유압장치에서 유량제어밸브가 아닌 것은?
① 교축밸브　　　② 분류밸브
③ 유량조정밸브　④ 릴리프밸브

21. 유압장치에서 방향제어밸브 설명으로 틀린 것은?
① 유체의 흐름방향을 변환한다.
② 액추에이터의 속도를 제어한다.
③ 유체의 흐름방향을 한쪽으로만 허용한다.
④ 유압실린더나 유압모터의 작동방향을 바꾸는데 사용된다.

정답〉 13. ②　14. ③　15. ①　16. ④　17. ②　18. ④　19. ④　20. ④　21. ②

22. 내경이 작은 파이프에서 미세한 유량을 조정하는 밸브는?
① 압력보상 밸브 ② 니들밸브
③ 바이패스밸브 ④ 스로틀밸브

23. 유압장치에서 방향제어밸브에 해당하는 것은?
① 셔틀밸브 ② 릴리프 밸브
③ 시퀀스 밸브 ④ 언로더 밸브

24. 유압 작동기의 방향을 전환시키는 밸브에 사용되는 형식 중 원통형 슬리브 면에 내접하여 축 방향으로 이동하면서 유로를 개폐하는 형식은?
① 스풀형식
② 포핏형식
③ 베인형식
④ 카운터밸런스 밸브 형식

25. 유압 컨트롤밸브 내에 스풀형식의 밸브 기능은?
① 축압기의 압력을 바꾸기 위해
② 펌프의 회전방향을 바꾸기 위해
③ 오일의 흐름방향을 바꾸기 위해
④ 계통 내의 압력을 상승시키기 위해

26. 건설기계에서 작동유를 한 방향으로는 흐르게 하고 반대방향으로는 흐르지 않게 하기 위해 사용하는 밸브는?
① 릴리프밸브 ② 무부하 밸브
③ 체크밸브 ④ 감압밸브

27. 유압회로 내에 잔압을 설정해 두는 이유로 가장 적합한 것은?

① 제동 해제방지
② 유로 파손방지
③ 오일 산화방지
④ 작동 지연방지

해설 유압회로 내에 잔압(잔류압력)을 설정해 두는 이유는 작동지연을 방지하기 위함이다.

28. 방향제어 밸브를 동작시키는 방식이 아닌 것은?
① 수동식 ② 전자식
③ 스프링식 ④ 유압 파일럿식

해설 방향제어밸브를 동작시키는 방식에는 수동식, 전자식, 유압 파일럿식 등이 있다.

29. 방향제어 밸브에서 내부 누유에 영향을 미치는 요소가 아닌 것은?
① 관로의 유량
② 밸브간극의 크기
③ 밸브 양단의 압력차
④ 유압유의 점도

해설 방향제어 밸브의 내부 누유에 영향을 미치는 요소는 밸브간극의 크기, 밸브 양단의 압력차이, 유압유의 점도 등이다.

30. 방향전환밸브 포트의 구성요소가 아닌 것은?
① 유로의 연결포트 수
② 작동방향 수
③ 작동위치 수
④ 감압위치 수

해설 방향전환밸브 포트의 구성요소는 유로의 연결포트 수, 작동방향 수, 작동위치 수이다.

정답 ▶ 22. ② 23. ① 24. ① 25. ③ 26. ③ 27. ④ 28. ③ 29. ① 30. ④

31. 방향전환 밸브 중 4포트 3위치 밸브에 대한 설명으로 틀린 것은?

① 직선형 스풀 밸브이다.
② 스풀의 전환위치가 3개이다.
③ 밸브와 주배관이 접속하는 접속구는 3개이다.
④ 중립위치를 제외한 양끝 위치에서 4 포트 2위치

해설 밸브와 주배관이 접속하는 접속구는 4개이다.

[유압탱크의 구조와 기능]

01. 유압탱크의 주요 구성요소가 아닌 것은?
① 유면계　　② 주입구
③ 유압계　　④ 격판(배플)

02. 오일탱크 내의 오일량을 표시하는 것은?
① 온도계　　② 유량계
③ 유면계　　④ 유압계

해설 오일탱크 내의 오일량 표시는 유면계로 한다.

03. 오일탱크 내의 오일을 전부 배출시킬 때 사용하는 것은?
① 드레인 플러그　　② 배플
③ 어큐뮬레이터　　④ 리턴라인

해설 오일탱크 내의 오일을 배출시킬 때에는 드레인 플러그를 사용한다.

04. 유압장치의 오일탱크에서 펌프 흡입구의 설치에 대한 설명으로 틀린 것은?
① 펌프 흡입구는 반드시 탱크 가장 밑면에 설치한다.
② 펌프 흡입구에는 스트레이너(오일여과기)를 설치한다.
③ 펌프 흡입구와 탱크로의 귀환구(복귀구)사이에는 격리판(baffle plate)를 설치한다.
④ 펌프 흡입구는 탱크로의 귀환구(복귀구)로부터 될 수 있는 한 멀리 떨어진 위치에 설치한다.

05. 유압유 탱크에 저장되어 있는 오일의 양을 점검할 때의 유압유 온도는?
① 과냉 온도일 때
② 완냉 온도일 때
③ 정상작동 온도일 때
④ 열화온도일 때

해설 유압유 탱크의 오일양은 정상작동 온도일 때 점검한다.

06. 오일탱크 관련 설명으로 틀린 것은?
① 유압유 오일을 저장한다.
② 흡입구와 리턴구는 최대한 가까이 설치한다.
③ 탱크 내부에는 격판(배플 플레이트)을 설치한다.
④ 흡입 스트레이너가 설치되어 있다.

07. 유압유 탱크의 기능이 아닌 것은?
① 유압회로에 필요한 압력설정
② 유압회로에 필요한 유량확보
③ 격판에 의한 기포분리 및 제거
④ 스트레이너 설치로 회로 내 불순물 혼입방지

정답 31. ③　01. ③　02. ③　03. ①　04. ①　05. ③　06. ②　07. ①

08. 유압탱크에 대한 구비조건으로 가장 거리가 먼 것은?
① 적당한 크기의 주유구 및 스트레이너를 설치한다.
② 드레인(배출밸브) 및 유면계를 설치한다.
③ 오일에 이물질이 유입되지 않도록 밀폐되어야 한다.
④ 오일냉각을 위한 쿨러를 설치한다.

[유압유]

01. 액체의 일반적인 성질이 아닌 것은?
① 액체는 힘을 전달할 수 있다.
② 액체는 운동을 전달할 수 있다.
③ 액체는 압축할 수 있다.
④ 액체는 운동방향을 바꿀 수 있다.

02. 건설기계의 유압장치를 가장 적절히 표현한 것은?
① 오일을 이용하여 전기를 생산하는 것
② 기체를 액체로 전환시키기 위하여 압축하는 것
③ 오일의 연소에너지를 통해 동력을 생산하는 것
④ 오일의 유체에너지를 이용하여 기계적인 일을 하도록 하는 것
<해설> 유압장치란 유체의 압력에너지를 이용하여 기계적인 일을 하도록 하는 것이다.

03. 유압장치의 작동원리는 어느 이론에 바탕을 둔 것인가?
① 파스칼의 원리
② 에너지 보존의 법칙
③ 보일의 원리
④ 열역학 제1법칙

04. 파스칼의 원리와 관련된 설명이 아닌 것은?
① 정지 액체에 접하고 있는 면에 가해진 압력은 그 면에 수직으로 작용한다.
② 정지 액체의 한 점에 있어서의 압력의 크기는 전 방향에 대하여 동일하다.
③ 점성이 없는 비압축성 유체에서 압력에너지, 위치에너지, 운동에너지의 합은 같다.
④ 밀폐용기 내의 한 부분에 가해진 압력은 액체 내의 전부분에 같은 압력으로 전달된다.

05. 압력을 표현한 공식으로 옳은 것은?
① 압력= 힘÷면적
② 압력= 면적×힘
③ 압력= 면적÷힘
④ 압력= 힘-면적

06. 유압계통에서 압력에 영향을 주는 요소로 가장 관계가 적은 것은?
① 유체의 흐름량
② 유체의 점도
③ 관로직경의 크기
④ 관로의 좌·우 방향

07. 보기에서 압력의 단위만 나열한 것은?

[보기]
ㄱ. psi   ㄴ. kgf/cm²
ㄷ. bar   ㄹ. N·m

① ㄱ, ㄴ, ㄷ
② ㄱ, ㄴ, ㄹ
③ ㄴ, ㄷ, ㄹ
④ ㄱ, ㄷ, ㄹ

정답 08. ④ 01. ③ 02. ④ 03. ① 04. ③ 05. ① 06. ④ 07. ①

08. 각종 압력을 설명한 것으로 틀린 것은?
① 계기압력 : 대기압을 기준으로 한 압력
② 절대압력 : 완전진공을 기준으로 한 압력
③ 대기압력 : 절대압력과 계기압력을 곱한 압력
④ 진공압력 : 대기압 이하의 압력, 즉 음(-)의 계기압력

해설) 대기압이란 공기 무게에 의해 생기는 대기의 압력이다. 760mmHg를 1기압으로 하며, 기상학에서는 밀리바(mb)를 사용한다.

09. 압력 1atm(지구대기압)과 같지 않은 것은?
① 14.7psi   ② 760mmHg
③ 75kgf·m/s   ④ 1013mbar

해설) 75kgf·m/s는 마력의 단위이다.

10. 단위시간에 이동하는 유체의 체적을 무엇이라 하는가?
① 토출압   ② 드레인
③ 언더랩   ④ 유량

11. 유압펌프에서 사용되는 GPM의 의미는?
① 계통 내에서 형성되는 압력의 크기
② 복동 실린더의 치수
③ 분당 토출하는 작동유의 양
④ 흐름에 대한 저항

해설) GPM(gallon per minute)이란 계통 내에서 이동되는 유체(오일)의 양 즉 분당 토출하는 작동유의 양이다.

12. 유압장치의 장점이 아닌 것은?
① 속도제어가 용이하다.
② 힘의 연속적 제어가 용이하다.
③ 온도의 영향을 많이 받는다.
④ 윤활성, 내마멸성, 방청성이 좋다.

해설) 유압장치는 온도의 영향을 많이 받는 단점이 있다. 즉 오일온도가 변하면 속도가 변한다.

13. 유압장치의 장점에 속하지 않는 것은?
① 소형으로 큰 힘을 낼 수 있다.
② 정확한 위치제어가 가능하다.
③ 배관이 간단하다.
④ 원격제어가 가능하다.

해설) 유압장치는 회로(배관) 구성이 어렵고 유압유가 누설될 우려가 있다.

14. 유압장치의 단점에 대한 설명 중 틀린 것은?
① 관로를 연결하는 곳에서 작동유가 누출될 수 있다.
② 고압사용으로 인한 위험성이 존재한다.
③ 작동유 누유로 인해 환경오염을 유발할 수 있다.
④ 전기·전자의 조합으로 자동제어가 곤란하다.

해설) 유압장치는 전기·전자의 조합으로 자동제어를 할 수 있는 장점이 있다.

15. 유압장치의 특징 중 가장 거리가 먼 것은?
① 진동이 작고 작동이 원활하다.
② 고장원인 발견이 어렵고 구조가 복잡하다.
③ 에너지의 저장이 불가능하다.
④ 동력의 분배와 집중이 쉽다.

해설) 유압장치는 진동이 작고 작동이 원활하며, 동력의 분배와 집중이 쉽고 에너지의 저장이 가능한 장점이 있으며, 고장원인 발견이 어렵고 구조가 복잡한 단점이 있다.

정답 ▶ 08. ③ 09. ③ 10. ④ 11. ③ 12. ③ 13. ③ 14. ④ 15. ③

16. 작동유에 대한 설명으로 틀린 것은?
① 점도지수가 낮아야 한다.
② 점도는 압력손실에 영향을 미친다.
③ 마찰부분의 윤활작용 및 냉각작용도 한다.
④ 공기가 혼입되면 유압기기의 성능은 저하된다.

해설 › 작동유는 마찰부분의 윤활작용 및 냉각작용을 하며, 점도지수가 높아야 하고, 점도가 낮으면 유압이 낮아진다. 또 공기가 혼입되면 유압기기의 성능은 저하된다.

17. 유압유의 점도에 대한 설명으로 틀린 것은?
① 온도가 상승하면 점도는 낮아진다.
② 점성의 정도를 표시하는 값이다.
③ 점도가 낮아지면 유압이 떨어진다.
④ 점성계수를 밀도로 나눈 값이다.

18. 유압유의 점도가 지나치게 높았을 때 나타나는 현상이 아닌 것은?
① 오일누설이 증가한다.
② 유동저항이 커져 압력손실이 증가한다.
③ 동력손실이 증가하여 기계효율이 감소한다.
④ 내부마찰이 증가하고, 압력이 상승한다.

해설 › 유압유의 점도가 너무 높으면 유압이 높아지며 유압유 누출은 감소한다.

19. 유압계통에 사용되는 오일의 점도가 너무 낮을 경우 나타날 수 있는 현상이 아닌 것은?
① 시동 저항증가
② 유압펌프 효율저하
③ 오일 누설증가
④ 유압회로 내 압력저하

20. 작동유가 넓은 온도범위에서 사용되기 위한 조건으로 가장 알맞은 것은?
① 산화작용이 양호해야 한다.
② 점도지수가 높아야 한다.
③ 소포성이 좋아야 한다.
④ 유성이 커야 한다.

해설 › 작동유가 넓은 온도범위에서 사용되기 위해서는 점도지수가 높아야 한다.

21. 서로 다른 2종류의 유압유를 혼합하였을 경우에 대한 설명으로 옳은 것은?
① 서로 보완 가능한 유압유의 혼합은 권장사항이다.
② 열화현상을 촉진시킨다.
③ 유압유의 성능이 혼합으로 인해 월등해진다.
④ 점도가 달라지나 사용에는 전혀 지장이 없다.

22. 유압유의 주요기능이 아닌 것은?
① 열을 흡수한다.
② 동력을 전달한다.
③ 필요한 요소사이를 밀봉한다.
④ 움직이는 기계요소를 마모시킨다.

해설 › 유압유는 열을 흡수하고, 동력을 전달하며, 필요한 요소사이를 밀봉하며, 움직이는 기계요소의 마모를 방지한다.

정답 16. ① 17. ④ 18. ① 19. ① 20. ② 21. ② 22. ④

23. 건설기계 유압장치의 유압유가 갖추어야 할 특성으로 틀린 것은?
① 내열성이 작고, 거품이 많을 것
② 화학적 안전성 및 윤활성이 클 것
③ 고압·고속 운전계통에서 마멸방지성이 높을 것
④ 확실한 동력전달을 위하여 비압축성일 것

24. 유압유의 첨가제가 아닌 것은?
① 마모방지제 ② 유동점 강하제
③ 산화 방지제 ④ 점도지수 방지제

25. [보기]에서 유압 작동유가 갖추어야 할 조건으로 모두 맞는 것은?

[보기]
ㄱ. 압력에 대해 비압축성 일 것
ㄴ. 밀도가 작을 것
ㄷ. 열팽창계수가 작을 것
ㄹ. 체적탄성계수가 작을 것
ㅁ. 점도지수가 낮을 것
ㅂ. 발화점이 높을 것

① ㄱ, ㄴ, ㄷ, ㄹ ② ㄴ, ㄷ, ㅁ, ㅂ
③ ㄴ, ㄹ, ㅁ, ㅂ ④ ㄱ, ㄴ, ㄷ, ㅂ

26. 유압유에 사용되는 첨가제 중 산의 생성을 억제함과 동시에 금속의 표면에 부식 억제 피막을 형성하여 산화물질이 금속에 직접 접촉하는 것을 방지하는 것은?
① 산화방지제 ② 산화촉진제
③ 소포제 ④ 방청제

27. 금속간의 마찰을 방지하기 위한 방안으로 마찰계수를 저하시키기 위하여 사용되는 첨가제는?
① 방청제 ② 유성향상제
③ 점도지수 향상제 ④ 유동점 강하제

28. 난연성 작동유의 종류에 해당하지 않는 것은?
① 석유계 작동유
② 유중수형 작동유
③ 물-글리콜형 작동유
④ 인산 에스텔형 작동유

해설〉 난연성 작동유의 종류에는 인산 에스텔형, 수중유적형(O/W), 유중수적형(W/O), 물-글리콜계 등이 있다.

29. 유압유의 점검사항과 관계없는 것은?
① 점도 ② 마멸성
③ 소포성 ④ 윤활성

해설〉 유압유의 점검사항은 점도, 내마멸성, 소포성, 윤활성이다.

30. 유압 작동유에 수분이 미치는 영향이 아닌 것은?
① 작동유의 윤활성을 저하시킨다.
② 작동유의 방청성을 저하시킨다.
③ 작동유의 산화와 열화를 촉진시킨다.
④ 작동유의 내마모성을 향상시킨다.

31. 작동유에 수분이 혼입되었을 때 나타나는 현상이 아닌 것은?
① 윤활능력 저하
② 작동유의 열화 촉진
③ 유압기기의 마모 촉진
④ 오일탱크의 오버플로

해설〉 오일탱크에서 오버플로가 발생하는 경우는 공기가 유입된 경우이다.

정답〉 23.① 24.④ 25.④ 26.① 27.② 28.① 29.② 30.④ 31.④

32. 사용 중인 작동유의 수분함유 여부를 현장에서 판정하는 것으로 가장 적합한 방법은?
① 오일을 가열한 철판 위에 떨어뜨려 본다.
② 오일을 시험관에 담아, 침전물을 확인한다.
③ 여과지에 약간(3~4방울)의 오일을 떨어뜨려 본다.
④ 오일의 냄새를 맡아본다.

33. 유압장치에서 오일에 거품이 생기는 원인으로 가장 거리가 먼 것은?
① 오일탱크와 펌프사이에서 공기가 유입될 때
② 오일이 부족하여 공기가 일부 흡입되었을 때
③ 펌프 축 주위의 흡입측 실(seal)이 손상되었을 때
④ 유압유의 점도지수가 클 때

34. 현장에서 오일의 열화를 찾아내는 방법이 아닌 것은?
① 색깔의 변화나 수분, 침전물의 유무확인
② 흔들었을 때 생기는 거품이 없어지는 양상확인
③ 자극적인 악취유무 확인
④ 오일을 가열하였을 때 냉각되는 시간 확인

35. 현장에서 오일의 열화를 확인하는 인자가 아닌 것은?
① 오일의 점도

② 오일의 냄새
③ 오일의 유동
④ 오일의 색깔

36. 유압유의 노화촉진 원인이 아닌 것은?
① 유온이 높을 때
② 다른 오일이 혼입되었을 때
③ 수분이 혼입되었을 때
④ 플러싱을 했을 때

해설 플러싱이란 유압유가 노화(열화)되었을 때 유압계통을 세척하는 작업이다.

37. 유압유의 열화를 촉진시키는 가장 직접적인 요인은?
① 유압유의 온도상승
② 배관에 사용되는 금속의 강도약화
③ 공기 중의 습도저하
④ 유압펌프의 고속회전

해설 유압유의 열화를 촉진시키는 직접적인 요인은 유압유의 온도상승이다.

38. 유압유 교환을 판단하는 조건이 아닌 것은?
① 점도의 변화   ② 색깔의 변화
③ 수분의 함량   ④ 유량의 감소

39. 작동유를 교환하고자 할 때 선택조건으로 가장 적합한 것은?
① 유명 정유회사 제품
② 가장 가격이 비싼 유압 작동유
③ 제작사에서 해당 장비에 추천하는 유압 작동유
④ 시중에서 쉽게 구입할 수 있는 유압 작동유

정답 32. ① 33. ④ 34. ④ 35. ③ 36. ④ 37. ① 38. ④ 39. ③

40. 유압회로에서 작동유의 정상작동 온도에 해당되는 것은?
① 5~10℃　　② 40~80℃
③ 112~115℃　④ 125~140℃

41. 유압유(작동유)의 온도상승 원인에 해당하지 않는 것은?
① 작동유의 점도가 너무 높을 때
② 유압모터 내에서 내부마찰이 발생될 때
③ 유압회로 내의 작동압력이 너무 낮을 때
④ 유압회로 내에서 공동현상이 발생될 때

42. 유압유 온도가 과열되었을 때 유압계통에 미치는 영향으로 틀린 것은?
① 온도변화에 의해 유압기기가 열 변형되기 쉽다.
② 오일의 점도저하에 의해 누유되기 쉽다.
③ 유압펌프의 효율이 높아진다.
④ 오일의 열화를 촉진한다.

43. 유압유의 온도가 상승할 때 나타날 수 있는 결과가 아닌 것은?
① 오일누설 발생
② 유압펌프 효율저하
③ 점도상승
④ 유압밸브의 기능 저하

44. 유압펌프에서 진동과 소음이 발생하고 양정과 효율이 급격히 저하되며, 날개차 등에 부식을 일으키는 등 펌프의 수명을 단축시키는 것은?
① 펌프의 비속도
② 펌프의 공동현상
③ 펌프의 채터링현상
④ 펌프의 서징현상

45. 유압유 관내에 공기가 혼입되었을 때 일어날 수 있는 현상이 아닌 것은?
① 공동현상　　② 기화현상
③ 열화현상　　④ 숨 돌리기 현상

해설〉 관로에 공기가 침입하면 실린더 숨 돌리기 현상, 열화촉진, 공동현상 등이 발생한다.

46. 공동(Cavitation)현상이 발생하였을 때의 영향 중 가장 거리가 먼 것은?
① 체적효율이 감소한다.
② 고압부분의 기포가 과포화상태로 된다.
③ 최고압력이 발생하여 급격한 압력파가 일어난다.
④ 유압장치 내부에 국부적인 고압이 발생하여 소음과 진동이 발생된다.

해설〉 공동현상이 발생하면 최고압력이 발생하여 급격한 압력파가 일어나고, 체적효율이 감소하며, 유압장치 내부에 국부적인 고압이 발생하여 소음과 진동이 발생하고, 저압부분의 기포가 과포화상태로 된다.

47. 유압펌프의 흡입구에서 캐비테이션(cavitation)을 방지하기 위한 방법으로 적합하지 않은 것은?
① 오일통로 저항을 적게 한다.
② 흡입관의 굵기를 유압본체의 연결구 크기와 같은 것을 사용한다.
③ 펌프의 운전속도를 규정 속도 이상으로 하지 않는다.
④ 하이드로릭 실린더에 부하가 걸리지 않도록 한다.

정답 40. ②　41. ③　42. ③　43. ③　44. ②　45. ②　46. ②　47. ④

48. 유압회로 내에서 공동현상이 발생 시 처리방법으로 가장 적절한 것은?
① 과포화 상태로 만든다.
② 오일의 온도를 높인다.
③ 오일의 압력을 높인다.
④ 일정압력을 유지시킨다.

49. 유압회로 내에서 서지압(surge pressure)이란?
① 과도적으로 발생하는 이상 압력의 최댓값
② 정상적으로 발생하는 압력의 최댓값
③ 정상적으로 발생하는 압력의 최솟값
④ 과도적으로 발생하는 이상 압력의 최솟값

50. 유압회로 내의 밸브를 갑자기 닫았을 때, 오일의 속도 에너지가 압력 에너지로 변하면서 일시적으로 큰 압력증가가 생기는 현상을 무엇이라 하는가?
① 캐비테이션(cavitation) 현상
② 서지(surge) 현상
③ 채터링(chattering) 현상
④ 에어레이션(aeration) 현상

51. 유압 실린더에서 숨 돌리기 현상이 생겼을 때 일어나는 현상이 아닌 것은?
① 작동지연 현상이 생긴다.
② 피스톤 동작이 정지된다.
③ 오일의 공급이 과대해진다.
④ 작동이 불안정하게 된다.

[기타 부속장치]

01. 유압펌프에서 발생한 유압을 저장하고 맥동을 제거시키는 것은?
① 어큐뮬레이터   ② 언로딩 밸브
③ 릴리프밸브   ④ 스트레이너

02. 축압기(어큐뮬레이터)의 기능과 관계가 없는 것은?
① 충격압력 흡수
② 유압 에너지 축적
③ 릴리프밸브 제어
④ 유압펌프 맥동흡수

03. 축압기의 종류 중 가스-오일식이 아닌 것은?
① 스프링 하중식(Spring loaded type)
② 피스톤식(piston type)
③ 다이어프램식(diaphragm type)
④ 블래더식(bladder type)

04. 기체-오일식 어큐뮬레이터에 가장 많이 사용되는 가스는?
① 산소   ② 질소
③ 아세틸렌   ④ 이산화탄소

05. 유압유에 포함된 불순물을 제거하기 위해 유압펌프 흡입관에 설치하는 것은?
① 부스터
② 스트레이너
③ 공기청정기
④ 어큐뮬레이터

정답 48. ④ 49. ① 50. ② 51. ③ 01. ① 02. ③ 03. ① 04. ② 05. ②

06. 유압장치에서 금속가루 또는 불순물을 제거하기 위해 사용되는 부품으로 짝지어진 것은?
① 여과기와 어큐뮬레이터
② 스크레이퍼와 필터
③ 필터와 스트레이너
④ 어큐뮬레이터와 스트레이너

07. 유압기기 속에 혼입되어 있는 불순물을 제거하기 위해 사용되는 것은?
① 스트레이너　② 패킹
③ 배수기　④ 릴리프밸브

08. 유압장치에서 오일여과기에 걸러지는 오염물질의 발생 원인으로 가장 거리가 먼 것은?
① 유압장치의 조립과정에서 먼지 및 이물질 혼입
② 작동중인 엔진의 내부 마찰에 의하여 생긴 금속가루 혼입
③ 유압장치를 수리하기 위하여 해체하였을 때 외부로부터 이물질 혼입
④ 유압유를 장기간 사용함에 있어 고온·고압 하에서 산화생성물이 생김

09. 오일필터의 여과입도가 너무 조밀하였을 때 가장 발생하기 쉬운 현상은?
① 오일누출 현상
② 공동현상
③ 맥동 현상
④ 블로바이 현상

10. 유압장치의 수명연장을 위해 가장 중요한 요소는?
① 오일탱크의 세척
② 오일냉각기의 점검 및 세척
③ 오일펌프의 교환
④ 오일필터의 점검 및 교환

11. 건설기계 유압회로에서 유압유 온도를 알맞게 유지하기 위해 오일을 냉각하는 부품은?
① 어큐뮬레이터　② 오일 쿨러
③ 방향제어밸브　④ 유압밸브

12. 유압장치에서 오일 쿨러(oil cooler)의 구비조건으로 틀린 것은?
① 촉매작용이 없을 것
② 오일 흐름에 저항이 클 것
③ 온도조정이 잘 될 것
④ 정비 및 청소하기가 편리할 것

13. 수냉식 오일냉각기(oil cooler)에 대한 설명으로 틀린 것은?
① 소형으로 냉각능력이 크다.
② 고장 시 오일 중에 물이 혼입될 우려가 있다.
③ 대기온도나 냉각수 온도 이하의 냉각이 용이하다.
④ 유온을 항상 적정한 온도로 유지하기 위하여 사용된다.

14. 유압장치에서 내구성이 강하고 작동 및 움직임이 있는 곳에 사용하기 적합한 호스는?
① 플렉시블 호스　② 구리 파이프
③ PVC호스　④ 강 파이프

정답　06. ③　07. ①　08. ②　09. ②　10. ④　11. ②　12. ②　13. ③　14. ①

15. 유압호스 중 가장 큰 압력에 견딜 수 있는 형식은?
   ① 고무형식
   ② 나선 와이어 블레이드 형식
   ③ 와이어리스 고무 블레이드 형식
   ④ 직물 블레이드 형식

16. 유압 건설기계의 고압호스가 자주 파열되는 원인으로 가장 적합한 것은?
   ① 유압펌프의 고속회전
   ② 오일의 점도저하
   ③ 릴리프밸브의 설정압력 불량
   ④ 유압모터의 고속회전
   해설〉 릴리프밸브의 설정압력 높으면 고압호스가 자주 파열된다.

17. 유압회로에서 호스의 노화현상이 아닌 것은?
   ① 호스의 표면에 갈라짐이 발생한 경우
   ② 코킹부분에서 오일이 누유 되는 경우
   ③ 액추에이터의 작동이 원활하지 않을 경우
   ④ 정상적인 압력상태에서 호스가 파손될 경우
   해설〉 호스의 노화현상은 호스의 표면에 갈라짐(crack)이 발생한 경우, 호스의 탄성이 거의 없는 상태로 굳어 있는 경우, 정상적인 압력상태에서 호스가 파손될 경우, 코킹부분에서 오일이 누유 되는 경우

18. 유압장치 운전 중 갑작스럽게 유압배관에서 오일이 분출되기 시작하였을 때 가장 먼저 운전자가 취해야 할 조치는?
   ① 작업 장치를 지면에 내리고 시동을 정지한다.
   ② 작업을 멈추고 배터리 선을 분리한다.
   ③ 오일이 분출되는 호스를 분리하고 플러그를 막는다.
   ④ 유압회로 내의 잔압을 제거한다.
   해설〉 유압배관에서 오일이 분출되기 시작하면 가장 먼저 작업 장치를 지면에 내리고 엔진 시동을 정지한다.

19. 유압 작동부에서 오일이 새고 있을 때 일반적으로 먼저 점검하여야 하는 것은?
   ① 밸브(valve)
   ② 기어(gear)
   ③ 플런저(plunger)
   ④ 실(seal)

20. 유압장치에 사용되는 오일 실(seal)의 종류 중 O-링이 갖추어야 할 조건은?
   ① 체결력이 작을 것
   ② 압축변형이 적을 것
   ③ 작동 시 마모가 클 것
   ④ 오일의 입·출입이 가능할 것

21. 유압장치에서 피스톤 로드에 있는 먼지 또는 오염물질 등이 실린더 내로 혼입되는 것을 방지하는 것은?
   ① 필터(filter)
   ② 더스트 실(dust seal)
   ③ 밸브(valve)
   ④ 실린더 커버(cylinder cover)
   해설〉 더스트 실은 피스톤 로드에 있는 먼지 또는 오염물질 등이 실린더 내로 혼입되는 것을 방지한다.

정답〉 15. ② 16. ③ 17. ③ 18. ① 19. ④ 20. ② 21. ②

22. 유압계통에서 오일누설 시의 점검사항이 아닌 것은?
① 오일의 윤활성
② 실(seal)의 마모
③ 실(seal)의 파손
④ 펌프 고정 볼트의 이완

해설〉 유압유가 누설되면 실(seal)의 마모, 실(seal)의 파손, 유압펌프 고정 볼트의 이완 등을 점검한다.

23. 유압계통을 수리할 때마다 항상 교환해야 하는 것은?
① 샤프트 실(shaft seals)
② 커플링(couplings)
③ 밸브스풀(valve spools)
④ 터미널 피팅(terminal fitting)

24. 유압회로의 설명으로 맞는 것은?
① 유압회로에서 릴리프밸브는 압력제어밸브이다.
② 유압회로의 동력 발생부에는 공기와 혼합하는 장치가 설치되어 있다.
③ 유압회로에서 릴리프밸브는 닫혀 있으며, 규정압력 이하의 오일압력이 오일탱크로 회송된다.
④ 회로 내 압력이 규정 이상일 때는 공기를 혼입하여 압력을 조절한다.

25. 작업 중에 유압펌프로부터 토출유량이 필요하지 않게 되었을 때, 토출유를 탱크에 저압으로 귀환시키는 회로는?
① 시퀀스회로
② 어큐뮬레이터 회로
③ 블리드 오프 회로
④ 언로드 회로

26. 유압회로에서 유량제어를 통하여 작업속도를 조절하는 방식에 속하지 않는 것은?
① 미터 인(meter in)방식
② 미터 아웃(meter out)방식
③ 블리드 오프(bleed off)방식
④ 블리드 온(bleed on)방식

27. 액추에이터의 입구 쪽 관로에 유량제어 밸브를 직렬로 설치하여 작동유의 유량을 제어함으로서 액추에이터의 속도를 제어하는 회로는?
① 시스템 회로(system circuit)
② 블리드 오프 회로(bleed-off circuit)
③ 미터 인 회로(meter-in circuit)
④ 미터 아웃 회로(meter-out circuit)

28. 유압실린더의 속도를 제어하는 블리드 오프(bleed off)회로에 대한 설명으로 틀린 것은?
① 펌프 토출량 중 일정한 양을 탱크로 되돌린다.
② 릴리프밸브에서 과잉압력을 줄일 필요가 없다.
③ 유량제어 밸브를 실린더와 직렬로 설치한다.
④ 부하변동이 급격한 경우에는 정확한 유량제어가 곤란하다.

29. 유압장치의 기호 회로도에 사용되는 유압기호의 표시방법으로 적합하지 않은 것은?
① 기호에는 흐름의 방향을 표시한다.
② 각 기기의 기호는 정상상태 또는 중립상태를 표시한다.
③ 기호는 어떠한 경우에도 회전하여서는 안 된다.
④ 기호에는 각 기기의 구조나 작용압력을 표시하지 않는다.

30. 유압장치에서 가장 많이 사용되는 유압 회로도는?
① 조합 회로도   ② 그림 회로도
③ 단면 회로도   ④ 기호 회로도
해설〉 일반적으로 많이 사용하는 유압 회로도는 기호 회로도이다.

31. 공·유압기호 중 그림이 나타내는 것은?

① 유압동력원   ② 공기압 동력원
③ 전동기   ④ 원동기

32. 공·유압기호 중 그림이 나타내는 것은?
① 밸브
② 공기압
③ 유압
④ 전기

33. 그림의 유압 기호는 무엇을 표시하는가?
① 공기유압변환기
② 증압기
③ 촉매 컨버터
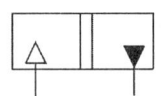
④ 어큐뮬레이터

34. 그림의 유압기호가 나타내는 것은?
① 유압밸브
② 차단밸브
③ 오일탱크
④ 유압실린더
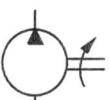

35. 다음 유압 도면기호의 명칭은?
① 스트레이너
② 유압모터
③ 유압펌프
④ 압력계

36. 유압장치에서 기름 탱크(밀폐형)의 기호 표시로 맞는 것은?
① 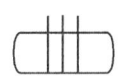   ②
③   ④

37. 정용량형 유압펌프의 기호는?
①   ②
③   ④ (M)

38. 유압장치에서 가변용량형 유압펌프의 기호는?

① 　②

③ 　④

39. 그림과 같은 유압기호에 해당하는 밸브는?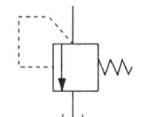
① 체크밸브
② 카운터밸런스 밸브
③ 릴리프 밸브
④ 리듀싱 밸브

40. 다음 유압기호가 나타내는 것은?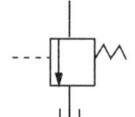
① 릴리프밸브
② 감압밸브
③ 순차밸브
④ 무부하 밸브

41. 체크밸브를 나타낸 것은?
① 　②
③ 　④

42. 그림의 유압기호는 무엇을 표시하는가?

① 스톱밸브
② 무부하 밸브
③ 고압 우선형 셔틀밸브
④ 저압 우선형 셔틀밸브

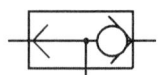

43. 단동 실린더의 기호표시로 맞는 것은?

① 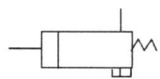　②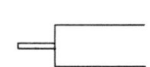

③ 　④

44. 그림과 같은 실린더의 명칭은?

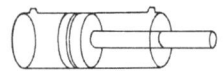

① 단동실린더
② 단동 다단실린더
③ 복동실린더
④ 복동 다단실린더

45. 복동실린더 양 로드형을 나타내는 유압기호는?

① 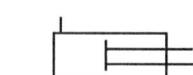　②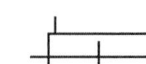

③ 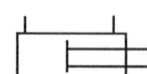　④

46. 그림의 유압기호는 무엇을 표시하는가?
① 가변 유압모터
② 유압펌프
③ 가변 토출밸브
④ 가변 흡입밸브
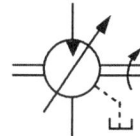

47. 그림의 유압기호는 무엇을 표시하는가?

① 복동 가변식 전자 액추에이터
② 회전형 전기 액추에이터
③ 단동 가변식 전자 액추에이터
④ 직접 파일럿 조작 액추에이터

48. 방향전환 밸브의 조작방식에서 단동 솔레노이드 기호는?
① 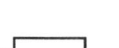　②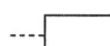
③ 　④

해설 ①항은 솔레노이드 조작방식, ②항은 간접 조작방식, ③항은 레버 조작방식 ④항은 기계 조작방식

49. 그림의 공·유압기호는 무엇을 표시하는가?
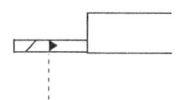
① 전자·공기압 파일럿
② 전자·유압 파일럿
③ 유압 2단 파일럿
④ 유압가변 파일럿

50. 유압·공기압 도면기호 중 그림이 나타내는 것은?
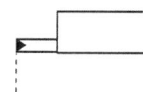
① 유압 파일럿(외부)
② 공기압 파일럿(외부)
③ 유압 파일럿(내부)
④ 공기압 파일럿(내부)

51. 그림의 유압기호는 무엇을 표시하는가?
① 유압실린더
② 어큐뮬레이터
③ 오일탱크
④ 유압실린더 로드

52. 유압 도면기호에서 여과기의 기호표시는?
① 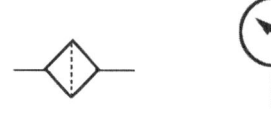　②
③ 　④

53. 그림의 유압기호에서 "A" 부분이 나타내는 것은?
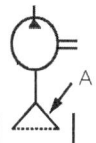
① 오일냉각기
② 스트레이너
③ 가변용량 유압펌프
④ 가변용량 유압모터

정답 46.① 47.② 48.① 49.② 50.① 51.① 52.① 53.②

54. 다음 중 유압 압력계의 기호는?

① 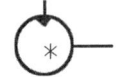　②

③ 　④

55. 그림에서 드레인 배출기의 기호 표시로 맞는 것은?

① 　②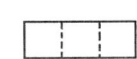

③ 　④

56. 유압 도면기호에서 압력스위치를 나타내는 것은?

① 　②

③ 　④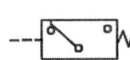

57. 유압회로에서 소음이 나는 원인으로 가장 거리가 먼 것은?

① 유량증가
② 채터링 현상
③ 캐비테이션 현상
④ 회로 내의 공기혼입

58. 유압유의 압력이 상승하지 않을 때의 원인을 점검하는 것으로 가장 거리가 먼 것은?

① 유압펌프의 토출량 점검
② 유압회로의 누유상태 점검
③ 릴리프밸브의 작동상태 점검
④ 유압펌프 설치 고정볼트의 강도점검

59. 건설기계 작업 중 유압회로 내의 유압이 상승되지 않을 때의 점검사항으로 적합하지 않은 것은?

① 오일탱크의 오일량 점검
② 오일이 누출되었는지 점검
③ 펌프로부터 유압이 발생되는지 점검
④ 자기탐상법에 의한 작업장치의 균열 점검

해설 갑자기 유압상승이 되지 않을 경우에는 유압펌프로부터 유압이 발생되는지 점검, 오일탱크의 오일량 점검, 릴리프밸브의 고장인지 점검, 오일이 누출되었는지 점검

60. 오일의 압력이 낮아지는 원인과 가장 거리가 먼 것은?

① 유압펌프의 성능이 불량할 때
② 오일의 점도가 높아졌을 때
③ 오일의 점도가 낮아졌을 때
④ 계통 내에서 누설이 있을 때

정답 54. ④　55. ③　56. ④　57. ①　58. ④　59. ④　60. ②

61. 유압장치의 일상점검 사항이 아닌 것은?
① 유압탱크의 유량점검
② 오일누설 여부 점검
③ 소음 및 호스 누유여부 점검
④ 릴리프밸브 작동점검

62. 건설기계 점검사항 중 설명이 가리키는 것은?

[보기]
분해·정비를 하는 것이 아니라, 눈으로 관찰하거나, 작동음을 들어보고 손의 감촉 등 점검사항을 기록하여 전날까지의 상태를 비교하여 이상 유무를 판단한다.

① 검사점검　　② 분기점검
③ 정기점검　　④ 일상점검

63. 건설기계의 유압장치 취급방법으로 적합하지 않은 것은?
① 유압장치는 워밍업 후 작업하는 것이 좋다.
② 유압유는 1주에 한 번, 소량씩 보충한다.
③ 작동유에 이물질이 포함되지 않도록 관리·취급하여야 한다.
④ 작동유가 부족하지 않은지 점검하여야 한다.

64. 유압장치의 주된 고장원인이 되는 것과 가장 거리가 먼 것은?
① 과부하 및 과열로 인하여
② 공기, 물, 이물질 혼입에 의하여
③ 기기의 기계적 고장으로 인하여
④ 덥거나 추운날씨에 사용함으로 인하여

65. 유압장치 취급방법 중 가장 옳지 않은 것은?
① 가동 중 이상 음이 발생되면 즉시 작업을 중지한다.
② 종류가 다른 오일이라도 부족하면 보충할 수 있다.
③ 추운 날씨에는 충분한 준비 운전 후 작업한다.
④ 오일량이 부족하지 않도록 점검 보충한다.

해설 작동유가 부족할 때 종류가 다른(점도) 작동유를 보충하면 열화가 일어난다.

66. 유압회로 내에 기포가 발생할 때 일어날 수 있는 현상과 가장 거리가 먼 것은?
① 작동유의 누설저하
② 소음증가
③ 공동현상 발생
④ 액추에이터의 작동불량

해설 유압회로 내에 기포가 생기면 공동현상 발생, 오일탱크의 오버플로, 소음증가, 액추에이터의 작동불량 등이 발생한다.

67. 건설기계에서 유압 구성부품을 분해하기 전에 내부압력을 제거하려면 어떻게 하는 것이 좋은가?
① 압력밸브를 밀어 준다.
② 고정너트를 서서히 푼다.
③ 엔진정지 후 조정레버를 모든 방향으로 작동하여 압력을 제거한다.
④ 엔진정지 후 개방하면 된다.

해설 유압 구성부품을 분해하기 전에 내부압력을 제거하려면 엔진정지 후 조정레버를 모든 방향으로 작동한다.

정답 61. ④ 62. ④ 63. ② 64. ④ 65. ② 66. ① 67. ③

68. 유압장치의 계통 내에 슬러지 등이 생겼을 때 이것을 용해하여 깨끗이 하는 작업은?
① 서징   ② 코킹
③ 플러싱   ④ 트램핑

해설 플러싱이란 유압계통의 오일장치 내에 슬러지 등이 생겼을 때 이것을 용해하여 장치 내를 깨끗이 하는 작업이다.

작업장치 익히기

01. 지게차 작업장치의 종류에 속하지 않는 것은?
① 하이마스트   ② 리퍼
③ 사이드 클램프   ④ 힌지드 버킷

02. 깨지기 쉬운 화물이나 불안전한 화물의 낙하를 방지하기 위하여 포크 상단에 상하 작동할 수 있는 압력판을 부착한 지게차는?
① 하이 마스트
② 3단 마스트
③ 사이드 시프트 마스트
④ 로드 스태빌라이저

03. 둥근 목재나 파이프 등을 작업하는데 적합한 지게차의 작업 장치는?
① 블록 클램프   ② 사이드 시프트
③ 하이 마스트   ④ 힌지드 포크

04. 지게차의 작업장치 중 석탄, 소금, 비료, 모래 등 비교적 흘러내리기 쉬운 화물 운반에 이용되는 장치는?
① 블록 클램프   ② 사이드 시프트
③ 로테이팅 포크   ④ 힌지드 버킷

05. 지게차를 작업용도에 따라 분류할 때 원추형 화물을 조이거나 회전시켜 운반 또는 적재하는데 적합한 것은?
① 힌지드 버킷
② 힌지드 포크
③ 로테이팅 클램프
④ 로드 스태빌라이저

06. 지게차의 구성부품이 아닌 것은?
① 마스트   ② 밸런스 웨이트
③ 틸트 실린더   ④ 블레이드

07. 지게차의 주된 구동방식은?
① 앞바퀴 구동   ② 뒷바퀴 구동
③ 전후구동   ④ 중간차축 구동

08. 지게차의 앞바퀴는 어디에 설치되는가?
① 섀클 핀에 설치된다.
② 직접 프레임에 설치된다.
③ 너클 암에 설치된다.
④ 등속이음에 설치된다.

09. 지게차의 하중을 지지하는 것은?
① 마스터실린더   ② 구동차축
③ 차동장치   ④ 최종 구동장치

10. 축전지와 전동기를 동력원으로 하는 지게차는?
① 전동 지게차   ② 유압 지게차
③ 엔진 지게차   ④ 수동 지게차

정답 68.③ 01.② 02.④ 03.④ 04.④ 05.③ 06.④ 07.① 08.② 09.② 10.①

11. 지게차의 동력전달순서로 맞는 것은?
① 엔진→변속기→토크컨버터→종 감속기어 및 차동장치→최종 감속기→앞 구동축→차륜
② 엔진→변속기→토크컨버터→종 감속기어 및 차동장치→앞 구동축→최종 감속기→차륜
③ 엔진→토크컨버터→변속기→앞 구동축→종 감속기어 및 차동장치→최종 감속기→차륜
④ 엔진→토크컨버터→변속기→종 감속기어 및 차동장치→앞 구동축→최종 감속기→차륜

12. 전동 지게차의 동력전달 순서로 맞는 것은?
① 축전지→제어기구→구동 모터→변속기→종감속 및 차동기어장치→앞바퀴
② 축전지→구동모터→제어기구→변속기→종감속 및 차동기어장치→앞바퀴
③ 축전지→제어기구→구동모터→변속기→종감속 및 차동기어장치→뒷바퀴
④ 축전지→구동모터→제어기구→변속기-종감속 및 차동기어장치→뒷바퀴

13. 지게차를 전·후진방향으로 서서히 화물에 접근시키거나 빠른 유압작동으로 신속히 화물을 상승 또는 적재시킬 때 사용하는 것은?
① 인칭조절 페달
② 액셀러레이터 페달
③ 디셀레이터 페달
④ 브레이크 페달

14. 지게차 인칭 조절장치에 대한 설명으로 맞는 것은?
① 트랜스미션 내부에 있다.
② 브레이크 드럼 내부에 있다.
③ 디셀레이터 페달이다.
④ 작업장치의 유압상승을 억제한다.

15. 지게차의 조향방법으로 맞는 것은?
① 전자 조향 ② 배력식 조향
③ 전륜 조향 ④ 후륜 조향

16. 지게차의 동력 조향장치에 사용되는 유압 실린더로 가장 적합한 것은?
① 단동 실린더 플런저형
② 복동 실린더 싱글 로드형
③ 복동 실린더 더블 로드형
④ 다단 실린더 텔레스코픽형

17. 지게차에서 주행 중 조향핸들이 떨리는 원인으로 가장 거리가 먼 것은?
① 타이어 밸런스가 맞지 않을 때
② 휠이 휘었을 때
③ 스티어링 기어의 마모가 심할 때
④ 포크가 휘었을 때

18. 지게차 스프링 장치에 대한 설명으로 맞는 것은?
① 탠덤 드라이브장치이다.
② 코일 스프링장치이다.
③ 판 스프링장치이다.
④ 스프링장치가 없다.

정답 11. ④ 12. ① 13. ① 14. ① 15. ④ 16. ③ 17. ④ 18. ④

19. 지게차는 자동차와 다르게 현가스프링을 사용하지 않는 이유를 설명한 것으로 옳은 것은?
① 롤링이 생기면 적하물이 떨어질 수 있기 때문에
② 현가장치가 있으면 조향이 어렵기 때문에
③ 화물에 충격을 줄여주기 위해
④ 앞차축이 구동축이기 때문에

해설〉 지게차에서 현가 스프링을 사용하지 않는 이유는 롤링이 생기면 적하물이 떨어지기 때문이다.

20. 지게차의 뒷부분에 설치되어 화물을 실었을 때 앞쪽으로 기울어지는 것을 방지하기 위하여 설치되어 있는 것은?
① 엔진　　　　② 클러치
③ 변속기　　　④ 평형추

21. 지게차에서 틸트 실린더의 역할은?
① 차체 수평유지
② 포크의 상하이동
③ 마스트 앞·뒤 경사 조정
④ 차체 좌우 회전

22. 지게차의 조종레버 명칭이 아닌 것은?
① 리프트 레버　　② 밸브레버
③ 변속레버　　　④ 틸트 레버

23. 지게차의 유압 복동 실린더에 대하여 설명한 것 중 틀린 것은?
① 싱글 로드형이 있다.
② 더블 로드형이 있다.
③ 수축은 자중이나 스프링에 의해서 이루어진다.
④ 피스톤의 양방향으로 유압을 받아 늘어난다.

해설〉 자중이나 스프링에 의해서 수축이 이루어지는 방식은 단동 실린더이다.

24. 지게차의 틸트 레버를 운전석에서 운전자 몸쪽으로 당기면 마스트는 어떻게 기울어지는가?
① 운전자의 몸쪽에서 멀어지는 방향으로 기운다.
② 지면방향 아래쪽으로 내려온다.
③ 운전자의 몸 쪽 방향으로 기운다.
④ 지면에서 위쪽으로 올라간다.

25. 지게차의 화물운반 작업 중 가장 적당한 것은?
① 댐퍼를 뒤로 3° 정도 경사시켜서 운반한다.
② 마스트를 뒤로 6° 정도 경사시켜서 운반한다.
③ 샤퍼를 뒤로 6° 정도 경사시켜서 운반한다.
④ 바이브레이터를 뒤로 8° 정도 경사시켜서 운반한다.

26. 지게차의 마스트를 기울일 때 갑자기 시동이 정지되면 어떤 밸브가 작동하여 그 상태를 유지하는가?
① 틸트 록 밸브　　② 스로틀밸브
③ 리프트밸브　　　④ 틸트밸브

해설〉 틸트 록 밸브(tilt lock valve)
마스트를 기울일 때 갑자기 엔진의 시동이 정지되면 작동하여 그 상태를 유지시키는 작용을 한다. 즉 틸트 레버를 움직여도 마스트가 경사되지 않도록 한다.

정답〉 19. ① 20. ④ 21. ③ 22. ② 23. ③ 24. ③ 25. ② 26. ①

27. 지게차 리프트 실린더의 주된 역할은?
① 마스터를 틸트시킨다.
② 마스터를 하강 이동시킨다.
③ 포크를 상승·하강시킨다.
④ 포크를 앞뒤로 기울게 한다.

28. 지게차의 포크를 내리는 역할을 하는 부품은?
① 틸트 실린더
② 리프트 실린더
③ 볼 실린더
④ 조향 실린더

29. 지게차 포크를 하강시키는 방법으로 가장 적합한 것은?
① 가속페달을 밟고 리프트레버를 앞으로 민다.
② 가속페달을 밟고 리프트레버를 뒤로 당긴다.
③ 가속페달을 밟지 않고 리프트레버를 뒤로 당긴다.
④ 가속페달을 밟지 않고 리프트레버를 앞으로 민다.

해설〉 포크를 하강시킬 때에는 가속페달을 밟지 않고 리프트 레버를 앞으로 민다.

30. 지게차의 리프트 실린더 작동회로에 사용되는 플로우 레귤레이터(슬로우 리턴) 밸브의 역할은?
① 포크상승 시 작동유의 압력을 높여준다.
② 포크가 상승하다가 리프트 실린더 중간에서 정지 시 실린더 내부누유를 방지한다.
③ 포크의 하강속도를 조절하여 포크가 천천히 내려오도록 한다.
④ 짐을 하강할 때 신속하게 내려오도록 한다.

해설〉 지게차의 리프트 실린더 작동회로에 플로 레귤레이터(슬로 리턴)밸브를 사용하는 이유는 포크를 천천히 하강시키도록 하기 위함이다.

31. 지게차의 리프트 실린더(lift cylinder) 작동회로에서 플로우 프로텍터(벨로시티 퓨즈)를 사용하는 주된 목적은?
① 컨트롤밸브와 리프터 실린더사이에서 배관파손 시 적재물 급강하를 방지한다.
② 포크의 정상 하강 시 천천히 내려올 수 있게 한다.
③ 짐을 하강할 때 신속하게 내려올 수 있도록 작용한다.
④ 리프트 실린더 회로에서 포크상승 중 중간 정지 시 내부 누유를 방지한다.

해설〉 플로우 프로텍터(flow protector, 벨로시티 퓨즈)는 컨트롤밸브와 리프터 실린더사이에서 배관이 파손되었을 때 적재물 급강하를 방지한다.

32. 지게차에서 리프트 실린더의 상승력이 부족한 원인과 거리가 먼 것은?
① 오일필터의 막힘
② 유압펌프의 불량
③ 리프트 실린더에서 유압유 누출
④ 틸트 로크 밸브의 밀착 불량

33. 지게차의 포크 양쪽 중 한쪽이 낮아졌을 경우에 해당되는 원인은 ?
① 체인의 늘어짐
② 사이드 롤러의 과다한 마모
③ 실린더의 마모
④ 윤활유 불충분

34. 지게차의 좌우 포크높이가 다를 경우에 조정하는 부위는 ?
① 리프트 밸브로 조정한다.
② 리프트 체인의 길이로 조정한다.
③ 틸트 레버로 조정한다.
④ 틸트 실린더로 조정한다.

35. 지게차의 운전 장치를 조작하는 동작의 설명으로 틀린 것은 ?
① 전·후진 레버를 앞으로 밀면 후진이 된다.
② 틸트 레버를 뒤로 당기면 마스트는 뒤로 기운다.
③ 리프트 레버를 앞으로 밀면 포크가 내려간다.
④ 전·후진 레버를 뒤로 당기면 후진이 된다.

정답 ▶ 33. ① 34. ② 35. ①

CHAPTER 00 실력평가 모의고사

상시검정대비 01 지게차운전기능사

01. 보호구 안전인증 고시에 따른 분리식 방진마스크의 성능기준에서 포집효율이 특급인 경우, 염화나트륨(NaCl) 및 파라핀 오일(Paraffin oil)시험에서의 포집효율은?
① 99.95% 이상　② 99.9% 이상
③ 99.5% 이상　④ 99.0% 이상

02. 보호구의 구비조건으로 틀린 것은?
① 유해·위험물로부터 보호성능이 충분할 것
② 외관이나 디자인은 필요 없다.
③ 사용되는 재료는 작업자에게 해로운 영향을 주지 않을 것
④ 작업행동에 방해되지 않을 것
해설〉 외관이나 디자인이 양호해야 한다.

03. 산업안전보건법상 방독마스크 사용이 가능한 공기 중 최소 산소농도 기준은 몇 % 이상인가?
① 14%　② 16%
③ 18%　④ 20%

04. 지게차 작업 시 각종 위험으로부터 운전자를 안전하게 보호하는 장치로 해당되지 않는 것은?
① 후진경보기
② 전조등, 후미등
③ 소형 후사경
④ 포크 받침대(안전지주)

05. 산업안전보건법에서 안전표지의 종류가 아닌 것은?
① 위험표시　② 경고표시
③ 지시표시　④ 금지표시

06. 다음 그림과 같은 안전 표지판이 나타내는 것은?
① 비상구
② 출입금지
③ 인화성 물질경고
④ 보안경 착용

07. 작업현장에서 사용되는 안전표지 색으로 잘못 짝지어진 것은?
① 빨간색 – 방화표시
② 노란색 – 충돌·추락 주의표시
③ 녹색 – 비상구 표시
④ 보라색 – 안전지도 표시
해설 〉 보라색은 방사능의 위험을 경고하기 위한 표시

08. 지게차 주행시 안전수칙으로 맞는 것은?
① 옥내 주행시는 전조등을 끄고 주행한다.
② 짐을 불안정한 상태, 편 하중 상태로 옮겨서는 안 된다.
③ 후륜이 뜬 상태로 주행해도 된다.
④ 포크 간격은 작업장 넓이에 맞추어 조정한다.

09. 사용설명서의 종류로 틀린 것은?
① 운전자 매뉴얼
② 장비 가격 매뉴얼
③ 장비 사용 매뉴얼
④ 정비지침서

10. 다음은 건설기계를 조정하던 중 감전되었을 때 위험을 결정하는 요소이다. 틀린 것은?
① 전압의 차체 충격 경로
② 인체에 흐르는 전류의 크기
③ 인체에 전류가 흐른 시간
④ 전류의 인체 통과 경로

11. 다음 중 지게차의 작업 전 외관 점검사항 중 틀린 것은?
① 그리스 주입상태를 점검한다.
② 핑거보드를 점검한다.
③ 지게차가 안전하게 주차되었는지 확인한다.
④ 백 레스트의 균열 및 변형을 점검한다.
해설 〉 지게차 외관 점검사항
① 지게차가 안전하게 주차되었는지 확인한다.
② 오버헤드가드의 균열 및 변형을 점검한다.
③ 백 레스트의 균열 및 변형을 점검한다.
④ 포크의 휨, 균열, 이상 마모 및 핑거보드와의 정상 연결 상태를 확인한다.
⑤ 핑거보드의 균열, 변형을 점검한다.

12. 화물의 정리정돈방법 중 틀린 것은?
① 중량물은 랙의 상단에 보관한다.
② 항상 청소하고 청결하게 유지한다.
③ 품명, 수량을 알 수 있도록 정확하게 정리 정돈한다.
④ 정해진 장소에 물건을 보관한다.

13. 다음 중 지게차의 작업 전 공기식 타이어 점검 사항이 아닌 것은?
① 타이어 휠 밸런스를 점검한다.
② 균열, 손상 및 편 마모 유무를 점검한다.
③ 홈의 깊이를 점검한다.
④ 금속편, 돌, 기타 이물질이 끼어 있는지 점검한다.

14. 지게차 작업 시 신호수를 배치하지 않아도 되는 곳은?
① 지게차로 작업할 때 근로자에게 위험이 미칠 우려가 있는 경우
② 운전 중인 지게차에 화물을 과적했을 때
③ 지반의 부동 침하 및 갓길 붕괴 위험이 있을 경우
④ 근로자를 출입시키는 경우

15. 엔진 오일점검 시 틀린 것은 ?
① 지게차를 평지에 주차시킨다.
② 유면표시기(엔진오일 게이지)를 빼어 유면표시기에 묻은 오일을 깨끗이 닦는다.
③ 계절 및 엔진에 알맞은 오일을 사용한다.
④ 오일 양을 점검할 때는 시동이 걸린 상태에서 한다.

16. 지게차의 엔진 시동 전 점검 중 틀린 것은 ?
① 연료량 점검
② 냉각수량 점검
③ 엔진 밸브간극 점검
④ 작동유 탱크 유량점검
해설〉 지게차의 엔진 시동 전 점검사항
연료 보유량 점검, 냉각수량 점검, 작동유 탱크 유량 점검, 브레이크 액량 점검

17. 다음은 작업 장치의 소음상태를 확인하는 사항이다. 다음 중 관계가 먼 것은 ?
① 마스크 고정 핀(foot pin) 및 부싱의 상태를 확인한다.
② 틸트 실린더 및 연결 핀, 부싱의 상태를 확인한다.
③ 가이드 및 롤러 베어링의 정상 작동을 확인한다.
④ 브래킷 및 연결부의 상태를 확인한다.

18. 지게차 작업 전 점검에서 체인 연결부위 점검 사항으로 틀린 것은 ?
① 마스트 롤러의 마모 및 베어링을 점검한다.
② 포크와 리프트 체인 연결부의 균열 여부를 점검한다.
③ 좌·우 체인이 동시에 평행한가를 점검한다. 포크를 지상에서 10~15cm 올린 후 조정한다.
④ 체인의 균열, 변형, 손상 및 부식 유무를 점검한다.

19. 지게차운전 중 계기판에 그림과 같은 등이 갑자기 점등되었다. 무슨 표시인가 ?

① 엔진 오일압력 경고등
② 충전 경고등
③ 에어클리너 경고등
④ 연료레벨 경고등

20. 도로교통법에서 안전지대의 정의에 관한 설명으로 옳은 것은 ?
① 버스정류장 표지가 있는 장소
② 자동차가 주차할 수 있도록 설치된 장소
③ 도로를 횡단하는 보행자나 통행하는 차마의 안전을 위하여 안전표지 등으로 표시된 도로의 부분
④ 사고가 잦은 장소에 보행자의 안전을 위하여 설치한 장소

21. 예열플러그가 키 ON후 15~20초에서 완전히 가열되었다. 다음 설명 중 맞는 것은?
① 단선 되었다.
② 단락 되었다.
③ 정상이다.
④ 정격이 아닌 예열플러그이다.

22. 그림과 같은 교통안전표지의 뜻은 ?

① 좌합류 도로가 있음을 알리는 것
② 철길건널목이 있음을 알리는 것
③ 회전형교차로가 있음을 알리는 것
④ 좌로 계속 굽은 도로가 있음을 알리는 것

23. 교차로에서 적색등화 시 진행할 수 있는 경우는 ?
① 경찰공무원의 진행신호에 따를 때
② 교통이 한산한 야간운행 시
③ 보행자가 없을 때
④ 앞차를 따라 진행할 때

24. 차마가 도로의 중앙이나 좌측부분을 통행할 수 있는 경우는 도로 우측부분의 폭이 몇 m에 미달하는 도로에서 앞지르기를 할 때인가 ?
① 2m   ② 3m
③ 5m   ④ 6m

해설〉 차마가 도로의 중앙이나 좌측부분을 통행할 수 있는 경우는 도로 우측부분의 폭이 6m에 미달하는 도로에서 앞지르기를 할 때이다.

25. 일시정지를 하지 않고도 철길건널목을 통과할 수 있는 경우는 ?
① 차단기가 내려져 있을 때
② 경보기가 울리지 않을 때
③ 앞차가 진행하고 있을 때
④ 신호등이 진행신호 표시일 때

해설〉 일시정지를 하지 않고도 철길건널목을 통과할 수 있는 경우는 신호등이 진행신호 표시이거나 간수가 진행신호를 하고 있을 때이다.

26. 건설기계 등록말소 신청서의 첨부서류가 아닌 것은 ?
① 건설기계 등록증
② 건설기계 검사증
③ 건설기계 운행증
④ 건설기계의 멸실, 도난 등 말소사유를 확인할 수 있는 서류

해설〉 등록말소 신청서의 첨부서류는 건설기계 등록증, 건설기계 검사증, 건설기계의 멸실, 도난 등 말소사유를 확인할 수 있는 서류 등이다.

27. 건설기계관리법에서 정의한 건설기계 형식을 가장 옳은 것은 ?
① 엔진구조 및 성능을 말한다.
② 형식 및 규격을 말한다.
③ 성능 및 용량을 말한다.
④ 구조·규격 및 성능 등에 관하여 일정하게 정한 것을 말한다.

28. 도로교통법상 규정한 운전면허를 받아 조종할 수 있는 건설기계가 아닌 것은 ?
① 타워크레인
② 덤프트럭
③ 콘크리트펌프
④ 콘크리트믹서트럭

29. 건설기계 등록번호표에 표시되지 않는 것은 ?
① 기종   ② 등록번호
③ 등록관청   ④ 장비 연식

30. 건설기계조종사의 면허취소 사유에 해당되는 것은?
① 고의로 인명피해를 입힌 때
② 과실로 1명 이상을 사망하게 한때
③ 과실로 3명 이상에게 중상을 입힌 때
④ 과실로 10명 이상에게 경상을 입힌 때

31. 디젤엔진의 순환운동 순서로 맞는 것은?
① 공기압축 → 가스폭발 → 공기흡입 → 배기 → 점화
② 연료흡입 → 연료분사 → 공기압축 → 착화연소 → 연소·배기
③ 공기흡입 → 공기압축 → 연소·배기 → 연료분사 → 착화연소
④ 공기흡입 → 공기압축 → 연료분사 → 착화연소 → 배기

해설> 디젤엔진의 순환운동 순서는 공기흡입 → 공기압축 → 연료분사 → 착화연소 → 배기이다.

32. 디젤엔진의 연소실 형상과 관련이 적은 것은?
① 엔진출력   ② 열효율
③ 공전속도   ④ 운전 정숙도

해설> 엔진의 연소실 모양에 따라 엔진출력, 열효율, 운전정숙도, 노크발생 빈도 등이 관련된다.

33. 냉각수가 라이너 바깥둘레에 직접 접촉하고, 정비 시 라이너 교환이 쉬우며, 냉각효과가 좋으나, 크랭크 케이스에 냉각수가 들어갈 수 있는 단점을 가진 것은?
① 진공 라이너   ② 건식 라이너
③ 유압 라이너   ④ 습식 라이너

34. 건설기계운전 시 계기판에서 냉각수량 경고등이 점등되었다. 그 원인으로 가장 거리가 먼 것은?
① 냉각수량이 부족할 때
② 냉각계통의 물호스가 파손되었을 때
③ 라디에이터캡이 열린 채 운행하였을 때
④ 냉각수 통로에 스케일(물때)이 많이 퇴적되었을 때

해설> 냉각수 경고등은 라디에이터 내에 냉각수가 부족할 때 점등되며, 냉각수 통로에 스케일(물때)이 많이 퇴적되면 엔진이 과열한다.

35. 엔진에서 열효율이 높다는 의미는?
① 일정한 연료소비로서 큰 출력을 얻는 것이다.
② 연료가 완전 연소하지 않는 것이다.
③ 엔진의 온도가 표준보다 높은 것이다.
④ 부조가 없고 진동이 적은 것이다.

해설> 열효율이 높다는 것은 일정한 연료소비로서 큰 출력을 얻는 것이다.

36. 전선의 저항에 대한 설명 중 맞는 것은?
① 전선이 길어지면 저항이 감소한다.
② 전선의 지름이 커지면 저항이 감소한다.
③ 모든 전선의 저항은 같다.
④ 전선의 저항은 전선의 단면적과 관계없다.

37. 조향핸들의 유격이 커지는 원인과 관계없는 것은?
① 피트먼 암의 헐거움
② 타이어 공기압 과대
③ 조향기어, 링키지 조정불량
④ 앞바퀴 베어링 과대 마모

38. 20℃에서 완전충전 시 축전지의 전해액 비중은 ?
① 2.260 ② 0.128
③ 1.280 ④ 0.0007

39. 수동변속기가 장착된 건설기계의 동력전달장치에서 클러치판은 어떤 축의 스플라인에 끼어져 있는 가 ?
① 추진축 ② 차동기어 장치
③ 크랭크축 ④ 변속기 입력축
해설> 클러치판은 변속기 입력축의 스플라인에 끼어져 있다.

40. 건설기계에 부하가 걸릴 때 토크컨버터의 터빈속도는 어떻게 되는 가 ?
① 빨라진다. ② 느려진다.
③ 일정하다. ④ 관계없다.
해설> 건설기계에 부하가 걸리면 토크컨버터의 터빈속도는 느려진다.

41. 피스톤식 유압펌프에서 회전경사판의 기능으로 가장 적합한 것은 ?
① 펌프압력을 조정
② 펌프출구의 개·폐
③ 펌프용량을 조정
④ 펌프 회전속도를 조정

42. 유압 실린더 중 피스톤의 양쪽에 유압유를 교대로 공급하여 양방향의 운동을 유압으로 작동시키는 형식은 ?
① 난동식 ② 복동식
③ 다동식 ④ 편동식

43. 유압유의 압력을 제어하는 밸브가 아닌 것은 ?
① 릴리프밸브 ② 체크밸브
③ 리듀싱밸브 ④ 시퀀스밸브

44. 유압장치에서 작동체의 속도를 바꿔주는 밸브는 ?
① 압력제어 밸브 ② 유량제어 밸브
③ 방향제어 밸브 ④ 체크밸브

45. 유압모터와 연결된 감속기의 오일수준을 점검할 때의 유의사항으로 틀린 것은 ?
① 오일이 정상온도일 때 오일수준을 점검해야 한다.
② 오일량은 영하(-)의 온도상태에서 가득 채워야 한다.
③ 오일수준을 점검하기 전에 항상 오일수준 게이지 주변을 깨끗하게 청소한다.
④ 오일량이 너무 적으면 모터 유닛이 올바르게 작동하지 않거나 손상될 수 있으므로 오일량은 항상 정량유지가 필요하다.

46. 보기에서 압력의 단위만 나열한 것은 ?

[보기]
ㄱ. psi   ㄴ. kgf/cm^2
ㄷ. bar   ㄹ. N·m

① ㄱ, ㄴ, ㄷ ② ㄱ, ㄴ, ㄹ
③ ㄴ, ㄷ, ㄹ ④ ㄱ, ㄷ, ㄹ

47. 유압유에 포함된 불순물을 제거하기 위해 유압펌프 흡입관에 설치하는 것은 ?
① 부스터
② 스트레이너
③ 공기청정기
④ 어큐뮬레이터

48. 유압장치의 특징 중 가장 거리가 먼 것은?
① 진동이 작고 작동이 원활하다.
② 고장원인 발견이 어렵고 구조가 복잡하다.
③ 에너지의 저장이 불가능하다.
④ 동력의 분배와 집중이 쉽다.
>해설> 유압장치는 진동이 작고 작동이 원활하며, 동력의 분배와 집중이 쉽고 에너지의 저장이 가능한 장점이 있으며, 고장원인 발견이 어렵고 구조가 복잡한 단점이 있다.

49. 작동유에 수분이 혼입되었을 때 나타나는 현상이 아닌 것은?
① 윤활능력 저하
② 작동유의 열화 촉진
③ 유압기기의 마모 촉진
④ 오일탱크의 오버플로
>해설> 오일탱크에서 오버플로가 발생하는 경우는 공기가 유입된 경우이다.

50. 유압장치의 오일탱크에서 펌프 흡입구의 설치에 대한 설명으로 틀린 것은?
① 펌프 흡입구는 반드시 탱크 가상 밑면에 설치한다.
② 펌프 흡입구에는 스트레이너(오일여과기)를 설치한다.
③ 펌프 흡입구와 탱크로의 귀환구(복귀구)사이에는 격리판(baffle plate)를 설치한다.
④ 펌프 흡입구는 탱크로의 귀환구(복귀구)로부터 될 수 있는 한 멀리 떨어진 위치에 설치한다.

51. 지게차를 작업용도에 따라 분류할 때 원추형 화물을 조이거나 회전시켜 운반 또는 적재하는데 적합한 것은?
① 힌지드 버킷
② 힌지드 포크
③ 로테이팅 클램프
④ 로드 스태빌라이저

52. 지게차 작업장치의 종류에 속하지 않는 것은?
① 하이마스트   ② 리퍼
③ 사이드 클램프 ④ 힌지드 버킷

53. 지게차의 뒷부분에 설치되어 화물을 실었을 때 앞쪽으로 기울어지는 것을 방지하기 위하여 설치되어 있는 것은?
① 엔진   ② 클러치
③ 변속기   ④ 평형추

54. 지게차의 포크를 내리는 역할을 하는 부품은?
① 틸트 실린더   ② 리프트 실린더
③ 볼 실린더   ④ 조향 실린더

55. 지게차의 좌우 포크높이가 다를 경우에 조정하는 부위는?
① 리프트 밸브로 조정한다.
② 리프트 체인의 길이로 조정한다.
③ 딜트 레버로 조정한다.
④ 틸트 실린더로 조정한다.

56. 지게차의 포크를 내리는 역할을 하는 부품은?
① 틸트 실린더   ② 리프트 실린더
③ 볼 실린더   ④ 조향 실린더

57. 유압계가 부착된 지게차에서 유압계 지침이 정상으로 압력이 상승되지 않았다. 그 원인으로 틀린 것은?
   ① 오일 파이프 파손
   ② 오일펌프 고장
   ③ 가속을 하였을 때
   ④ 연료 파이프 파손

58. 지게차의 조종레버 명칭이 아닌 것은?
   ① 리프트 레버 ② 밸브레버
   ③ 변속레버   ④ 틸트 레버

59. 지게차의 앞바퀴는 어디에 설치되는가?
   ① 섀클 핀에 설치된다.
   ② 직접 프레임에 설치된다.
   ③ 너클 암에 설치된다.
   ④ 등속이음에 설치된다.

60. 지게차를 작업용도에 따라 분류할 때 원추형 화물을 조이거나 회전시켜 운반 또는 적재하는데 적합한 것은?
   ① 힌지드 버킷
   ② 힌지드 포크
   ③ 로테이팅 클램프
   ④ 로드 스태빌라이저

Answer
01. ① 02. ② 03. ③ 04. ③ 05. ① 06. ② 07. ④ 08. ② 09. ② 10. ①
11. ① 12. ① 13. ① 14. ② 15. ④ 16. ③ 17. ② 18. ① 19. ① 20. ③
21. ③ 22. ② 23. ① 24. ④ 25. ④ 26. ① 27. ④ 28. ① 29. ④ 30. ①
31. ④ 32. ④ 33. ④ 34. ④ 35. ① 36. ② 37. ② 38. ② 39. ④ 40. ②
41. ③ 42. ④ 43. ② 44. ④ 45. ② 46. ① 47. ② 48. ③ 49. ④ 50. ①
51. ③ 52. ② 53. ④ 54. ④ 55. ② 56. ② 57. ④ 58. ② 59. ② 60. ③

상시검정대비 02 지게차운전기능사

01. 공기 중 산소농도가 부족하고, 공기 중에 미립자상 물질이 부유하는 장소에서 사용하기에 가장 적절한 보호구는?
   ① 면마스크   ② 방독마스크
   ③ 송기마스크 ④ 방진마스크

   【해설】 송기마스크는 산소농도가 18% 미만(산소농도 부족)이거나 유해물질 농도가 2%(암모니아 3%) 이상인 장소에서 작업할 때 착용한다.

02. 다음 중 올바른 보호구 선택방법으로 가장 적합하지 않은 것은?
   ① 잘 맞는지 확인하여야 한다.
   ② 사용목적에 적합하여야 한다.
   ③ 사용방법이 간편하고 손질이 쉬워야 한다.
   ④ 품질보다는 식별기능 여부를 우선해야 한다.

03. 의무안전인증 대상 보호구 중 AE, ABE 종 안전모의 질량 증가율은 몇 % 미만이어야 하는가?
① 1% ② 2%
③ 3% ④ 5%

04. 풀리에 벨트를 걸거나 벗길 때 안전하게 하기 위한 작동상태는?
① 중속인 상태 ② 역회전 상태
③ 정지한 상태 ④ 고속인 상태

05. 다음 중 수공구인 렌치를 사용할 때 지켜야 할 안전사항으로 옳은 것은?
① 볼트를 풀 때는 지렛대 원리를 이용하여, 렌치를 밀어서 힘이 받도록 한다.
② 볼트를 조일 때는 렌치를 해머로 쳐서 조이면 강하게 조일 수 있다.
③ 렌치작업 시 큰 힘으로 조일 경우 연장대를 끼워서 작업한다.
④ 볼트를 풀 때는 렌치 손잡이를 당길 때 힘을 받도록 한다.

06. 내부가 보이지 않는 병 속에 들어있는 약품을 냄새로 알아보고자 할 때 안전상 가장 적합한 방법은?
① 종이로 적셔서 알아본다.
② 손바람을 이용하여 확인한다.
③ 내용물을 조금 쏟아서 확인한다.
④ 숟가락으로 약간 떠내어 냄새를 직접 맡아본다.

07. 산업재해 발생원인 중 직접원인에 해당되는 것은?
① 유전적 요소 ② 사회적 환경
③ 불안전한 행동 ④ 인간의 결함

08. 다음 중 자연발화성 및 금속성물질이 아닌 것은?
① 탄소 ② 나트륨
③ 칼륨 ④ 알킬나트륨
[해설] 자연발화성 및 금속성물질에는 나트륨, 칼륨, 알킬나트륨 등이 있다.

09. 지게차 작업 전에 포크를 상승 및 하강을 2~3회시키고 마스트를 전경 또는 후경으로 2~3회시키는 이유로 가장 적절한 것은?
① 엔진의 냉각수 온도를 정상온도로 올리기 위해
② 유압유 온도를 상승시키기 위해
③ 유압라인의 공기를 빼기 위해
④ 유압탱크의 공기를 빼기 위해

10. 지게차는 자동차와 다르게 현가스프링을 사용하지 않는 이유를 설명한 것으로 옳은 것은?
① 롤링이 생기면 적하물이 떨어질 수 있기 때문에
② 현가장치가 있으면 조항이 어렵기 때문에
③ 화물에 충격을 줄여주기 위해
④ 앞차축이 구동축이기 때문에
[해설] 지게차에서 현가 스프링을 사용하지 않는 이유는 롤링이 생기면 적하물이 떨어지기 때문이다.

11. 산업안전보건법령상 안전·보건표지의 분류 명칭이 아닌 것은?
① 금지표지 ② 경고표지
③ 통제표지 ④ 안내표지

12. 엔진을 시동한 후 정상운전 가능상태를 확인하기 위해 가장 먼저 점검하는 것은?
① 오일 압력계
② 엔진 오일량
③ 주행 속도계
④ 냉각수 온도계

13. 지게차 화물취급 작업 시 준수하여야 할 사항으로 틀린 것은?
① 화물 앞에서 일단 정지해야 한다.
② 화물의 근처에 왔을 때에는 가속페달을 살짝 밟는다.
③ 파렛트에 실려 있는 물체의 안전한 적재여부를 확인한다.
④ 지게차를 화물 쪽으로 반듯하게 향하고 포크가 파렛트를 마찰하지 않도록 주의한다.
[해설] 화물의 근처에 왔을 때에는 브레이크페달을 가볍게 밟아 정지할 준비를 한다.

14. 지게차의 적재방법으로 틀린 것은?
① 화물을 올릴 때에는 포크를 수평으로 한다.
② 적재한 장소에 도달했을 때 천천히 정지한다.
③ 포크로 물건을 찌르거나 물건을 끌어서 올리지 않는다.
④ 화물이 무거우면 사람이나 중량물로 밸런스 웨이트를 삼는다.

15. 지게차의 운전을 종료했을 때 취해야 할 안전사항이 아닌 것은?
① 각종 레버는 중립에 둔다.
② 연료를 빼낸다.
③ 주차브레이크를 작동시킨다.
④ 전원 스위치를 차단시킨다.

16. 지게차의 화물운반 작업 중 가장 적당한 것은?
① 댐퍼를 뒤로 3° 정도 경사시켜서 운반한다.
② 마스트를 뒤로 4° 정도 경사시켜서 운반한다.
③ 샤퍼를 뒤로 6° 정도 경사시켜서 운반한다.
④ 바이브레이터를 뒤로 8° 정도 경사시켜서 운반한다.

17. 지게차 포크의 간격은 파레트 폭의 어느 정도로 하는 것이 가장 적당한가?
① 파레트 폭의 1/2~1/3
② 파레트 폭의 1/3~2/3
③ 파레트 폭의 1/2~2/3
④ 파레트 폭의 1/2~3/4

18. 지게차 주차 시 취해야할 안전조치로 틀린 것은?
① 포크를 지면에서 20cm 정도 높이에 고정시킨다.
② 엔진을 정지시키고 주차 브레이크를 잡아당겨 주차상태를 유지시킨다.
③ 포크의 선단이 지면에 닿도록 마스트를 전방으로 약간 경사 시킨다.
④ 시동스위치의 키를 빼내어 보관한다.

19. 지게차로 창고 또는 공장에 출입할 때 안전사항으로 틀린 것은?
① 차폭과 입구 폭을 확인한다.
② 부득이 포크를 올려서 출입하는 경우에는 출입구 높이에 주의한다.
③ 얼굴을 차체 밖으로 내밀어 주위환경을 관찰하며 출입한다.
④ 반드시 주위 안전 상태를 확인하고 나서 출입한다.

20. 지게차로 화물을 싣고 경사지에서 주행할 때 안전상 올바른 운전방법은?
① 포크를 높이 들고 주행한다.
② 내려갈 때에는 저속 후진한다.
③ 내려갈 때에는 변속레버를 중립에 놓고 주행한다.
④ 내려갈 때에는 시동을 끄고 타력으로 주행한다.
해설 화물을 포크에 적재하고 경사지를 내려올 때는 기어변속을 저속상태로 놓고 후진으로 내려온다.

21. 도로교통법령상 보도와 치도가 구분된 도로에 중앙선이 설치되어 있는 경우 차마의 통행방법으로 옳은 것은?(단, 도로의 파손 등 특별한 사유는 없다)
① 중앙선 좌측   ② 중앙선 우측
③ 보도   ④ 보도의 좌측
해설 도로교통법령상 보도와 차도가 구분된 도로에 중앙선이 설치되어 있는 경우 차마는 중앙선 우측으로 통행하여야 한다.

22. 도로교통법령상 운전자의 준수사항이 아닌 것은?
① 출석지시서를 받은 때에는 운전하지 아니 할 것
② 자동차의 운전 중에 휴대용 전화를 사용하지 않을 것
③ 자동차의 화물 적재함에 사람을 태우고 운행하지 말 것
④ 물이 고인 곳을 운행할 때에는 고인 물을 튀게 하여 다른 사람에게 피해를 주는 일이 없도록 할 것

23. 건설기계관리법령상 건설기계 소유자에게 건설기계 등록증을 교부할 수 없는 단체장은?
① 종로구 주민센터장
② 강원도지사
③ 대전광역시장
④ 세종특별자치시장

24. 3방향 도로명 표지에 대한 설명으로 틀린 것은?

① 시청방향으로 직진하던 차량이 우회전하는 경우 마포로 방향으로 진입할 수 있다.
② 차량을 직진하는 경우 고가차도로 시청 방향으로 갈 수 있다.
③ 시청방향으로 직진하던 차량이 우회전하는 경우 충정로 방향으로 진입할 수 없다.
④ 시청방향으로 직진하던 차량이 우회전하는 경우 충정로 방향으로 진입할 수 있다.

25. 건설기계관리법령상 건설기계의 정기검사 유효기간이 잘못된 것은?
    ① 덤프트럭 : 1년
    ② 타워크레인 : 2년
    ③ 아스팔트살포기 : 1년
    ④ 지게차 1톤 이상 : 3년

26. 건설기계관리법령상 건설기계의 소유자가 건설기계를 도로나 타인의 토지에 계속 버려두어 방치한 자에 대해 적용하는 벌칙은?
    ① 1000만 원 이하의 벌금
    ② 2000만 원 이하의 벌금
    ③ 1년 이하의 징역 또는 1천만 원 이하의 벌금
    ④ 2년 이하의 징역 또는 2천만 원 이하의 벌금
    해설〉 건설기계의 소유자가 건설기계를 도로나 타인의 토지에 계속 버려두어 방치한 경우 1년 이하의 징역 또는 1천만 원 이하의 벌금

27. 건설기계관리법령상 건설기계조종사 면허의 취소사유가 아닌 것은?
    ① 건설기계의 조종 중 고의로 3명에게 경상을 입힌 경우
    ② 건설기계의 조종 중 고의로 중상의 인명피해를 입힌 경우
    ③ 등록이 말소된 건설기계를 조종한 경우
    ④ 부정한 방법으로 건설기계조종사 면허를 받은 경우

28. 도로교통법령상 도로에서 교통사고로 인하여 사람을 사상한 때, 운전자의 조치로 가장 적합한 것은?
    ① 경찰관을 찾아 신고하는 것이 가장 우선행위이다.
    ② 경찰서에 출두하여 신고한 다음 사상자를 구호한다.
    ③ 중대한 업무를 수행하는 중인 경우에는 후조치를 할 수 있다.
    ④ 즉시 정차하여 사상자를 구호하는 등 필요한 조치를 한다.

29. 건설기계관리법령상 건설기계의 등록말소사유에 해당하지 않는 것은?
    ① 건설기계를 도난당한 경우
    ② 건설기계를 변경할 목적으로 해체한 경우
    ③ 건설기계를 교육·연구목적으로 사용한 경우
    ④ 건설기계의 차대가 등록 시의 차대와 다를 경우

30. 도로교통법령상 총중량 2000kg 미만인 자동차를 총중량이 그의 3배 이상인 자동차로 견인할 때의 속도는?(단, 견인하는 차량이 견인자동차가 아닌 경우이다)
    ① 매시 30km이내   ② 매시 50km이내
    ③ 매시 80km이내   ④ 매시 100km이내
    해설〉 총중량 2000kg 미만인 자동차를 총중량이 그의 3배 이상인 자동차로 견인할 때의 속도는 매시 30km 이내이다.

31. 다음 중 연소실과 연소의 구비조건이 아닌 것은?
    ① 분사된 연료를 가능한 한 긴 시간 동안 완전연소 시킬 것
    ② 평균유효압력이 높을 것
    ③ 고속회전에서 연소상태가 좋을 것
    ④ 노크발생이 적을 것

32. 크랭크축 베어링의 바깥둘레와 하우징 둘레와의 차이인 크러시를 두는 이유는?
   ① 안쪽으로 찌그러지는 것을 방지한다.
   ② 조립할 때 캡에 베어링이 끼워져 있도록 한다.
   ③ 조립할 때 베어링이 제자리에 밀착되도록 한다.
   ④ 볼트로 압착시켜 베어링 면의 열전도율을 높여준다.
   해설〉 크러시는 베어링 바깥둘레를 하우징 둘레보다 조금 크게 하고, 볼트로 압착시켜 베어링 면의 열전도율을 높이기 위함이다

33. 엔진 오일량 점검에서 오일게이지에 상한선(Full)과 하한선(Low)표시가 되어 있을 때 가장 적합한 것은?
   ① Low 표시에 있어야 한다.
   ② Low와 Full 표시사이에서 Low에 가까이 있으면 좋다.
   ③ Low와 Full 표시사이에서 Full에 가까이 있으면 좋다.
   ④ Full 표시 이상이 되어야 한다.
   해설〉 엔진 오일량은 오일레벨 게이지의 오일이 묻은 부분이 Full에 가까이 있으면 좋다.

34. 엔진에서 연료를 압축하여 분사순서에 맞게 노즐로 압송시키는 장치는?
   ① 연료분사펌프   ② 연료공급펌프
   ③ 프라이밍 펌프 ④ 유압펌프
   해설〉 연료분사펌프는 연료를 압축하여 분사순서에 맞추어 노즐로 압송시키는 장치이다.

35. 운전 중 운전석 계기판에 그림과 같은 등이 갑자기 점등되었다. 무슨 표시인가?

   ① 배터리 완전충전 표시등
   ② 전원차단 경고등
   ③ 전기 계통 작동 표시등
   ④ 충전경고등

36. 방향지시등 전구에 흐르는 전류를 일정한 주기로 단속·점멸하여 램프의 광도를 증감시키는 것은?
   ① 디머 스위치
   ② 플래셔 유닛
   ③ 파일럿 유닛
   ④ 방향지시기 스위치

37. 축전지를 교환 및 장착할 때 연결순서로 맞는 것은?
   ① (+)나 (-)선 중 편리한 것부터 연결하면 된다.
   ② 축전지의 (-)선을 먼저 부착하고, (+)선을 나중에 부착한다.
   ③ 축전지의 (+), (-)선을 동시에 부착한다.
   ④ 축전지의 (+)선을 먼저 부착하고, (-)선을 나중에 부착한다.
   해설〉 축전지를 장착할 때에는 (+)선을 먼저 부착하고, (-)선을 나중에 부착한다.

38. 타이어에 11.00-20-12PR이란 표시 중 "11.00"이 나타내는 것은?
   ① 타이어 외경을 인치로 표시한 것
   ② 타이어 폭을 센티미터로 표시한 것
   ③ 타이어 내경을 인치로 표시한 것
   ④ 타이어 폭을 인치로 표시한 것

39. 조향장치의 특성에 관한 설명 중 틀린 것은?
① 조향조작이 경쾌하고 자유로워야 한다.
② 회전반경이 되도록 커야 한다.
③ 타이어 및 조향장치의 내구성이 커야 한다.
④ 노면으로부터의 충격이나 원심력 등의 영향을 받지 않아야 한다.

40. 토크컨버터에서 오일의 흐름방향을 바꾸어 주는 것은?
① 펌프
② 터빈
③ 변속기축
④ 스테이터

41. 공동(Cavitation)현상이 발생하였을 때의 영향 중 가장 거리가 먼 것은?
① 체적효율이 감소한다.
② 고압부분의 기포가 과포화상태로 된다.
③ 최고압력이 발생하여 급격한 압력파가 일어난다.
④ 유압장치 내부에 국부적인 고압이 발생하여 소음과 진동이 발생된다.
해설 공동현상이 발생하면 최고압력이 발생하여 급격한 압력파가 일어나고, 체적효율이 감소하며, 유압장치 내부에 국부적인 고압이 발생하여 소음과 진동이 발생된다.

42. 유압실린더 중 피스톤의 양쪽에 유압유를 교대로 공급하여 양방향의 운동을 유압으로 작동시키는 형식은?
① 단동식
② 복동식
③ 다동식
④ 편동식
해설 복동식은 유압실린더 피스톤의 양쪽에 유압유를 교대로 공급하여 양방향의 운동을 유압으로 작동시킨다.

43. 유압펌프에서 소음이 발생할 수 있는 원인으로 거리가 가장 먼 것은?
① 오일의 양이 적을 때
② 유압펌프의 회전속도가 느릴 때
③ 오일 속에 공기가 들어 있을 때
④ 오일의 점도가 너무 높을 때

44. 유압장치에서 가변용량형 유압펌프의 기호는?

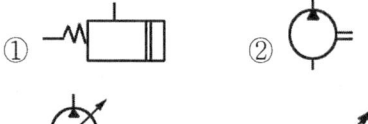

45. 유압장치의 특징 중 가장 거리가 먼 것은?
① 진동이 작고 작동이 원활하다.
② 고장원인 발견이 어렵고 구조가 복잡하다.
③ 에너지의 저장이 불가능하다.
④ 동력의 분배와 집중이 쉽다.
해설 유압장치는 진동이 작고 작동이 원활하며, 동력의 분배와 집중이 쉽고 에너지의 저장이 가능한 장점이 있으며, 고장원인 발견이 어렵고 구조가 복잡한 단점이 있다.

46. 건설기계 유압장치의 작동유 탱크의 구비조건 중 거리가 가장 먼 것은?
① 배유구(드레인 플러그)와 유면계를 두어야 한다.
② 흡입관과 복귀관 사이에 격판(차폐장치, 격리판)을 두어야 한다.
③ 유면을 흡입라인 아래까지 항상 유지할 수 있어야 한다.
④ 흡입 작동유 여과를 위한 스트레이너를 두어야 한다.

47. 지게차의 리프트 실린더 작동회로에 사용되는 플로우 레귤레이터(슬로우 리턴) 밸브의 역할은?
① 포크의 하강속도를 조절하여 포크가 천천히 내려오도록 한다.
② 포크상승 시 작동유의 압력을 높여준다.
③ 짐을 하강할 때 신속하게 내려오도록 한다.
④ 포크가 상승하다가 리프트 실린더 중간에서 정지 시 실린더 내부누유를 방지한다.

해설〉 지게차의 리프트 실린더 작동회로에 플로 레귤레이터(슬로 리턴)밸브를 사용하는 이유는 포크를 천천히 하강시키도록 하기 위함이다.

48. 유압모터의 특징 중 거리가 가장 먼 것은?
① 무단변속이 가능하다.
② 속도나 방향의 제어가 용이하다.
③ 작동유의 점도변화에 의하여 유압모터의 사용에 제약이 있다.
④ 작동유가 인화되기 어렵다.

해설〉 유압모터는 무단변속이 가능하고, 속도나 방향의 제어가 용이한 장점이 있으나 작동유의 점도변화에 의하여 유압모터의 사용에 제약이 따르고, 작동유가 인화되기 쉬운 단점이 있다.

49. 유압회로 내의 압력이 설정압력에 도달하면 펌프에 토출된 오일의 일부 또는 전량을 직접 탱크로 돌려보내 회로의 압력을 설정 값으로 유지하는 밸브는?
① 시퀀스 밸브 ② 릴리프밸브
③ 언로드 밸브 ④ 체크밸브

해설〉 릴리프밸브는 유압장치 내의 압력을 일정하게 유지하고, 최고압력을 제한하며 회로를 보호하며, 과부하 방지와 유압기기의 보호를 위하여 최고 압력을 규제한다.

50. 유압회로 내의 이물질, 열화된 오일 및 슬러지 등을 회로 밖으로 배출시켜 회로를 깨끗하게 하는 것을 무엇이라 하는가?
① 푸싱(pushing)
② 리듀싱(reducing)
③ 언로딩(unloading)
④ 플래싱(flashing)

해설〉 플래싱은 유압회로 내의 이물질, 열화된 오일 및 슬러지 등을 회로 밖으로 배출시켜 회로를 깨끗하게 하는 작업이다.

51. 지게차 작업장치의 종류에 속하지 않는 것은?
① 하이 마스트
② 리퍼
③ 사이드 클램프
④ 힌지 버킷

52. 타이어식 건설기계에서 추진축의 스플라인부가 마모되면 어떤 현상이 발생하는가?
① 차동기어의 물림이 불량하다.
② 클러치 페달의 유격이 크다.
③ 가속 시 미끄럼현상이 발생한다.
④ 주행 중 소음이 나고 차체에 진동이 있다.

해설〉 추진축의 스플라인부분이 마모되면 주행 중 소음이 나고 차체에 진동이 발생한다.

53. 동력 조향장치의 장점으로 적합하지 않은 것은?
 ① 작은 조작력으로 조향조작을 할 수 있다.
 ② 조향기어비는 조작력에 관계없이 선정할 수 있다.
 ③ 굴곡노면에서의 충격을 흡수하여 조향핸들에 전달되는 것을 방지한다.
 ④ 조작이 미숙하면 엔진이 자동으로 정지된다.

54. 지게차를 전·후진방향으로 서서히 화물에 접근시키거나 빠른 유압작동으로 신속히 화물을 상승 또는 적재시킬 때 사용하는 것은?
 ① 인칭조절 페달
 ② 액셀러레이터 페달
 ③ 디셀러레이터 페달
 ④ 브레이크 페달

 해설 인칭조절 페달은 지게차를 전·후진방향으로 서서히 화물에 접근시키거나 빠른 유압작동으로 신속히 화물을 상승 또는 적재시킬 때 사용하며, 트랜스미션 내부에 설치되어 있다.

55. 지게차의 틸트 레버를 운전석에서 운전자 몸 쪽으로 당기면 마스트는 어떻게 기울어지는가?
 ① 운전자의 몸 쪽에서 멀어지는 방향으로 기운다.
 ② 지면방향 아래쪽으로 내려온다.
 ③ 운전자의 몸 쪽 방향으로 기운다.
 ④ 지면에서 위쪽으로 올라간다.

56. 지게차에서 엔진이 정지되었을 때 레버를 밀어도 마스트가 경사되지 않도록 하는 것은?
 ① 벨 크랭크 기구 ② 틸트 록 장치
 ③ 체크밸브   ④ 스태빌라이저

 해설 틸트 록 장치는 마스트를 기울일 때 갑자기 엔진의 시동이 정지되면 작동하여 그 상태를 유지시키는 작용을 한다. 즉 틸트레버를 움직여도 마스트가 경사되지 않도록 한다.

57. 지게차의 포크 양쪽 중 한쪽이 낮아졌을 경우에 해당되는 원인으로 볼 수 있는 것은?
 ① 체인의 늘어짐
 ② 사이드 롤러의 과다한 마모
 ③ 실린더의 마모
 ④ 윤활유 불충분

 해설 리프트 체인의 한쪽이 늘어나면 포크가 한쪽으로 기우러진다.

58. 지게차의 일반적인 조향방식은?
 ① 앞바퀴 조향방식이다.
 ② 뒷바퀴 조향방식이다.
 ③ 허리꺾기 조향방식이다.
 ④ 작업조건에 따라 바꿀 수 있다.

59. 지게차 포크를 하강시키는 방법으로 가장 적합한 것은?
 ① 가속페달을 밟고 리프트레버를 앞으로 민다.
 ② 가속페달을 밟고 리프트레버를 뒤로 당긴다.
 ③ 가속페달을 밟지 않고 리프트레버를 뒤로 당긴다.
 ④ 가속페달을 밟지 않고 리프트레버를 앞으로 민다.

 해설 포크를 하강시킬 때에는 가속페달을 밟지 않고 리프트레버를 앞으로 민다.

60. 지게차의 화물운반 작업 중 가장 적당한 것은?
① 댐퍼를 뒤로 3° 정도 경사시켜서 운반한다.
② 마스트를 뒤로 4° 정도 경사시켜서 운반한다.
③ 샤퍼를 뒤로 6° 정도 경사시켜서 운반한다.
④ 바이브레이터를 뒤로 8° 정도 경사시켜서 운반한다.

Answer
01. ③ 02. ④ 03. ① 04. ③ 05. ④ 06. ② 07. ③ 08. ① 09. ② 10. ①
11. ③ 12. ① 13. ② 14. ④ 15. ② 16. ② 17. ④ 18. ① 19. ③ 20. ②
21. ② 22. ① 23. ① 24. ④ 25. ④ 26. ③ 27. ② 28. ④ 29. ② 30. ①
31. ① 32. ② 33. ② 34. ① 35. ② 36. ② 37. ② 38. ② 39. ② 40. ④
41. ② 42. ② 43. ② 44. ③ 45. ② 46. ③ 47. ① 48. ④ 49. ② 50. ④
51. ② 52. ④ 53. ④ 54. ① 55. ③ 56. ② 57. ① 58. ② 59. ④ 60. ②

지게차운전기능사

01. 다음 중 보호구에 있어 자율안전 확인제품에 표시하여야 하는 사항이 아닌 것은?
① 제조자명
② 자율안전확인의 표시
③ 사용기한
④ 제조번호 및 제조연월

02. 다음 중 안전모의 성능시험에 있어서 AE, ABE종에만 한하여 실시하는 시험은?
① 내관통성시험, 충격흡수성시험
② 난연성시험, 내수성시험
③ 내관통성시험, 내전압성시험
④ 내전압성시험, 내수성시험

03. 안전·보건표지의 종류와 형태에서 그림의 표지로 맞는 것은?
① 차량통행금지
② 사용금지
③ 탑승금지
④ 물체이동금지

04. 지게차의 안정도에 대한 사항으로 틀린 것은?
① 하역작업 시 전후 안정도 : 4%
② 5ton 이상 지게차 하역작업 시 전후 안정도 : 3.5%
③ 주행작업 시 좌우 안정도 : 18%
④ 하역작업시 좌우 안정도 : 4%
해설> 하역작업시 좌우 안정도는 6%이다.

05. 지게차 적재작업시 안전수칙 중 준수사항이 아닌 것은?
① 운반하고자 하는 화물의 바로 앞에 오면 안전한 속도로 감속한다.
② 화물 앞에 가까이 갔을 때에는 일단 정지하여 마스트를 수직으로 세운다.
③ 운전석의 전방 눈높이 이상으로 적재하며 하중이 포크 중앙에 위치할 수 있도록 균형 유지
④ 허용적재 하중을 준수하고 무너지거나 굴러갈 위험이 있는 물체는 결박한다.

[해설] 운전석의 전방 눈높이 이하로 적재하며 하중이 포크 중앙에 위치할 수 있도록 균형 유지

06. 지게차에 적재된 화물이 클 때 운전방법으로 틀린 것은?
① 전진으로 주행하면서 주위상황을 확인한다.
② 운행전 하차하여 주위상황을 확인한다.
③ 후진운전 불가능시 유도자를 배치하여 전진 운행한다.
④ 후진으로 주행한다.

07. 운반작업을 하는 작업장의 통로에서 통과 우선순위로 가장 적당한 것은?
① 짐차-빈차-사람
② 빈차-짐차-사람
③ 사람-짐차-빈차
④ 사람-빈차-짐차

08. 지게차 작업내용과 관련된 준비사항에 대하여 파악하기 위하여 작업계획서를 확인하여야 한다. 다음 중 확인사항으로 틀린 것은?

① 운전자의 시야 확보가 불량한지 확인한다.
② 운반할 화물에 대하여 확인한다.
③ 장비 제원에 대하여 확인한다.
④ 작업시간, 작업방법을 확인한다.

09. 지렛대 사용 시 주의사항이 아닌 것은?
① 손잡이가 미끄럽지 않을 것
② 화물 중량과 크기에 적합한 것
③ 화물 접촉면을 미끄럽게 할 것
④ 둥글고 미끄러지기 쉬운 지렛대는 사용하지 말 것

10. 타이어 마모 한계를 초과하여 사용하였을 때 발생하는 현상으로 틀린 것은?
① 브레이크 페달을 밟아도 타이어가 미끄러져 제동거리가 길어진다.
② 우천주행 시 도로와 타이어사이의 물이 배수되지 않아 수막현상이 발생한다.
③ 작은 이물질에도 타이어 트레드에 상처가 발생하여 사고의 원인이 된다.
④ 브레이크가 잘 듣지 않는 페이드 현상의 원인이 된다.

[해설] 페이드 현상은 과도하게 브레이크 페달을 사용하였을 때, 패드 또는 라이닝과 디스크 또는 드럼사이에서 생긴 마찰열로 인하여 마찰계수가 낮아져 제동력이 약화되면서 차가 미끄러지는 현상이다.

11. 구동벨트를 점검할 때 엔진의 상태는?
① 공회전 상태   ② 급가속 상태
③ 정지 상태   ④ 급감속 상태

[해설] 벨트를 점검하거나 교체할 때에는 엔진의 가동이 정지된 상태에서 한다.

12. 지게차의 작업 전 조향장치의 점검사항이 아닌 것은 ?
① 조향핸들에 이상 진동이 느껴지는지 확인한다.
② 조향핸들을 조작해서 유격상태를 점검한다.
③ 조향핸들 조작시 조향비 및 조작력에 큰 차이가 느껴지면 점검이 필요하다.
④ 조향기어 링키지의 조정상태를 점검한다.

13. 다음 중 화물의 포장에 기본적인 기능이 아닌 것은 ?
① 보호성　　　② 상품성
③ 편리성　　　④ 객관성

해설 화물의 포장에 기본적인 기능은 포장의 보호성・상품성・편리성・심리성 및 배송성(配送性)에 있다.

14. 다음 중 컨테이너의 재료로 틀린 것은 ?
① 목재
② 합판
③ 중합금
④ 섬유강화플라스틱(FRP)

15. 지게차의 전・후진 레버 및 변속 레버를 설명한 것으로 틀린 것은 ?
① 갑작스런 출발을 방지하기 위하여 중립 잠금 장치가 장착되어 있다.
② 변속 레버를 앞으로 돌리면 1~3단으로 변속을 할 수 있다.
③ 전・후진 레버를 중립(N) 위치에서 뒤로 당기면 전진, 앞으로 밀면 후진이 된다.
④ 적재작업을 할 때에는 1~2단으로 수행하여야 한다.

16. 지게차 주차시 포크의 위치는 ?
① 지면에 닿게 한다.
② 지면에서 높이 떨어질수록 좋다.
③ 지면에서 10~15cm 정도 위치에 둔다.
④ 지면에서 30~35cm 정도 위치에 둔다.

17. 자동변속기가 장착된 지게차 주차 시 주의할 점이 아닌 것은 ?
① 변속레버를 "P" 위치로 한다.
② 핸드브레이크 레버를 당긴다.
③ 주 브레이크를 제동시켜 놓는다.
④ 포크를 지면에 완전히 내린다.

18. 다음 설명에서 올바르지 않은 것은 ?
① 장비의 그리스 주입은 정기적으로 한다.
② 최근의 부동액은 4계절 모두 사용하여도 된다.
③ 장비운전, 작업 시 엔진 회전수를 낮추어 운전 한다.
④ 엔진오일 교환 시 여과기도 같이 교환한다.

19. 지게차의 작업내용으로 틀린 것은 ?
① 틸팅(tilting)
② 리프팅(lifting)
③ 로어링(lowering)
④ 블레이드(blade)

해설 지게차 작업내용
① 틸팅(tilting) : 마스터의 전경 또는 후경작업
② 리프팅(lifting) : 포크의 상승작업
③ 로어링(lowering) : 포크의 하강작업

20. 지게차의 운행 동선을 확보하는 사항으로 거리가 먼 것은?
① 보조자의 배치 시는 항상 신호수의 위치를 확인하고 수신호에 따라 작업한다.
② 출입구 진입 시 적재 화물의 낙하에 주의하여야 하며, 사전에 통행로에 문제점이 있는지를 확인하여야 한다.
③ 적재 화물의 높이를 측정하여 운행 동선의 통행 가능 여부를 확인하여야 한다.
④ 사전에 통행로에 문제점이 있는지를 확인하여 주행 시 적재 화물의 낙하에 주의하여야 한다.

21. 도로교통법에서 안전지대의 정의에 관한 설명으로 옳은 것은?
① 버스정류장 표지가 있는 장소
② 자동차가 주차할 수 있도록 설치된 장소
③ 도로를 횡단하는 보행자나 통행하는 차마의 안전을 위하여 안전표지 등으로 표시된 도로의 부분
④ 사고가 잦은 장소에 보행자의 안전을 위하여 설치한 장소

22. 그림과 같은 교통표지의 설명으로 맞는 것은?
① 유턴금지표지
② 횡단금지표지
③ 좌회전 표지
④ 회전표지

23. 다른 교통 또는 안전표지의 표시에 주의하면서 진행할 수 있는 신호로 가장 적합한 것은?
① 적색 X표 표시의 등화
② 황색등화 점멸
③ 적색의 등화
④ 녹색 화살표시의 등화

24. 진로변경을 해서는 안 되는 경우는?
① 안전표지(진로변경 제한선)가 설치되어 있을 때
② 시속 50km/h 이상으로 주행할 때
③ 교통이 복잡한 도로일 때
④ 3차로의 도로일 때

[해설] 노면표시의 진로변경 제한선은 백색실선이며, 진로변경을 할 수 없다.

25. 도로교통법상 술에 취한 상태의 기준으로 옳은 것은?
① 혈중 알코올농도 0.01% 이상
② 혈중 알코올농도 0.02% 이상
③ 혈중 알코올농도 0.03% 이상
④ 혈중 알코올농도 0.1% 이상

26. 다음 중 오른쪽 한 방향용 도로명판에 대한 설명으로 틀린 것은?

① 전북로 도로 이름을 나타낸다.
② "1→"는 현 위치 도로의 시작점이다.
③ 전북로는 1번지부터 143번지까지이다.
④ 전북로는 1.43km이다.

[해설] 도로의 폭이 12m 이상 40m 미만이거나 왕복 2차로 이상 8차로 미만인 도로로 전북로는 도로 이름. "1→"는 현 위치 도로의 시작점. "143"은 143×10m로 1.43km이다.

27. 건설기계를 운전하여 교차로에서 우회전을 하려고 할 때 가장 적합한 것은?
① 우회전은 신호가 필요 없으며, 보행자를 피하기 위해 빠른 속도로 진행한다.
② 신호를 행하면서 서행으로 주행하여야 하며, 교통신호에 따라 횡단하는 보행자의 통행을 방해하여서는 아니 된다.
③ 우회전은 언제 어느 곳에서나 할 수 있다.
④ 우회전 신호를 행하면서 빠르게 우회전한다.

28. 시·도지사가 저당권이 등록된 건설기계를 말소할 때 미리 그 뜻을 건설기계의 소유자 및 이해관계인에게 통보한 후 몇 개월이 지나지 않으면 등록을 말소할 수 없는 가?
① 3개월　　　　② 1개월
③ 12개월　　　 ④ 6개월

29. 건설기계 조종사면허의 결격사유에 해당되지 않는 것은?
① 18세 미만인 사람
② 정신질환자 또는 뇌전증환자
③ 마약·대마·향정신성의약품 또는 알고올 중독자
④ 파산자로서 복권되지 않은 사람

30. 환자의 응급조치 및 긴급구호 방법 중 틀린 것은?
① 부득이하게 환자를 이동시켜야 할 경우는 혼자 부상자를 빨리 움직여야 한다.
② 부상자는 되도록 이동시키지 말고 발견된 위치에서 치료해야 무리한 구조로 인한 2차 부상이나 부상악화를 막을 수 있다.
③ 의식이 없는 환자의 경우, 특히 주의를 요하며 의식이 없는 환자는 일단 목 부위에 손상이 있다는 가정 하에 응급처치를 해야 한다.
④ 반드시 필요한 경우가 아니라면 환자를 움직여서는 안 되며 호흡이 원활해지도록 머리와 목을 손이나 지지도구로 지탱해준다.

31. 디젤엔진의 순환운동 순서로 맞는 것은?
① 공기압축 → 가스폭발 → 공기흡입 → 배기 → 점화
② 연료흡입 → 연료분사 → 공기압축 → 착화연소 → 연소·배기
③ 공기흡입 → 공기압축 → 연소·배기 → 연료분사 → 착화연소
④ 공기흡입 → 공기압축 → 연료분사 → 착화연소 → 배기

해설〉 디젤엔진의 순환운동 순서는 공기흡입 → 공기압축 → 연료분사 → 착화연소 → 배기이다.

32. 보기에 나타낸 것은 엔진에서 어느 구성부품을 형태에 따라 구분한 것인가?

[보기]
직접분사식,　예연소실식
와류실식,　　공기실식

① 연료분사장치　　② 연소실
③ 점화장치　　　　④ 동력전달장치

33. 건설기계의 엔진에서 오일펌프가 하는 주 기능은?
① 오일의 여과기능이다.
② 오일의 속도를 조절한다.
③ 오일의 압력을 만들어 준다.
④ 오일 양을 조절한다.

34. 노킹이 발생되었을 때 디젤엔진에 미치는 영향이 아닌 것은?
① 배기가스의 온도가 상승한다.
② 연소실 온도가 상승한다.
③ 엔진에 손상이 발생할 수 있다.
④ 출력이 저하된다.

35. 전해액 충전 시 20℃일 때 비중으로 틀린 것은?
① 25% : 1.150~1.170
② 50% : 1.190~1.210
③ 75% : 1.220~1.260
④ 완전충전 : 1.260~1.280

36. 전조등 형식 중 내부에 불활성 가스가 들어 있으며, 광도의 변화가 적은 것은?
① 로우 빔식   ② 하이 빔식
③ 실드 빔식   ④ 세미 실드빔식

37. 「유도 기전력의 방향은 코일 내의 자속의 변화를 방해하려는 방향으로 발생한다.」는 법칙은?
① 플레밍의 왼손법칙
② 플레밍의 오른손법칙
③ 렌츠의 법칙
④ 자기유도 법칙

해설〉 렌츠의 법칙은 전자유도에 관한 법칙으로 유도 기전력은 코일 내의 자속의 변화를 방해하는 방향으로 발생된다는 법칙이다.

38. 종감속비에 대한 설명으로 맞지 않는 것은?
① 종감속비는 링 기어 잇수를 구동피니언 잇수로 나눈 값이다.
② 종감속비가 크면 가속성능이 향상된다.
③ 종감속비가 적으면 등판능력이 향상된다.
④ 종감속비는 나누어서 떨어지지 않는 값으로 한다.

39. 드럼 브레이크구조에서 브레이크작동 시 조향핸들이 한쪽으로 쏠리는 원인이 아닌 것은?
① 타이어 공기압이 고르지 않다.
② 한쪽 휠 실린더 작동이 불량하다.
③ 브레이크 라이닝 간극이 불량하다.
④ 마스터실린더 체크밸브 작용이 불량하다.

해설〉 브레이크를 작동시킬 때 조향핸들이 한쪽으로 쏠리는 원인은 타이어 공기압이 고르지 않을 때, 한쪽 휠 실린더 작동이 불량할 때, 한쪽 브레이크 라이닝 간극이 불량할 때 등이다.

40. 하부추진체가 휠로 되어 있는 건설기계가 커브를 돌 때 선회를 원활하게 해주는 장치는?
① 변속기   ② 차동장치
③ 최종 구동장치   ④ 트랜스퍼케이스

41. 유압유의 압력을 제어하는 밸브가 아닌 것은?
① 릴리프밸브   ② 체크밸브
③ 리듀싱밸브   ④ 시퀀스밸브

42. 유압유 온도가 과열되었을 때 유압계통에 미치는 영향으로 틀린 것은?
① 온도변화에 의해 유압기기가 열 변형되기 쉽다.
② 오일의 점도저하에 의해 누유되기 쉽다.
③ 유압펌프의 효율이 높아진다.
④ 오일의 열화를 촉진한다.

43. 유압회로에서 작동유의 정상작동 온도에 해당되는 것은?
① 5~10℃ ② 40~80℃
③ 112~115℃ ④ 125~140℃

44. 다음 유압 도면기호의 명칭은?
① 스트레이너
② 유압모터
③ 유압펌프
④ 압력계

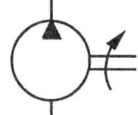

45. 건설기계의 유압장치 취급방법으로 적합하지 않은 것은?
① 유압장치는 워밍업 후 작업하는 것이 좋다.
② 유압유는 1주에 한 번, 소량씩 보충한다.
③ 작동유에 이물질이 포함되지 않도록 관리·취급하여야 한다.
④ 작동유가 부족하지 않은지 점검하여야 한다.

46. 유압장치의 계통 내에 슬러지 등이 생겼을 때 이것을 용해하여 깨끗이 하는 작업은?

① 서징 ② 코킹
③ 플러싱 ④ 트램핑

해설 플러싱이란 유압계통의 오일장치 내에 슬러지 등이 생겼을 때 이것을 용해하여 장치 내를 깨끗이 하는 작업이다.

47. 유압계통에 사용되는 오일의 점도가 너무 낮을 경우 나타날 수 있는 현상이 아닌 것은?
① 시동 저항증가
② 유압펌프 효율저하
③ 오일 누설증가
④ 유압회로 내 압력저하

48. 유압장치의 특징 중 가장 거리가 먼 것은?
① 진동이 작고 작동이 원활하다.
② 고장원인 발견이 어렵고 구조가 복잡하다.
③ 에너지의 저장이 불가능하다.
④ 동력의 분배와 집중이 쉽다.

해설 유압장치는 진동이 작고 작동이 원활하며, 동력의 분배와 집중이 쉽고 에너지의 저장이 가능한 장점이 있으며, 고장원인 발견이 어렵고 구조가 복잡한 단점이 있다.

49. 각종 압력을 설명한 것으로 틀린 것은?
① 계기압력 : 대기압을 기준으로 한 압력
② 절대압력 : 완전진공을 기준으로 한 압력
③ 대기압력 : 절대압력과 계기압력을 곱한 압력
④ 진공압력 : 대기압 이하의 압력, 즉 음(-)의 계기압력

해설 대기압이란 공기 무게에 의해 생기는 대기의 압력이다. 760mmHg를 1기압으로 하며, 기상학에서는 밀리바(mb)를 사용한다.

50. 단위시간에 이동하는 유체의 체적을 무엇이라 하는가?
   ① 토출압   ② 드레인
   ③ 언더랩   ④ 유량

51. 지게차의 운전장치를 조작하는 동작의 설명으로 틀린 것은?
   ① 전·후진 레버를 앞으로 밀면 후진이 된다.
   ② 틸트 레버를 뒤로 당기면 마스트는 뒤로 기운다.
   ③ 리프트 레버를 앞으로 밀면 포크가 내려간다.
   ④ 전·후진 레버를 뒤로 당기면 후진이 된다.

52. 지게차의 뒷부분에 설치되어 화물을 실었을 때 앞쪽으로 기울어지는 것을 방지하기 위하여 설치되어 있는 것은?
   ① 엔진   ② 클러치
   ③ 변속기   ④ 평형추

53. 지게차의 조종레버 명칭이 아닌 것은?
   ① 리프트 레버   ② 밸브레버
   ③ 변속레버   ④ 틸트 레버

54. 지게차 리프트 실린더의 주된 역할은?
   ① 마스터를 틸트시킨다.
   ② 마스터를 하강 이동시킨다.
   ③ 포크를 상승·하강시킨다.
   ④ 포크를 앞뒤로 기울게 한다.

55. 지게차의 전경각과 후경각은 조종사가 적절하게 선정하여 작업을 하여야 하는데 이를 조정하는 레버는?
   ① 리프트 레버
   ② 변속 레버
   ③ 틸트 레버
   ④ 암(스틱) 제어레버

56. 지게차의 리프트 실린더(lift cylinder) 작동회로에서 플로우 프로텍터(벨로시티 퓨즈)를 사용하는 주된 목적은?
   ① 컨트롤밸브와 리프터 실린더사이에서 배관파손 시 적재물 급강하를 방지한다.
   ② 포크의 정상 하강 시 천천히 내려올 수 있게 한다.
   ③ 짐을 하강할 때 신속하게 내려올 수 있도록 작용한다.
   ④ 리프트 실린더 회로에서 포크상승 중 중간 정지 시 내부 누유를 방지한다.
   해설〉 플로우 프로텍터(flow protector, 벨로시티 퓨즈)는 컨트롤밸브와 리프터 실린더사이에서 배관이 파손되었을 때 적재물 급강하를 방지한다.

57. 지게차의 좌우 포크높이가 다를 경우에 조정하는 부위는?
   ① 리프트 밸브로 조정한다.
   ② 리프트 체인의 길이로 조정한다.
   ③ 틸트 레버로 조정한다.
   ④ 틸트 실린더로 조정한다.

58. 지게차의 구성부품이 아닌 것은?
   ① 마스트
   ② 밸런스 웨이트
   ③ 틸트 실린더
   ④ 블레이드

59. 깨지기 쉬운 화물이나 불안전한 화물의 낙하를 방지하기 위하여 포크 상단에 상하 작동할 수 있는 압력판을 부착한 지게차는?
① 하이 마스트
② 사이드 시프트 마스트
③ 로드 스태빌라이저
④ 3단 마스트

60. 지게차 운전장치를 조작하는 동작의 설명으로 틀린 것은?

① 전·후진 레버를 앞으로 밀면 후진이 된다.
② 틸트 레버를 뒤로 당기면 마스트는 뒤로 기운다.
③ 리프트 레버를 앞으로 밀면 포크가 내려간다.
④ 전·후진 레버를 뒤로 당기면 후진이 된다.

Answer
01. ③ 02. ④ 03. ① 04. ④ 05. ③ 06. ① 07. ① 08. ① 09. ③ 10. ④
11. ③ 12. ④ 13. ④ 14. ③ 15. ③ 16. ① 17. ③ 18. ① 19. ④ 20. ③
21. ③ 22. ① 23. ② 24. ① 25. ③ 26. ③ 27. ① 28. ① 29. ④ 30. ①
31. ④ 32. ② 33. ③ 34. ① 35. ③ 36. ③ 37. ③ 38. ① 39. ④ 40. ②
41. ② 42. ① 43. ② 44. ④ 45. ② 46. ① 47. ① 48. ④ 49. ③ 50. ①
51. ① 52. ④ 53. ② 54. ③ 55. ③ 56. ① 57. ② 58. ④ 59. ③ 60. ①

지게차운전기능사

01. 연삭작업 시 반드시 착용해야 하는 보호구는?
① 방독면   ② 장갑
③ 보안경   ④ 마스크

02. 다음 중 방독마스크의 종류와 시험가스가 잘못 연결된 것은?
① 할로겐용 : 수소가스(H_2)
② 암모니아용 : 암모니아가스(NH_3)
③ 유기화합물용 : 시클로헥산(C_6H_{12})
④ 시안화수소용 : 시안화수소가스(HCN)

해설〉 할로겐용 시험가스는 염소가스 또는 증기(Cl_2)

03. 다음 그림과 같은 안전표지판이 나타내는 것은?
① 비상구
② 출입금지
③ 인화성 물질경고
④ 보안경 착용

04. 해머작업 시 불안전한 것은 ?
① 해머의 타격면이 찌그러진 것을 사용치 말 것
② 타격할 때 처음은 큰 타격을 가하고 점차 적은 타격을 가할 것
③ 공동작업 시 주위를 살피면서 공작물의 위치를 주시할 것
④ 장갑을 끼고 작업하지 말아야 하며 자루가 빠지지 않게 할 것

05. 다음은 화재 발생상태의 소화방법이다. 잘못된 것은 ?
① A급 화재 : 초기에는 포말, 감화액, 분말소화기를 사용하여 진화, 불길이 확산되면 물을 사용하여 소화
② B급 화재 : 포말, 이산화탄소, 분말소화기를 사용하여 소화
③ C급 화재 : 이산화탄소, 할론 가스, 분말소화기를 사용하여 소화
④ D급 화재 : 물을 사용하여 소화

해설〉 D급 화재는 금속나트륨 등의 금속화재로서 일반적으로 건조사를 이용한 질식효과로 소화한다.

06. 지게차 안정도에 대한 설명으로 맞는 것은?
① 후면 카운터 웨이트의 무게에 의해 안정된 상태가 유지된다.
② 안정된 상태를 유지할 수 있도록 최대하중 이하로 적재하여야 한다.
③ 지게차의 화물하역, 운반시 전도에 대한 안전성을 표시하는 수치이다.
④ 지게차에 화물 적재 시 앞 타이어가 받침대의 역할을 한다.

해설〉 ①, ②, ④항은 지게차 전도방지 안전장치이다.

07. 안전작업 사항으로 잘못된 것은 ?
① 전기장치는 접지를 하고 이동식 전기기구는 방호장치를 설치한다.
② 엔진에서 배출되는 일산화탄소에 대비한 통풍장치를 한다.
③ 담뱃불은 발화력이 약하므로 제한장소 없이 흡연해도 무방하다.
④ 주요장비 등은 조작자를 지정하여 아무나 조작하지 않도록 한다.

08. 작업점 외에 직접 사람이 접촉하여 말려들거나 다칠 위험이 있는 장소를 덮어씌우는 방호장치는 ?
① 격리형 방호장치
② 위치 제한형 방호장치
③ 포집형 방호장치
④ 접근 거부형 방호장치

해설〉 격리형 방호장치는 작업점 외에 직접 사람이 접촉하여 말려들거나 다칠 위험이 있는 장소를 덮어씌우는 방호장치이다.

09. 지게차의 주행 시 주의사항으로 틀린 것은 ?
① 지게차의 주행 속도는 50km/h를 초과할 수 없다.
② 화물적재 상태에서 지상에서 30cm 이상 들어 올리거나 마스트가 수직이거나 앞으로 기울인 상태에서 주행해서는 안 된다.
③ 부피가 큰 짐을 운반하거나 적재물이 주변에 많아 시야가 좁아지는 경우 유도자를 배치한다.
④ 비포장 및 좁은 통로, 굴곡이 있는 곳 등에서는 급출발이나 급브레이크 사용, 급선회 등을 하지 않는다.

10. 다음은 지게차 작업에서 안전경고 및 표시 확인을 설명한 것으로 틀린 것은?
① 운행통로를 확인할 필요 없이 장애물을 피해 주행 동선을 확인한다.
② 지게차는 조종사 앞쪽에서 화물의 적재 작업이 주목적이므로 적재 후 이동 통로를 확인한다.
③ 하역 시 하역장소에 대한 서전 답사를 하며, 필히 신호수의 지시에 따라 작업이 진행되는 방법을 사전에 숙지한다.
④ 작업장 내 표지판을 목적에 맞는 표지판을 정 위치에 설치하여야 한다.

11. 지게차 화물취급 작업 시 준수하여야 할 사항으로 틀린 것은?
① 화물 앞에서 일단 정지해야 한다.
② 화물의 근처에 왔을 때에는 가속페달을 살짝 밟는다.
③ 파렛트에 실려 있는 물체의 안전한 적재여부를 확인한다.
④ 지게차를 화물 쪽으로 반듯하게 향하고 포크가 파렛트를 마찰하지 않도록 주의한다.

[해설] 화물의 근처에 왔을 때에는 브레이크 페달을 가볍게 밟아 정지할 준비를 한다.

12. 지게차의 드럼식 브레이크 구조에서 브레이크 작동 시 조향핸들이 한쪽으로 쏠리는 원인이 아닌 것은?
① 타이어 공기압이 고르지 않다.
② 한쪽 휠 실린더 작동이 불량하다.
③ 브레이크 라이닝 간극이 불량하다.
④ 마스터실린더 체크밸브 작용이 불량하다.

[해설] 브레이크를 작동시킬 때 조향핸들이 한쪽으로 쏠리는 원인은 타이어 공기압이 고르지 않을 때, 한쪽 휠 실린더 작동이 불량할 때, 한쪽 브레이크 라이닝 간극이 불량할 때 등이다.

13. 지게차작업 시 안전수칙으로 틀린 것은?
① 주차 시에는 포크를 완전히 지면에 내려야 한다.
② 화물을 적재하고 경사지를 내려갈 때는 운전시야 확보를 위해 전진으로 운행해야 한다.
③ 포크를 이용하여 사람을 싣거나 들어 올리지 않아야 한다.
④ 경사지를 오르거나 내려올 때는 급회전을 금해야 한다.

14. 지게차로 화물을 싣고 경사지에서 주행할 때 안전상 올바른 운전방법은?
① 포크를 높이 들고 주행한다.
② 내려갈 때에는 저속 후진한다.
③ 내려갈 때에는 변속레버를 중립에 놓고 주행한다.
④ 내려갈 때에는 시동을 끄고 타력으로 주행한다.

15. 지게차 포크에 화물을 적재하고 주행할 때 포그의 지면과 긴격으로 가장 적합한 것은?
① 지면에 밀착
② 20~30cm
③ 50~55cm
④ 80~85cm

[해설] 포크에 화물을 적재하고 주행할 때 포크와 지면과 간격은 20~30cm이다.

16. 지게차의 화물운반 작업 중 가장 적당한 것은?
    ① 댐퍼를 뒤로 3° 정도 경사시켜서 운반한다.
    ② 마스트를 뒤로 4° 정도 경사시켜서 운반한다.
    ③ 샤퍼를 뒤로 6° 정도 경사시켜서 운반한다.
    ④ 바이브레이터를 뒤로 8° 정도 경사시켜서 운반한다.

17. 지게차를 주차하고자 할 때 포크는 어떤 상태로 하면 안전한가?
    ① 앞으로 3° 정도 경사지에 주차하고 마스트 전경각을 최대로 포크는 지면에 접하도록 내려놓는다.
    ② 평지에 주차하고 포크는 녹이 발생하는 것을 방지하기 위하여 10cm 정도 들어 놓는다.
    ③ 평지에 주차하면 포크의 위치는 상관없다.
    ④ 평지에 주차하고 포크는 지면에 접하도록 내려놓는다.

18. 다음 중 포크 이송장치의 소음 상태를 확인하는 사항으로 맞지 않는 것은?
    ① 유압호스 연결확인 및 고정상태 확인
    ② 마스트를 앞뒤로 2~3회 반복 조작하여 이상 소음을 확인한다.
    ③ 구조물의 손상 및 외관상태 확인
    ④ 가이드 및 롤러 베어링 정상작동 확인

19. 포크에 화물을 실을 때 화물이 차체를 앞으로 넘어지게 하려는 힘을 전도모멘트(M1)라고 하고, 차체의 하중이 차체를 안정시키려는 힘을 복원모멘트(M2)라 할 때 다음 중 맞는 것은?
    ① M1 ≥ M2   ② M1 ≤ M2
    ③ M1 = M2   ④ M1 > M2

20. 연료취급에 관한 설명으로 옳지 않은 것은?
    ① 연료주입은 운전 중에 하는 것이 효과적이다.
    ② 연료를 취급할 때에는 화기에 주의한다.
    ③ 연료주입 시 물이나 먼지 등의 불순물이 혼합되지 않도록 주의한다.
    ④ 정기적으로 드레인콕을 열어 연료 탱크 내의 수분을 제거한다.

21. 냉각장치에 사용되는 전동 팬에 대한 설명으로 틀린 것은?
    ① 냉각수 온도에 따라 작동한다.
    ② 정상온도 이하에서는 작동하지 않고 과열일 때 작동한다.
    ③ 엔진이 시동되면 동시에 회전한다.
    ④ 팬벨트는 필요 없다.
    해설〉 전동 팬은 냉각수 온도에 따라 작동하여 엔진 시동여부와는 관계없다.

22. 디젤엔진에서 피스톤 헤드를 오목하게 하여 연소실을 형성시킨 것은?
    ① 예연소실식
    ② 와류실식
    ③ 공기실식
    ④ 직접분사실식
    해설〉 직접분사실식은 피스톤 헤드를 오목하게 하여 연소실을 형성시킨다.

23. 윤활유의 온도에 따르는 점도변화 정도를 표시하는 것은?
① 점도지수　② 점화
③ 점도분포　④ 윤활성

24. 디젤엔진 연료장치 내에 있는 공기를 배출하기 위하여 사용하는 펌프는?
① 인젝션 펌프
② 연료펌프
③ 프라이밍 펌프
④ 공기펌프

해설〉 프라이밍 펌프는 디젤엔진 연료장치 내의 공기빼기 작업을 할 때 사용한다.

25. 흡입공기를 선회시켜 엘리먼트 이전에서 이물질이 제거되게 하는 에어클리너 방식은?
① 습식　② 건식
③ 원심 분리식　④ 비스키무수식

해설〉 원심 분리식은 흡입공기를 선회시켜 엘리먼트 이전에서 이물질이 제거되게 한다.

26. 전기자 철심을 두께 0.35~1.0mm의 얇은 철판을 각각 절연하여 겹쳐 만든 주된 이유는?
① 열 발산을 방지하기 위해
② 코일의 발열 방지를 위해
③ 맴돌이 전류를 감소시키기 위해
④ 자력선의 통과를 차단시키기 위해

해설〉 맴돌이 전류를 감소시키기 위해 전기자 철심을 두께 0.35~1.0mm의 얇은 철판을 각각 절연하여 겹쳐 만든다.

27. 타이어식 건설기계에서 유압식 제동장치의 구성부품이 아닌 것은?
① 휠 실린더
② 에어 컴프레서
③ 마스터실린더
④ 오일 리저브 탱크

28. 다음 중 환향장치가 하는 역할은?
① 제동을 쉽게 하는 장치이다.
② 분사압력 증대장치이다.
③ 분사시기를 조절하는 장치이다.
④ 건설기계의 진행방향을 바꾸는 장치이다.

해설〉 환향(조향)장치는 건설기계의 진행방향을 바꾸는 장치이다.

29. 휠 구동식의 건설기계에서 기계식 조향장치에 사용되는 구성부품이 아닌 것은?
① 하이포이드 기어
② 타이로드 엔드
③ 섹터 기어
④ 웜 기어

해설〉 하이포이드 기어는 종감속 기어에서 사용한다.

30. 보기에서 도로교통법상 어린이보호와 관련하여 위험성이 큰 놀이기구로 정하여 운전자가 특별히 주의하여야 할 놀이기구로 지정한 것을 모두 조합한 것은?

[보기]
ㄱ. 킥보드　　ㄴ. 롤러스케이트
ㄷ. 인라인스케이트　ㄹ. 스게이드보드
ㅁ. 스노보드

① ㄱ, ㄴ
② ㄱ, ㄴ, ㄷ, ㄹ
③ ㄱ, ㄴ, ㄷ
④ ㄱ, ㄴ, ㄷ, ㄹ, ㅁ

31. 타이어식 건설기계에서 조향바퀴의 얼라인먼트의 요소와 관계없는 것은?
① 캠버　　　② 부스터
③ 토인　　　④ 캐스터

32. 다음 그림의 교통안전표지에 대한 설명으로 맞는 것은?

① 차량중량 제한표지이다.
② 5.5톤 자동차 전용도로 표지이다.
③ 차간거리 최저 5.5m 표지이다.
④ 차간거리 최고 5.5m 표지이다.

33. 도로교통법상 어린이로 규정되고 있는 연령은?
① 6세 미만　　　② 16세 미만
③ 12세 미만　　　④ 13세 미만

34. 버스정류장으로부터 몇 m 이내에 정차 및 주차를 해서는 안 되는가?
① 3m　　　② 5m
③ 8m　　　④ 10m

35. 안전기준을 초과하는 화물의 적재허가를 받은 자는 그 길이 또는 폭의 양끝에 몇 cm 이상의 빨간 헝겊으로 된 표지를 달아야 하는가?
① 너비 : 15cm, 길이 : 30cm
② 너비 : 20cm, 길이 : 40cm
③ 너비 : 30cm, 길이 : 50cm
④ 너비 : 60cm, 길이 : 90cm

36. 건설기계조종사는 주소·주민등록번호 및 국적의 변경이 있는 경우에는 주소지를 관할하는 시장·군수 또는 구청장에게 그 사실이 발생한 날부터 며칠이내에 변경신고서를 제출하여야 하는가?
① 30일　　　② 15일
③ 45일　　　④ 10일

해설 주소·주민등록번호 및 국적의 변경이 있는 경우에는 주소지를 관할하는 시장·군수 또는 구청장에게 그 사실이 발생한 날부터 30일 이내에 변경신고서를 제출하여야 한다.

37. 고의로 경상 2명의 인명피해를 입힌 건설기계를 조종한 자에 대한 면허의 취소·정지처분 내용으로 맞는 것은?
① 취소
② 면허효력 정지 60일
③ 면허효력 정지 30일
④ 면허효력 정지 20일

38. 건설기계 등록지를 변경한 때는 등록번호표를 시·도지사에게 며칠이내에 반납하여야 하는가?
① 10　　　② 5
③ 20　　　④ 30

해설 등록지를 변경한 때는 등록번호표를 시·도지사에게 10일 이내에 반납하여야 한다.

39. 건설기계관리법의 입법 목적에 해당되지 않는 것은?
① 건설기계의 효율적인 관리를 하기 위함
② 건설기계 안전도 확보를 위함
③ 건설기계의 규제 및 통제를 하기 위함
④ 건설공사의 기계화를 촉진함

40. 경미한 접촉사고인 경우 대처방법으로 틀린 것은 ?
① 자동차에만 문제가 있는 경우로 이럴 땐 사고 당사자들끼리 신속하게 문제를 처리해서 교통 정체를 최대한 줄이는 게 좋다.
② 차를 안전한 장소로 빼기 전 블랙박스가 설치되어 있으면 사고 현장 사진을 찍을 필요가 없다.
③ 보험 처리 여부와 상대방의 신상을 확인하고, 연락처 및 차종, 번호 등을 메모해야 한다.
④ 합의가 늦어질 경우에는 방해가 되지 않는 곳으로 차를 옮긴다.

41. 베인펌프의 펌핑작용과 관련되는 주요 구성요소만 나열한 것은 ?
① 배플, 베인, 캠링
② 베인, 캠링, 로터
③ 캠링, 로터, 스풀
④ 로터, 스풀, 배플
해설〉 베인 펌프는 베인, 캠링, 로터로 구성된다.

42. 유압회로에서 유량제어를 통하여 작업속도를 조절하는 방식에 속하지 않는 것은?
① 미터 인(meter in)방식
② 미터 아웃(meter out)방식
③ 블리드 오프(bleed off)방식
④ 블리드 온(bleed on)방식
해설〉 작업속도를 조절하는 방식에는 미터인 방식, 미터아웃 방식, 블리드 오프방식이 있다.

43. 다음 유압기호가 나타내는 것은 ?

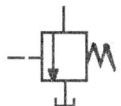

① 릴리프 밸브(relief valve)
② 무부하 밸브(unloader valve)
③ 감압밸브(reducing valve)
④ 순차밸브(sequence valve)

44. 유압기기의 고정부위에서 누유를 방지하는 것으로 가장 알맞은 것은 ?
① V-패킹   ② U-패킹
③ L-패킹   ④ O-링

45. 가스형 축압기(어큐뮬레이터)에 가장 널리 이용되는 가스는 ?
① 질소   ② 수소
③ 아르곤   ④ 산소
해설〉 가스형 축압기는 질소를 사용한다.

46. 오일을 한쪽 방향으로만 흐르게 하는 밸브는 ?
① 체크밸브   ② 로터리 밸브
③ 파일럿 밸브   ④ 릴리프 밸브
해설〉 체크밸브는 오일을 한쪽 방향으로만 흐르게 하고 역류방지용 밸브이다.

47. 자체중량에 의한 자유낙하 등을 방지하기 위하여 회로에 배압을 유지하는 밸브는 ?
① 카운터밸런스 밸브
② 체크밸브
③ 안전밸브
④ 감압밸브
해설〉 카운터밸런스 밸브는 자체중량에 의한 자유낙하 등을 방지하기 위하여 회로에 배압을 유지한다.

48. 유압탱크의 주요 구성요소가 아닌 것은?
① 유면계 ② 주입구
③ 유압계 ④ 격판(배플)

49. 유압 실린더에서 피스톤 행정이 끝날 때 발생하는 충격을 흡수하기 위해 설치하는 장치는?
① 쿠션기구 ② 압력보상 장치
③ 서보밸브 ④ 스로틀밸브
해설〉 쿠션기구는 피스톤 행정이 끝날 때 발생하는 충격을 흡수하기 위해 설치한다.

50. 유압모터의 장점이 아닌 것은?
① 관성력이 크며, 소음이 크다.
② 전동모터에 비하여 급속정지가 쉽다.
③ 광범위한 무단변속을 얻을 수 있다.
④ 작동이 신속·정확하다.

51. 둥근 목재나 파이프 등을 작업하는데 적합한 지게차의 작업 장치는?
① 블록 클램프 ② 사이드 시프트
③ 하이 마스트 ④ 힌지드 포크
해설〉 힌지드 포크는 둥근 목재나 파이프 등을 작업하는데 적합한 지게차의 작업 장치이다.

52. 지게차는 자동차와 다르게 현가스프링을 사용하지 않는 이유를 설명한 것으로 옳은 것은?
① 롤링이 생기면 적하물이 떨어질 수 있기 때문에
② 현가장치가 있으면 조향이 어렵기 때문에
③ 화물에 충격을 줄여주기 위해
④ 앞차축이 구동축이기 때문에
해설〉 지게차에서 현가 스프링을 사용하지 않는 이유는 롤링이 생기면 적하물이 떨어지기 때문이다.

53. 지게차의 동력전달순서로 맞는 것은?
① 엔진 → 변속기 → 토크컨버터 → 종 감속기어 및 차동장치 → 최종 감속기 → 앞 구동축 → 차륜
② 엔진 → 변속기 → 토크컨버터 → 종 감속기어 및 차동장치 → 앞 구동축 → 최종 감속기 → 차륜
③ 엔진 → 토크컨버터 → 변속기 → 앞 구동축 → 종 감속기어 및 차동장치 → 최종 감속기 → 차륜
④ 엔진 → 토크컨버터 → 변속기 → 종 감속기어 및 차동장치 → 앞 구동축 → 최종 감속기 → 차륜
해설〉 동력전달순서는 엔진 → 토크컨버터 → 변속기 → 종 감속기어 및 차동장치 → 앞 구동축 → 최종 감속기 → 차륜이다.

54. 지게차의 틸트 레버를 운전석에서 운전자 몸 쪽으로 당기면 마스트는 어떻게 기울어지는가?
① 운전자의 몸 쪽에서 멀어지는 방향으로 기운다.
② 지면방향 아래쪽으로 내려온다.
③ 운전자의 몸쪽방향으로 기운다.
④ 지면에서 위쪽으로 올라간다.
해설〉 틸트 레버를 운전석에서 운전자 몸 쪽으로 당기면 마스트는 운전자의 몸 쪽 방향으로 기운다.

55. 지게차 조종레버의 설명으로 틀린 것은?
① 로어링(lowering) ② 덤핑(dumping)
③ 리프팅(lifting) ④ 틸팅(tilting)

56. 지게차 틸트 실린더의 형식은 ?
　① 단동 실린더형
　② 복동 실린더형
　③ 램 실린더형
　④ 다단 실린더형
　해설〉 틸트 실린더는 복동형이고, 리프트 실린더는 단동형이다.

57. 지게차 포크를 하강시키는 방법으로 가장 적합한 것은 ?
　① 가속페달을 밟고 리프트레버를 앞으로 민다.
　② 가속페달을 밟고 리프트레버를 뒤로 당긴다.
　③ 가속페달을 밟지 않고 리프트레버를 뒤로 당긴다.
　④ 가속페달을 밟지 않고 리프트레버를 앞으로 민다.
　해설〉 포크를 하강시킬 때에는 가속페달을 밟지 않고 리프트레버를 앞으로 민다.

58. 지게차 작업장치의 종류에 속하지 않는 것은 ?
　① 하이 마스트　　② 리퍼
　③ 사이드 클램프　④ 힌지드 버킷
　해설〉 리퍼는 불도저 뒤쪽에 설치하며, 언 땅, 굳은 땅을 파헤칠 때 사용한다.

59. 지게차의 유압식 조향장치에서 조향실린더의 직선운동을 축의 중심으로 한 회전운동으로 바꾸어줌과 동시에 타이로드에 직선운동을 시켜 주는 것은 ?
　① 핑거보드　　② 드래그링크
　③ 벨 크랭크　　④ 스태빌라이저

60. 지게차 체인 장력 조정법이 아닌 것은 ?
　① 조정 후 록크 너트를 록크시키지 않는다.
　② 좌우 체인이 동시에 평행한가를 확인한다.
　③ 포크를 지상에서 10~15cm 올린 후 조정한다.
　④ 손으로 체인을 눌러보아 양쪽이 다르면 조정 너트로 조정한다.

Answer

01. ③	02. ①	03. ②	04. ②	05. ④	06. ③	07. ③	08. ①	09. ①	10. ①
11. ②	12. ④	13. ②	14. ②	15. ②	16. ②	17. ④	18. ②	19. ②	20. ①
21. ③	22. ④	23. ①	24. ②	25. ③	26. ②	27. ②	28. ④	29. ②	30. ②
31. ②	32. ①	33. ④	34. ④	35. ③	36. ①	37. ①	38. ①	39. ①	40. ②
41. ②	42. ④	43. ②	44. ①	45. ①	46. ②	47. ①	48. ②	49. ①	50. ①
51. ④	52. ①	53. ④	54. ③	55. ②	56. ②	57. ④	58. ②	59. ③	60. ①

지게차운전기능사

01. 운반 및 하역작업시 착용복장 및 보호구로 적합하지 않는 것은 ?
① 상의 작업복의 소매는 손목에 밀착되는 작업복을 착용한다.
② 하의 작업복은 바지 끝 부분을 안전화 속에 넣거나 밀착되게 한다.
③ 방독면, 방화 장갑을 항상 착용해야 한다.
④ 유해, 위험물을 취급 시 방호할 수 있는 보호구를 착용한다.

02. 지게차의 안정도에 대한 사항으로 틀린 것은 ?
① 하역작업 시 전후 안정도 : 4%
② 5ton 이상 지게차 하역작업 시 전후 안정도 : 3.5%
③ 주행작업 시 좌우 안정도 : 18%
④ 하역작업시 좌우 안정도 : 4%
해설〉 하역 작업시 좌우 안정도는 6%이다.

03. 정비작업 시 안전에 가장 위배 되는 것은 ?
① 깨끗하고 먼지가 없는 작업환경을 조성한다.
② 가연성 물질을 취급 시 소화기를 준비한다.
③ 회전부분에 옷이나 손이 닿지 않도록 한다.
④ 연료를 비운 상태에서 연료통을 용접한다.

해설〉 연료통은 내부의 연료 및 연료증기 등을 완전히 제거하고 물을 채운 후 용접해야 한다.

04. 화재에 대한 설명으로 틀린 것은 ?
① 화재는 어떤 물질이 산소와 결합하여 연소하면서 열을 발출시키는 산화반응을 말한다.
② 화재가 발생하기 위해서는 가연성 물질, 산소, 발화원이 반드시 필요하다.
③ 전기 에너지가 발화원이 되는 화재를 C급 화재라 한다.
④ 가연성 가스에 의한 화재를 D급 화재라 한다.
해설〉 가연성 가스에 의한 화재를 B급 화재라 한다.

05. 작업안전 상 보호안경을 사용하지 않아도 되는 작업은 ?
① 장비운전 작업
② 용접작업
③ 연마작업
④ 먼지세척 작업

06. 지게차의 제조단계의 속도로 틀린 것은?
① 3톤 이하 : 시속 20~25km
② 5톤 내외 : 시속 30km 이상
③ 축전지식 : 시속 9~16km
④ 임대업체 주문품 : 시속 30km 이상
해설〉 5톤 내외는 시속 20~30km이다.

07. 지게차의 헤드가드에 대한 설명 중 틀린 것은 ?
① 강도는 지게차의 최대하중의 2배의 값(그 값이 4톤을 넘는 것에 대하여서는 4톤으로 한다)의 등분포정하중에 견딜 수 있을 것
② 상부틀의 각 개구의 폭 또는 길이가 300cm(ISO 규정 305cm) 미만일 것
③ 운전자가 앉아서 조작하는 방식의 지게차에 있어서는 운전자의 좌석의 상면에서 헤드가드의 상부 틀의 하면까지의 높이가 1m(ISO 규정 903mm) 이상일 것
④ 운전자가 서서 조작하는 방식의 지게차의 경우에는 운전석 바닥면에서 헤드가드 상부틀 하면까지 높이가 2m (ISO 규정 1,880mm) 이상일 것

해설 상부틀의 각 개구의 폭 또는 길이가 16cm (ISO 규정 15cm) 미만일 것

08. 지게차의 안전매뉴얼 준수 사항의 설명으로 틀린 것은 ?
① 안전수칙 및 안정도를 준수한다.
② 작업계획서를 작성한다.
③ 주차 및 작업종료 후 안전수칙을 준수한다.
④ 지게차 작업장소의 인진한 운행경로를 확보한다.

09. 엔진에서 완전연소 시 배출되는 가스 중에서 인체에 가장 해가 없는 가스는 ?
① CO_2 ② NOx
③ HC   ④ CO

10. 산업안전 보건표지에서 그림이 나타내는 것은 ?

① 비상구 없음 표지
② 방사선위험 표지
③ 탑승금지 표지
④ 보행금지 표지

11. 지게차 운전 중 누유 및 누수상태를 확인하는 사항으로 틀린 것은 ?
① 엔진오일의 누유를 확인한다.
② 엔진 냉각수 누수를 확인한다.
③ 하체 구성부품의 누유를 확인한다.
④ 유압파이프에서 냉각수 누수를 확인한다.

12. 지게차의 작업 후 점검사항으로 맞지 않는 것은 ?
① 연료탱크에 연료를 가득 채운다.
② 파이프나 유압 실린더의 누유를 점검한다.
③ 타이어의 공기압 및 손상여부를 점검한다.
④ 다음 날 작업이 계속되므로 지게차의 내·외부를 그대로 둔다.

13. 지게차의 주차 및 정차에 대한 안전사항으로 틀린 것은 ?
① 마스트를 진방으로 널트하고 포크를 바닥에 내려놓는다.
② 키스위치를 OFF에 놓고 주차 브레이크를 고정시킨다.
③ 주·정차 시에는 장비에 키를 꽂아 놓는다.
④ 통로나 비상구에는 주차하지 않는다.

14. 다음 중 컨테이너 종류가 아닌 것은?
① 세단 컨테이너
② 오픈탑 컨테이너
③ 프레트랙 컨테이너
④ 일반 컨테이너

15. 지게차로 창고 또는 공장에 출입할 때 안전사항으로 틀린 것은?
① 차폭과 입구 폭을 확인한다.
② 부득이 포크를 올려서 출입하는 경우에는 출입구 높이에 주의한다.
③ 얼굴을 차체 밖으로 내밀어 주위환경을 관찰하며 출입한다.
④ 반드시 주위 안전 상태를 확인하고 나서 출입한다.

16. 지게차를 운전하여 화물운반 시 주의사항으로 적합하지 않은 것은?
① 노면이 좋지 않을 때는 저속으로 운행한다.
② 경사지를 운전 시 화물을 위쪽으로 한다.
③ 화물운반 거리는 5m 이내로 한다.
④ 노면에서 약 20~30cm 상승 후 이동한다.

17. 다음 중 지게차 장비관리 일지에 기록해야 하는 사항이 아닌 것은?
① 사용자의 성명
② 작업 일정
③ 작업의 종류와 시간
④ 가동시간 및 연료주입

18. 대형 건설기계의 특별표지 중 경고표지판 부착 위치는?
① 작업인부가 쉽게 볼 수 있는 곳
② 조종실 내부의 조종사가 보기 쉬운 곳
③ 교통경찰이 쉽게 볼 수 있는 곳
④ 특별 번호판 옆

해설 경고표지판은 조종실 내부의 조종사가 보기 쉬운 곳에 부착한다.

19. 평탄한 노면에서의 지게차 운전하여 하역 작업 시 올바른 방법이 아닌 것은?
① 파렛트에 실은 짐이 안정되고 확실하게 실려 있는가를 확인한다.
② 포크를 삽입하고자 하는 곳과 평행하게 한다.
③ 불안정한 적재의 경우에는 빠르게 작업을 진행시킨다.
④ 화물 앞에서 정지한 후 마스트가 수직이 되도록 기울여야 한다.

20. 지게차를 운행할 때 주의할 점이 아닌 것은?
① 한눈을 팔면서 운행하지 말 것
② 큰 화물로 인해 전면 시야가 방해를 받을 때는 후진으로 운행한다.
③ 포크 끝단으로 화물을 들어 올리지 않는다.
④ 높은 장소에서 작업을 할 경우에는 포크에 사람을 승차시켜 작업한다.

21. 고속도로 통행이 허용되지 않는 건설기계는?
① 콘크리트믹서트럭
② 기중기(트럭적재식)
③ 덤프트럭
④ 지게차

22. 자동차 운전 중 교통사고를 일으킨 때 사고결과에 따른 벌점기준으로 틀린 것은?
① 부상신고 1명마다 2점
② 사망 1명마다 90점
③ 경상 1명마다 5점
④ 중상 1명마다 30점

해설 교통사고 발생 후 벌점
① 사망 1명마다 90점(사고발생으로부터 72시간 내에 사망한 때)
② 중상 1명마다 15점(3주 이상의 치료를 요하는 의사의 진단이 있는 사고)
③ 경상 1명마다 5점(3주 미만 5일 이상의 치료를 요하는 의사의 진단이 있는 사고)
④ 부상신고 1명마다 2점(5일 미만의 치료를 요하는 의사의 진단이 있는 사고)

23. 다음 중 도로교통법에 의거, 야간에 자동차를 도로에서 정차 또는 주차하는 경우에 반드시 켜야 하는 등화는?
① 방향지시등을 켜야 한다.
② 미등 및 차폭등을 켜야 한다.
③ 전조등을 켜야 한다.
④ 실내등을 켜야 한다.

해설 야간에 자동차를 도로에서 정차 또는 주차하는 경우에 반드시 미등 및 차폭등을 켜야 한다.

24. 도로교통법상 교통사고에 해당되지 않는 것은?
① 도로운전 중 언덕길에서 추락하여 부상한 사고
② 차고에서 적재하던 화물이 전락하여 사람이 부상한 사고
③ 주행 중 브레이크 고장으로 도로변의 전주를 충돌한 사고
④ 도로주행 중에 화물이 추락하여 사람이 부상한 사고

25. 교차로 통과에서 가장 우선하는 것은?
① 경찰공무원의 수신호
② 안내판의 표시
③ 운전자의 임의 판단
④ 신호기의 신호

26. 마스트 유압라인 고장으로 견인하려한다. 초치사항으로 적당하지 않은 것은?
① 안전주차 후 후면의 고장 표시판을 설치한 후 포크를 마스트에 고정한다.
② 키 스위치는 ON한다.
③ 전·후진 레버를 중립에 위치한다.
④ 지게차에 견인봉을 연결한다.

27. 건설기계 범위에 해당 되지 않는 것은?
① 준설선
② 자체중량 1톤 미만 굴삭기
③ 3톤 지게차
④ 항타 및 항발기

해설 굴삭기의 건설기계 범위는 무한궤도 또는 타이어식으로 굴삭장치를 가진 자체중량 1톤 이상인 것이다.

28. 건설기계 등록사항의 변경신고는 변경이 있는 날로부터 며칠 이내에 하여야 하는가?(단, 국가비상사태일 경우를 제외한다)
① 20일 이내
② 30일 이내
③ 15일 이내
④ 10일 이내

해설 건설기계 등록사항의 변경신고는 변경이 있는 날로부터 30일 이내에 하여야 한다.

29. 건설기계 정기검사 신청기간 내에 정기검사를 받은 경우, 정기검사의 유효기간 시작 일을 바르게 설명한 것은?

① 유효기간에 관계없이 검사를 받은 다음 날부터
② 유효기간 내에 검사를 받은 것은 종전 검사유효기간 만료일부터
③ 유효기간에 관계없이 검사를 받은 날부터
④ 유효기간 내에 검사를 받은 것은 종전 검사유효기간 만료일 다음 날부터

해설〉 건설기계 정기검사 신청기간 내에 정기검사를 받은 경우 다음 정기검사 유효기간의 산정은 종전 검사유효기간 만료일의 다음 날부터 기산한다.

30. 4행정 사이클 디젤엔진이 작동 중 흡입밸브와 배기밸브가 동시에 닫혀있는 행정은?

① 배기행정　　② 소기행정
③ 흡입행정　　④ 동력행정

해설〉 4행정 사이클 엔진이 작동 중 흡입밸브와 배기밸브는 압축과 동력행정에서 동시에 닫혀 있다.

31. 건설기계조종사에 관한 설명 중 틀린 것은?

① 면허의 효력이 정지된 때에는 건설기계조종사면허증을 반납하여야 한다.
② 해당 건설기계 운전 국가기술자격소지자가 건설기계조종사면허를 받지 않고 건설기계를 조종한 때에는 무면허이다.
③ 건설기계조종사의 면허가 취소된 경우에는 그 사유가 발생한 날부터 30일 이내에 주소지를 관할하는 시·도지사에게 그 면허증을 반납하여야 한다.
④ 건설기계조종사가 건설기계조종사면허의 효력정지기간 중 건설기계를 조종한 경우, 시장·군수 또는 구청장은 건설기계조종사면허를 취소하여야 한다.

해설〉 건설기계조종사의 면허가 취소된 경우에는 그 사유가 발생한 날부터 10일 이내에 주소지를 관할하는 시·도지사에게 그 면허증을 반납하여야 한다.

32. 라이너식 실린더에 비교한 일체식 실린더의 특징으로 틀린 것은?

① 부품수가 적고 중량이 가볍다.
② 라이너 형식보다 내마모성이 높다.
③ 강성 및 강도가 크다
④ 냉각수 누출 우려가 적다

해설〉 일체식 실린더는 강성 및 강도가 크고 냉각수 누출 우려가 적으며, 부품수가 적고 중량이 가볍다.

33. 건설기계 운전 중 엔진 부조를 하다가 시동이 꺼졌다. 그 원인이 아닌 것은?

① 연료필터 막힘
② 분사노즐이 막힘
③ 연료장치의 오버플로 호스가 파손
④ 연료에 물 혼입

해설〉 엔진이 부조를 하다가 시동이 꺼지는 원인은 연료필터 막힘, 분사노즐 막힘, 연료에 물 혼입, 연료계통에 공기유입 등이다.

34. 엔진 윤활유의 기능이 아닌 것은?

① 윤활작용　　② 연소작용
③ 냉각작용　　④ 방청작용

35. 커먼레일 디젤엔진의 가속페달 포지션 센서에 대한 설명 중 맞지 않는 것은?

① 가속페달 포지션 센서는 운전자의 의지를 전달하는 센서이다.
② 가속페달 포지션 센서 2는 센서 1을 감시하는 센서이다.
③ 가속페달 포지션 센서 3은 연료온도에 따른 연료량 보정 신호를 한다.
④ 가속페달 포지션 센서1은 연료량과 분사시기를 결정한다.

[해설] 가속페달 위치센서는 운전자의 의지를 컴퓨터로 전달하는 센서이며, 센서 1에 의해 연료분사량과 분사시기가 결정되며, 센서 2는 센서 1을 감시하는 기능으로 차량의 급출발을 방지하기 위한 것이다.

36. 축전지의 방전은 어느 한도 내에서 단자 전압이 급격히 저하하며 그 이후는 방전능력이 없어지게 된다. 이때의 전압을 ( )이라고 한다. ( )에 들어갈 용어로 옳은 것은?

① 충전전압 ② 누전전압
③ 방전전압 ④ 방전종지전압

[해설] 축전지의 방전은 어느 한도 내에서 단자 전압이 급격히 저하하며 그 이후는 방전능력이 없어지게 되는데 이때의 전압을 방전종지전압이라 한다.

37. 건설기계 장비의 충전장치에서 가장 많이 사용하고 있는 발전기는?

① 단상 교류발전기
② 3상 교류발전기
③ 와전류 발전기
④ 직류발전기

38. 그림과 같이 12V용 축전지 2개를 사용하여 24V용 건설기계를 사용하고자 할 때 연결 방법으로 옳은 것은?

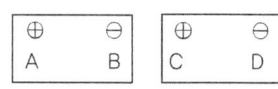

① B - D ② A - B
③ A - C ④ B - C

[해설] 직렬연결이란 전압과 용량이 동일한 축전지 2개 이상을 (+)단자와 연결대상 축전지의 (-)단자에 서로 연결하는 방식이며, 이때 전압은 축전지를 연결한 개수만큼 증가하나 용량은 1개일 때와 같다.

39. 유성기어 장치의 구성요소가 바르게 된 것은?

① 평 기어, 유성기어, 후진기어, 링 기어
② 선 기어, 유성기어, 래크기어, 링 기어
③ 링 기어 스퍼기어, 유성기어 캐리어, 선 기어
④ 선 기어, 유성기어, 유성기어 캐리어, 링 기어

40. 타이어식 건설기계의 동력전달장치에서 추진축의 밸런스 웨이트에 대한 설명으로 맞는 것은?

① 추진축의 비틀림을 방지한다.
② 추진축의 회전수를 높인다.
③ 변속조작 시 변속을 용이하게 한다.
④ 추진축의 회전 시 진동을 방지한다.

[해설] 밸런스 웨이트는 추진축이 회전할 때 진동을 방지한다.

41. 유압모터의 특징을 설명한 것으로 틀린 것은?

① 관성력이 크다.
② 구조가 간단하다.
③ 무단변속이 가능하다.
④ 자동 원격조작이 가능하다.

42. 유압회로 내의 압력이 설정압력에 도달하면 펌프에서 토출된 오일의 일부 또는 전량을 직접 탱크로 돌려보내 회로의 압력을 설정 값으로 유지하는 밸브는?

① 체크밸브 ② 릴리프밸브
③ 시퀀스밸브 ④ 언로드밸브

해설 릴리프밸브는 유압회로 내의 압력이 설정압력에 도달하면 펌프에서 토출된 오일의 일부 또는 전량을 직접 탱크로 돌려보내 회로의 압력을 설정 값으로 유지한다.

43. 유압탱크에 대한 구비조건으로 가장 거리가 먼 것은?

① 적당한 크기의 주유구 및 스트레이너를 설치한다.
② 오일 냉각을 위한 쿨러를 설치한다.
③ 오일에 이물질이 혼입되지 않도록 밀폐되어야 한다.
④ 드레인(배출밸브) 및 유면계를 설치한다.

44. 오일량은 정상인데 유압오일이 과열되고 있다면 우선적으로 어느 부분을 점검해야 하는가?

① 유압호스 ② 필터
③ 오일 쿨러 ④ 컨트롤밸브

해설 오일량은 정상인데 유압오일이 과열되면 오일 쿨러를 가장 먼저 점검한다.

45. 한쪽방향의 오일흐름은 가능하지만 반대방향으로는 흐르지 못하게 하는 밸브는?

① 분류밸브 ② 감압밸브
③ 체크밸브 ④ 제어밸브

해설 체크밸브는 한쪽 방향의 오일 흐름은 가능하지만 반대방향으로는 흐르지 못하게 한다.

46. 날개로 펌핑동작을 하며, 소음과 진동이 적은 유압펌프는?

① 기어펌프 ② 플런저 펌프
③ 베인 펌프 ④ 나사펌프

해설 베인 펌프는 날개(vane)로 펌핑작용을 한다.

47. 유압실린더 내부에 설치된 피스톤의 운동속도를 빠르게 하기 위한 가장 적절한 제어방법은?

① 회로의 유량을 증가 시킨다.
② 회로의 압력을 낮게 한다.
③ 고점도 유압유를 사용한다.
④ 실린더 출구 쪽에 카운터 밸런스 밸브를 설치한다.

해설 유압실린더 내부에 설치된 피스톤의 운동속도를 빠르게 하려면 회로의 유량을 증가 시킨다.

48. 일반적으로 캠(cam)으로 조작되는 유압밸브로써 액추에이터의 속도를 서서히 감속시키는 밸브는?

① 카운터밸런스 밸브
② 프레필 밸브
③ 방향제어 밸브
④ 디셀러레이션 밸브

해설 디셀러레이션 밸브는 캠(cam)으로 조작되는 유압밸브로써 액추에이터의 속도를 서서히 감속시키고자 할 때 사용한다.

49. 유압회로에 사용되는 제어밸브의 역할과 종류의 연결사항으로 틀린 것은?

① 일의 속도제어 : 유량조절 밸브
② 일의 시간제어 : 속도제어 밸브
③ 일의 방향제어 : 방향전환 밸브
④ 일의 크기제어 : 압력제어 밸브

해설 제어밸브에는 일의 크기를 제어하는 압력제어밸브, 일의 속도를 제어하는 유량조절밸브, 일의 방향을 제어하는 방향전환밸브가 있다.

50. 보기 항에서 유압계통에 사용되는 오일의 점도가 너무 낮을 경우 나타날 수 있는 현상으로 모두 맞는 것은?

[보기]
ㄱ. 펌프효율 저하
ㄴ. 오일누설 증가
ㄷ. 유압회로 내의 압력저하
ㄹ. 시동저항 증가

① ㄱ, ㄷ, ㄹ ② ㄱ, ㄴ, ㄷ
③ ㄴ, ㄷ, ㄹ ④ ㄱ, ㄴ, ㄹ

해설▷ 오일의 점도가 너무 낮으면 유압펌프의 효율저하, 오일누설 증가, 유압회로 내의 압력저하 등이 발생한다.

51. 지게차에 대한 설명으로 틀린 것은?
① 암페어 메타의 지침은 방전되면 (-)쪽을 가리킨다.
② 연료탱크에 연료가 비어 있으면 연료 게이지는 "E"를 가리킨다.
③ 히터시그널은 연소실 글로우 플러그의 가열 상태를 표시한다.
④ 오일압력 경고등은 시동 후 워밍업되기 전에 점등되어야 한다.

해설▷ 오일압력 경고등은 엔진이 시동되면 즉시 소등되어야 한다.

52. 토크컨버터가 설치된 지게차의 출발방법은?
① 저·고속 레버를 저속위치로 하고 클러치 페달을 밟는다.
② 클러치 페달을 조작할 필요 없이 가속 페달을 서서히 밟는다.
③ 저·고속 레버를 저속위치로 하고 브레이크 페달을 밟는다.
④ 클러치 페달에서 서서히 발을 때면서 가속페달을 밟는다.

53. 지게차의 리프트 실린더 작동회로에서 사동되는 플로 레귤레이터(슬로 리턴)밸브의 역할은?
① 포크의 하강속도를 조절하여 포크가 천천히 내려오도록 한다.
② 포크 상승 시 작동유의 압력을 높여준다.
③ 짐을 하강할 때 신속하게 내려오도록 한다.
④ 포크가 상승하다가 리프트 실린더 중간에서 정지 시 실린더 내부누유를 방지한다.

해설▷ 지게차의 리프트 실린더 작동회로에 플로 레귤레이터(슬로 리턴)밸브를 사용하는 이유는 포크를 천천히 하강시키도록 하기 위함이다.

54. 자동변속기의 메인압력이 떨어지는 이유가 아닌 것은?
① 클러치판 마모
② 오일펌프 내 공기생성
③ 오일필터 막힘
④ 오일 부족

해설▷ 자동변속기의 메인압력이 떨어지는 이유는 오일펌프 내 공기 생성, 오일필터 막힘, 오일 부족 등이다.

55. 다음 중 지게차의 특징이 아닌 것은?
① 전륜 조향방식이다.
② 완충장치가 없다.
③ 엔진은 뒤쪽에 위치한다.
④ 틸트장치가 있다.

해설▷ 지게차는 앞바퀴(전륜)구동, 뒷바퀴(후륜)조향 방식이, 완충장치가 없으며, 리프트와 틸트 장치가 있다.

56. 지게차의 작업장치가 아닌 것은?
① 사이드 시프트
② 로테이팅 클램프
③ 힌지드 버킷
④ 브레이커

해설〉 브레이커는 굴삭기의 작업장치로 암반, 콘크리트 등 단단한 물질을 파괴하는 작업에 이용된다.

57. 전동 지게차의 동력전달 순서로 맞는 것은?
① 축전지 → 제어기구 → 구동모터 → 변속기 → 종감속 및 차동기어장치 → 앞바퀴
② 축전지 → 구동모터 → 제어기구 → 변속기 → 종감속 및 차동기어장치 → 앞바퀴
③ 축전지 → 제어기구 → 구동모터 → 변속기 → 종감속 및 차동기어장치 → 뒷바퀴
④ 축전지 → 구동모터 → 제어기구 → 변속기-종감속 및 차동기어장치 → 뒷바퀴

해설〉 전동 지게차의 동력전달 순서는 축전지 → 제어기구 → 구동모터 → 변속기-종감속 및 차동기어장치 → 앞바퀴이다.

58. 지게차 인칭 조절장치에 대한 설명으로 맞는 것은?
① 트랜스미션 내부에 있다.
② 브레이크 드럼 내부에 있다.
③ 디셀러레이터 페달이다.
④ 작업장치의 유압상승을 억제한다.

59. 지게차의 동력조향장치에 사용되는 유압 실린더로 가장 적합한 것은?
① 단동 실린더 플런저형
② 복동 실린더 싱글 로드형
③ 복동 실린더 더블 로드형
④ 다단 실린더 텔레스코픽형

60. 화물 트럭의 한쪽방향에서 화물 상·하차, 랙(Rack)에 화물 전·후 적재 및 하역 등 좁은 공간에서 화물을 취급하기에 적합한 작업 장치는?
① 로드 익스텐더 ② 타이어 클램프
③ 잉곳 클램프   ④ 포크 무버

해설〉 로드 익스텐더형은 화물 트럭의 한쪽 방향에서 화물 상·하자, 랙(Rack)에 화물 전·후 적재 및 하역 등 좁은 공간에서 화물을 취급하기에 적합하며, 캐리지와 포크가 전방으로 뻗어 나가는 구조로 좁은 공간에서 화물의 적재 및 하역작업을 수행한다.

Answer

01. ③ 02. ④ 03. ④ 04. ④ 05. ① 06. ② 07. ② 08. ③ 09. ① 10. ④
11. ④ 12. ④ 13. ③ 14. ① 15. ③ 16. ③ 17. ② 18. ② 19. ③ 20. ④
21. ④ 22. ④ 23. ② 24. ② 25. ① 26. ② 27. ② 28. ② 29. ④ 30. ④
31. ③ 32. ② 33. ③ 34. ② 35. ③ 36. ② 37. ② 38. ② 39. ④ 40. ④
41. ① 42. ② 43. ② 44. ③ 45. ③ 46. ② 47. ① 48. ④ 49. ② 50. ②
51. ④ 52. ② 53. ① 54. ① 55. ① 56. ④ 57. ① 58. ① 59. ③ 60. ①

지게차 운전기능사

01. 작업안전 상 보호안경을 사용하지 않아도 되는 작업은?
① 건설기계 운전작업
② 먼지 세척작업
③ 용접작업
④ 연마작업

02. 정비작업 시 안전에 가장 위배되는 것은?
① 연료를 비운 상태에서 연료통을 용접한다.
② 가연성 물질을 취급 시 소화기를 준비한다.
③ 회전부분에 옷이나 손이 닿지 않도록 한다.
④ 깨끗하고 먼지가 없는 작업환경을 조정한다.

해설〉 연료통을 용접하면 폭발할 우려가 있다.

03. 일반적으로 장갑을 착용하고 작업을 하게 되는데, 안전을 위해서 오히려 장갑을 사용하지 않아야 하는 작업은?
① 오일교환작업
② 타이어 교환작업
③ 전기용접작업
④ 해머작업

04. 안전제일에서 가장 먼저 선행되어야 하는 이념으로 옳은 것은?
① 재산보호   ② 생산성 향상
③ 신뢰성 향상   ④ 인명보호

05. 지게차 작업 내용과 관련된 준비사항에 대하여 파악하기 위하여 작업 계획서를 확인하여야 한다. 다음 중 확인 사항으로 틀린 것은?
① 운전자의 시야 확보가 불량한지 확인한다.
② 운반할 화물에 대하여 확인한다.
③ 장비 제원에 대하여 확인한다.
④ 작업시간, 작업방법을 확인한다.

06. 운반 작업시의 안전수칙으로 틀린 것은?
① 화물 적재시 될 수 있는 대로 중심고를 낮게 한다.
② 길이가 긴 물건은 뒤쪽을 높여서 운반한다.
③ 무거운 짐을 운반할 때는 보조구들을 사용한다.
④ 인력으로 운반 시 어깨보다 높이 들지 않는다.

해설〉 길이가 긴 물건은 앞쪽을 높여서 운반한다.

07. 안전·보건표시의 종류와 형태에서 그림의 표지로 옳은 것은?
① 차량통행금지
② 사용금지
③ 탑승금지
④ 물체이동금지

08. 다음 중 지게차의 안전장치를 설명한 것으로 틀린 것은?
① 조명이 어두운 곳에서는 지게차의 좌우 및 후면에 형광테이프를 부착한다.
② 지게차의 수리, 점검시 포크의 급격한 하강을 막기 위해 포크 받침대를 설치한다.
③ 기존의 소형 백미러의 사각 지역을 감소하기 위하여 지게차 내부 또는 외부에 대형 백미러로 교체 설치할 수 있다.
④ 바닥으로부터 포크의 이격거리가 50~60cm인 경우 마스트와 백레스트에 페인트 또는 색상테이프가 상호 일치되도록 표지를 부착한다.
해설 바닥으로부터 포크의 이격거리가 20~30cm인 경우 마스트와 백레스트에 페인트 또는 색상테이프가 상호 일치되도록 표지를 부착한다.

09. 다음 중 의무안전 인증대상 안전모의 성능기준 항목이 아닌 것은?
① 내열성 ② 턱끈풀림
③ 내관통성 ④ 충격흡수성

10. 지게차가 어두운 곳에서 작업할 때 안전을 위하여 설치해야 하는 안전장치 중 가장 거리가 먼 것은?
① 경광등
② 후방 접근 경보장치
③ 백레스트
④ 형광 테이프
해설 백레스트는 마스트를 뒤로 기울일 때 화물이 마스트 방향으로 떨어지는 것을 방지하기 위한 짐받이 틀을 말한다.

11. 지게차를 운행할 때 주의사항으로 틀린 것은?
① 급유 중은 물론 운전 중에도 화기를 가까이 하지 않는다.
② 적재 시 급제동을 하지 않는다.
③ 내리막길에서는 브레이크 페달을 밟으면서 서서히 주행한다.
④ 적재 시에는 최고속도로 주행한다.

12. 작업 전 지게차의 워밍업 운전 및 점검사항으로 틀린 것은?
① 시동 후 작동유의 유온을 정상범위 내에 도달하도록 고속으로 전·후진 주행을 2~3회 실시
② 엔진 시동 후 5분간 저속운전 실시
③ 틸트 레버를 사용하여 전 행정으로 전후 경사 운동 2~3회 실시
④ 리프트 레버를 사용하여 상승, 하강 운동을 전 행정으로 2~3회 실시
해설 지게차의 난기운전(워밍업) 방법
① 엔진을 시동 후 5분 정도 공회전 시킨다.
② 리프트 레버를 사용하여 포크의 상승·하강운동을 실린더 전체행정으로 2~3회 실시한다.
③ 포크를 지면으로 부터 20cm 정도로 올린 후 틸트 레버를 사용하여 전체행정으로 포크를 앞뒤로 2~3회 작동시킨다.

13. 지게차에서 지켜야 할 안전수칙으로 틀린 것은?
① 후진 시는 반드시 뒤를 살필 것
② 전진에서 후진변속 시는 지게차가 정지된 상태에서 행할 것
③ 주·정차시는 반드시 주차 브레이크를 작동시킬 것
④ 이동시는 포크를 반드시 지상에서 높이 들고 이동할 것

14. 그림의 수신호는 신호수가 운전자에게 보내는 신호이다. 어떤 신호를 하고 있는가?
    ① 마스트 전경
    ② 마스트 후경
    ③ 화물 하강
    ④ 화물 상승

15. 작업 후 일상점검을 하는 목적으로 맞는 것은?
    ① 장비의 노후화를 방지하기 위하여
    ② 시동을 잘 걸고 작업을 빨리하기 위하여
    ③ 조기 정비를 위하여
    ④ 장비의 수명을 연장하고 고장 유무를 확인하기 위하여

16. 다음 중 팔레트의 재질로 틀린 것은?
    ① 목재   ② 박스
    ③ 플라스틱   ④ 알루미늄

17. 운전 중 돌발 상황 시 대처방법이다. 다음 중 거리가 먼 것은?
    ① 작업 중 이상 냄새가 감지되었을 때는 즉시 작업을 멈추고 장비를 점검하여야 한다.
    ② 비포장 도로, 좁은 통로, 경사지 등에서는 급출발, 급제동, 급선회 등은 하지 않아야 한다.
    ③ 작업 중 이상 소음이 발생할 경우에는 일단 정비사에게 알리고 작업 후에 점검받는다.
    ④ 항상 소화기의 위치 및 정상 충전상태를 확인하여 화재발생 시 초기진화를 하여야 한다.

18. 운전석의 계기판에 있는 유압계로 확인할 수 있는 것은 다음 중 어느 것인가?
    ① 오일 점도상태
    ② 오일의 순환 압력
    ③ 오일의 누설상태
    ④ 오일의 연소상태

19. 다음 중 안전모의 성능시험에 있어서 AE, ABE종에만 한하여 실시하는 시험은?
    ① 내관통성시험, 충격흡수성시험
    ② 난연성시험, 내수성시험
    ③ 내관통성시험, 내전압성시험
    ④ 내전압성시험, 내수성시험

20. 운전 중 좁은 장소에서 지게차를 방향 전환시킬 때 가장 주의해야 할 것으로 맞는 것은?
    ① 포크높이를 높게 하여 방향 전환한다.
    ② 뒷바퀴 회전에 주의하여 방향 전환한다.
    ③ 앞바퀴 회전에 주의하여 방향 전환한다.
    ④ 포크가 땅에 닿게 내리고 방향 전환한다.
    해설〉 지게차는 뒷바퀴 조향방식을 사용하므로 방향전환 시 뒷바퀴의 회전에 주의하여야 한다.

21. 도로교통법규상 주차금지장소가 아닌 곳은?
    ① 소방용 기계기구가 설치된 곳으로부터 15m 이내
    ② 터널 안
    ③ 소방용 방화물통으로부터 5m 이내
    ④ 화재경보기로부터 3m 이내
    해설〉 소방용 기계기구가 설치된 곳으로부터 5m 이내

22. 차마가 도로의 중앙이나 좌측부분을 통행할 수 있는 경우는 도로 우측부분의 폭이 몇 m에 미달하는 도로에서 앞지르기를 할 때인가?

① 2m ② 3m
③ 5m ④ 6m

해설 차마가 도로의 중앙이나 좌측부분을 통행할 수 있는 경우는 도로 우측부분의 폭이 6m에 미달하는 도로에서 앞지르기를 할 때이다.

23. 교통안전시설이 표시하고 있는 신호와 경찰공무원의 수신호가 다른 경우 통행방법으로 옳은 것은?

① 신호기 신호를 우선적으로 따른다.
② 수신호는 보조신호이므로 따르지 않아도 좋다.
③ 경찰공무원의 수신호에 따른다.
④ 자기가 판단하여 위험이 없다고 생각되면 아무 신호에 따라도 좋다.

24. 도로교통법을 위반한 경우는?

① 밤에 교통이 빈번한 도로에서 전조등을 계속 하향했다.
② 낮에 어두운 터널 속을 통과할 때 전조등을 켰다.
③ 노면이 얼어붙은 곳에서 최고속도의 20/100을 줄인 속도로 운행하였다.
④ 소방용 방화물통으로부터 10m 지점에 주차하였다.

해설 노면이 얼어붙은 곳에서는 최고속도의 50/100을 줄인 속도로 운행하여야 한다.

25. 건설기계관리법령상 특별표지판을 부착하여야 할 건설기계의 범위에 해당하지 않는 것은?

① 높이가 4m를 초과하는 건설기계
② 길이가 10m를 초과하는 건설기계
③ 총중량이 40톤을 초과하는 건설기계
④ 최소 회전반경이 12m를 초과하는 건설기계

해설 특별표지판 부착대상 건설기계
길이가 16.7m 이상인 경우, 너비가 2.5m 이상인 경우, 최소 회전반경이 12m 이상인 경우, 높이가 4m 이상인 경우, 총중량이 40톤 이상인 경우, 축하중이 10톤 이상인 경우

26. 건설기계관리법에서 정의한 건설기계 형식을 가장 옳은 것은?

① 엔진구조 및 성능을 말한다.
② 건설기계의 형식 및 규격을 말한다.
③ 건설기계의 성능 및 용량을 말한다.
④ 건설기계의 구조·규격 및 성능 등에 관하여 일정하게 정한 것을 말한다.

27. 건설기계 조종사면허를 받은 자가 면허의 효력이 정지된 때에는 며칠 이내 관할 행정청에 그 면허증을 반납해야 하는가?

① 10일 이내 ② 60일 이내
③ 30일 이내 ④ 100일 이내

해설 건설기계 조종사면허가 취소되었을 경우 그 사유가 발생한 날로부터 10일 이내에 면허증을 반납해야 한다.

28. 교통사고가 발생하였을 때 운전자가 가장 먼저 취해야 할 조차로 적절한 것은?

① 즉시 보험회사에 신고한다.
② 모범운전자에게 신고한다.
③ 즉시 피해자 가족에게 알린다.
④ 즉시 사상자를 구호하고 경찰에 연락한다.

29. 교통사고 시 사상자가 발생하였을 때, 도로교통법령상 운전자가 즉시 취하여야 할 조치사항 중 가장 옳은 것은?
① 즉시정차 → 신고 → 위해방지
② 즉시정차 → 사상자 구호 → 신고
③ 즉시정차 → 위해방지 → 신고
④ 증인확보 → 정차 → 사상자 구호

30. 지게차 운행 중에 고장이 발생하였다. 응급조치의 내용과 거리가 먼 것은?
① 유압기기와 전기전자 부품의 조정, 분해, 수리는 직접 수리해야 한다.
② 운행 중 작은 이상이라도 발견되면 즉시 조치를 해야 한다.
③ 원인을 확인하고, 정비 조정하여 고장을 미연에 방지하여야 한다.
④ 고장은 여러 가지의 원인이 중복되는 경우도 있으므로 반드시 원리에 의거하여 계통적으로 조정하는 것이 필요하다.

31. 라디에이터 캡의 스프링이 파손되었을 때 가장 먼저 나타나는 현상은?
① 냉각수 비등점이 높아진다.
② 냉각수 비등점이 낮아진다.
③ 냉각수 순환이 불량해진다.
④ 냉각수 순환이 빨라진다.
[해설] 라디에이터 캡의 스프링이 파손되면 냉각수의 비등점이 낮아져 엔진이 과열되기 쉽다.

32. 라이너식 실린더에 비교한 일체식 실린더의 특징으로 틀린 것은?
① 라이너 형식보다 내마모성이 높다.
② 부품수가 적고 중량이 가볍다.
③ 강성 및 강도가 크다.
④ 냉각수 누출 우려가 적다.
[해설] 일체식 실린더는 강성 및 강도가 크고 냉각수 누출 우려가 적으며, 부품수가 적고 중량이 가볍다.

33. 엔진의 배기가스 색이 회백색이라면 고장예측으로 가장 적절한 것은?
① 소음기의 막힘
② 피스톤 링 마모
③ 공기 청정기의 막힘
④ 분사노즐의 막힘
[해설] 배기가스 색이 회백색이라면 피스톤 링이 마모되거나 실린더 간극이 커진 경우이다.

34. 디젤엔진 연료장치 내에 있는 공기를 배출하기 위하여 사용하는 펌프는?
① 인젝션 펌프   ② 연료펌프
③ 프라이밍 펌프   ④ 공기펌프
[해설] 프라이밍 펌프(priming pump)는 디젤엔진 연료계통의 공기를 배출할 때 사용한다.

35. 건설기계에서 기동전동기가 회전하지 않을 경우 점검할 사항이 아닌 것은?
① 타이밍벨트의 이완여부
② 축전지의 방전여부
③ 배터리 단자의 접촉여부
④ 배선의 단선여부
[해설] 타이밍벨트가 이완되면 밸브개폐시기가 틀려진다.

36. 경음기 스위치를 작동하지 않았는데 경음기가 계속 울리고 있다면 그 원인은?
① 경음기 릴레이의 접점이 융착
② 배터리의 과충전
③ 경음기 접지선이 단선
④ 경음기 전원 공급선이 단선

37. 교류발전기에 사용되는 반도체인 다이오드를 냉각하기 위한 것은?
   ① 냉각튜브
   ② 유체클러치
   ③ 히트싱크
   ④ 엔드프레임에 설치된 오일장치

38. 제동장치의 마스터 실린더 조립 시 무엇으로 세척하는 것이 좋은가?
   ① 브레이크액   ② 석유
   ③ 솔벤트   ④ 경유
   【해설】 마스터실린더를 조립할 때 부품의 세척은 브레이크액이나 알코올로 한다.

39. 동력전달장치에서 토크컨버터에 대한 설명 중 틀린 것은?
   ① 조작이 용이하고 엔진에 무리가 없다.
   ② 기계적인 충격을 흡수하여 엔진의 수명을 연장한다.
   ③ 부하에 따라 자동적으로 변속한다.
   ④ 일정 이상의 과부하가 걸리면 엔진이 정지한다.
   【해설】 토크컨버터를 장착한 경우에는 일정 이상의 과부하가 걸려도 엔진의 가동이 정지하지 않는다.

40. 유압 브레이크에서 잔압을 유지시키는 것은?
   ① 부스터   ② 실린더
   ③ 체크밸브   ④ 피스톤 스프링

41. 유량제어 밸브를 실린더와 병렬로 연결하여 실린더의 속도를 제어하는 회로는?
   ① 블리드 오프 회로
   ② 블리드 온 회로
   ③ 미터 인 회로
   ④ 미터 아웃 회로
   【해설】 블리드 오프(bleed off)회로는 유량제어밸브를 실린더와 병렬로 연결하여 실린더의 속도를 제어한다.

42. 그림과 같은 실린더의 명칭은?

   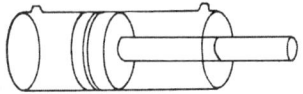

   ① 단동실린더   ② 단동 다단실린더
   ③ 복동실린더   ④ 복동 다단실린더

43. 유압장치의 작동원리는 어느 이론에 바탕을 둔 것인가?
   ① 파스칼의 원리
   ② 에너지 보존의 법칙
   ③ 보일의 원리
   ④ 열역학 제1법칙
   【해설】 유압장치는 파스칼의 원리를 이용한다.

44. 유압회로 내의 압력이 설정압력에 도달하면 펌프에서 토출된 오일을 전부 탱크로 회송시켜 펌프를 무부하로 운전시키는데 사용하는 밸브는?
   ① 언로드 밸브
   ② 카운터 밸런스 밸브
   ③ 체크밸브
   ④ 시퀀스 밸브
   【해설】 언로드 밸브(unloader valve)는 유압회로 내의 압력이 설정압력에 도달하면 펌프에서 토출된 오일을 전부 탱크로 회송시켜 펌프를 무부하로 운진시키는데 사용한다.

45. 유압장치에서 내구성이 강하고 작동 및 움직임이 있는 곳에 사용하기 적합한 호스는?
① 플렉시블 호스　② 구리 파이프
③ PVC호스　　　④ 강 파이프

해설〉플렉시블 호스는 내구성이 강하고 작동 및 움직임이 있는 곳에 사용하기 적합하다.

46. 유압장치에 사용되는 펌프형식이 아닌 것은?
① 베인 펌프　　② 플런저 펌프
③ 분사펌프　　④ 기어펌프

해설〉유압펌프의 종류에는 기어펌프, 베인 펌프, 피스톤(플런저)펌프, 나사펌프, 트로코이드 펌프 등이 있다.

47. 유압모터와 유압 실린더의 설명으로 옳은 것은?
① 유압모터는 회전운동, 유압 실린더는 직선운동을 한다.
② 둘 다 왕복운동을 한다.
③ 둘 다 회전운동을 한다.
④ 유압모터는 직선운동, 유압 실린더는 회전운동을 한다.

48. 유압장치에 사용되는 오일실의 종류 중 O-링이 갖추어야 할 조건은?
① 체결력이 작을 것
② 작동 시 마모가 클 것
③ 오일의 누설이 클 것
④ 탄성이 양호하고 압축변형이 적을 것

해설〉O-링은 탄성이 양호하고 압축변형이 적어야 한다.

49. 플런저 펌프의 특징으로 가장 거리가 먼 것은?
① 구조가 간단하고 값이 싸다.
② 펌프효율이 높다.
③ 베어링에 부하가 크다.
④ 일반적으로 토출압력이 높다.

해설〉플런저 펌프는 토출압력이 높고 펌프효율이 높으나 구조가 복잡해 값이 비싸고 베어링에 부하가 큰 단점이 있다.

50. 유압유의 점도에 대한 설명으로 틀린 것은?
① 점성계수를 밀도로 나눈 값이다.
② 온도가 상승하면 점도는 낮아진다.
③ 점성의 정도를 표시하는 값이다.
④ 온도가 내려가면 점도는 높아진다.

51. 지게차에 대한 설명으로 틀린 것은?
① 화물을 싣기 위해 마스트를 약간 전경시키고 포크를 끼워 물건을 싣는다.
② 틸트 레버는 앞으로 밀면 마스트가 앞으로 기울고 따라서 포크가 앞으로 기운다.
③ 포크를 상승시킬 때는 리프트 레버를 뒤쪽으로, 하강시킬 때는 앞쪽으로 민다.
④ 목적지에 도착 후 물선을 내리기 위해 틸트 실린더를 후경시켜 전진한다.

52. 지게차를 전·후진방향으로 서서히 화물에 접근시키거나 빠른 유압작동으로 신속히 화물을 상승 또는 적재시킬 때 사용하는 것은?
① 인칭조절 페달
② 액셀러레이터 페달
③ 브레이크 페달
④ 디셀러레이터 페달

53. 지게차의 작업장치에 속하지 않는 것은?
① 사이드 시프트
② 로테이팅 클램프
③ 힌지드 버킷
④ 브레이커

54. 지게차의 마스트에 부착되어 있는 주요 부품은?
① 가이드 롤러 ② 차동기
③ 리치 실린더 ④ 타이머

[해설] 마스트는 백레스트가 가이드 롤러(또는 리프트 롤러)를 통하여 상·하 미끄럼운동을 할 수 있는 레일이며, 바깥쪽 마스트(out mast)와 안쪽 마스트(inner mast)로 구성되어 있다.

55. 지게차의 구성부품이 아닌 것은?
① 마스트 ② 밸런스 웨이트
③ 틸트 레버 ④ 레킹 볼

56. 지게차의 좌측 레버를 당기면 포크가 상승·하강하는 장치는?
① 리프트 레버 ② 고저속 레버
③ 틸트 레버 ④ 전후진 레버

57. 지게차의 포크 양쪽 중 한쪽이 낮아졌을 경우에 해당되는 원인은?
① 체인의 늘어짐
② 사이드 롤러의 과다한 마모
③ 실린더의 마모
④ 윤활유 불충분

58. 지게차에서 리프트 실린더의 상승력이 부족한 원인과 거리가 먼 것은?
① 오일필터의 막힘
② 유압펌프의 불량
③ 리프트 실린더에서 유압유 누출
④ 틸트 로크 밸브의 밀착 불량

59. 지게차의 포크를 내리는 역할을 하는 부품은?
① 틸트 실린더 ② 리프트 실린더
③ 볼 실린더 ④ 조향 실린더

60. 지게차의 유압 복동 실린더에 대하여 설명한 것 중 틀린 것은?
① 싱글 로드형이 있다.
② 더블 로드형이 있다.
③ 수축은 자중이나 스프링에 의해서 이루어진다.
④ 피스톤의 양방향으로 유압을 받아 늘어난다.

Answer
01. ① 02. ② 03. ④ 04. ④ 05. ① 06. ② 07. ① 08. ④ 09. ① 10. ③
11. ④ 12. ① 13. ④ 14. ① 15. ④ 16. ② 17. ③ 18. ② 19. ④ 20. ②
21. ① 22. ④ 23. ② 24. ③ 25. ② 26. ④ 27. ① 28. ④ 29. ② 30. ①
31. ② 32. ① 33. ② 34. ③ 35. ① 36. ① 37. ③ 38. ① 39. ④ 40. ③
41. ① 42. ④ 43. ① 44. ② 45. ① 46. ② 47. ① 48. ④ 49. ① 50. ①
51. ④ 52. ① 53. ④ 54. ① 55. ④ 56. ① 57. ① 58. ④ 59. ② 60. ③

지게차운전기능사

01. 다음 중 보호구에 관한 설명으로 옳은 것은?
① 차광용보안경의 사용구분에 따른 종류에는 자외선용, 적외선용, 복합용, 용접용이 있다.
② 귀마개는 처음에는 저음만을 차단하는 제품부터 사용하며, 일정 기간이 지난 후 고음까지를 모두 차단할 수 있는 제품을 사용한다.
③ 유해물질이 발생하는 산소결핍지역에서는 필히 방독마스크를 착용하여야 한다.
④ 선반작업과 같이 손에 재해가 많이 발생하는 작업장에서는 장갑착용을 의무화한다.

해설 ① 소음수준이 85~115dB일 때는 귀마개 또는 귀 덮개를 110~120dB이 넘을 때는 귀마개와 귀 덮개를 동시에 착용
② 산소 농도가 18% 미만일 때는 송기마스크를 사용한다.
③ 선반작업 및 회전물체에서는 장갑을 착용하면 안된다.

02. 해머작업에 대한 주의사항으로 틀린 것은?
① 작업자가 서로 마주보고 두드린다.
② 작게 시작하여 차차 큰 행정으로 작업하는 것이 좋다.
③ 타격범위에 장애물이 없도록 한다.
④ 녹슨 재료 사용 시 보안경을 사용한다.

03. 화재의 분류기준에서 휘발유로 인해 발생한 화재는?
① C급 화재 ② A급 화재
③ D급 화재 ④ B급 화재

해설 화재의 분류
• A급 화재 : 고체연료의 화재
• B급 화재 : 유류화재
• C급 화재 : 전기화재
• D급 화재 : 금속화재

04. 다음 중 사용구분에 따른 차광 보안경의 종류에 해당하지 않는 것은?
① 복합용 ② 비산방지용
③ 적외선용 ④ 자외선용

해설 사용구분에 따른 차광보안경의 종류는 자외선용, 적외선용, 복합용, 용접용이 있다.

05. 볼트 너트를 가장 안전하게 조이거나 풀 수 있는 공구는?
① 조정렌치
② 스패너
③ 6각 소켓렌치
④ 파이프 렌치

06. 벨트를 풀리(pulley)에 장착 시 작업방법에 대한 설명으로 옳은 것은?
① 고속으로 회전시키면서 건다.
② 저속으로 회전시키면서 건다.
③ 회전을 중지시킨 후 건다.
④ 중속으로 회전시키면서 건다.

07. 사고의 원인 중 불안전한 행동이 아닌 것은?
① 작업 중 안전장치 기능 제거
② 사용 중인 공구에 결함 발생
③ 부적당한 속도로 기계장치 운전
④ 허가 없이 기계장치 운전

08. 공기구 사용에 대한 사항으로 틀린 것은?
① 공구를 사용 후 공구상자에 넣어 보관한다.
② 볼트와 너트는 가능한 소켓렌치로 작업한다.
③ 마이크로미터를 보관할 때는 직사광선에 노출시키지 않는다.
④ 토크렌치는 볼트와 너트를 푸는데 사용한다.

해설〉 토크렌치는 볼트와 너트를 규정 값으로 조일 때 사용한다.

09. 감전재해 사고발생 시 취해야 할 행동으로 틀린 것은?
① 전원을 끄지 못했을 때는 고무장갑이나 고무장화를 착용하고 피해자를 구출한다.
② 설비의 전기 공급원 스위치를 내린다.
③ 피해자 구출 후 상태가 심할 경우 인공호흡 등 응급조치를 한 후 작업을 직접 마무리 하도록 도와준다.
④ 피해자가 지닌 금속체가 전선 등에 접촉되었는가를 확인한다.

10. 작업요청서 작성시기가 아닌 것은?
① 운전자 휴식 후
② 최초 작업 개시전
③ 작업장소 변경
④ 작업방법 변경, 하물의 변경시

해설〉 작업요청서 작성 시기는 최초 작업 개시전, 운전자 교체, 작업장소 변경, 작업방법 변경, 하물의 변경시

11. 지게차 하역작업 시 안전한 방법이 아닌 것은?
① 무너질 위험이 있는 경우 화물 위에 사람이 올라간다.
② 가벼운 것은 위로, 무거운 것은 밑으로 적재한다.
③ 굴러갈 위험이 있는 물체는 고임목으로 고인다.
④ 허용적재 하중을 초과하는 화물의 적재는 금한다.

12. 지게차에 화물을 적재하고 주행할 때의 주의사항으로 틀린 것은?
① 급한 고갯길을 내려갈 때는 변속레버를 중립에 두거나 엔진을 끄고 타력으로 내려간다.
② 포크나 카운터 웨이트 등에 사람을 태우고 주행해서는 안 된다.
③ 전방시야가 확보되지 않을 때는 후진으로 진행하면서 경적을 울리며 천천히 주행한다.
④ 험한 땅, 좁은 통로, 고갯길 등에서는 급발진, 급제동, 급선회하지 않는다.

해설〉 화물을 적재하고 급한 고갯길을 내려갈 때는 변속레버를 저속으로 하고 후진으로 천천히 내려가야 한다.

13. 다음 중 지게차 화물의 종류가 아닌 것은?
① 개별로 묶인 상태
② 컨테이너에 적재된 상태
③ 박스로 포장된 상태
④ 화물별로 포장되거나 묶인 상태

14. 지게차 작업 전 점검에서 마스트 및 베어링의 점검 사항으로 틀린 것은 ?
① 마스트의 변형, 균열 및 손상 유무를 점검한다.
② 롤러 핀 용접부의 균열 유무를 점검한다.
③ 체인 휠의 변형, 손상을 점검한다.
④ 마스트 서포트부의 덜거덕거림 유무 및 캡 부착 볼트가 헐거워졌는지 점검한다.

15. 지게차 운전 시 작업자가 안전을 위해 지켜야 할 사항으로 틀린 것은 ?
① 시동 된 지게차에서 잠시 내릴 때에는 변속기 선택 레버를 중립으로 하지 않아도 된다.
② 건물 내부에서 지게차를 가동 시는 적절한 환기조치를 한다.
③ 엔진을 가동시킨 상태로 장비에서 내려서는 안 된다.
④ 작업 중에는 운전사 한 사람만 승차하도록 한다.

16. 지게차로 화물을 싣고 경사지에서 주행할 때 안전상 올바른 운전 방법은?
① 내려갈 때는 저속 후진한다.
② 시야확보를 위해 포크를 높이 들고 주행한다.
③ 내려갈 때에는 변속레버를 중립에 놓고 주행한다.
④ 내려갈 때에는 시동을 끄고 타력으로 주행한다.

17. 다음은 지게차 작업 후 점검해야 하는 사항이다. 내용이 틀린 것은 다음 중 어느 것인가 ?
① 휠의 볼트나 너트를 조일 때는 왼쪽에서 오른쪽(시계방향)의 순서로 조인다.
② 그리스를 주입해야 할 부분은 깨끗이 닦고 급유한다.
③ 장비의 외관 상태를 파악하고, 적정한 공구를 사용하여 정비한다.
④ 지게차의 휠 너트를 풀기 전에 반드시 타이어 공기를 뺀다.

18. 신호수와 운전자 간의 수신호에 대하여 옳지 않은 것은 ?
① 신호수는 지게차 운전사를 명확히 볼 수 있어야 하며 긴밀한 연락을 취하여야 한다.
② 신호수는 반드시 안전한 곳에 위치하여야 하며, 하물 또는 장비를 명확하게 볼 수 있어야 한다.
③ 신호수는 운전자의 중간 시야가 차단되어도 항상 같은 위치에 있어야 한다.
④ 신호수 부근에 혼동되기 쉬운 경적, 음성, 동작 등이 있어서는 안 된다.

19. 지게차 엔진의 시동상태를 점검하고자 한다. 가장 거리가 먼 것은?
① 한랭시에는 가급적 난기운전을 하지 않는다.
② 예열플러그의 작동이 정상인지 점검한다.
③ 축전지의 상태를 점검한다.
④ 시동전동기를 점검한다.

20. 지게차 포크 삽입 확인하고 있다. 다음 중 적절하지 못한 것은?
① 화물 앞에서 일단 정지하여 마스트를 수직으로 한다.
② 컨테이너, 팔레트, 스키드(skid)에 포크를 꽂아 넣을 때에는 지게차를 화물에 대해 똑바로 향하고 포크의 삽입 위치를 확인한 후에 천천히 포크를 넣는다.
③ 포크의 간격(폭)은 컨테이너 및 팔레트 폭의 $\frac{1}{4}$ 이상 $\frac{3}{4}$ 이하 정도로 유지하여 적재한다.
④ 단위 포장 화물은 화물의 무게 중심에 따라 포크 폭을 조정하고 천천히 포크를 완전히 넣는다.

21. 도로교통법의 제정목적을 바르게 나타낸 것은?
① 도로 운송사업의 발전과 운전자들의 권익보호
② 도로상의 교통사고로 인한 신속한 피해회복과 편익증진
③ 건설기계의 제작, 등록, 판매, 관리 등의 안전 확보
④ 도로에서 일어나는 교통상의 모든 위험과 장해를 방지하고 제거하여 안전하고 원활한 교통을 확보

> **해설** 도로교통법의 제정목적은 도로에서 일어나는 교통상의 모든 위험과 장해를 방지하고 제거하여 안전하고 원활한 교통을 확보함을 목적으로 한다.

22. 교통안전시설이 표시하고 있는 신호와 경찰공무원의 수신호가 다른 경우 통행 방법으로 옳은 것은?
① 경찰공무원의 수신호에 따른다.
② 신호기 신호를 우선적으로 따른다.
③ 수신호는 보조신호이므로 따르지 않아도 좋다.
④ 자기가 판단하여 위험이 없다고 생각되면 아무 신호에 따라도 좋다.

23. 도로에서 위험을 방지하고 교통의 안전과 원활한 소통을 확보하기 위하여 필요하다고 인정하는 때에 구역 또는 구간을 지정하여 자동차의 속도를 제한할 수 있는 자는?(단, 고속도로를 제외한 도로)
① 지방경찰청장
② 시·도지사
③ 경찰서장
④ 교통안전공단 이사장

> **해설** 지방경찰청장은 도로에서 위험을 방지하고 교통의 안전과 원활한 소통을 확보하기 위하여 필요하다고 인정하는 때에 구역 또는 구간을 지정하여 자동차의 속도를 제한할 수 있다.

24. 진로변경을 해서는 안 되는 경우는?

① 안전표지(진로변경 제한선)가 설치되어 있을 때
② 시속 50킬로미터 이상으로 주행할 때
③ 교통이 복잡한 도로일 때
④ 3차로의 도로일 때

해설〉 진로변경 제한선(백색 실선)이 설치되어 있는 곳에서는 진로변경을 할 수 없다.

25. 다음 도로 표지판이 나타내는 것으로 틀린 것은?

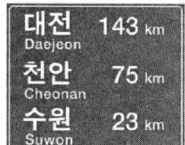

① 고속도로일 경우 목적지 고속도로의 IC까지 거리를 나타내는 이정표지이다.
② 국도의 경우는 시청, 구청, 동사무소까지의 거리를 나타내는 이정표지이다.
③ 대전 IC까지 143km 거리가 남았다.
④ 교통의 흐름을 명확히 분류하기 위하여 진행방향의 차로를 안내하는 차로지정하는 표지이다.

26. 성능이 불량하거나 사고가 자주 발생하는 건설기계의 안전성 등을 점검하기 위하여 실시하는 검사와 건설기계 소유자의 신청을 받아 실시하는 검사는?

① 정기검사   ② 수시검사
③ 구조변경검사 ④ 예비검사

해설〉 수시검사는 성능이 불량하거나 사고가 자주 발생하는 건설기계의 안전성 등을 점검하기 위하여 수시로 실시하는 검사와 건설기계 소유자의 신청을 받아 실시하는 검사이다.

27. 건설기계 등록번호표 중 관용에 해당하는 것은?

① 5001~8999
② 6001~8999
③ 9001~9999
④ 1001~4999

해설〉 ① 자가용 : 1001~4999
② 영업용 : 5001~8999
③ 관용 : 9001~9999

28. 건설기계관리법상 건설기계의 등록신청은 누구에게 하여야 하는가?

① 사용본거지를 관할하는 시·군·구청장
② 사용본거지를 관할하는 시·도지사
③ 사용본거지를 관할하는 검사대행장
④ 사용본거지를 관할하는 경찰서장

해설〉 건설기계 등록신청은 소유자의 주소지 또는 건설기계 사용본거지를 관할하는 시·도지사에게 한다.

29. 건설기계 조종사 면허의 취소사유에 해당되지 않는 것은?

① 고의로 1명에게 경상을 입힌 때
② 등록된 건설기계를 조종한 때
③ 과실로 7명 이상에게 중상을 입힌 때
④ 면허정지 처분을 받은 자가 그 정지기간 중에 건설기계를 조종한 때

30. 교통사고 시 사상자가 발생하였을 때, 도로교통법령상 운전자가 즉시 취하여야 할 조치사항 중 가장 옳은 것은?

① 즉시정차 → 신고 → 위해방지
② 즉시정차 → 사상자 구호 → 신고
③ 즉시정차 → 위해방지 → 신고
④ 증인확보 → 정차 → 사상자 구호

31. 오일 팬에 있는 오일을 흡입하여 엔진의 각 운동부분에 압송하는 오일펌프로 가장 많이 사용되는 것은?

① 피스톤 펌프, 나사펌프, 원심펌프
② 로터리 펌프, 기어펌프, 베인 펌프
③ 기어펌프, 원심펌프, 베인 펌프
④ 나사펌프, 원심펌프, 기어펌프

해설 오일펌프의 종류에는 기어펌프, 베인 펌프, 로터리 펌프, 플런저 펌프가 있다.

32. 열기관이란 어떤 에너지를 어떤 에너지로 바꾸어 유효한 일을 할 수 있도록 한 기계인가?

① 열에너지를 기계적 에너지로
② 전기적 에너지를 기계적 에너지로
③ 위치 에너지를 기계적 에너지로
④ 기계적 에너지를 열에너지로

해설 엔진(열기관)이란 열에너지(연료의 연소)를 기계적 에너지(크랭크축의 회전)로 바꾸어 유효한 일을 할 수 있도록 하는 장치이다.

33. 디젤엔진의 냉간 시 시동을 돕기 위해 설치된 부품으로 옳은 것은?

① 히트레인지(예열플러그)
② 발전기
③ 디퓨저
④ 과급장치

해설 시동보조 장치에는 예열장치, 흡기가열장치(흡기히터와 히트레인지), 실린더 감압장치, 연소촉진제 공급장치 등이 있다.

34. 커먼레일 디젤엔진의 압력제한밸브에 대한 설명 중 틀린 것은?

① 연료압력이 높으면 연료의 일부분이 연료탱크로 되돌아간다.
② 커먼레일과 같은 라인에 설치되어 있다.
③ 기계식 밸브가 많이 사용된다.
④ 운전조건에 따라 커먼레일의 압력을 제어한다.

해설 압력제한밸브는 커먼레일과 같은 라인에 설치되어 커먼레일 내의 연료압력이 규정 값보다 높아지면 열려 연료의 일부를 연료탱크로 복귀시킨다.

35. 급속충전을 할 때 주의사항으로 옳지 않은 것은?

① 충전시간은 가급적 짧아야 한다.
② 충전 중인 축전지에 충격을 가하지 않는다.
③ 통풍이 잘되는 곳에서 충전한다.
④ 축전지가 차량에 설치된 상태로 충전한다.

36. 퓨즈의 접촉이 나쁠 때 나타나는 현상으로 옳은 것은?

① 연결부의 저항이 떨어진다.
② 전류의 흐름이 높아진다.
③ 연결부가 끊어진다.
④ 연결부가 튼튼해진다.

37. 동력전달장치에 사용되는 차동기어장치에 대한 설명으로 틀린 것은?

① 선회할 때 좌·우 구동바퀴의 회전속도를 다르게 한다.
② 선회할 때 바깥쪽 바퀴의 회전속도를 증대시킨다.
③ 보통 차동기어장치는 노면의 저항을 작게 받는 구동바퀴가 더 많이 회전하도록 한다.
④ 엔진의 회전력을 크게 하여 구동바퀴에 전달한다.

38. 제동장치의 페이드 현상 방지책으로 틀린 것은 ?
① 브레이크드럼의 냉각성능을 크게 한다.
② 온도상승에 따른 마찰계수 변화가 큰 라이닝을 사용한다.
③ 브레이크 드럼의 열팽창률이 적은 형상으로 한다.
④ 브레이크 드럼은 열팽창률이 적은 재질을 사용한다.

해설 페이드 현상을 방지하려면
브레이크 드럼의 냉각성능을 크게 하고, 온도상승에 따른 마찰계수 변화가 작은 라이닝을 사용하며, 드럼은 열팽창률이 적은 재질을 사용하고, 드럼은 열팽창률이 적은 형상으로 한다.

39. 진공식 제동 배력장치의 설명 중에서 옳은 것은 ?
① 진공밸브가 새면 브레이크가 전혀 들지 않는다.
② 하이드로릭 피스톤의 체크 볼이 밀착 불량이면 브레이크가 들지 않는다.
③ 릴레이밸브 피스톤 컵이 파손되어도 브레이크는 듣는다.
④ 릴레이밸브의 다이어프램이 파손되면 브레이크는 듣지 않는다.

해설 진공 제동 배력장치는 배력장치에 고장이 발생하여도 일반적인 유압 브레이크로 작동한다.

40. 지게차의 앞바퀴 얼라인먼트 역할이 아닌 것은 ?
① 방향 안정성을 준다.
② 타이어 마모를 최소로 한다.
③ 브레이크의 수명을 길게 한다.
④ 조향핸들의 조작을 작은 힘으로 쉽게 할 수 있다.

해설 앞바퀴 얼라인먼트(정렬)의 역할
조향핸들의 조작을 확실하게 하고 안전성부여, 조향핸들에 복원성을 부여, 조향핸들의 조작력을 가볍게 함, 타이어 마멸을 최소로 함

41. 작동유 온도가 과열되었을 때 유압 계통에 미치는 영향으로 틀린 것은 ?
① 오일의 점도저하에 의해 누유되기 쉽다.
② 유압펌프의 효율이 높아진다.
③ 온도변화에 의해 유압기기가 열 변형되기 쉽다.
④ 오일의 열화를 촉진한다.

해설 작동유가 과열되면 작동유의 점도저하에 의해 누유 되기 쉽고, 온도변화에 의해 유압기기가 열 변형되기 쉽고, 작동유의 열화를 촉진하며, 유압장치의 작동불량 현상을 초래한다.

42. 축압기의 용도로 적합하지 않은 것은 ?
① 충격흡수
② 유압 에너지 저장
③ 압력보상
④ 유량분배 및 제어

해설 축압기의 용도
압력보상, 체적변화 보상, 유압 에너지 축적, 유압회로 보호, 맥동감쇠, 충격압력 흡수, 일정압력 유지, 보조 동력원으로 사용

43. 유압으로 작동되는 작업 장치에서 작업 중 힘이 떨어질 때의 원인과 가장 관계가 있는 밸브는 ?
① 메인 릴리프 밸브
② 체크(check)밸브
③ 방향전환 밸브
④ 메이크업 밸브

해설 메인 릴리프밸브의 조정이 불량하면 작업 장치에서 작업 중 힘이 떨어진다.

44. 압력의 단위가 아닌 것은?
① cal
② kgf/cm²
③ mmHg
④ psi

해설〉 압력의 단위에는 kgf/cm², PSI, atm, Pa (kPa, MPa), mmHg, bar, atm, mAq 등이 있다.

45. 유압모터의 일반적인 특징으로 가장 적합한 것은?
① 넓은 범위의 무단변속이 용이하다.
② 각도에 제한 없이 왕복 각운동을 한다.
③ 운동량을 자동으로 직선조작을 할 수 있다.
④ 직선운동 시 속도조절이 용이하다.

해설〉 유압모터는 넓은 범위의 무단변속이 용이한 장점이 있다.

46. 유압장치의 정상적인 작동을 위한 일상 점검 방법으로 옳은 것은?
① 오일냉각기의 점검 및 세척
② 컨트롤밸브의 세척 및 교환
③ 오일량 점검 및 필터교환
④ 유압펌프의 점검 및 교환

47. 유압장치에서 방향제어밸브 설명으로 틀린 것은?
① 유압유의 흐름방향을 한쪽으로만 허용한다.
② 액추에이터의 속도를 제어한다.
③ 유압 실린더나 유압모터의 작동방향을 바꾸는데 사용된다.
④ 유압유의 흐름방향을 변환한다.

해설〉 액추에이터의 속도제어는 유량제어밸브로 한다.

48. 그림의 유압 기호는 무엇을 표시하는가?
① 유압실린더
② 어큐뮬레이터
③ 오일탱크
④ 유압실린더 로드

49. 유압장치의 계통 내에 슬러지 등이 생겼을 때 이것을 용해하여 깨끗이 하는 작업은?
① 서징
② 코킹
③ 플러싱
④ 트램핑

해설〉 플러싱이란 유압계통의 오일장치 내에 슬러지 등이 생겼을 때 이것을 용해하여 장치 내를 깨끗이 하는 작업이다.

50. 지게차의 앞바퀴는 어디에 설치되는가?
① 섀클 핀에 설치된다.
② 직접 프레임에 설치된다.
③ 너클 암에 설치된다.
④ 등속이음에 설치된다.

51. 지게차의 유압 복동 실린더에 대하여 설명한 것 중 틀린 것은?
① 싱글 로드형이 있다.
② 더블 로드형이 있다.
③ 수축은 자중이나 스프링에 의해서 이루어진다.
④ 피스톤의 양방향으로 유압을 받아 늘어난다.

해설〉 단동 실린더는 자중이나 스프링에 의해서 수축이 이루어지는 방식이다.

52. 화물을 적재하고 주행할 때 포크와 지면과의 간격으로 가장 적당한 것은?
① 80~85cm ② 지면에 밀착
③ 20~30cm ④ 50~55cm
해설〉 지게차 포크에 화물을 적재하고 주행할 때 포크와 지면과 간격은 20~30cm가 좋다.

53. 지게차의 리프트 실린더 작동회로에 사용되는 플로우 레귤레이터(슬로우 리턴) 밸브의 역할은?
① 포크 상승 시 작동유의 압력을 높여준다.
② 포크가 상승하다가 리프트 실린더 중간에서 정지 시 실린더 내부누유를 방지한다.
③ 포크의 하강속도를 조절하여 포크가 천천히 내려오도록 한다.
④ 짐을 하강할 때 신속하게 내려오도록 한다.
해설〉 지게차의 리프트 실린더 작동회로에 플로 레귤레이터(슬로 리턴)밸브를 사용하는 이유는 포크를 천천히 하강시키도록 하기 위함이다.

54. 지게차에 대한 설명으로 틀린 것은?
① 히터시그널은 연소실 글로우 플러그의 가열 상태를 표시한다.
② 오일압력 경고등은 시동 후 워밍업 되기 전에 점등되어야 한다.
③ 암페어미터의 지침은 방전되면 (-)쪽을 가리킨다.
④ 연료탱크에 연료가 비어 있으면 연료 게이지는 "E"를 가리킨다.
해설〉 오일압력 경고등은 시동스위치를 ON으로 하면 점등되었다가 엔진 시동 후에는 즉시 소등되어야 한다.

55. 둥근 목재나 파이프 등을 작업하는데 적합한 지게차의 작업 장치는?
① 하이 마스트
② 로우 마스트
③ 사이드 시프트
④ 힌지드 포크
해설〉 힌지드 포크
둥근 목재, 파이프 등의 화물을 운반 및 적재하는데 적합하다.

56. 지게차의 조향방법으로 옳은 것은?
① 전자 조향 ② 배력 조향
③ 전륜 조향 ④ 후륜 조향
해설〉 지게차의 조향방식은 후륜(뒷바퀴) 조향이다.

57. 지게차의 포크를 내리는 역할을 하는 부품은?
① 틸트 실린더 ② 리프트 실린더
③ 볼 실린더   ④ 조향 실린더
해설〉 리프트 실린더(lift cylinder)는 포크를 상승·하강시키는 기능을 한다.

58. 지게차가 무부하 상태에서 최대 조향각으로 운행 시 가장 바깥쪽 바퀴의 접지자국 중심점이 그리는 원의 반경을 무엇이라고 하는가?
① 최대 선회반지름
② 최소 회전반지름
③ 최소 직각 통로 폭
④ 윤간거리
해설〉 지게차가 무부하 상태에서 최대조향 각으로 운행할 때 가장 바깥쪽 바퀴의 접지자국 중심점이 그리는 원의 반경을 최소회전 반지름이라 한다.

59. 일반적으로 지게차의 장비 중량에 포함되지 않는 것은 ?
① 그리스　　② 운전자
③ 냉각수　　④ 연료

60. 지게차의 틸트 레버를 운전자 쪽으로 당기면 마스트는 어떻게 되는 가 ?

① 지면방향 아래쪽으로 내려온다.
② 운전자 쪽으로 기운다.
③ 지면에서 위쪽으로 올라간다.
④ 운전자 쪽에서 반대방향으로 기운다.

해설〉 틸트레버를 당기면 운전자 쪽으로 기운다.

Answer

01. ①　02. ①　03. ④　04. ②　05. ③　06. ③　07. ②　08. ④　09. ③　10. ①
11. ①　12. ①　13. ①　14. ③　15. ①　16. ①　17. ①　18. ③　19. ①　20. ③
21. ④　22. ①　23. ①　24. ①　25. ④　26. ②　27. ③　28. ②　29. ②　30. ②
31. ②　32. ②　33. ①　34. ②　35. ②　36. ②　37. ②　38. ②　39. ③　40. ③
41. ②　42. ④　43. ①　44. ①　45. ①　46. ③　47. ②　48. ①　49. ③　50. ②
51. ③　52. ③　53. ③　54. ②　55. ④　56. ④　57. ②　58. ②　59. ①　60. ②

◎ **저자 소개**
- 김성식 現 목포과학대학교 토목조경과 교수

상시검정대비

[핵심] 지게차운전기능사

초판 인쇄	2020년 8월 15일
재판 발행	2021년 1월 20일
저　　자	김 성 식
발 행 인	박 필 만
발 행 처	도서출판 **미전사이언스**

(08337) 서울시 구로구 개봉로 17라길 34, 1층(개봉동)
TEL: 02) 2611-3846, 2618-8742　FAX: 02) 2611-3847

E-mail	mjsbook@hanmail.net
등　　록	제12-318호(2001.10.10)
I S B N	978-89-6345-293-7-13550

정가 20,000원

ⓒ 미전사이언스
- 잘못 만들어진 책은 출판사나 구입하신 서점에서 바꿔 드립니다.
- 어떠한 경우든 본 책 내용과 편집 체재의 일부 혹은 전부의 무단복제 및 표절을 불허함. 무단 복제와 표절은 범법 행위입니다.

자동차 기관

도 서 명	저 자	면수	정 가	비고(ISBN)
[친환경] 그 린 카 정 비 공 학	이원청 外 5	550	25,000	978-89-6345-184-8-93550
[신기술수록] 新編·자 동 차 공 학 개 론	오영택 外 3	540	22,000	978-89-89920-31-1-93550
자 동 차 공 학	오영택 外 3	592	24,000	978-89-6345-144-2-93550
오 토 엔 진	김보한 外 2	382	20,000	978-89-6345-186-2-93550
자 동 차 공 학 기 초	박종상 外 3	410	20,000	978-89-6345-160-2-93550
자 동 차 엔 진 공 학	이병학 外 3	474	22,000	978-89-6345-153-4-93550
[基礎] 자 동 차 해 석	엄소연 外 1	240	18,000	978-89-6345-175-6-93550
자 동 차 가 솔 린 기 관 공 학	이철승 外 3	398	20,000	978-89-6345-215-9-93550
자 동 차 디 젤 엔 진	이승재 外 2	436	20,000	978-89-6345-143-5-93550
[종합] 자 동 차 기 관 이 론 실 습	김태한 外 1	514	24,000	978-89-6345-158-9-93550
[NCS를 활용한] 자 동 차 기 관 실 습	이철승 外 3	564	24,000	978-89-6345-208-1-93550
[NCS를 활용한] 자동차 디젤기관 이론실습	조일영 外 1	434	22,000	978-89-6345-234-0-93550
[NCS교육과정에 준한] 자동차 기관 공학	정 찬 문	416	20,000	978-89-6345-236-4-93550
[NCS국가직무능력표준에 따른] 자 동 차 기 관	김광희 外 1	596	23,000	978-89-6345-237-1-93550
자 동 차 전 자 제 어 엔 진 이 론 실 무	이상문 外 3	524	22,000	978-89-6345-106-0-93550
[하이테크] 자동차 전자 제어 현장 실무	유환시 外 3	600	24,000	978-89-6345-052-0-93550
[자동차 전자제어] 스 마 트 자 동 차	김병우 外 1	344	18,000	978-89-6345-088-9-93550
자 동 차 엔 진 구 조	박재림 外 1	390	22,000	978-89-6345-277-7-93550
자 동 차 가 솔 린 엔 진	박우영 外 1	446	24,000	978-89-6345-279-1-93550
자 동 차 구 조 학	정 찬 문	242	16,000	978-89-6345-023-0-93550
자 동 차 엔 진 튠 업	박 재 림	360	20,000	978-89-6345-027-8-93550
자 동 차 기 초 실 습 [공 구 사 용 법]	손병래 外 3	352	20,000	978-89-6345-246-3-93550
자 동 차 기 관 개 론	최 두 석	420	22,000	978-89-6345-272-3-93550
[지능형] 스 마 트 자 동 차 개 론	이용주 外 2	410	22,000	978-89-6345-274-6-93550
자 동 차 전 자 제 어 엔 진 구 조	김영일 外 2	426	22,000	978-89-6345-286-9-93550
자 동 차 엔 진 이 론 실 습	이종호 外 1	480	25,000	978-89-6345-287-6-93550
[전자제어] 커 먼 레 일 Euro-6	조성철 外 1	436	24,000	978-89-6345-292-0-93550

자동차 전기·전자

도 서 명	저 자	면수	정 가	비고(ISBN)
자 동 차 전 기 · 전 자	김광열 外 1	310	19,000	978-89-6345-238-8-93550
자 동 차 전 기 시 스 템	김병지 外 3	490	20,000	978-89-6345-050-6-93550
친 환 경 전 기 자 동 차	정용욱 外 2	420	22,000	978-89-6345-148-0-93550
자 동 차 전 기 · 전 자 공 학	정용욱 外 3	382	20,000	978-89-6345-210-4-93550
자 동 차 전 기 장 치 실 습	지명석 外 2	390	20,000	978-89-6345-152-7-93550
[新] 자 동 차 전 기 실 습	김규성 外 2	440	20,000	978-89-6345-091-9-93550
[알기 쉬운] 기 초 전 기·전 자 개 론	김상영 外 3	328	18,000	978-89-89920-00-7-93550
자 동 차 회 로 판 독 실 습	이용주 外 3	268	17,000	978-89-6345-048-3-93550
하 이 브 리 드 전 기 자 동 차	김영일 外 2	312	19,000	978-89-6345-188-6-93550
[NCS기반] 자 동 차 충 전·시 동 장 치	김재욱 外 1	402	20,000	978-89-6345-223-4-93550
[NCS를 활용한] 자동차 전기 · 전자 실습	윤재곤 外 1	540	23,000	978-89-6345-225-8-93550
[最新] 자 동 차 전 기·전 자 공 학	송용식 外 1	400	22,000	978-89-6345-233-3-93550
하 이 테 크 진 단 정 비	이용주 外 3	266	18,000	978-89-6345-264-7-93550
[새로운 시스템] 전 기 자 동 차	정용욱 外 1	394	20,000	978-89-6345-265-4-93550
자 동 차 전 기·전 자 시 스 템	김재욱 外 3	470	24,000	978-89-6345-278-4-93550
자 동 차 전 기·전 자 공 학 개 론	송용식 外 1	450	23,000	978-89-6345-285-2-93550

자동차 섀시

도 서 명	저 자	면수	정가	비고(ISBN)
자 동 차 섀 시	이성만 外 3	426	22,000	978-89-6345-212-8-93550
차 량 동 력 전 달 장 치	오태일 外 2	420	20,000	978-89-6345-190-9-93550
차 량 현 가 장 치[조향·제동]	손일선 外 2	504	24,000	978-89-6345-206-8-93550
자 동 차 섀 시 공 학	이상훈 外 4	450	22,000	978-89-6345-176-3-93550
[NCS를 활용한] 종 합 자 동 차 섀 시	민규식 外 3	518	22,000	978-89-6345-247-0-93550
전 자 제 어 자 동 차 섀 시	이철승 外 2	410	22,000	978-89-6345-253-1-93550
자 동·무 단 변 속 기(이론·실습응용)	장성규 外 3	380	18,000	978-89-89920-24-3-93550
자 동 차 섀 시 정 비 실 습	김홍성 外 3	470	22,000	978-89-6345-174-9-93550
자 동 차 섀 시 실 습	오재건 外 3	470	20,000	978-89-6345-086-5-93550
자 동 차 전 자 제 어 섀 시 실 습	최병희 外 2	380	20,000	978-89-6345-125-1-93550
[NCS 교육과정에 의한] 자 동 차 섀 시 실 습 지 침 서	이 형 복	394	20,000	978-89-6345-207-4-93550
[NCS를 활용한] 자동차 전자제어 섀시실습	오태일 外 2	396	20,000	978-89-6345-229-6-93550
CAR 에 어 컨 시 스 템	김찬원 外 3	400	20,000	978-89-6345-130-5-93550
커 먼 레 일 이 론 실 무	장명원 外 3	464	22,000	978-89-89920-72-4-93550
자 동 차 보 수 도 장	이 강 복	230	18,000	970-89-6345-113-8-93550
자 동 차 차 체 수 리 실 무	김 태 원	420	20,000	978-89-89920-86-1-93550
자 동 차 수 리 견 적 실 무	권순익 外 2	450	20,000	978-89-6345-136-7-93550
휠 얼 라 인 먼 트	최 국 식	260	19,000	978-89-6345-227-2-93550
[最新] 자 동 차 섀 시 실 습	조성철 外 3	450	23,000	978-89-6345-273-9-93550
자 동 차 섀 시 일 반	임대성 外 2	506	24,000	978-89-6345-281-4-93550

기계

도 서 명	저 자	면수	정가	비 고(ISBN)
[쉽게 풀이한] 재료역학	남정환 外 2	340	18,000	978-89-89920-53-3-93550
[AutoCAD활용] 전산응용기계제도	신동명 外 2	508	22,000	978-89-6345-085-8-13550
[따라하며 익히는] AutoCAD 기계제도실습	이상현	334	18,000	978-89-6345-231-9-93550
CATIA V5 모델링예제가이드	최홍태	616	26,000	978-89-6345-068-1-93550
[新] 일반기계공학	조성철 外 3	480	20,000	978-89-6345-024-7-93550
유체역학	박정우 外 2	320	19,000	978-89-6345-151-0-93550
유·공압제어기술	김근묵 外 3	412	18,000	978-89-89920-70-0-93530
[新編] 기계재료	신동명 外 1	440	22,000	978-89-6345-156-5-93550
공업열역학	박상규	440	20,000	978-89-6345-149-7-93550
기계열역학	배태열 外 2	350	20,000	978-89-6345-150-3-93550
연소공학	오영택 外 3	412	22,000	978-89-6345-070-4-93570
공압제어	정태현 外 2	312	19,000	978-89-6345-099-5-93560
[最新] 전산유체역학	서용권 外 5	370	20,000	978-89-6345-101-5-93560
PLC 제어	정태현 外 1	328	19,000	978-89-6345-107-7-93560
CNC 공작법	황석렬 外 1	200	17,000	978-89-6345-142-8-93550
[알기 쉬운] 유압공학	배태열 外 1	292	17,000	978-89-6345-109-1-93550
[수정판] 공업열역학	윤준규	612	28,000	978-89-6345-018-6-93550
공업기초수학	이용주 外 1	310	19,000	978-89-6345-057-5-93410
공업수학	이용주 外 1	238	18,000	978-89-6345-241-8-93410
기초역학	한성철	300	18,000	978-89-6345-284-5-93550
[쉽게 배우는] 자동차차체용접실무	박상윤	314	22,000	978-89-6345-291-3-93550

법규 및 기타·수험서

도서명	저자	면수	정가	비고(ISBN)
[2020 개정] 자동차 보험 보상 실무	목진영 外 1	564	26,000	978-89-6345-280-7-93550
[2020 개정] 자동차 관리법규	박재림 外 1	790	28,000	978-89-6345-283-8-13550
[NCS를 활용한] 자동차 검사 실무	신동명 外 3	654	23,000	978-89-6345-203-6-93550
[NCS를 활용한] 자동차 검사 기준 실무	신동명 外 2	570	25,000	978-89-6345-288-3-93550
스마트 팩토리 현장개선관리	이승호 外 2	350	19,000	978-89-6345-115-2-13320
[공학도를 위한] 창의적 공학설계	이태근 外 1	296	18,000	978-89-6345-129-9-93550
냉동실무	배태열	280	17,000	978-89-6345-134-3-93550
[最新] 선박기관	양현수	334	18,000	978-89-6345-114-5-93550
스마트 제조현장관리	이승호 外 3	346	20,000	978-89-6345-295-1-13320
[산업기사시험대비] 자동차 정비실무	최국식 外 3	516	25,000	978-89-6345-226-5-13550
자동차 정비산업기사	이철승 外 3	620	26,000	978-89-6345-214-2-13550
[컬러판] 자동차 정비기능사 실기	최인배 外 3	504	25,000	978-89-6345-217-3-13550
[신개념] 자동차 정비 기능사 총정리	김선양 外 3	584	21,000	978-89-6345-093-3-93550
[개정판] 건설기계 [중장비] 공학	김세광 外 2	508	20,000	978-89-89920-56-4-93550
건설기계운전기능사	김희찬 外 4	588	20,000	978-89-6345-230-2-13550
[단기완성] 건설기계운전기능사	이원청 外 5	438	18,000	978-89-6345-211-1-13550
[상시검정대비] 굴삭기운전기능사	이영환 外 2	440	20,000	978-89-6345-257-9 13550
[상시검정대비] 지게차운전기능사	이영환 外 3	400	20,000	978-89-6345-258-6-13550
[핵심] 지게차운전기능사	김성식	466	20,000	978-89-6345-293-7-13550

도 서 명	저 자	면수	정 가	비 고(ISBN)
자 동 차 공 학	이철승 외 3	466	20,000	978-89-98497-14-9-93550
내 연 기 관 공 학	최낙정 외 2	486	22,000	978-89-98497-04-0-93550
[통신회로를 이용한] 자 동 차 전 기 회 로	이 용 주	330	18,000	978-89-98497-07-1-93550
공 업 기 초 수 학	박정우 외 3	324	19,000	978-89-98497-00-2-93410
열 역 학	이찬규 외 3	400	20,000	978-89-98497-03-3-93550
열 · 유 체 공 학	이원섭 외 1	484	20,000	978-89-98497-06-4-93550
Project를 통 한 Surface실무	김 태 규	340	18,000	978-89-98497-11-8-93550
[最新版] 기계 제도 & 도면 해독	신동명 외 2	454	22,000	978-89-98497-21-7-93550
[자가운전을 위한] 내 차 는 내 가 고 친 다.	박 광 희	246	15,000	978-89-98497-19-4-13550